高等学校计算机类系列教材

软件工程

（第三版）

刘竹林　邓良松　刘海岩　陆丽娜　编著

西安电子科技大学出版社

内 容 简 介

本书比较系统地介绍了软件工程的概念、度量、过程和方法。全书共16章，分别介绍了软件工程的基本概念，软件需求，软件设计，软件编码，软件测试，软件维护，软件工程模型，结构化方法，面向对象基础，面向对象的Coad方法，面向对象的OMT方法，统一建模语言UML，统一软件开发过程，软件质量的评价和保证，软件工程管理，软件工程环境。

本书内容紧凑，深入浅出，注重结合实例，习题量大。

本书可作为计算机专业本科“软件工程”课程的教材，也可作为从事计算机软件开发人员的参考书。

图书在版编目（CIP）数据

软件工程 / 邓良松等编著. —3版. —西安：西安电子科技大学出版社，2019.6
(2023.10重印)
ISBN 978–7–5606–5335–8

Ⅰ.①软…　Ⅱ.①邓…　Ⅲ.①软件工程　Ⅳ.①TP311.5

中国版本图书馆CIP数据核字（2019）第102674号

策　　划　李惠萍
责任编辑　李惠萍
出版发行　西安电子科技大学出版社（西安市太白南路2号）
电　　话　(029)88202421　88201467　邮　　编　710071
网　　址　www.xduph.com　电子邮箱　xdupfxb001@163.com
经　　销　新华书店
印刷单位　陕西精工印务有限公司
版　　次　2019年6月第3版　2023年10月第21次印刷
开　　本　787毫米×1092毫米　1/16　印张　19.5
字　　数　456千字
印　　数　92 801～95 800册
定　　价　47.00元
ISBN 978 – 7 – 5606 – 5335 – 8 / TP

XDUP 5637003-21

❖❖❖ 前　言 ❖❖❖

软件工程可以分为三个层次，过程层、方法层、工具层。本书着重从这三个层次进行讲解。

过程层最重要的就是关键过程区域，它构成了软件项目管理控制的基础，并且确立了上下文各区域的关系，其中规定了技术方法的采用，工程产品的模型，文档、数据、报告、表格等的产生，里程碑的建立，质量的保证及相关内容的管理。

方法层主要是过程在技术上的实现，它解决的问题是如何做的问题。软件工程方法涵盖了一系列的任务：需求分析、设计、编程、测试、维护。

工具层对过程层和方法层提供了自动和半自动的支持。这些辅助工具就称为CASE。

随着软件技术的迅猛发展和读者多年来对本书的钟爱，笔者决定修订本书。本次主要修订的内容如下：

(1) 在本书第4章软件编码中增加了面向对象语言Java的介绍。

(2) 对第9章内容进行了部分更新、修订。对程序设计模式增加了新的内容，介绍了创建型模式、结构型模式、行为型模式，并对每种模式的分类进行了解释。

(3) 将第1章的软件工程模型整合到第7章，并对原第7章进行了相应的修改。

(4) 在第13章中增加了几种常用的软件系统设计架构。

(5) 对第15章软件工程管理技术中的部分内容进行了删改，增加了“工作任务分解”、“里程碑”和“挣值分析”的概念。在软件工程标准方面增加了“CMM软件成熟度模型”。

(6) 对第16章软件工具章节中的一些旧内容进行了删除，增加了大量最新软件工具。

(7) 对各个章节后的习题进行了扩充，丰富了习题。

本书此次修订由石家庄信息工程职业学院刘竹林副教授负责，其中第1章至第5章由西安工程大学蔡桂州副教授修订，其余章节由刘竹林副教授修订，全书由刘竹林统稿、定稿。

在此感谢广大读者朋友对本书的钟爱，希望今后在使用过程中再提出宝贵意见，我们将根据情况适时修改完善。

作　者

2019年5月

第二版前言

由于软件工程领域的快速发展，以及几年来作者使用第一版教材的授课实践和读者对第一版教材提出的一些好的建议，作者认为有必要对本书第一版进行修订。

首先对本书第一版中的一些章节进行了删除。由于第一版中的第 9 章 Jackson 方法内容比较陈旧，而且不太实用，现在人们很少用它来开发软件项目，因此删除了第 9 章。面向对象方法中介绍的 Booch 方法，由于内容比较简略，现又引入了新的图形表示，因此删除了 10.5 节的 Booch 方法。

统一建模语言 UML 产生以后，统一了面向对象方法的基本概念和各种模型的图形表示，解决了建模的工具和手段问题，却没有解决如何用 UML 来开发软件系统以及开发过程是怎样的这一问题，而统一过程的出现很好地解决了这一问题。因此，本次修订增加了统一软件开发过程这一章。该章介绍了 Rational 统一过程的产生、基本概念、开发框架、各种模型、用例驱动、增量和迭代等。统一过程是以 UML 为基础的，因此将这一章放在 UML 之后。

作者是从方法学角度来组织本书内容的，介绍了瀑布模型、增量模型、统一过程等生命周期模型，以及结构化方法、IDEF 方法、Coad 方法、OMT 方法和 UML 语言等，便于多种教学层次和教学目的对书中内容的剪裁和再组织。

本次修订中，第 1、9、10、11、12、13 章由邓良松教授修改和编写。

本书的修订得到了许多读者的支持和帮助，在此对他们表示深深的感谢。

邓良松

2004 年 2 月 28 日

于西安交通大学

第一版前言

"软件工程"是高等学校计算机专业教学计划中的专业课程。软件开发是建立计算机应用系统的重要环节，因此，"软件工程"是计算机专业的一门工程性课程，也是该专业十分重要的一门专业课程。

本书从方法学角度出发，对软件生存期模型和各种开发方法进行了介绍，从软件工程领域中最基本、最实用的方法和技术入手，同时对目前软件的主流开发方法，即面向对象的各种开发方法进行了深入介绍；也对最新进展的UML标准建模语言进行了系统介绍。

本书主要讲述建造软件系统的方法、技术、流程、工具及规范等。通过本书的学习，读者能基本上掌握软件工程的基本概念、基本原理、实用的开发方法和技术；了解软件工程各领域的发展动向；用工程化的方法开发软件项目，掌握在开发过程中应遵循的流程、准则、标准和规范。本课程是一门实践性很强的课程，它是各种开发经验的总结与提炼。在学习过程中不但应注重概念、原理、方法和技术的掌握，也应注重方法、技术的实际应用。

全书共分16章。第1章绪论，从总体上介绍软件工程的基本概念和内容，软件工程的过程和生存周期的基本概念和内容，软件开发的各种方法和生存周期模型。第2~6章按照瀑布模型的各个阶段，介绍了软件要求定义、软件设计、软件编码、软件测试和软件维护，以及有关的概念与软件工程方法。第7章介绍了软件开发的增量模型。第8章介绍了结构化的分析和设计方法。第9章介绍了Jackson方法。第10~13章介绍了目前软件开发方法的主流——面向对象的开发方法以及面向对象的基本思想、基本概念及基本原理，同时介绍了Booch方法、Coad方法和OMT方法，还对面向对象技术的最新发展UML语言进行了系统介绍。第14~16章讨论了软件质量的评价和保证、软件工程管理技术和软件工程环境。软件工程管理是对软件生存周期一切活动的管理，尤其是对软件项目开发过程的管理，它对保证高质量的软件产品有着重要意义。

本书第1、6、7、9、10、11、12、13章由邓良松教授编写，第2、3、4、5、8章由刘海岩副教授编写，第14、15、16章由陆丽娜教授编写。

在本书成稿过程中，西安交通大学郑守淇教授审阅全部书稿并提出许多宝贵意见，使编者受益不浅，在此表示深深的感谢。

编　者
2000 年 4 月 26 日
于西安交通大学

目　录

第 1 章 绪 论

本章概述了软件工程领域的基本内容。首先介绍了软件生产的发展及软件危机，软件工程的特点、性质、目标、面临的问题；然后简要介绍了软件生存周期的各阶段，各种生存周期模型以及各种软件开发方法。

1.1 软件工程的产生

1.1.1 软件的特点

“软件”一词是 20 世纪 60 年代才出现的，其定义为计算机程序、数据及各种文档的集合。在该定义中，“程序”是计算任务的处理对象和处理规则的描述；“数据”是软件运行中产生的数字、文字、图形及文件；“文档”是有关描述计算机程序功能、设计、编制、使用的文字或图形资料(包括开发文档与测试文档)。软件与硬件一起构成了完整的计算机系统，它们是相互依存、缺一不可的。软件是一种特殊的产品，它具有下列一些特性：

(1) 软件是一种逻辑产品，它与物质产品有很大的区别。软件产品是看不见摸不着的，因而具有无形性。它是脑力劳动的结晶。

(2) 软件产品的生产主要是研制。其成本主要体现在软件的开发和研制上，软件开发研制完成后，通过复制就产生了大量的软件产品。

(3) 软件产品不会用坏，不存在磨损、消耗问题，是绿色环保产品。

(4) 软件产品的生产主要是脑力劳动。

(5) 软件费用不断增加，软件成本相当昂贵。软件的研制工作需要投放大量的、复杂的、高强度的脑力劳动，它的人力成本非常高。

1.1.2 软件生产的发展

自从第一台计算机诞生以来，就开始了软件的生产，到目前为止，经过了程序设计、程序系统和软件工程三个时代。

1. 程序设计时代(1946—1956 年)

程序设计时代的生产方式是个体手工劳动，使用的工具是机器语言、汇编语言；开发方法是追求编程技巧，追求程序运行效率，因此程序难读、难懂、难修改；硬件特征是价格高、存储容量小、运行可靠性差；软件特征是只有程序、程序设计概念，不重视程序设计方法。

2. 程序系统时代(1956—1968 年)

程序系统时代的生产方式是作坊式的小集团合作生产，生产工具是高级语言；开发方法仍旧靠个人技巧，但开始提出了结构化方法；硬件特征是：速度、容量及工作可靠性有明显提高，价格降低，销售有爆炸性增长；软件特征是：程序员数量猛增，其他行业人员大量进入这个行业，由于缺乏训练，开发人员素质差。这时已意识到软件开发的重要性，大量软件开发的需求已被提出，但开发技术没有新的突破，开发人员的素质和落后的开发技术不适应规模大、结构复杂的软件开发，因此产生了尖锐的矛盾，导致软件危机的产生。

3．软件工程时代(1968 年至今)

软件工程时代的生产方式是工程化的生产，使用数据库、开发工具、开发环境、网络、分布式、面向对象技术来开发软件；硬件特征是：向超高速、大容量、微型化以及网络化方向发展；软件特征是：开发技术有很大进步，但是未能获得突破性进展，软件价格不断上升，没有完全摆脱软件危机。

1.1.3 软件危机

1．软件危机的产生

软件发展第二阶段的末期，由于计算机硬件技术的进步，计算机运行速度、容量和可靠性有显著的提高，生产成本显著下降，这为计算机的广泛应用创造了良好的条件。一些复杂的、大型的软件开发项目被提出来，但是，软件开发技术一直未能满足发展的要求。软件开发中遇到的问题因找不到合适的解决办法而使问题积累起来，形成了尖锐的矛盾，导致了软件危机。

2．软件危机的表现

软件危机表现在以下几方面：

(1) 经费预算经常突破，完成时间一再拖延。由于缺乏软件开发的经验和软件开发数据的积累，使得开发工作的计划很难制定。主观盲目制定的计划，执行起来和实际情况有很大差距，使得开发经费一再突破。由于对工作量和开发难度估计不足，计划无法按时完成，而使得开发时间一再拖延。

(2) 开发的软件不能满足用户要求。开发初期对用户的要求了解不够明确，未能得到明确表达。开发工作开始后，软件人员和用户又未能及时交换意见，使得一些问题不能及时解决，导致开发的软件不能满足用户的要求，使项目失败。

(3) 开发的软件可维护性差。开发过程没有统一的、公认的规范，软件开发人员按各自的风格工作，各行其是。开发过程无完整、规范的文档，发现问题后进行杂乱无章的修改。程序结构不好，运行时发现的错误也很难修改，导致软件可维护性差。

(4) 开发的软件可靠性差。由于在开发过程中，没有确保软件质量的体系和措施，在软件测试时，又没有严格的、充分的、完全的测试，提交给用户的软件质量差，在运行中暴露出大量的问题。这种不可靠的软件，轻者会影响系统正常工作，重者会发生事故，造成生命财产的重大损失。

3．软件危机的原因

造成上述软件危机的原因概括起来有以下几方面。

(1) 软件的规模越来越大，结构越来越复杂。随着计算机应用的日益广泛，需要开发的软件规模日益庞大，软件结构也日益复杂。1968 年美国航空公司订票系统达到 30 万条指令；IBM 360OS 第 16 版达到 100 万条指令，花了 5000 个人·年；1973 年美国阿波罗计划达到 1 千万条指令。这些庞大软件的功能非常复杂，体现在处理功能的多样性和运行环境的多样性。有人曾估计，软件设计与硬件设计相比，其逻辑量要多达 10～100 倍。对于这种庞大规模的软件，其调用关系、接口信息复杂，数据结构也复杂，这种复杂程度超过了人所能接受的程度。

(2) 软件开发的管理困难。由于软件规模大，结构复杂，又具有无形性，导致管理困难，进度控制困难，质量控制困难，可靠性无法保证。

(3) 软件开发费用不断增加。软件生产是一种智力劳动，它是资金密集、人力密集的产业，大型软件投入人力多，周期长，费用上升很快。

(4) 软件开发技术落后。在 20 世纪 60 年代，人们注重一些计算机理论问题的研究，如编译原理、操作系统原理、数据库原理、人工智能原理、形式语言理论等，不注重软件开发技术的研究，用户要求的软件其复杂性与软件技术解决复杂性的能力不相适应，它们之间的差距越来越大。

(5) 生产方式落后。软件仍然采用个体手工方式开发。根据个人习惯和爱好工作，无章可循，无规范可依据，靠言传身教方式工作。

(6) 开发工具落后，生产率提高缓慢。软件开发工具过于原始，没有出现高效率的开发工具，因而软件生产率低下。在 1960—1980 年期间，计算机硬件的生产由于采用计算机辅助设计、自动生产线等先进工具，使硬件生产率提高了 100 万倍，而软件生产率只提高了 2 倍，相差悬殊很大。

1.1.4 软件工程

为了克服软件危机，人们从其他产业的工程化生产得到启示，于是在 1968 年北大西洋公约组织的工作会议上首先提出“软件工程”的概念，提出要用工程化的思想来开发软件。从此，软件生产进入了软件工程时代。

1. 软件工程的定义

软件工程是用科学知识和技术原理来定义、开发、维护软件的一门学科，是计算机科学中的一个分支，其主要思想是在软件生产中用工程化的方法代替传统手工方法。工程化的方法借用了传统的工程设计原理的基本思想，采用了若干科学的、现代化的方法技术来开发软件。这种工程化的思想贯穿到需求分析、设计、实现，直到维护的整个过程。

2. 软件工程的性质

软件工程是涉及计算机科学、工程科学、管理科学、数学等领域的一门综合性的交叉学科。计算机科学中的研究成果均可用于软件工程，但计算机科学侧重于原理和理论的研究，而软件工程侧重于如何建造一个高质量的软件系统。

软件工程要用工程科学中的观点来进行费用估算，制定进度、计划和方案；要用管理科学中的方法和原理进行软件生产的管理；要用数学的方法建立软件开发中的各种模型和各种算法，如可靠性模型，说明用户需求的形式化模型等。

3．软件工程的目标

软件工程是一门工程性学科，目的是成功地建造一个大型软件系统。所谓成功，是要达到以下几个目标：付出较低的开发成本；达到要求的软件功能；取得较好的软件性能；开发的软件易于移植；需要较低的维护费用；能按时完成开发任务，及时交付使用；开发的软件可靠性高。

软件工程的目标可以简单地归纳为四个字：多、快、好、省。“多”是功能齐全，“快”是进度快，“好”是质量高，“省”是节省成本。

4．软件工程的内容

软件工程研究的主要内容是指软件开发技术和软件开发管理两个方面。在软件开发技术中，它主要研究软件开发方法、软件开发过程、软件开发工具和环境。在软件开发管理中，它主要研究软件管理学、软件经济学和软件心理学等。

5．软件工程面临的问题

软件工程有许多需要解决的棘手问题，如软件费用、软件可靠性、软件可维护性、软件生产率和软件重用等。

1) 软件费用

由于软件生产基本上仍处于手工状态，软件是知识高度密集的技术的综合产物，人力资源远远不能适应这种迅速增长的软件社会要求，因而软件费用上升的势头必然还将继续下去。

2) 软件可靠性

软件可靠性是指软件系统能否在既定的环境条件下运行并实现所期望的结果。在软件开发中，通常要花费40%的代价进行测试和排错，即使这样还不能保证以后不再发生错误，为了提高软件可靠性，就要付出足够的代价。

3) 软件可维护性

统计数据表明，软件的维护费用占整个软件系统费用的三分之二，而软件开发费用只占三分之一。软件维护之所以有如此大的花费，是因为已经运行的软件还需排除隐含的错误，新增加的功能要加入进去，维护工作是非常困难的，效率又是非常低下的。因此，如何提高软件的可维护性，减少软件维护的工作量，也是软件工程面临的主要问题之一。

4) 软件生产率

计算机的广泛应用使得软件的需求量大幅度上升，而软件的生产又处于手工开发的状态，软件生产率低下。所以，如何提高软件生产率，是软件工程又一重要问题。

5) 软件重用

提高软件的重用性，对于提高软件生产率、降低软件成本有着重要意义。当前的软件开发存在着大量的、重复的劳动，耗费了不少的人力资源。软件的重用有各种级别，软件规格说明、软件模块、软件代码、软件文档等都可以是重用的单位。软件重用是软件工程中的一个重要研究课题，软件重用的理论和技术至今尚未彻底解决。

6) 软件文档

文档资料是软件必不可少的重要组成部分。它是开发组织和用户之间的权利与义务的合同书，是组织者向开发人员下达的任务书，是系统维护人员的技术指导书，是软件测试人员的工作依据，是用户的操作说明书。但是目前开发组织对软件文档还不够重视，有些开发组织缺乏必要的文档或文档不全。

1.2　软件工程的过程和软件生存周期

1.2.1　软件工程的过程

软件工程的过程规定了获取、供应、开发、操作和维护软件时，要实施的过程、活动和任务。其目的是为各种人员提供一个公共的框架，以便用相同的语言进行交流。

这个框架由几个重要过程组成，这些主要过程含有用来获取、供应、开发、操作和维护软件所用的基本的、一致的要求。该框架还用来控制和管理软件的过程。各种组织和开发机构可以根据具体情况进行选择和剪裁，可在一个机构的内部或外部实施。

软件工程的过程没有规定一个特定的生存周期模型或软件开发方法，各软件开发机构可为其开发项目选择一种生存周期模型，并将软件工程的过程所含的过程、活动和任务映射到该模型中，也可以选择和使用软件开发方法来执行适合于其软件项目的活动和任务。软件工程过程包含以下七个过程：

(1) 获取过程。获取过程是需方按合同获取一个系统、软件产品或服务的活动。

(2) 供应过程。供应过程是供方向需方提供合同中的系统、软件产品或服务所需的活动。

(3) 开发过程。开发过程是开发者和机构为了定义和开发软件或服务所需的活动。此过程包括需求分析、设计、编码、集成、测试、软件安装和验收等活动。

(4) 操作过程。操作过程是操作者和机构为了在规定的运行环境中为其用户运行一个计算机系统所需要的活动。

(5) 维护过程。维护过程是维护者和机构为了管理软件的修改，使它处于良好运行状态所需要的活动。

(6) 管理过程。管理过程是软件工程过程中的各项管理活动，包括项目开始和范围定义，项目管理计划、实施和控制、评审和评价、项目完成。

(7) 支持过程。支持过程对项目的生存周期过程给予支持。它有助于项目的成功并能提高项目的质量。

1.2.2　软件生存周期

软件生存周期是借用工程中产品生存周期的概念而得来的。引入软件生存周期概念，对于软件生产的管理、进度控制有着非常重要的意义，可使软件生产有相应的模式、相应的流程、相应的工序和步骤。

软件生存周期是指一个软件从提出开发要求开始直到该软件报废为止的整个时期。把整个生存周期划分为若干阶段，使得每个阶段有明确的任务，使规模大、结构复杂和管理复杂的软件开发变得容易控制和管理。

软件生存周期的各阶段有不同的划分。软件规模、种类、开发方式、开发环境以及开发使用的方法都影响软件生存周期的划分。在划分软件生存周期的阶段时，应遵循的基本原则是各阶段的任务应尽可能相对独立，同一阶段各项任务的性质尽可能相同，从而降低每个阶段任务的复杂程度，简化不同阶段之间的联系，有利于软件项目开发的组织管理。通常，软件生存周期包括可行性分析和项目开发计划、需求分析、概要设计、详细设计、编码、测试、维护等活动，可将这些活动以适当方式分配到不同阶段去完成。

1．可行性分析和项目开发计划

可行性分析和项目开发计划阶段必须要回答的问题是“要解决的问题是什么”(what)。该问题有行得通的解决办法吗？若有解决问题的办法，则需要多少费用？需要多少资源？需要多少时间？要回答这些问题，就要进行问题定义、可行性分析，制定项目开发计划。

用户提出一个软件的开发要求后，系统分析员首先要解决该软件项目的性质是什么，是数据处理问题还是实时控制问题，是科学计算问题还是人工智能问题等。还要明确该项目的目标是什么，该项目的规模如何等。

通过系统分析员对用户和使用部门负责人的访问和调查、开会讨论，就可解决这些问题。

在清楚了问题的性质、目标、规模后，还要确定该问题有没有行得通的解决办法。系统分析员要进行压缩和简化的需求分析和设计，也就是在高层次上进行分析和设计，探索这个问题是否值得去解决，是否有可行的解决办法。最后要提交可行性研究报告。

经过可行性分析后，确定该问题值得去解决，然后制定项目开发计划。根据开发项目的目标、功能、性能及规模，估计项目需要的资源，即需要的计算机硬件资源，需要的软件开发工具和应用软件包，需要的开发人员数目及层次。还要对软件开发费用做出估算，对开发进度做出估计，制定完成开发任务的实施计划。最后，将项目开发计划和可行性分析报告一起提交管理部门审查。

2．需求分析

需求分析阶段的任务不是具体地解决问题，而是准确地确定“软件系统必须做什么？”(what)确定软件系统必须具备哪些功能。

用户了解他们所面对的问题，知道必须做什么，但是通常不能完整、准确地表达出来，也不知道怎样用计算机解决他们的问题。而软件开发人员虽然知道怎样用软件完成人们提出的各种功能要求，但是，对用户的具体业务和需求不完全清楚，这是需求分析阶段的困难所在。

系统分析员要和用户密切配合，充分交流各自的想法，理解用户的业务流程，完整、全面地收集、分析用户业务中的信息和处理，从中分析出用户要求的功能和性能，然后完整、准确地将它们表达出来。这一阶段要给出软件需求说明书。

3．概要设计

概要设计属于模块级设计，主要回答“软件系统如何做”(How)的问题。

在概要设计阶段，开发人员要把确定的各项功能需求转换成相应的体系结构，在该体系结构中，每个成分都是意义明确的模块，即每个模块都和某些功能需求相对应。因此，概要设计就是设计软件的结构，该结构由哪些模块组成，这些模块的层次结构是怎样的，这些模块的调用关系是怎样的，每个模块的功能是什么。同时还要设计该项目的应用系统的总体数据结构和数据库结构，即应用系统要存储什么数据，这些数据是什么样的结构，它们之间有什么关系等。

4. 详细设计

详细设计属于模块的内部结构级设计。

详细设计阶段就是为每个模块完整的功能进行具体描述，把功能描述转变为精确的、结构化的过程描述。即该模块的控制结构是怎样的，先做什么，后做什么，有什么样的条件判定，有些什么重复处理等，并用相应的表示工具把这些控制结构表示出来。

5. 编码

编码阶段就是把每个模块的控制结构转换成计算机可接受的程序代码，即写成以某特定程序设计语言表示的“源程序清单”。当然，写出的程序应结构好，清晰易读，并且与设计相一致。

6. 测试

测试是保证软件质量的重要手段，其主要方式是在设计测试用例的基础上检验软件的各个组成部分。测试分为模块测试、组装测试、确认测试。模块测试是查找各模块在功能和结构上存在的问题。组装测试是将各模块按一定顺序组装起来进行的测试，主要是查找各模块之间接口上存在的问题。确认测试是按软件需求说明书上的功能逐项进行的，发现不满足用户需求的问题，决定开发的软件是否合格、能否交付用户使用等。

7. 维护

软件维护是软件生存周期中时间最长的阶段。已交付的软件投入正式使用后，便进入软件维护阶段，它可以持续几年甚至几十年。软件运行过程中可能由于各方面的原因，需要对它进行修改。其原因可能是运行中发现了软件隐含的错误而需要修改；也可能是为了适应变化了的软件工作环境而需要做适当变更；也可能是因为用户业务发生变化而需要扩充和增强软件的功能等。

以上划分的 7 个阶段是在 GB8567 中规定的。在大部分文献中将生存周期划分为 5 个阶段，即问题定义、设计、编码、测试及维护。其中，问题定义阶段包括可行性研究和项目开发计划、需求分析，设计阶段包括概要设计和详细设计。

1.2.3　软件工程模型

模型是为了理解事物而对事物做出的一种抽象，它忽略了不必要的细节，是事物的一种抽象形式、一个规划、一个程式。

软件工程模型是描述软件开发过程中各种活动任务的结构框架，也叫软件开发模型。

一个强有力的软件工程模型对软件开发提供了强有力的支持，为软件开发过程中所有活动提供了统一的政策保证，为参与软件开发的所有成员提供帮助和指导。它揭示了如何演绎软件过程的思想，是软件工程模型化技术的基础，也是建立软件开发环境的核心。

软件工程模型确立了软件开发和演绎中各阶段的次序限制以及各阶段活动的准则，确立开发过程所遵守的规定和限制，便于各种活动的协调以及各种人员的有效沟通，有利于活动重用和活动管理。

软件生存周期模型能表示各种活动的实际工作方式，各种活动间的同步和制约关系，以及活动的动态特性。生存周期模型应该被软件开发过程中的各类人员所理解，它应该适应不同的软件项目，具有较强的灵活性，以及支持软件开发环境的建立。

目前有若干种软件生存周期模型，如瀑布模型、增量模型、螺旋模型、喷泉模型、变换模型、基于知识的模型和统一过程模型等。

瀑布模型是将软件生存周期各活动规定为依线性顺序连接的若干阶段的模型。它包括可行性分析、项目开发计划、需求分析、概要设计、详细设计、编码、测试和维护，它确定了由前至后、相互衔接的固定次序，如同瀑布流水，逐级下落。瀑布模型为软件开发提供了一种有效的管理模型。根据这一模式制定开发计划，进行成本预算，组织开发力量，以项目的阶段评审和文档控制为手段有效地对整个开发过程进行指导，因此，它是以文档作为驱动，适合于需求很明确的软件项目开发的模型。

快速模型是快速建立起来的可以在计算机上运行的程序，它所能完成的功能往往是最终产品所能完成的功能的一个子集。和瀑布模型一样，软件产品的开发基本上是线性顺序进行的。和瀑布模型不同的是，快速原型模型是不带反馈环的。快速原型方法可以克服瀑布模型的缺点，减少由于软件需求不明确带来的开发风险，具有显著的效果。

增量模型同瀑布模型或快速原型模型相反，它分批地逐步向用户提交产品，整个软件产品被分解成许多个增量构件，开发人员一个构件接一个构件地向用户提交产品。在开发过程中，需求的变化是不可避免的。增量模型的灵活性可以使其适应这种变化的能力大大优于瀑布模型和快速原型模型，但也很容易退化为边做边改模型，从而使软件过程的控制失去整体性。

1988 年，Barry Boehm 正式发表了软件系统开发的“螺旋模型”，螺旋模型将瀑布模型和快速原型模型结合起来，强调了其他模型所忽视的风险分析，特别适合于大型复杂的系统。螺旋模型将软件的开发过程分为多个阶段，每个阶段首先要确定该阶段的目标，完成这些目标的选择方案及其约束条件，然后从风险角度分析方案的开发策略，努力排除各种潜在的风险，有时需要通过建造原型来完成上述工作。如果某些风险不能排除，该方案立即终止，否则启动下一个开发步骤。最后，评价该阶段的结果，并设计下一个阶段。

喷泉模型认为软件开发过程自下而上的周期的各阶段是相互迭代和无间隙的。软件的某个部分常常需要重复工作多次，相关对象在每次迭代中随之加入渐进的软件成分。无间隙指在各项活动之间无明显的边界，如分析和设计活动之间没有明显的界限，由于对象概念的引入，表达、分析、设计、实现等活动只使用对象类和关系，从而可以较为容易地实现活动的迭代和无间隙，使其开发自然地包括复用。

变换模型是一种形式化开发方法。形式化方法的本质是基于数学的方法来描述目标软件系统属性的一种技术。不同的形式化方法的数学基础是不同的，有的以集合论和一阶谓词演算为基础，有的则以时态逻辑为基础。形式化方法需要形式化规约说明语言的支持。形式化方法模型的主要活动是生成计算机软件形式化的数学规格说明。

基于知识的模型也叫智能模型，它与专家系统结合在一起。该模型应用在基于规则的系统，采用归纳和推理机制，帮助软件人员完成开发工作，并使维护在系统规格说明一级进行。该模型在实施过程中要建立知识库，将模型本身、软件工程知识与特定领域的知识分别存入数据库。以软件工程知识为基础的生成规则构成的专家系统与含应用领域知识规则的其他专家系统相结合，构成这一应用领域软件的开发系统。

统一过程(RUP/UP，Rational Unified Process)是一种以用例为驱动、以体系结构为核心的迭代及增量的软件过程模型，由 UML 方法和工具支持，广泛应用于各类面向对象项目。

1.3 软件开发方法概述

软件开发方法是一种使用早已定义好的技术集及符号表示习惯来组织软件生产过程的方法。其方法一般表述成一系列的步骤，每一步骤都与相应的技术和符号相关。

软件开发的目标是在规定的投资和时间内，开发出符合用户需求的高质量的软件。为了达到此目的，需要有成功的开发方法。

软件开发方法是克服软件危机的重要方面之一。在 20 世纪 60 年代，由于对软件开发方法重视不够，解决软件复杂性的能力不够，因而软件开发方法成为软件危机的原因之一。因此，自软件工程诞生以来，人们重视软件开发方法的研究，已经提出了多种软件开发方法和技术，对软件工程及软件产业的发展起到了不可估量的作用。

1.3.1 结构化方法

结构化方法由结构化分析、结构化设计和结构化程序设计构成。它是一种面向数据流的开发方法。该方法简单实用，应用较广，技术成熟。

所谓结构化分析，就是根据分解与抽象的原则，按照系统中数据处理的流程，用数据流图来建立系统的功能模型，从而完成需求分析。所谓结构化设计，就是根据模块独立性准则、软件结构准则，将数据流图转换为软件的体系结构，用软件结构图来建立系统的物理模型，实现系统的概要设计。所谓结构化程序设计，就是根据结构程序设计原理，将每个模块的功能用相应的标准控制结构表示出来，从而实现详细设计。

结构化方法总的指导思想是自顶向下、逐步求精。它的基本原则是功能的分析与抽象。它是软件工程中最早出现的开发方法，特别适合于数据处理领域的问题。相应的支持工具较多，发展较为成熟。

结构化方法对于规模大的项目及特别复杂的项目不太适应，该方法难以解决软件重用问题，难以适应需求变化的问题，难以彻底解决维护问题。

结构化方法的详细介绍见第 8 章。

1.3.2 Jackson 方法

Jackson 方法是一种面向数据结构的开发方法。一个问题的数据结构与处理该数据结构的控制结构往往有惊人的相似之处，根据这一思想形成了最初的 JSP(Jackson Structure Programming)方法。JSP 方法首先描述问题的输入、输出数据结构，分析其对应性，然后推出相应的程序结构，从而给出问题的软件过程描述。

JSP 方法是以数据结构为驱动的，适合于小规模的项目。当输入数据结构与输出数据结构无对应关系时，难以应用该方法。基于 JSP 方法的局限性，又发展了 JSD(Jackson System Development)方法，它是 JSP 方法的扩充。

JSD 方法是一个完整的系统开发方法。该方法首先建立现实世界的模型，再确定系统的功能需求，对需求的描述特别强调了操作之间的时序性，它以事件作为驱动，是一种基于进程的开发方法，应用于时序特点较强的系统，包括数据处理系统和一些实时控制系统。

JSD 方法对客观世界及其同软件之间的关系认识不完整，所确立的软件系统实现结构过于复杂，软件结构说明的描述采用第三代语言，这不利于软件开发者对系统的理解及开发者之间的通信交流，这些缺陷在很大程度上限制了人们实际运用 JSD 方法的热情。

1.3.3 维也纳开发方法(VDM)

维也纳开发方法(即 VDM)，自 20 世纪 70 年代初提出以来，已形成一种对大型系统软件形式化开发的较有潜力的方法，在欧洲及北美有相当大的影响，到 20 世纪 80 年代已将它应用到工程开发上。VDM 是在 1969 年为开发 PL/1 语言时，由 IBM 公司维也纳实验室的研究小组提出的，当时遇到的问题是如何对大型高级语言尽快用形式化说明来开发编译系统，使语法、语义的定义更严密、更系统化，从软件系统最高一级抽象到最终目标代码生成，每一步都给出形式化说明。

VDM 是一种形式化的开发方法，软件的需求用严格的形式语言描述，把描述模型逐步变换成目标系统。VDM 方法是在 VDL 的基础上扩充而来的，当时用它来形式定义 PL/1 的一个真子集。VDM 是一个基于模型的方法，它的主要思想是：将软件系统当作模型来给予描述，具体说就是把软件的输入/输出看作模型对象，而这些对象在计算机中的状态可看作为该模型在对象上的操作。

VDM 从抽象说明开始，对软件系统功能条件给出定义，对其输入/输出用不同的数学域进行分类定义，这称为语法域说明。具体说明对象的真正含义，称为语义域说明。对系统在计算机内的状态进行描述，称为加工函数(或语义函数)。前面的语义域和语法域都是用数学的域方程表示的，而加工函数是用数学函数形式表示的，所以 VDM 的软件系统模型是代数式的说明。

VDM 的每步开发借助于其强有力的描述工具语言 Meta-IV。VDM 方法到 20 世纪 70 年代末得到进一步的巩固，开始在欧洲广泛应用，先是应用于开发程序语言的语义形式说明，以后变成一般软件的开发方法。这方面主要贡献是 Cliff Jones 和 Dines Bjorner，他们开辟了许多新领域的应用。丹麦有一个专门研究 VDM 的信息中心，该中心研制了许多支撑 VDM 的工具，开发并发通信进程，并用 VDM 实现了对 Ada 语言的整个开发过程的描述。

1.3.4 面向对象的开发方法

面向对象开发方法的基本出发点是尽可能按照人类认识世界的方法和思维方式来分析和解决问题。客观世界是由许多具体的事物、事件、概念和规则组成的，这些均可看成对象。面向对象方法正是以对象作为最基本的元素，它也是分析问题、解决问题的核心。由此可见，面向对象方法符合人类的认识规律。计算机实现的对象与真实世界的对象有一一对应的关系，不必做任何转换，这就使面向对象易于为人们所理解、接受和掌握。

面向对象开发方法包括面向对象分析、面向对象设计和面向对象实现。面向对象开发方法有 Booch 方法、Coad 方法和 OMT 方法等。为了统一各种面向对象方法的术语、概念和模型，1997 年推出了统一建模语言，即 UML(Unified Modeling Language)。它是面向对象的标准建模语言，可通过统一的语义和符号表示，使各种方法的建模过程和表示统一起来，将成为面向对象建模的工业标准。

面向对象的开发方法的详细介绍见第 9～12 章。

本 章 小 结

本章介绍了软件工程的特点，软件生产发展的三个阶段，软件危机以及软件危机产生的原因；同时介绍了软件工程的基本概念、性质、内容、目标以及软件工程所面临的问题。还介绍了软件生存周期的概念，以及它对软件生产的管理的重要作用。随着时间的推移，有关软件开发的活动不断扩充，涉及若干不同类型的人员，因此又提出软件工程过程的概念，它为各类人员提供一个公共的框架，使用相同的语言进行交流，概述了各种软件工程模型，瀑布模型是软件开发的基本模型，但是瀑布模型有一定的局限性，因而又提出了增量模型、螺旋模型、用于面向对象方法的喷泉模型和统一过程以及用于形式化方法的转换模型等。还介绍了各种软件开发方法，其中最早提出的结构化方法是一个实用的方法。结构化方法是按照功能来构造系统的，这样的系统稳定性较差，重用性差，因而有较大的局限性。后来发展起来的面向对象的方法已成为主流的开发方法。

习 题

1. 软件产品的特性是什么？
2. 软件生产有几个阶段？各有何特征？
3. 什么是软件危机？其产生的原因是什么？
4. 什么是软件生存周期模型？它有哪些主要模型？
5. 什么是软件开发方法？它有哪些主要方法？
6. 软件工程的研究范畴是什么？
7. 软件工程的目标可以总结为哪四个字？分别解释这四个字的含义。
8. 到图书馆或者上网查资料，回答如下问题：

(1) 什么是双向工程？它跟程序设计有什么关系？

(2) 如何理解面向对象范型和功能范型的区别？

(3) 什么是支持性的系统？

(4) 如何将“效率”和“效果”用于软件工程？

9. 软件危机出现于(①)，为了解决软件危机，人们提出了用(②)的原理来设计软件，这就是软件工程诞生的基础。

① A. 50 年代末　　B. 60 年代初　　C. 60 年代末　　D. 70 年代初

② A. 运筹学　　B. 工程学　　C. 软件学　　D. 数字

10. 软件工程学是应用科学理论和工程技术指导软件开发的学科，其目的是(　　)。

A. 引入新技术提高空间利用率　　B. 用较少的投资获得高质量的软件

C. 缩短研制周期扩大软件功能　　D. 硬软件结合使系统面向应用

第 2 章 软件需求

本章介绍了瀑布模型的可行性研究，项目开发计划和软件需求分析两个阶段的任务、内容、方法、技术和文档。这两个阶段与瀑布模型的其他阶段不同，它针对的是应用领域的问题，而不是计算机领域的问题。

2.1 可行性研究

在进行任何一项较大的工程时，首先要进行可行性分析和研究。因为这些工程中的问题并不都有明显的解决办法，这样就不可能在预定的时间、费用之内解决这些问题。如果这些问题没有行之有效的解决办法，那么贸然开发这些项目就会造成时间、人力、资源和经费的巨大浪费。同样，对软件的项目开发也存在这一问题。

软件可行性研究的目的就是用最小的代价在尽可能短的时间内确定该软件项目是否能够开发，是否值得去开发。注意，可行性研究的目的不是去开发一个软件项目，而是研究这个软件项目是否值得去开发，其中的问题能否解决。可行性研究实质上是一次简化、压缩了的需求分析和设计过程，是要在较高层次上以较抽象的方式进行需求分析和设计的过程。

2.1.1 可行性研究的任务

首先需要进行概要的分析研究，初步确定项目的规模和目标，确定项目的约束和限制，把它们清楚地列举出来。然后，分析员进行简要的需求分析，抽象出该项目的逻辑结构，建立逻辑模型。从逻辑模型出发，经过压缩的设计，探索出若干种可供选择的主要解决办法，对每种解决方法都要研究它的可行性。可从以下三方面分析研究每种解决方法的可行性。

1. 技术可行性

对要开发项目的功能、性能和限制条件进行分析，确定在现有的资源条件下技术风险有多大，项目是否能实现，这些即为技术可行性研究的内容。这里的资源包括已有的或可以搞到的硬件、软件资源，现有技术人员的技术水平和已有的工作基础。

技术可行性常常是最难解决的方面，因为项目的目标、功能和性能比较模糊。技术可行性一般要考虑的情况包括：

(1) 开发的风险：在给出的限制范围内，能否设计出系统并实现必需的功能和性能。

(2) 资源的有效性：可用于开发的人员是否存在问题；可用于建立系统的其他资源是否具备。

(3) 技术：相关技术的发展是否支持这个系统。

开发人员在评估技术可行性时，一旦估计错误，将会出现灾难性后果。

2. 经济可行性

进行开发成本的估算以及了解取得效益的评估，确定要开发的项目是否值得投资开发，这些即为经济可行性研究的内容。

对于大多数系统，一般衡量经济上是否合算，应考虑一个“底线”，经济可行性研究范围较广，包括成本—效益分析、公司的长期经营策略、开发所需的成本和资源、潜在的市场前景。

3. 社会可行性

研究要开发的项目是否存在任何侵犯、妨碍等责任问题，要开发项目的运行方式在用户组织内是否行得通，现有管理制度、人员素质和操作方式是否可行，这些即为社会可行性研究的内容。

社会可行性所涉及的范围也比较广，它包括合同、责任、侵权、用户组织的管理模式及规范，以及其他一些技术人员常常不了解的陷阱等。

2.1.2 可行性研究的具体步骤

典型的可行性研究有下列步骤：

(1) 确定项目规模和目标。分析员对有关人员进行调查访问，仔细阅读和分析有关的材料，对项目的规模和目标进行定义和确认，清晰地描述项目的一切限制和约束，确保分析员正在解决的问题确实是需要解决的问题。

(2) 研究正在运行的系统。正在运行的系统可能是一个人工操作的系统，也可能是旧的计算机系统，因而需要开发一个新的计算机系统来代替现有系统。现有的系统是信息的重要来源。人们需要研究它的基本功能，存在什么问题，运行现有系统需要多少费用，对新系统有什么新的功能要求，新系统运行时能否减少使用费用等。

应该收集、研究和分析现有系统的文档资料，实地考察现有系统，在考察的基础上，访问有关人员，描绘现有系统的高层系统流程图(见 2.1.3 节)，与有关人员一起审查该系统流程图是否正确。系统流程图反映了现有系统的基本功能和处理流程。

(3) 建立新系统的高层逻辑模型。根据对现有系统的分析研究，逐渐明确新系统的功能、处理流程以及所受的约束，然后使用建立逻辑模型的工具——数据流图和数据字典(见 8.3、8.4 节)来描述数据在系统中的流动和处理情况。注意，现在还不是软件需求分析阶段，不是完整、详细地描述，只是概括地描述高层的数据处理和流动。

(4) 导出和评价各种方案。分析员建立了新系统的高层逻辑模型之后，要从技术角度出发，提出实现高层逻辑模型的不同方案，即导出若干较高层次的物理解法。根据技术可行性、经济可行性和社会可行性对各种方案进行评估，去掉行不通的解法，就得到了可行的解法。

(5) 推荐可行的方案。根据上述可行性研究的结果，决定该项目是否值得开发。若值得开发，那么可行的解决方案是什么，并且说明该方案可行的原因和理由。该项目是否值得开发的主要因素是从经济上看是否合算，这就要求分析员对推荐的可行方案进行成本—效益分析。

(6) 编写可行性研究报告。将上述可行性研究过程的结果写成相应的文档，即可行性研究报告，提请用户和使用部门仔细审查，从而决定该项目是否进行开发，是否接受可行的实现方案。

2.1.3 系统流程图

1．系统流程图的作用

系统流程图是描述物理系统的工具。所谓物理系统，就是一个具体实现的系统，也就是描述一个单位、组织的信息处理的具体实现的系统。在可行性研究中，可以通过画出系统流程图来了解要开发的项目的大概处理流程、范围和功能等。系统流程图不仅能用于可行性研究，还能用于需求分析阶段。

系统流程图可用图形符号来表示系统中的各个元素，例如，人工处理、数据处理、数据库、文件和设备等。它表达了系统中各个元素之间的信息流动的情况。

画系统流程图时，首先要搞清业务处理过程以及处理中的各个元素，同时要理解系统流程图的各个符号的含义，选择相应的符号来代表系统中的各个元素。所画的系统流程图要反映出系统的处理流程。

在进行可行性研究的过程中，要以概括的形式描述现有系统的高层逻辑模型，并通过概要的设计变成所建议系统的物理模型，可以用系统流程图来描述所建议系统的物理模型。

2．系统流程图的符号

系统流程图的符号如表 2-1 所示。

表 2-1 系统流程图的符号

符 号	名 称	说 明
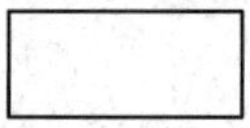	处理	能改变数据值或数据位置的加工或部件，例如，程序模块、处理机等都是处理
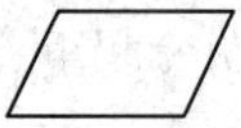	输入/输出	表示输入或输出(或既输入又输出)，是一个广义的不指明具体设备的符号
	连接	指出转到图的另一部分或从图的另一部分转来，通常在同一页上
	换页连接	指出转到另一页图上或由另一页图转来
	数据流	用来连接其他符号，指明数据流动方向
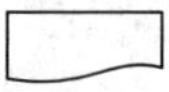	文档	通常表示打印输出，也可表示用打印终端输入数据
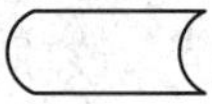	联机存储	表示任何种类的联机存储，包括磁盘、软盘和海量存储器件等
	磁盘	磁盘输入/输出，也可表示存储在磁盘上的文件或数据库

续表

符号	名称	说明
	显示	CRT 终端或类似的显示部件，可用于输入或输出，也可既输入又输出
	人工输入	人工输入数据的脱机处理，例如，填写表格
	人工操作	人工完成的处理，例如，会计在工资支票上签名
	辅助操作	使用设备进行的脱机操作
	通信链路	通过远程通信线路或链路传送数据

3．系统流程图的示例

下面以某工厂的库房管理为例，说明系统流程图的使用。

某工厂有一个库房，存放该厂生产需要的物品，库房中的各种物品的数量及各种物品库存量临界值等数据记录在库存文件上，当库房中物品数量有变化时，应更新库存文件。若某种物品的库存量少于库存临界值，则报告采购部门以便其订货，每天向采购部门送一份采购报告。

库房可使用一台微机处理更新库存文件和产生订货报告的任务。物品的发放和接收称为变更记录，由键盘录入到微机中。系统中的库存管理模块对变更记录进行处理，更新存储在磁盘上的库存文件，并把订货信息记录到联机存储中。每天由报告生成模块读一次订货信息，并打印出订货报告。图 2.1 给出了该系统的系统流程图。

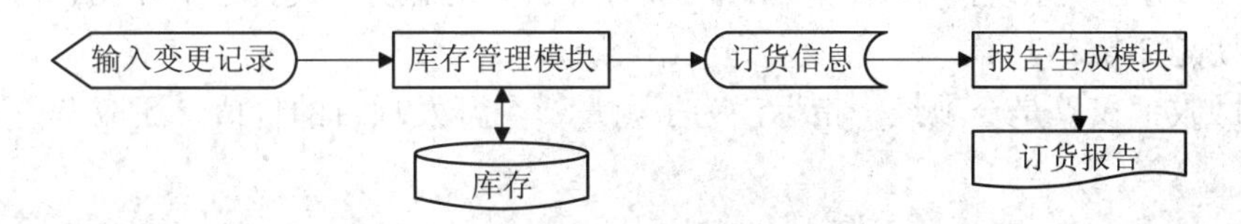

图 2.1 库存管理系统的系统流程图

2.1.4 成本—效益分析

成本—效益分析的目的是从经济角度评价开发一个新的软件项目是否可行。成本—效益分析首先是估算将要开发的系统的开发成本，然后与可能取得效益进行比较和权衡。效益分有形效益和无形效益两种。有形效益可以用货币的时间价值、投资回收期和纯收入等指标进行度量；无形效益主要从性质上、心理上进行衡量，很难直接进行量的比较。系统的经济效益等于因使用新的系统而增加的收入加上使用新的系统可以节省的运行费用。运行费用包括操作人员人数、工作时间和消耗的物资等。下面主要介绍有形效益的相关内容。

1．货币的时间价值

成本估算的目的是对项目投资。经过成本估算后，得到项目开发时需要的费用，该费用就是项目的投资(成本的估算方法见 15.2.3 节)。项目开发后，应取得相应的效益，有多少效益才合算？这就需要考虑货币的时间价值。通常用利率表示货币的时间价值。

设利率为 i，现存入 P 元，n 年后可得钱数为 F，若不计复利，则

$$F=P\cdot(1+n\cdot i)$$

F 就是 P 元在 n 年后的价值。反之，若 n 年后能收入 F 元，那么这些钱现在的价值为

$$P=\frac{F}{1+n\cdot i}$$

例如，库房管理系统，它每天能产生一份订货报告。假定开发该系统共需 5 千元，系统建成后及时订货，消除物品短缺问题，估计每年能节约 2.5 千元，5 年共节省 12.5 千元。假定年利率为 5%，利用上面的计算公式，可以算出建立库房管理系统后，每年预计节省的费用的现在价值，如表 2-2 所示。

表 2-2　将来的收入折算成现在值

年	将来值/千元	(1 + n • 0.05)	现在值/千元	累计的现在值/千元
1	2.5	1.05	2.381	2.381
2	2.5	1.1	2.273	4.654
3	2.5	1.15	2.174	6.828
4	2.5	1.2	2.083	8.911
5	2.5	1.25	2.0	10.911

2．投资回收期

通常用投资回收期衡量一个开发项目的价值。投资回收期就是使累计的经济效益等于最初的投资费用所需的时间。投资回收期越短，就越快获得利润，则该项目就越值得开发。

例如，库房管理系统两年后可以节省 5.104 千元，比最初的投资还多 0.104 千元。因此，投资回收期是 2 年。

投资回收期仅仅是一项经济指标，为了衡量一个开发项目的价值，还应考虑其他经济指标。

3．纯收入

衡量项目价值的另一个经济指标是项目的纯收入，也就是在整个生存周期之内的累计经济效益(折合成现在值)与投资之差。这相当于投资开发一个项目与把钱存入银行中进行比较，看这两种方案的优劣。若纯收入为零，则项目的预期效益和在银行存款一样，但是开发一个项目要冒风险，因此，从经济观点看这个项目，可能是不值得投资开发的。若纯收入小于零，那么这个项目显然不值得投资开发。

对上述的库房管理系统，项目纯收入预计为

$$10.911-5=5.911\,(\text{千元})$$

2.1.5　可行性研究的文档

可行性研究结束后要提交的文档是可行性研究报告。一个可行性研究报告的主要内容如下：

(1) 引言：说明编写本文档的目的，项目的名称、背景，本文档用到的专门术语和参考资料。

(2) 可行性研究前提：说明开发项目的功能、性能和基本要求，达到的目标，各种限制条件，可行性研究方法和决定可行性的主要因素。

(3) 对现有系统的分析：说明现有系统的处理流程和数据流程、工作负荷、各项费用支出，所需各类专业技术人员和数量，所需各种设备，现有系统存在什么问题。

(4) 所建议系统的技术可行性分析：对所建议系统的简要说明，处理流程和数据流程，与现有系统比较的优越性，采用所建议系统对用户的影响，对各种设备、现有软件、开发环境和运行环境的影响，对经费支出的影响，对技术可行性的评价。

(5) 所建议系统的经济可行性分析：说明所建议系统的各种支出，各种效益，收益/投资比，投资回收周期。

(6) 社会因素可行性分析：说明法律因素对合同责任、侵犯专利权和侵犯版权等问题的分析，说明用户使用可行性是否满足用户行政管理、工作制度和人员素质的要求。

(7) 其他可供选择方案：逐一说明其他可供选择的方案，并说明未被推荐的理由。

(8) 结论意见：说明项目是否能开发，还需什么条件才能开发，对项目目标有何变动等。

2.2 项目开发计划

经过可行性研究后，若一个项目是值得开发的，则接下来应制定项目开发计划。软件项目开发计划是软件工程中的一种管理性文档，主要是对开发的软件项目的费用、时间、进度、人员组织、硬件设备的配置、软件开发环境和运行环境的配置等进行说明和规划，是项目管理人员对项目进行管理的依据，据此对项目的费用、进度和资源进行控制和管理。

项目开发计划是一个管理性的文档，它的主要内容如下：

(1) 项目概述：说明项目的各项主要工作；说明软件的功能、性能；为完成项目应具备的条件；用户及合同承包者承担的工作、完成期限及其他条件限制；应交付的程序名称，所使用的语言及存储形式；应交付的文档。

(2) 实施计划：说明任务的划分，各项任务的责任人；说明项目开发进度，按阶段应完成的任务，用图表说明每项任务的开始时间和完成时间；说明项目的预算，各阶段的费用支出预算。

(3) 人员组织及分工：说明开发该项目所需人员的类型、组成结构和数量等。

(4) 交付期限：说明项目最后完工交付的日期。

2.3 软件需求分析

2.3.1 需求分析的特点

在进行可行性研究和项目开发计划以后，如果确认开发一个新的软件系统是必要的而且是可能的，那么就可进入需求分析阶段。

需求分析是指开发人员要准确理解用户的要求，进行细致的调查分析，将用户非形式的需求陈述转化为完整的需求定义，再由需求定义转换到相应的形式功能规约(需求规格说明)的过程。需求分析处于软件开发过程的开始阶段，主要解决“做什么”的问题。随着软件系统复杂性的提高及规模的扩大，需求分析在软件开发中所处的地位愈加突出，从而也愈加困难，它的难点主要体现在以下几个方面：

(1) 业务的复杂性。这是由用户需求所涉及的因素繁多引起的，如运行环境和系统功能等。

(2) 交流障碍。需求分析涉及人员较多，如软件系统用户、问题领域专家、需求工程师和项目管理员等，这些人具备不同的背景知识，处于不同的角度，扮演不同角色，造成了相互之间交流的困难。

(3) 不完备性和不一致性：由于各种原因，用户对问题的陈述往往是不完备而且前后矛盾的。

(4) 需求易变性。用户需求的变动是一个极为普遍的问题。

为了克服上述困难，人们主要围绕着需求分析的方法及自动化工具(如 CASE 技术)等方面进行研究。

2.3.2 需求分析的原则

近几年来已提出许多软件需求分析与说明的方法(如结构化分析方法和面向对象分析方法)，每一种分析方法都有独特的观点和表示法，但都适用下面的基本原则：

(1) 理解。必须能够表达和理解问题的数据域和功能域。数据域包括数据流(即数据通过一个系统时的变化方式)、数据内容和数据结构，而功能域反映上述三方面的控制信息。

(2) 分解。可以把一个复杂问题按功能进行分解并可逐层细化。通常软件要处理的问题如果太大太复杂就很难理解，若划分成几部分，并确定各部分间的接口，就可完成整体功能。

(3) 建模。模型可以帮助分析人员更好地理解软件系统的信息、功能和行为，这些模型也是软件设计的基础。

结构化分析方法(见 8.2 节)和面向对象分析方法都遵循以上原则。

2.3.3 需求分析的任务

需求分析的基本任务是要准确地定义新系统的目标，为了满足用户需要，回答系统必须“做什么”的问题。在可行性研究和项目开发计划阶段对这个问题的回答是概括的、粗略的。

1. 问题识别

双方确定对问题的综合需求。这些需求包括：

(1) 功能需求：指所开发的软件必须具备的功能，这是最重要的。

(2) 性能需求：指待开发的软件的技术性能指标，如存储容量、运行时间等限制。

(3) 环境需求：指软件运行时所需要的软、硬件(如机型、外设、操作系统和数据库管理系统等)的要求。

(4) 用户界面需求：即人机交互方式、输入/输出数据格式等。

另外还有可靠性、安全性、保密性、可移植性和可维护性等方面的需求，这些需求一般通过双方交流、调查研究来获取，并达到共同的理解。

2．分析与综合——导出软件的逻辑模型

分析人员对获取的需求进行一致性的分析检查，在分析、综合中逐步细化软件功能，划分成各个子功能。这里也包括对数据域进行分解，并分配到各个子功能上，以确定系统的构成及主要成分，并用图文结合的形式，建立起新系统的逻辑模型。

3．编写文档

编写文档的步骤如下：

(1) 编写“需求说明书”，把双方共同的理解与分析结果用规范的方式描述出来，作为今后各项工作的基础。

(2) 编写初步用户使用手册，着重反映被开发软件的用户功能界面和用户使用的具体要求，用户手册能强制分析人员从用户使用的观点考虑软件。

(3) 编写确认测试计划，作为今后确认和验收的依据。

(4) 修改完善项目开发计划。在需求分析阶段对开发的系统有了更进一步的了解，所以能更准确地估计开发成本、进度及资源要求，因此对原计划要进行适当修正。

2.3.4 需求分析的方法

需求分析方法有功能分解方法、结构化分析方法、信息建模方法和面向对象分析方法等。

1．功能分解方法

功能分解方法是将一个系统看成是由若干功能构成的一个集合，每个功能又可划分成若干个加工(即子功能)，一个加工又进一步分解成若干加工步骤(即子加工)。这样，功能分解方法有功能、子功能和功能接口三个组成要素。它的关键策略是利用已有的经验，对一个新系统预先设定加工内容和加工步骤，着眼点放在这个新系统需要进行什么样的加工上。

功能分解方法本质上是用过程抽象的观点来看待系统需求，是符合传统程序设计人员的思维特征，而且分解的结果一般已经是系统程序结构的一个雏形，实际上它已经很难与软件设计明确分离。

这种方法存在一些问题，它需要人工来完成从问题空间到功能和子功能的映射，即没有显式地将问题空间表现出来，也无法对表现的准确程度进行验证，而问题空间中的一些重要细节更是无法提示出来。功能分解方法缺乏对客观世界中相对稳定的实体结构进行描述，而基点放在相对不稳定的实体行为上，因此，基点是不稳定的，难以适应需求的变化。

2．结构化分析方法

结构化分析方法是一种从问题空间到某种表示的映射方法，用数据流图表示软件的功能是结构化方法中普遍被接受的表示方法。它由数据流图和数据词典构成。这种方法简单实用，适于数据处理领域问题。

该方法对现实世界中的数据流进行分析，把数据流映射到分析结果中。如果现实世界中的有些要求不是以数据流为主干的，就难于用此方法。如果分析是在现有系统的基础上进行的，应先除去原来物理上的特性，增加新的逻辑要求，再追加新的物理上的考虑。

该方法的一个难点是确定数据流之间的变换，而且数据词典的规模也是一个问题，它会引起所谓的“数据词典爆炸”，同时对数据结构的强调很少。

3. 信息建模方法

信息建模方法是从数据的角度来对现实世界建立模型的，它对人们对问题空间的认识是很有帮助的。

该方法的基本工具是 ER(实体-联系)图，其基本要素由实体、属性和联系构成。该方法的基本策略是从现实世界中找出实体，然后再用属性来描述这些实体。ER 图用于定义系统与系统外部实体之间的界限和接口的简单模型。同时它也明确了接口的信息流和物质流。

信息模型和语义数据模型是紧密相关的，有时被看作是数据库模型。在信息模型中，实体 E 是一个对象或一组对象。实体把信息收集在其中，关系 R 是实体之间的联系或交互作用。有时在实体和联系之外再加上属性。实体和关系形成一个网络，描述系统的信息状况，给出系统的信息模型。

在需求阶段业务建模是最重要的一件事情。其实所有做过需求分析的人都做过业务建模，比如你了解企业的运作模式的过程就是一种你脑海中的业务建模。但是大多数人都没有科学地、系统地、文档化地做过业务建模。

业务建模的目的在于：

(1) 了解目标组织(将要在其中部署系统的组织)的结构及机制。

(2) 了解目标组织中当前存在的问题并确定改进的可能性。

(3) 确保客户、最终用户和开发人员就目标组织达成共识。

(4) 导出支持目标组织所需的业务需求。

业务建模很重要的一点是在分析企业流程的同时分析出基础业务对象(Common Business Object，CBO)。任何企业都有最基础的一些元素，例如银行的 CBO 就有账户，制造业的 CBO 就有订单等。

企业的 CBO 无非是四个：客户、员工、产品和供应商。其他的所有 CBO 都是在这四个 CBO 的基础上发展起来的。比如说 CBO 中客户和产品是多对多的关系，根据关系数据的理论，任何多对多的关系都可以拆分成多个一对多或一对一的关系。

我们可以在这两个类之间引入订单类，客户和订单之间是一对多关系，订单和产品之间又是一对多关系，这样一个多对多的关系就拆分成两个一对多的关系了。

因此新的订单类也就顺理成章地产生了。在订单类产生时，还可以加入一个关联类——业务员类，而业务员类又是从员工类继承下来的。

4. 面向对象的分析

面向对象的分析是把 ER 图中的概念与面向对象程序设计语言中的主要概念结合在一起而形成的一种分析方法。在该方法中采用了实体、关系和属性等信息模型分析中的概念，同时采用了封闭、类结构和继承性等面向对象程序设计语言中的概念。

2.3.5 需求分析的文档

需求说明书是需求分析阶段最重要的技术文档之一。它提供了用户与开发人员对开发软件的共同理解，其作用相当于用户与开发单位之间的技术合同，是今后各阶段设计工作的基础，也是本阶段评审和测试阶段确认与验收的依据。需求说明书的主要内容如下：

(1) 前言：说明项目的目的、范围，所用的术语的定义；用到的缩略语和缩写词；参考资料。

(2) 项目概述：产品的描述，产品的功能，用户的特点，一般的约束等。

(3) 具体需求：说明每个功能的输入、处理和输出；外部接口需求，包括用户接口、软件接口、硬件接口和通信接口；性能需求；设计约束；其他需求，包括数据库、操作等。

2.4 基于 IDEF0 的建模方法

IDEF 方法是美国空军 1981 年在针对集成化计算机辅助制造(Integrated Computer Aided Manufacturing，简称 ICAM)工程项目中用于进行复杂系统分析和设计的方法，是在结构化分析与设计技术的基础上提出来的。IDEF 是 ICAM Definition 的缩写。IDEF 方法分为三部分：

(1) IDEF0：用来描述系统的功能活动及其联系，建立系统的功能模型。

(2) IDEF1：用来描述系统的信息及其联系，建立系统的信息模型。美国空军项目组对 IDEF1 进行了扩充与完善，于 1985 年正式推出了 IDEF1x，用于数据建模。

(3) IDEF2：用来进行仿真模拟，建立系统的动态模型。

这里主要介绍系统的 IDEF0 功能模型，反映系统“做什么”的功能。

2.4.1 IDEF0 的图形表示

IDEF0 方法采用简单的图形符号和简洁的文字说明，描述系统在不同层次上的功能。在该方法中，将系统功能称为活动，将表示系统功能的图形称为活动图形。在活动图形中，用方框和箭头表示系统的各种活动及相互间的关系。图 2.2 表示了一个活动图形，其中“调整工资”即为活动，用主动的动词短语来描述。在系统分解的某一层次，可能有多个活动，为阅读方便，给每个活动编号，并注在方框的右下角。

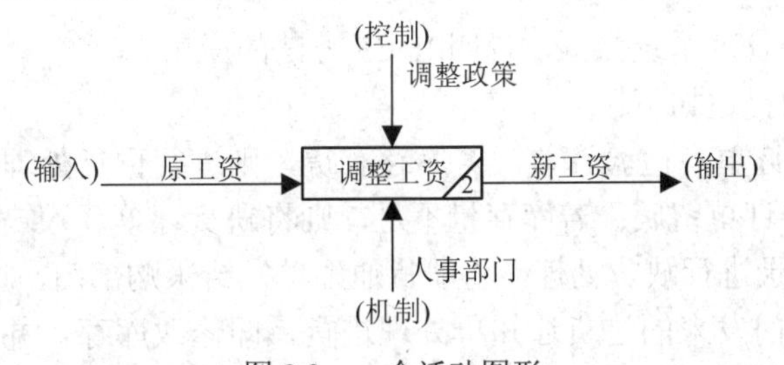

图 2.2 一个活动图形

连在方框上的箭头有四种类型：输入、输出、控制和机制。其中，输入指完成某项活动所需的数据，用连在方框左边的箭头表示；输出指执行活动时产生的数据，用连在方框右边的箭头表示；控制指活动所受到的约束条件，用连在方框上边的箭头表示；机制指活动是由谁来完成的，它可以是人、组织、设备及其他系统等，用连在方框下边的箭头表示。

有时，输入与控制的意义不易区别，一般情况下输入是活动要“消化掉”或“变换成输出”的数据，而控制只是说明由输入变换到输出的条件，当无法区分时可将输入看作控制。一个活动可无输入，但必须至少有一个控制。

2.4.2 建立功能模型

1. 建模基本方法

建立功能模型的基本方法有如下四步。

(1) 确定建模的范围、观点及目的。在开始为系统建立模型时，首先要确定建模的立足点，包括范围、观点及目的。范围指所讨论的对象是什么，它的边界和外部接口是什么；观点指从什么角度去考虑所研究的问题；目的指确定所研究问题的意图及理由。

(2) 建立系统的内外关系图——A-0 图。IDEF0 方法建立的功能模型是一组有层次关系的图形，用字母 A 开头的编号来标志图形在层次中的位置。先建立系统的内外关系图，该图用来抽象地描述所研究的问题及其边界或数据接口。图中只有一个活动，活动名概括地描述系统的内容，用进入和离开的箭头表示系统与环境的数据接口，确定了系统边界。

(3) 建立顶层图——A0 图。把 A-0 图分解为 3～6 个主要部分便得到 A0 图，它清楚地表达了 A-0 图在同样信息范围内的细节，从结构上反映了模型的观点，是系统功能模型真正的顶层图。该图中各方框所表示活动的详细含义由低层次的图形说明。

(4) 建立低层次的图形。按照自顶向下的方法，从 A0 图开始逐层分解，建立一系列的活动图形，直到最低层为止。分解时，应遵循两条原则：首先，保持在同一水平上分解(即宽度优先)，如 A1、A2、A3 等图，而不是 A1、A11、A111(后者为深度优先)，这样，可避免较高层次的变化影响较低层次，造成可能的重复工作，同时可较早地查出错误及遗漏；其次，对于同一水平层次上的各个方框，选择难度最大的部分往下分解，其后分解较容易的部分。

在 IDEF0 图中几个活动之间无明确的顺序和时间，要注意逐层分解时箭头表示的上、下层之间的平衡关系，即保持了图的边界箭头与父图箭头一致。

2. IDEF 方法应用示例

现以某企业销售管理系统为例，说明 IDEF 方法的应用。

企业销售管理的描述如下：

(1) 接受顾客的订单，检验订单。若库存有货，则进行供货处理，即修改库存，给仓库开备货单，并且将订单留底；若库存量不足，则将缺货订单登入缺货记录。

(2) 根据缺货记录进行缺货处理，将缺货通知单发给采购部门，以便采购。

(3) 根据采购部门发来的进货通知单处理进货，即修改库存，并从缺货记录中取出缺货订单进行供货处理。

(4) 根据留底的订单进行销售统计，打印统计表给经理。

图 2.3 为销售管理系统的 A-0 图。图 2.4 为该系统的 A0 图。

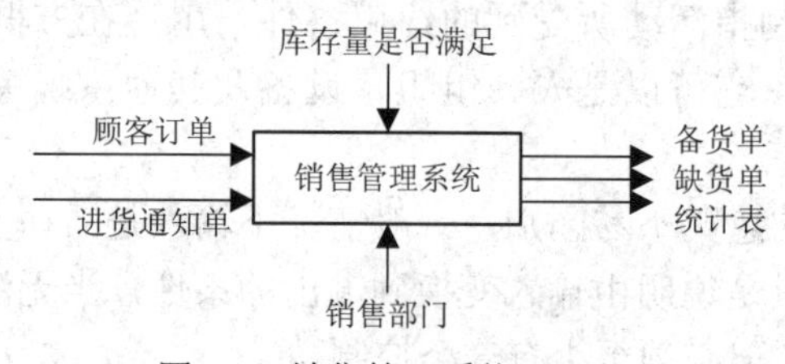

图 2.3 销售管理系统 A-0 图

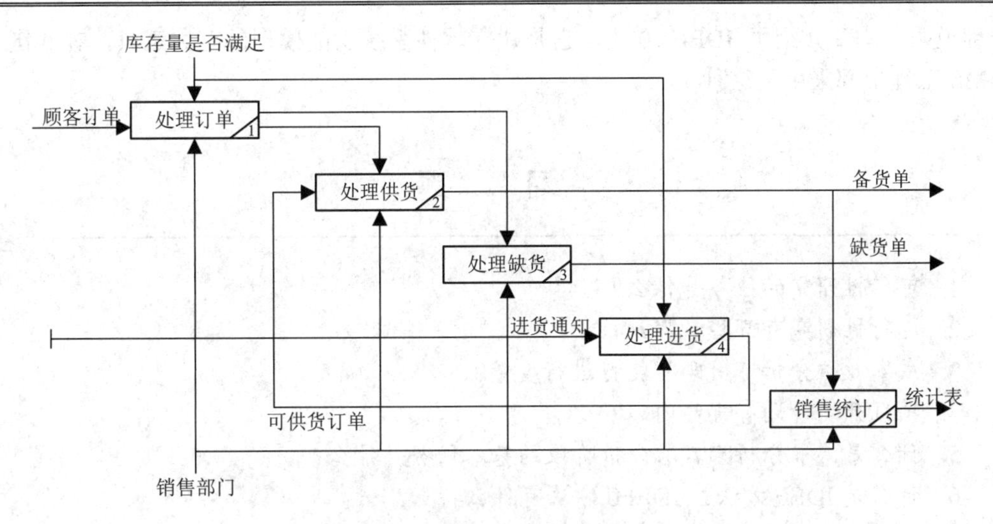

图 2.4 销售管理系统 A0 图

2.4.3 IDEF0 方法的特点

从以上示例建立的 IDEF0 模型可看出该方法有以下特点：

(1) 采用方框和箭头等简单的图形符号描述系统的活动和数据流，描述活动所受到的约束条件及实现机制。通过各个侧面的描述可清楚地反映系统的功能，使读者能全面、准确地理解系统。标准的 IDEF0 图还有图表顶部和底部的定义，以介绍作者、日期、审阅者、项目、图号、本图与父图的关系等文件信息。因此，IDEF0 图宜作为正式文档。

(2) 采用严格的自上向下、逐层分解的方式建立系统功能模型。顶层确定系统范围，采用抽象原则，然后有控制地逐步展开有关活动的细节，符合 SA 方法的分析策略。同时，IDEF0 规定每张图至少有 3 个、最多有 6 个方框，上界 6 保证采用层次性描述复杂问题的可理解性，下界 3 保证分解有意义。

因此，IDEF0 是建立系统功能模型的有效方法。在开发计算机集成制造系统过程(Computer Integrated Manufacturing System，CIMS)中，大都采用此方法建立软件需求分析的功能模型。

本 章 小 结

对于大型软件的开发，可行性研究是必需的。它可解决项目开发时的技术可行性、经济可行性和社会可行性。通过可行性研究可以减少技术风险和投资风险。

一旦通过可行性研究，就要制定项目开发计划、估计费用、安排进度、进行硬件资源配置和软件资源配置及人力资源配置等。

项目开发计划制定出来之后，就要进行软件需求分析。软件需求分析是很重要的开发阶段之一，它是项目开发的基础，它要解决软件系统做什么，具有什么功能、性能，有什么约束条件等。把这些问题搞清楚后，写出软件需求说明书，作为开发的根据。需求分析方法有多种，常用的结构化分析方法在第 8 章详细说明，面向对象分析方法在第 11、12 章详细说明。本章介绍了 IDEF 方法，它是建立软件系统功能模型的有力工具，在我国许多 CIMS 工程中都采用了这种工具。

习　题

1. 可行性研究的任务是什么？
2. 可行性研究有哪些步骤？
3. 成本效益分析可用哪些指标进行度量？
4. 项目开发计划有哪些内容？
5. 什么是需求分析？需求分析阶段的基本任务是什么？
6. 什么是 IDEF 方法？IDEF0 方法有什么特点？
7. 数据流图 DFD 和 IDEF0 图的共同点和区别是什么？
8. 利用 IDEF0 的建模方法画出下面项目部分需求的 A-0 图。

美国某大学共有 200 名教师，校方与工会刚刚签订了一项协议。按照协议，所有年工资大于等于$26 000 元的教师工资将保持不变，年工资小于$26 000 元的教师将增加工资，所增加的工资数按下述方法计算：

给每个由此教师所赡养的人(包括教师本人) 每年补助$100 元，此外，教师满一年工龄的再多补助$50 元，但是增加后的年工资总额不能多于$26 000 元。

教师的工资档案储存在行政办公室的计算机硬盘上，档案中有目前的年工资、赡养人数、雇用日期等信息。

9. 针对项目回答问题：

假设有一个“网上家电购物商务网站”软件开发项目，在软件项目计划时期需要访谈与项目有关的关键人员，分组讨论：

(1) 关键人员指的是哪些人员？

(2) 访谈应包括什么内容？

10. 为方便旅客，某航空公司拟开发一个机票预订系统。旅行社把预定机票的旅客信息(姓名、性别、工作单位、身份证号码、旅行时间、旅行目的地等)输入该系统，系统为旅客安排航班，打印输出取票通知和账单，旅客在飞机起飞的前一天凭取票通知和账单交款取票，系统校对无误即打印输出机票给旅客。

根据以上描述，写出问题定义并分析系统的可行性。

【提示】

(1) 明确目标：在一个月内建立一个高效率，无差错的航空公司机票预定系统。

(2) 存在的主要问题：人工不易管理，手续繁琐。

(3) 建立新系统。

(4) 经济可行性分析。

(5) 成本效益分析。

- 成本估算：打印机一台(2000 元) + 开发费(3500 元) = 5500 元(可接受)

• 效益估算：该系统有很好的社会效益，提高了航空公司售票效率，方便了旅客购票，公司售票不仅方便简洁，也更加科学。

(6) 技术可行性分析。经过调查分析，得到目前航空公司机票预订系统流程图如图 2.5 所示。

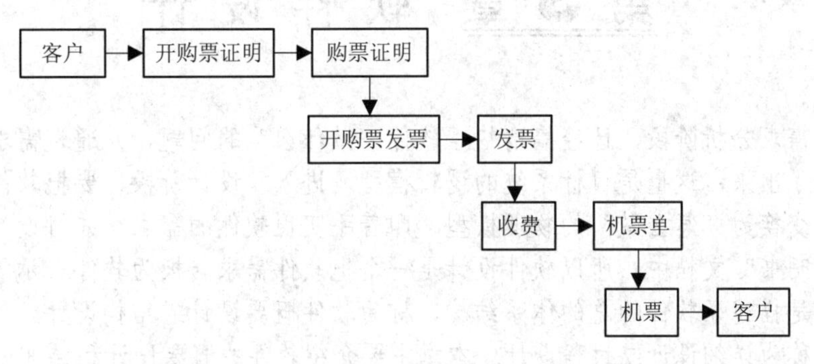

(a) 人工机票预订流程图

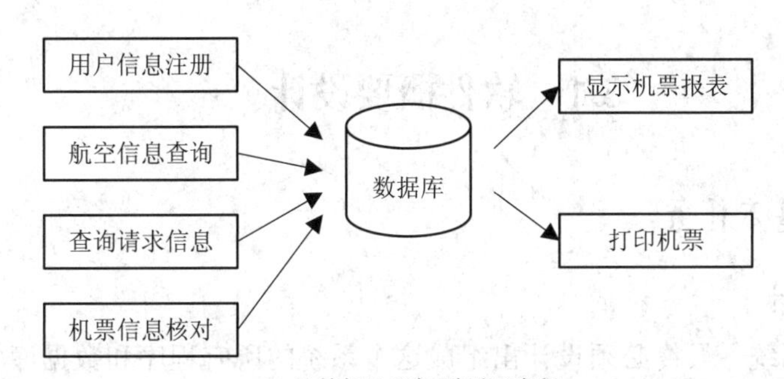

(b) 计算机处理机票预订流程

图 2.5　人工处理流程和计算机处理流程

(7) 操作的可行性分析。比较图 2.5(a)、(b)可以看出，与人工系统相比，计算机保留了原有的主要工作流程，可以看出计算机系统是人工系统的优化，操作也不复杂，工作人员在短时间内经过培训就可熟练掌握。

(8) 结论。由于经济、技术、操作三方面的可行性分析都通过了，因此开发航空公司机票预定系统是可行的。

第 3 章 软件设计

在软件需求分析阶段，已经搞清楚了软件“做什么”的问题，并通过需求说明书将这些需求描述了出来，这也是目标系统的逻辑模型。进入了设计阶段，要把软件“做什么”的逻辑模型变换为“怎么做”的物理模型，即着手实现软件的需求，并将设计的结果反映在“设计说明书”文档中，所以软件设计是一个把软件需求转换为软件表示的过程，最初这种表示只是描述了软件的总的体系结构，称为软件概要设计或结构设计。然后对结构进一步细化，称为详细设计或过程设计。本章主要介绍软件的概要设计和详细设计。

3.1 软件概要设计

3.1.1 概要设计基本任务

1. 软件结构设计

为了实现目标系统，最终必须设计出组成这个系统的所有程序和数据库(文件)。对于程序，则首先进行结构设计，具体方法如下：

(1) 采用某种设计方法，将一个复杂的系统按功能划分成模块。

(2) 确定每个模块的功能。

(3) 确定模块之间的调用关系。

(4) 确定模块之间的接口，即模块之间如何传递信息。

(5) 评价模块结构的质量。

从以上内容看，软件结构的设计是以模块为基础的，在需求分析阶段，通过某种分析方法把系统分解成层次结构。在设计阶段，以需求分析的结果为依据，从实现的角度划分模块，并组成模块的层次结构。

软件结构的设计是概要设计关键的一步，直接影响到详细设计与编码的工作。软件系统的质量及一些整体特性都在软件结构的设计中决定，因此，应由经验丰富的软件人员担任软件结构设计工作，采用一定的设计方法，选取合理的设计方案。

2. 数据结构及数据库设计

对于大型数据处理的软件系统，除了系统结构设计外，数据结构与数据库设计也是很重要的。

1) 数据结构的设计

逐步细化的方法也适用于数据结构的设计。在需求分析阶段，可通过数据字典对数据的组成、操作约束和数据之间的关系等方面进行描述，确定数据的结构特性，在概要设计阶段要加以细化，详细设计则规定具体的实现细节。在概要设计阶段，宜使用抽象的数据类型。如“栈”是数据结构的概念模型，在详细设计中可用线性表和链表来实现“栈”。设计有效的数据结构，将大大简化软件模块处理过程的设计。

2) 数据库的设计

数据库的设计指对数据存储文件的设计，其主要包括以下几方面的设计：

(1) 概念设计。在数据分析的基础上，从用户角度采用自底向上的方法进行视图设计。一般用 ER 模型来表示数据模型，这是一个概念模型。ER 模型既是设计数据库的基础，也是设计数据结构的基础。IDEF1x 技术也支持概念模式，用 IDEF1x 方法建立系统的信息模型，使模型具有一致性、可扩展性和可变性等特性，同样，该模型可作为数据库设计的主要依据。

(2) 逻辑设计。ER 模型或 IDEF1x 模型是独立于数据库管理系统(DBMS)的，要结合具体的 DBMS 特征来建立数据库的逻辑结构。对于关系型的 DBMS 来说，将概念结构转换为数据模式、子模式并进行规范，要给出数据结构的定义，即定义所含的数据项、类型、长度及它们之间的层次或相互关系的表格等。

(3) 物理设计。对于不同的 DBMS，物理环境不同，提供的存储结构与存取方法也各不相同。物理设计就是设计数据模式的一些物理细节，如数据项存储要求、存取方式和索引的建立等。

数据库技术是一项专门的技术，本书不作详细的讨论。但开发人员应注意到，在大型数据处理系统的功能分析与设计中，同时要进行数据分析与数据设计。数据库的“概念设计”与“逻辑设计”分别对应于系统开发中的“需求分析”与“概要设计”，而数据库的“物理设计”与模块的“详细设计”相对应。

3．编写概要设计文档

编写概要设计文档的内容如下：

(1) 概要设计说明书。

(2) 数据库设计说明书：主要给出所使用的 DBMS 简介，数据库的概念模型、逻辑设计和结果。

(3) 用户手册：对需求分析阶段编写的用户手册进行补充。

(4) 修订测试计划：对测试策略、方法和步骤提出明确要求。

4．评审

在该阶段，对设计部分是否完整地实现了需求中规定的功能、性能等要求，设计方案的可行性、关键环节的处理和内外部接口定义的正确性、有效性以及各部分之间的一致性等，都一一进行评审。

3.1.2 软件概要设计文档

概要设计说明书是概要设计阶段结束时提交的技术文档。按国标 GB8576—88 的《计算机软件产品开发文件编制指南》规定，软件设计文档可分为“概要设计说明书”、“详细设计说明书”和“数据库设计说明书”。

概要设计说明书的主要内容如下：

(1) 引言：编写目的，背景，定义，参考资料。

(2) 总体设计：需求规定，运行环境，基本设计概念和处理流程，结构。

(3) 接口设计：用户接口，外部接口，内部接口。

(4) 运行设计：运行模块组合，运行控制，运行时间。

(5) 系统数据结构设计：逻辑结构设计，物理结构设计，数据结构与程序的关系。

(6) 系统出错处理设计：出错信息，补救措施，系统恢复设计。

3.2 软件设计的基本原理

软件设计中最重要的一个问题就是软件质量问题，用什么标准对软件设计的技术质量进行衡量呢？本节介绍几十年来已发展了的并经过时间考验的软件设计的一些基本原理。

3.2.1 模块化

模块化的概念在程序设计技术中就出现了。何为模块？模块在程序中是数据说明、可执行语句等程序对象的集合，或者是单独命名和编址的元素，如高级语言中的过程、函数和子程序等。在软件的体系结构中，模块是可组合、分解和更换的单元。模块具有以下几种基本属性：

(1) 接口：指模块的输入与输出。

(2) 功能：指模块实现什么功能。

(3) 逻辑：描述内部如何实现要求的功能及所需的数据。

(4) 状态：指该模块的运行环境，即模块的调用与被调用关系。

功能、状态与接口反映模块的外部特性，逻辑反映它的内部特性。

模块化是指解决一个复杂问题时自顶向下逐层把软件系统划分成若干模块的过程。每个模块完成一个特定的子功能，所有的模块按某种方法组装起来，成为一个整体，完成整个系统所要求的功能。在面向对象设计中，模块和模块化的概念将进一步扩充(详见第11、12章)。模块化是软件解决复杂问题所具备的手段，为了说明这一点，可将问题的复杂性和工作量的关系进行推理。

设问题 x，表示它的复杂性函数为 C(x)，解决它所需的工作量函数为 E(x)。对于问题 P1 和 P2，如果

$$C(P1) > C(P2)$$

即 P1 比 P2 复杂，那么

$$E(P1) > E(P2)$$

即问题越复杂，所需要的工作量越大。

根据解决一般问题的经验，有如下规律：

$$C(P1 + P2) > C(P1) + C(P2)$$

即一个问题由两个问题组合而成的复杂度大于分别考虑每个问题的复杂度之和。这样，可

以推出：

$$E(P1 + P2) > E(P1) + E(P2)$$

由此可知，开发一个大而复杂的软件系统，将它进行适当的分解。这样不但可降低其复杂性，还可减少开发工作量，从而降低开发成本，提高软件生产率，这就是模块化的依据。但是否将系统无限制分割，使最后开发软件的工作量趋于零？事实上，模块划分的越多，块内的工作量就减少，但模块之间接口的工作量增加了，如图 3.1 所示。从图中可以看出，存在着一个使软件开发成本在最小区域的模块数 M，虽然目前还不能确定 M 的准确数值，但在划分模块时，应避免数目过多或过少，一个模块的规模应当取决于它的功能和用途。同时，应减少接口的代价，提高模块的独立性。

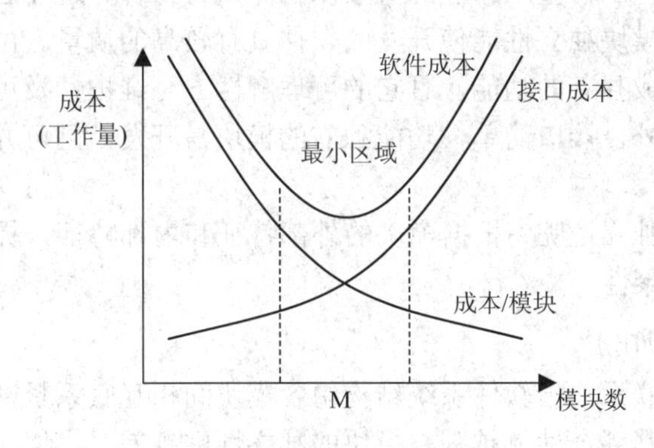

图 3.1 模块与开发软件成本

3.2.2 抽象

抽象是认识复杂现象过程中使用的思维工具，即抽出事物本质的共同特性而暂不考虑它的细节，不考虑其他因素。抽象的概念被广泛应用于计算机软件领域，在软件工程学中更是如此。软件工程实施中的每一步都可以看作是对软件抽象层次的一次细化。在系统定义阶段，软件可作为整个计算机系统的一个元素来对待；在软件需求分析阶段，软件的解决方案是使用问题环境中的术语来描述；从概要设计到详细设计阶段，抽象的层次逐步降低，将面向问题的术语与面向实现的术语结合起来描述解决方法，直到产生源程序时到达最低的抽象层次。这是软件工程整个过程的抽象层次。具体到软件设计阶段，又有不同的抽象层次，在进行软件设计时，抽象与逐步求精、模块化密切相关，可帮助定义软件结构中模块的实体，由抽象到具体地分析和构造出软件的层次结构，提高软件的可理解性。

3.2.3 信息隐蔽

通过抽象，可以确定组成软件的过程实体。通过信息隐蔽，可以定义和实施对模块的过程细节和局部数据结构的存取限制。所谓信息隐蔽，是指在设计和确定模块时，使得一个模块内包含的信息(过程或数据)，对于不需要这些信息的其他模块来说，是不能访问的；“隐蔽”的意思是，有效的模块化通过定义一组相互独立的模块来实现，这些独立的模块彼此之间仅仅交换那些为了完成系统功能所必需的信息，而将那些自身的实现细节与数据“隐藏”起来。一个软件系统在整个生存期中要经过多次修改，信息隐蔽为软件系统的修改、测试及以后的维护都带来好处。因此，在划分模块时要采取措施，如采用局部数据结构，使得大多数过程(即实现细节)和数据对软件的其他部分是隐藏的，这样，修改软件时偶然引入的错误所造成的影响只局限在一个或少量几个模块内部，不波及其他部分。

3.2.4 模块独立性

为了降低软件系统的复杂性，提高可理解性、可维护性，必须把系统划分成为多个模块，但模块不能任意划分，应尽量保持其独立性。模块独立性指每个模块只完成系统要求的独立的子功能，并且与其他模块的联系最少且接口简单。模块独立性概念是模块化、抽象及信息隐蔽这些软件工程基本原理的直接产物。只有符合和遵守这些原则才能得到高度独立的模块。良好的模块独立性能使开发的软件具有较高的质量。由于模块独立性强，信息隐藏性能好，并完成独立的功能，且它的可理解性、可维护性及可测试性好，必然导致软件的可靠性高。另外，接口简单、功能独立的模块易开发，且可并行工作，有效地提高了软件的生产率。

如何衡量软件的独立性呢？根据模块的外部特征和内部特征，提出了两个定性的度量标准——耦合性和内聚性。

1．耦合性(Coupling)

耦合性也称块间联系，指软件系统结构中各模块间相互联系紧密程度的一种度量。模块之间联系越紧密，其耦合性就越强，模块的独立性则越差。模块间耦合高低取决于模块间接口的复杂性、调用的方式及传递的信息。模块的耦合性类型及相互关系紧密程度如下所示：

无直接耦合　数据耦合　标记耦合　控制耦合　公共耦合　内容耦合

低　　　　　　　　　　　　耦合性　　　　　　　　　　　　高

(1) 无直接耦合：指两个模块之间没有直接的关系，它们分别从属于不同模块的控制与调用，它们之间不传递任何信息。因此，模块间的这种耦合性最弱，模块独立性最高。

(2) 数据耦合：指两个模块之间有调用关系，传递的是简单的数据值，相当于高级语言中的值传递。这种耦合的耦合程度较低，模块的独立性较高。

(3) 标记耦合：指两个模块之间传递的是数据结构，如高级语言中的数组名、记录名和文件名等这些名字即为标记，其实传递的是这个数据结构的地址。两个模块必须清楚这些数据结构，并按要求对其进行操作，这样降低了可理解性。可采用“信息隐蔽”的方法，把该数据结构以及在其上的操作全部集中在一个模块，就可消除这种耦合，但有时因为还有其他功能的缘故，标记耦合是不可避免的。

(4) 控制耦合：指一个模块调用另一个模块时，传递的是控制变量(如开关、标志等)，被调模块通过该控制变量的值有选择地执行块内某一功能。因此被调模块内应具有多个功能，哪个功能起作用受其调用模块的控制。

控制耦合增加了理解与编程及修改的复杂性，调用模块必须知道被调模块内部的逻辑关系，即被调模块处理细节不能“信息隐藏”，降低了模块的独立性。

在大多数情况下，模块间的控制耦合并不是必需的，可以将被调模块内的判定上移到调用模块中去，同时将被调模块按其功能分解为若干单一功能的模块，将控制耦合改变为数据耦合。

(5) 公共耦合：指通过一个公共数据环境相互作用的那些模块间的耦合。公共数据环境可以是全程变量或数据结构、共享的通信区、内存的公共覆盖区及任何存储介质上的文件和物理设备等(也有将共享外部设备分类为外部耦合的)。

公共耦合的复杂程度随耦合模块的个数增加而增加。如果只在两个模块之间有公共数据环境，那么这种公共耦合就有两种情况：

① 一个模块只是给公共数据环境送数据，另一个模块只是从公共环境中取数据，这只是数据耦合的一种形式，是比较松散的公共耦合。

② 两个模块都既往公共数据环境中送数据，又从里面取数据，这是紧密的公共耦合。

如果在模块之间共享的数据很多，且通过参数传递很不方便时，才使用公共耦合，因为公共耦合会引起以下问题：

① 耦合的复杂程度随模块的个数增加而增加，无法控制各个模块对公共数据的存取。若某个模块有错，可通过公共区将错误延伸到其他模块，这样会影响到软件的可靠性。

② 使软件的可维护性变差。若某一模块修改了公共区的数据，则会影响到与此有关的所有模块。

③ 降低了软件的可理解性。因为各个模块使用公共区的数据，使用方式往往是隐含的，某些数据被哪些模块共享，不易很快搞清。

(6) 内容耦合：这是最高程度的耦合，也是最差的耦合。当一个模块直接使用另一个模块的内部数据，或通过非正常入口而转入另一个模块内部时，这种模块之间的耦合便为内容耦合。这种情况往往出现在汇编程序设计中。

以上六种由低到高的耦合类型，为设计软件、划分模块提供了决策准则。提高模块独立性、建立模块间尽可能松散的系统，是模块化设计的目标。为了降低模块间的耦合度，可采取以下几点措施：

(1) 在耦合方式上降低模块间接口的复杂性。模块间接口的复杂性包括模块的接口方式、接口信息的结构和数量。接口方式不采用直接引用(内容耦合)，而采用调用方式(如过程语句调用方式)。接口信息通过参数传递且传递信息的结构尽量简单，不用复杂参数结构(如过程、指针等类型参数)，参数的个数也不宜太多，如果很多，可考虑模块的功能是否庞大复杂。

(2) 在传递信息类型上尽量使用数据耦合，避免控制耦合，慎用或有控制地使用公共耦合。这只是原则，耦合类型的选择要根据实际情况综合地考虑。

2. 内聚性(Cohesion)

内聚性也称块内联系，指模块的功能强度的度量，即一个模块内部各个元素彼此结合的紧密程度的度量。若一个模块内各元素(语句之间、程序段之间)联系的越紧密，则它的内聚性就越高。内聚性的分类及其联系紧密度如下所示：

偶然内聚　逻辑内聚　时间内聚　通信内聚　顺序内聚　功能内聚

低 —————————— 内聚性 ——————————→ 高

(1) 偶然内聚：指一个模块内的各处理元素之间没有任何联系。例如，有一些无联系的处理序列在程序中多次出现或在几个模块中都出现，如：

```
Read disk File;
```

Calculate current values;

Produce user output;…

为了节省存储，把它们抽出来组成一个新的模块，这个模块就属于偶然内聚。这样的模块不易理解也不易修改，这是最差的内聚情况。

(2) 逻辑内聚：指模块内执行几个逻辑上相似的功能，通过参数确定该模块完成哪一个功能。如产生各种类型错误的信息输出放在一个模块上，或从不同设备上的输入放在一个模块上，这是一个单入口多功能模块。这种模块内聚程度有所提高，各部分之间在功能上有相互关系，但不易修改；当某个调用模块要求修改此模块公用代码时，而另一些调用模块又不要求修改。另外，调用时需要进行控制参数的传递，造成模块间的控制耦合，调用此模块时，不用的部分也占据了主存，降低了系统效率。

(3) 时间内聚：把需要同时执行的动作组合在一起形成的模块为时间内聚模块。如初始化一组变量，同时打开若干文件，同时关闭文件等，都与特定时间有关。时间内聚比逻辑内聚程度高一些，因为时间内聚模块中的各部分都要在同一时间内完成。但是由于这样的模块往往与其他模块联系的比较紧密，如初始化模块对许多模块的运行有影响，因此和其他模块耦合的程度较高。

(4) 通信内聚：指模块内所有处理元素都在同一个数据结构上操作(有时称之为信息内聚)，或者指各处理使用相同的输入数据或者产生相同的输出数据。如一个模块完成“建表”、“查表”两部分功能，都使用同一数据结构——名字表。又如一个模块完成生产日报表、周报表和月报表，都使用同一数据——日产量。

通信内聚的模块各部分都紧密相关于同一数据(或者数据结构)，所以内聚性要高于前几种类型。同时，可把某一数据结构、文件及设备等操作都放在一个模块内，实现信息隐藏。

(5) 顺序内聚：指一个模块中各个处理元素都密切相关于同一功能且必须顺序执行，前一功能元素的输出就是下一功能元素的输入。例如，某一模块完成求工业产值的功能，前面部分功能元素求总产值，随后部分的功能元素求平均产值，显然，该模块内两部分紧密相关。

(6) 功能内聚：这是最强的内聚，指模块内所有元素共同完成一个功能，缺一不可。因此，模块不能再分割，如“打印日报表”这样一个单一功能的模块。功能内聚的模块易理解、易修改，因为它的功能是明确的、单一的，因此与其他模块的耦合是弱的。功能内聚的模块有利于实现软件的重用，从而提高软件开发的效率。

耦合性与内聚性是模块独立性的两个定性标准，将软件系统划分成模块时，尽量做到高内聚低耦合，提高模块的独立性，为设计高质量的软件结构奠定基础。但也有内聚性与耦合性发生矛盾的时候，为了提高内聚性而可能使耦合性变差，在这种情况下，建议给予耦合性以更高的重视。

3.3 软件结构准则

3.3.1 软件结构图

软件结构图是软件系统的模块层次结构，反映了整个系统的功能实现，即程序的控制层次体系。对于一个“问题”，可用不同的软件结构来解决，不同的设计方法和不同的划分和组织，可得出不同的软件结构。

软件结构往往用树状或网状结构的图形来表示。软件工程中，一般采用美国 Yourdon 等提出的称为结构图(Structure Chart，SC)的工具来表示软件结构。结构图的主要内容有：

(1) 模块：用方框表示，并用名字标识该模块，名字应体现该模块的功能。

(2) 模块的控制关系：两个模块间用单向箭头或直线连接表示它们的控制关系，如图 3.2 所示。按照惯例，图中位于上方的模块调用下方的模块，所以不用箭头也不会产生二义性。调用模块和被调用模块的关系称为上属与下属的关系，或者称为“统率”与“从属”的关系。如图 3.4 所示，模块 M 统率模块 A、B、C，模块 D 从属于模块 A，也从属于 M。

(3) 模块间的信息传递：模块间还经常用带注释的短箭头表示模块调用过程中来回传递的信息。有时箭头尾部带空心圆的表示传递的是数据，带实心圆的表示传递的是控制信息，如图 3.2 所示。

(4) 两个附加符号：表示模块有选择调用或循环调用，如图 3.3 所示。

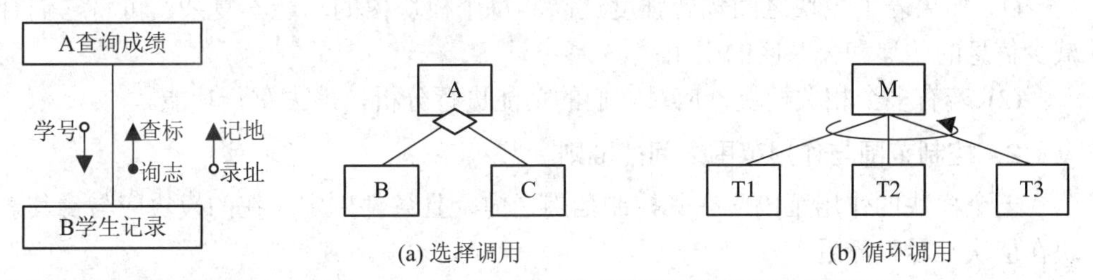

图 3.2 模块间的控制关系及信息传递　　图 3.3 选择调用和循环调用的表示

图 3.3(a)的 A 模块中有一个菱形符号表示 A 中有判断处理功能，它有条件地调用 B 或 C，图 3.3(b)中 M 模块下方有一个弧形箭头，表示 M 循环调用 T1、T2 和 T3 模块。

(5) 结构图的形态特征：

① 深度：指结构图控制的层次，也是模块的层数，见图 3.4，结构图的深度为 5。

② 宽度：指一层中最大的模块个数，如图 3.4 所示，宽度为 8。

③ 扇出：指一个模块直接下属模块的个数，如图 3.4 所示，模块 M 的扇出为 3。

④ 扇入：指一个模块直接上属模块的个数，如图 3.4 所示，模块 T 的扇入为 4。

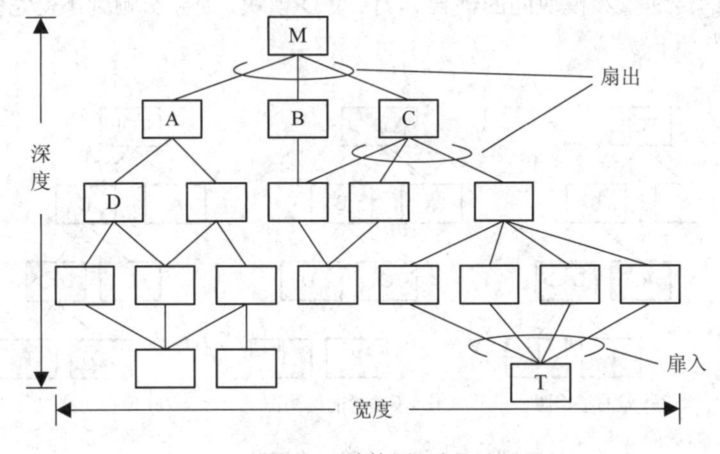

图 3.4 结构图示例

(6) 画结构图应注意的事项：

① 同一名字的模块在结构图中仅出现一次。

② 调用关系只能从上到下。

③ 不严格表示模块的调用次序，习惯上从左到右。有时为了减少连线的交叉，可适当地调整同一层模块左右的位置，以保持结构图的清晰。

3.3.2 软件结构设计准则

软件概要设计的主要任务就是软件结构的设计，为了提高设计的质量，必须根据软件设计的原理改进软件设计，并提出以下软件结构的设计优化准则。

1. 模块独立性准则

划分模块时，尽量做到高内聚，低耦合，保持模块相对独立性，并以此原则优化初始的软件结构。

(1) 如果若干模块之间耦合强度过高，每个模块内的功能不复杂，可将它们合并，以减少信息的传递和公共区的引用；

(2) 若有多个相关模块，应对它们的功能进行分析，消去重复功能。

2. 控制范围与作用范围之间的准则

一个模块的作用范围应在其控制范围之内，且条件判定所在的模块应与受其影响的模块在层次上尽量靠近。

在软件结构中，由于存在着不同事务处理的需要，某一层上的模块会存在着判断处理，这样可能影响其他层的模块处理。为了保证含有判定功能模块的软件设计的质量，引入了模块的作用范围(或称影响范围)与控制范围的概念。

一个模块的作用范围指受该模块内一个判定影响的所有模块的集合。一个模块的控制范围指模块本身以及其所有下属模块(直接或间接从属于它的模块)的集合。

如图 3.5(a)(符号◇表示模块内有判定功能，阴影表示模块的作用范围)所示，模块 D 的作用范围是 C、D、E 和 F，模块 D 的控制范围是 D、E、F，作用范围超过了控制范围，这种结构最差。因为 D 的判定作用到了 C，必然有控制信息通过上层模块 B 传递到 C，这样增加了数据的传递量和模块间的耦合。若修改 D 模块，则会影响到不受它控制的 C 模块，这样不易理解与维护。

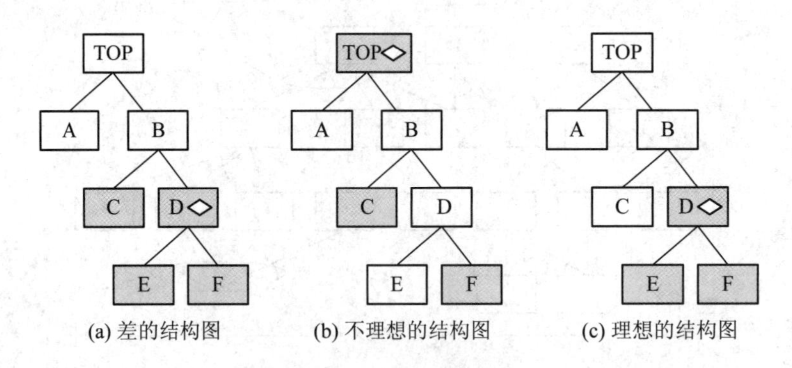

(a) 差的结构图　(b) 不理想的结构图　(c) 理想的结构图

图 3.5　模块的判定作用范围

再看图 3.5(b)，模块 TOP 的作用范围在控制范围之内，但是判定所在模块与受判定影响的模块位置太远，也存在着额外的数据传递(模块 B、D 并不需要这些数据)，增加了接口的复杂性和耦合强度。这种结构虽符合设计原则，但不理想。最理想的结构图是图 3.5(c)，消除了额外的数据传递。如果在设计过程中，发现模块作用范围不在其控制范围之内，可以用以下方法加以改进：

(1) 上移判断点。如图 3.5(a)所示，将模块 D 中的判断点上移到它的上层模块 B 中，或者将模块 D 整个合并到模块 B 中，使该判断的层次升高，以扩大它的控制范围。

(2) 下移受判断影响的模块。将受判断影响的模块下移到判断所在模块的控制范围内，如图 3.5(a)所示，将模块 C 下移到模块 D 的下层。

3．软件结构的形态特征准则

软件结构的深度、宽度、扇入及扇出应适当。

深度是软件结构设计完成后观察到的情况，能粗略地反映系统的规模和复杂程度。宽度也能反映系统的复杂情况。宽度与模块的扇出有关，一个模块的扇出太多，说明本模块过分复杂，缺少中间层。单一功能模块的扇入数大比较好，说明本模块为上层几个模块共享的公用模块，重用率高。但是不能把彼此无关的功能凑在一起形成一个通用的超级模块，虽然它扇入高，但低内聚。因此非单一功能的模块扇入高时应重新分解，以消除控制耦合的情况。软件结构从形态上看，应是顶层扇出数较高一些，中间层扇出数较低一些，底层扇入数较高一些。

4．模块的大小准则

在考虑模块的独立性同时，为了增加可理解性，模块的大小最好在 50～150 条语句左右，可以用 1～2 页打印纸打印，便于人们阅读与研究。

5．模块的接口准则

模块的接口要简单、清晰及含义明确，便于理解，易于实现、测试与维护。

这里介绍的几条优化准则是人们在开发软件的长期实践中所积累的经验而总结出的一些启发式准则，本书第 8 章介绍的结构化设计方法和第 11、12 章介绍的面向对象设计方法都遵循这些准则。这些准则能给予软件开发人员有益的启示，对改进设计结构，提高软件质量有重要的参考价值。

3.3.3　软件结构的 HIPO 图

HIPO 图(Hierarchy Plus Input/Processing/Output)是美国 IBM 公司 20 世纪 70 年代发展起来的表示软件系统结构的工具。它既可以描述软件总的模块层次结构——H 图(层次图)，又可以描述每个模块输入/输出数据、处理功能及模块调用的详细情况——IPO 图。HIPO 图是以模块分解的层次性以及模块内部输入、处理及输出三大基本部分为基础建立的。当然，绘制 HIPO 图同样要遵循软件设计的基本原理。

1．HIPO 图的 H 图

H 图用于描述软件的层次结构，矩形框表示一个模块，矩形框之间的直线表示模块之间的调用关系，同结构图一样未指明调用顺序。在 2.4.2 节的 IDEF 方法应用示例的销售管理系统中，它的 H 图如图 3.6 所示。

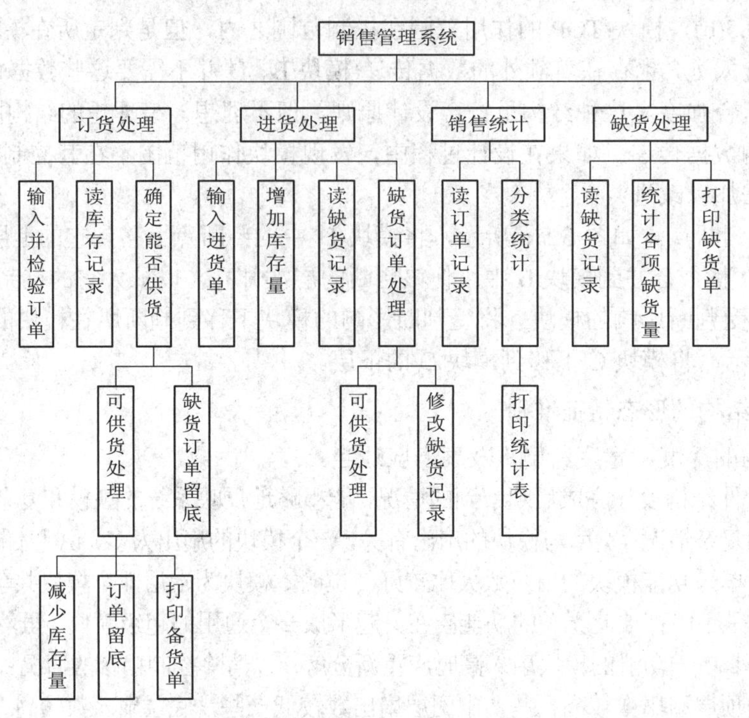

图 3.6 销售管理系统的 H 图

2. IPO 图

H 图只说明了软件系统由哪些模块组成及其控制层次结构，并未说明模块间的信息传递及模块内部的处理。因此对一些重要模块还必须根据数据流图、数据字典及 H 图绘制具体的 IPO 图，图 3.7 为“确定能否供货”的 IPO 图。“确定能否供货”是图 3.6 中的一个模块。

系统名：销售管理系统	设计人：
模块名：确定能否订货	日期：
模块编号：	
上层调用模块：订货处理	下层被调用模块：可供货处理 缺货订单留底
文件名：库存文件	全局变量：
输入数据：订单订货量 X 相应货物库存量 Y	输出数据：供货标志 supply
处理：IF Y−X > 0 THEN 可供货处理 ELSE 缺货订单留底 ENDIF	
注释：	

图 3.7 “确定能否供货”模块的 IPO 图

结构图与 HIPO 图中的层次图在反映软件结构的层次关系方面优点是一致的。HIPO 图因为图上无过多的符号显得较为清晰易读，作为概要设计的文档比较合适。在反映软件结构的控制关系方面，如重复调用、选择调用、调用公共模块以及重要模块之间的信息传递，使用结构图能较好地表达出来，有利于评价系统的软件结构质量。

3.4　基于 IDEF0 图的设计方法

基于 IDEF0 图的设计也是结构化设计技术之一，它以系统的功能模型和信息结构为基础设计系统的软件结构。由于 IDEF0 图按照自顶向下逐层对系统进行分解，并且对系统的每一功能的输入、输出、约束和机制都进行了全面的描述，因此，在系统概要设计时，一般按照 IDEF0 图的分解层次，逐层将其转换成软件结构图。对于某一层的 IDEF0 图按以下方法转换：

(1) 找出该层 IDEF0 图的父图，搞清父、子图之间的输入/输出、控制关系。

(2) 以父图的活动为上层模块，子图中的活动为下层模块，画出系统的单层结构图。

(3) 根据 IDEF0 图各个活动的输入/输出数据、控制信息及数据库的结构、数据项定义等，确定模块的接口。

(4) 综合所有层次的结构图，得到系统初始的软件结构图。

(5) 根据软件结构的优化准则进行精化。

在由 IDEF0 图导出初始软件结构图的过程中，往往将一个活动方框对应于一个处理模块。应反复地理解全部 IDEF0 图的内容和含义，对最初形成的模块结构进行必要的调整、修改、分解或合并，最终的软件结构与基于 DFD 图设计的软件结构(见第 8 章)不会有太大的差别。

3.5　软件详细设计

在软件的概要设计中，已将系统划分为多个模块，并将它们按照一定的原则组装起来，同时确定了每个模块的功能及模块与模块之间的外部接口。详细设计是软件设计的第二阶段，主要确定每个模块的具体执行过程，故也称“过程设计”。

3.5.1　详细设计的基本任务

1. 算法设计

用某种图形、表格、语言等工具将每个模块处理过程的详细算法描述出来。

2. 数据结构设计

对需求分析、概要设计确定的概念性的数据类型进行确切的定义。

3. 物理设计

对数据库进行物理设计，即确定数据库的物理结构。物理结构主要指数据库的存储记录格式、存储记录安排和存储方法，这些都依赖于具体所使用的数据库系统。

4. 其他设计

根据软件系统的类型，还可能要进行以下设计：

(1) 代码设计：为了提高数据的输入、分类、存储及检索等操作的效率，以及节约内存空间，对数据库中的某些数据项的值要进行代码设计。

(2) 输入/输出格式设计。

(3) 人机对话设计：对于一个实时系统，用户与计算机需频繁对话，因此要进行对话方式、内容及格式的具体设计。

5．编写详细设计说明书

详细设计说明书有下列主要内容：

(1) 引言：包括编写目的、背景、定义和名词解释、参考资料。

(2) 程序系统的组织结构。

(3) 程序 1(标识符)设计说明：包括条件限制、功能、性能、输入、输出、算法、流程逻辑、接口。

(4) 程序 2(标识符)设计说明。

(5) 程序 N(标识符)设计说明。

6．评审

对处理过程的算法和数据库的物理结构都要进行同行评审。

3.5.2 详细设计方法

处理过程设计中采用的典型方法是结构化程序设计(SP)方法，最早是由 E.W.Dijkstra 在 20 世纪 60 年代中期提出的。详细设计并不是具体地编程序，而是细化概要设计内容。因此详细设计的结果基本决定了最终程序的质量。为了提高软件的质量，延长软件的生存期，软件的可测试性、可维护性是重要保障。软件的可测试性、可维护性与程序的易读性有很大关系。详细设计的目标不仅是逻辑上能正确地实现每个模块的功能，还应使设计出的处理过程清晰易读。结构化程序设计是实现该目标的关键技术之一，它指导人们用良好的思想方法开发易于理解、易于验证的程序。结构化程序设计方法有以下几个基本要点。

1．采用自顶向下、逐步求精的程序设计方法

在需求分析、概要设计中，都采用了自顶向下、逐层细化的方法。使用“抽象”这个手段，上层对问题抽象、对模块抽象和对数据抽象，下层则进一步分解，进入另一个抽象层次。在详细设计中，虽然处于“具体”设计阶段，但在设计某个模块内部处理过程中，仍可以逐步求精，降低处理细节的复杂度。

2．使用三种基本控制结构构造程序

任何程序都可由顺序、选择及重复三种基本控制结构构造。这三种基本结构的共同点是单入口、单出口。它们不但能有效地限制使用 GO TO 语句，还创立了一种新的程序设计思想、方法和风格，同时为自顶向下、逐步求精的设计方法提供了具体的实施手段。如对一个模块处理过程细化时，开始是模糊的，可以用下面三种方式以模糊过程进行分解：

(1) 用顺序方式对过程分解，确定各部分的执行顺序。

(2) 用选择方式对过程分解，确定某个部分的执行条件。

(3) 用循环方式对过程分解，确定某个部分进行重复的开始和结束的条件。

对处理过程仍然模糊的部分反复使用以上分解方法，最终可将所有细节确定下来。

3．主程序员制的组织形式

主程序员制的组织形式指开发程序的人员应采用以一个主程序员(负责全部技术活

动)、一个后备程序员(协调、支持主程序员)和一个程序管理员(负责事务性工作，如收集、记录数据，文档资料管理等)三人为核心，再加上一些专家(如通信专家、数据库专家)、其他技术人员组成小组。这种组织形式突出了主程序员的领导，设计责任集中在少数人身上，有利于提高软件质量，并且能有效地提高软件生产率。这种组织形式最先由 IBM 公司实施，随后其他软件公司也纷纷采用主程序员制的工作方式。

因此，结构化程序设计方法是综合应用这些手段来构造高质量程序的思想方法。

3.6 软件详细设计表示法

详细描述处理过程常用三种工具：图形、表格和语言。本节主要介绍结构化程序流程图、问题分析图两种图形工具和过程设计语言。IPO 图也是详细设计的主要工具之一。表格工具，如 8.5.2 节介绍的判定表，可作为详细设计中描述复杂逻辑条件的算法。

3.6.1 程序流程图

程序流程图又称为程序框图，它是历史最悠久、使用最广泛的一种描述程序逻辑结构的工具，图 3.8 为流程图的三种基本控制结构。

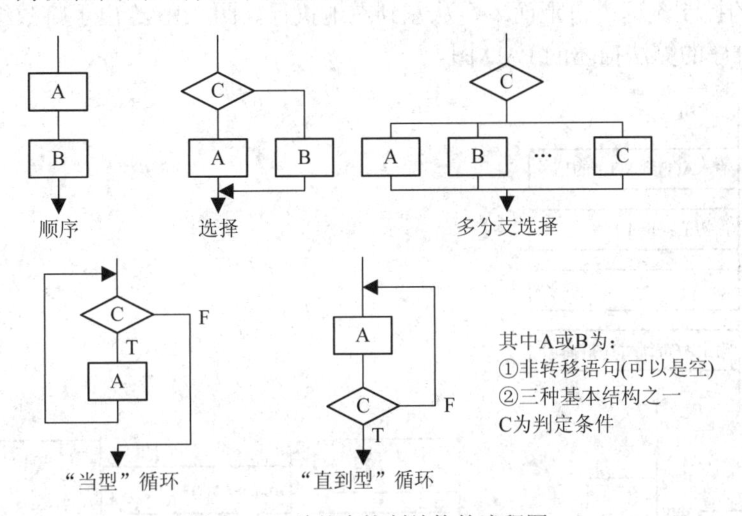

图 3.8 三种基本控制结构的流程图

流程图的优点是直观清晰、易于使用，是开发者普遍采用的工具，但是它有如下严重缺点：

(1) 可以随心所欲地画控制流程线的流向，容易造成非结构化的程序结构，编码时势必不加限制地使用 GOTO 语句，导致基本控制块多入口多出口，这样会使软件质量受到影响，与软件设计的原则相违背。

(2) 流程图不能反映逐步求精的过程，往往反映的是最后的结果。

(3) 不易表示数据结构。

为了克服流程图的缺陷，要求流程图都应由三种基本控制结构顺序组合和完整嵌套而成，不能有相互交叉的情况，这样的流程图是结构化的流程图。

3.6.2 PAD 图

PAD 图指问题分析图(Problem Analysis Diagram)，是日本日立公司于 1979 年提出的一种算法描述工具，它是一种由左往右展开的二维树型结构。PAD 图的基本控制结构如图 3.9 所示。

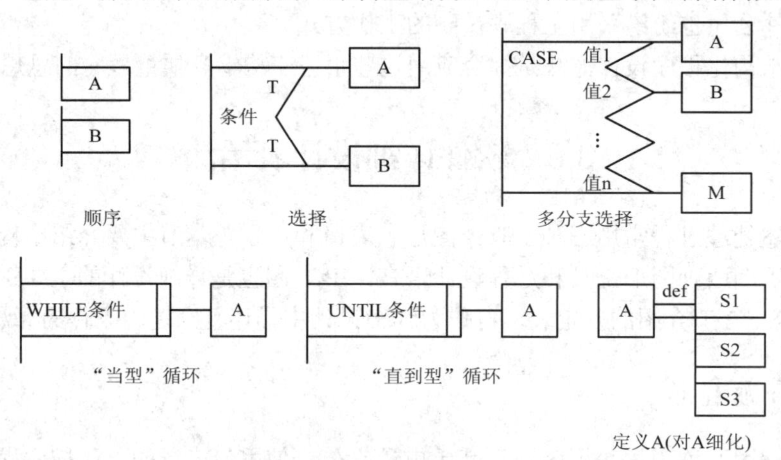

图 3.9 PAD 图的基本控制结构

PAD 图的控制流程为自上而下、从左到右地执行。图 3.10 给出了将数组 A(1)到 A(10)进行选择法排序的算法描述的 PAD 图。

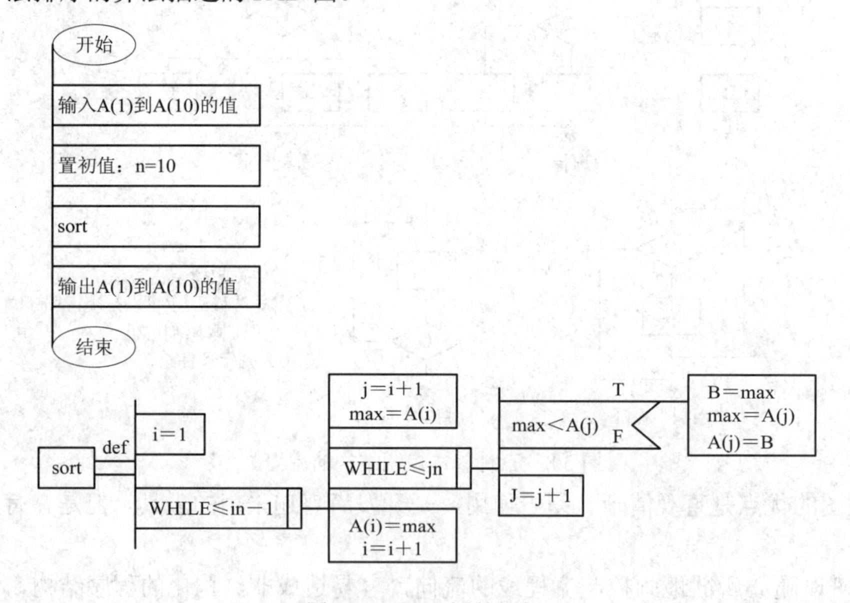

图 3.10 PAD 图的示例

从图 3.10 给出的例子可以看出 PAD 图的优点如下：

(1) 清晰地反映了程序的层次结构。图中的竖线为程序的层次线，最左边竖线是程序的主线，其后一层一层展开，层次关系一目了然。

(2) 支持逐步求精的设计方法，左边层次中的内容可以抽象，然后由左到右逐步细化。

(3) 易读易写，使用方便。

(4) 支持结构化的程序设计原理。

(5) 可自动生成程序。PAD 图有对照 FORTRAN、Pascal、C 等高级语言的标准图式。因此在有 PAD 系统的计算机上(如日立公司的 M 系列机)，可以直接输入 PAD 图，由机器自动通过遍历树的办法生成相应的源代码，大大提高了软件的生产率。PAD 图为软件的自动化生成提供了有力的工具。

3.6.3 过程设计语言 PDL

过程设计语言(Process Design Language，简称 PDL)是在伪码的基础上，扩充了模块的定义与调用、数据定义和输入/输出而形成的。它的控制结构与伪码相同。PDL 是一种用于描述模块算法设计和处理细节的语言。PDL 与在 8.5 节中介绍的结构化语言的结构相似，一般分为内、外两层语法，外层语法应符合一般程序设计语言常用的语法规则，而内层语法则用一些简单的句子、短语和通用的数学符号来描述程序应执行的功能。PDL 具有严格的关键字外层语法，用于定义控制结构、数据结构和模块接口，而它表示实际操作和条件的内层语法又是灵活自由的，使用自然语言的词汇。

PDL 与结构化分析中描述加工逻辑的“结构化语言”所不同的仅是它们的作用不同，抽象层次不同，模糊程度不同。“结构化语言”是描述加工“做什么”的，并且使开发人员和用户都能看懂，因此无严格的外语法，内层自然语言描述较抽象、较概括。而 PDL 是描述处理过程“怎么做”的细节。开发人员将按其处理细节编程序，故外层语法更严格一些，更趋于形式化，内层自然语言描述实际操作更具体更详细一些。

1. PDL 的特点

PDL 的特点如下：

(1) 所有关键字都有固定语法，以便提供结构化控制结构、数据说明和模块的特征。

(2) 描述处理过程的说明性语言没有严格的语法。

(3) 具有数据说明机制，包括简单的与复杂的数据说明。

(4) 具有模块定义和调用机制，开发人员应根据系统编程所用的语种，说明 PDL 表示有关程序结构。

2. 程序结构

用 PDL 表示的程序结构一般有下列几种结构。

1) 顺序结构

采用自然语言描述顺序结构：

```
处理 S1
处理 S2
 ⋮
处理 Sn
```

2) 选择结构

(1) IF-EISE 结构：

```
IF 条件                    IF 条件
   处理 S1       或            处理 S
```

```
ELSE                ENDIF
  处理 S2
ENDIF
```

(2) IF-ORIF-ELSE 结构：

```
IF 条件 1
  处理 S1
ORIF 条件 2
  ⋮
ELSE 处理 Sn
ENDIF
```

(3) CASE 结构：

```
CASE OF
CASE(1)
    处理 S1
CASE(2)
    处理 S2
    ⋮
ELSE 处理 Sn
ENDCASE
```

3) 重复结构

(1) FOR 结构：

```
FOR i=1 TO n
    循环体
END FOR
```

(2) WHILE 结构：

```
WHILE 条件
    循环体
ENDWHILE
```

(3) UNTIL 结构：

```
REPEAT
    循环体
UNTIL 条件
```

4) 出口结构

(1) ESCAPE 结构(退出本层结构)：

```
WHILE 条件
    处理 S1
ESCAPE L IF 条件
```

```
        处理 S2
    ENDWHILE
  L：…
```

(2) CYCLE 结构(循环内部进入循环的下一次)：

```
  L：WHILE 条件
        处理 S1
    CYCLE L IF 条件
        处理 S2
    ENDWHILE
```

5) 扩充结构

(1) 模块定义：

```
PROCEDURE 模块名(参数)
    ⋮
RETURN
END
```

(2) 模块调用：

```
CALL 模块名(参数)
```

(3) 数据定义：

```
DECLARE 属性 变量名，…
```

属性有：字符、整型、实型、双精度、指针、数组及结构等类型。

(4) 输入/输出：

```
GET(输入变量表)
PUT(输出变量表)
```

3. PDL 应用示例

现以××系统主控模块详细设计为例，说明如何用 PDL 来描述模块算法。

```
PROCEDURE  模块名()
    清屏；
    显示××系统用户界面；
    PUT("请输入用户口令：")；
    GET(password);
    IF password<>系统口令
        提示警告信息；
        退出运行
    ENDIF
    显示本系统主菜单；
    WHILE(true)
        接收用户选择 ABC；
```

```
            IF ABC = “退出”
                    Break;
            ENDIF
            调用相应下层模块完成用户选择功能；
        ENDWHILE;
        清屏；
        RETURN
    END
```

从示例可以看到PDL的总体结构与一般程序完全相同。外语法同相应程序语言一致，内语法使用自然语言，易编写，易理解，也很容易转换成源程序。除此以外，还有以下优点：

(1) 提供的机制较图形全面，为保证详细设计与编码的质量创造了有利条件。

(2) 可将注释嵌入在源程序中一起作为程序的文档，并可同高级程序设计语言一样进行编辑、修改，有利于软件的维护。

(3) 可自动生成程序代码，提高软件生产率。目前已有PDL多种版本(如PDL/Pascal，PDL/C，PDL/Ada等)，为自动生成相应代码提供了便利条件。

本 章 小 结

本章主要介绍了软件设计，软件设计分为概要设计和详细设计两个阶段。

概要设计的任务是要建立软件系统的体系结构，同时还要设计数据结构和数据库结构，设计人机接口等。概要设计还要求遵守相应的设计原理，如模块化、抽象、信息隐蔽和模块独立性等原理。在建立软件体系结构时还要遵循软件结构设计的一些准则，如软件结构的深度、宽度、扇入、扇出要适当，模块的作用范围要在其控制范围之中等。软件体系结构可用软件结构图和IPO图的H图来描述。概要设计的方法可采用结构化方法和面向对象方法等来设计。概要设计产生的文档是概要设计说明书。

软件详细设计的主要任务是描述每个模块的算法，即实现该模块功能的处理过程，它通常采用结构化程序设计来进行，采用程序流程图、PAD图、PDL语言等工具来描述。

概要设计和详细设计的区别是什么呢？我们可以以做桌子的过程为例。

(1) 概要设计的主要内容是：桌子腿的数量；桌面形状与尺寸(四方/圆形)；桌子材质；桌子腿和桌面之间接口如何对接(卯榫连接/用钉子钉)。

(2) 详细设计的主要内容是：对于上述每个工作任务(桌面、桌腿、接口)进行细化，如何做才能达到规定尺寸和形状。桌面和桌腿接口大小与形状如何；如何做才能正好吻合；组装前是否先在接口处涂抹上万能胶；用钉子钉的话，一条腿准备用几颗钉子，进钉方向(直方向/斜方向钉入)如何。

习 题

1. 什么是软件概要设计？该阶段的基本任务是什么？

2. 软件设计的基本原理包括哪些内容?

3. 衡量模块独立性的两个标准是什么? 它们各表示什么含义?

4. 模块间的耦合性有哪几种? 它们各表示什么含义?

5. 模块的内聚性有哪几种? 各表示什么含义?

6. 什么是软件结构? 简述软件结构设计优化准则。

7. 什么是模块的影响范围? 什么是模块的控制范围? 它们之间应该建立什么关系?

8. 详细设计的基本任务是什么? 有哪几种描述方法?

9. 结构化程序设计基本要点是什么?

10. 请使用流程图、PAD 图和 PDL 语言描述下列程序的算法。

(1) 在数据 A(1)～A(10)中求最大数和次大数。

(2) 输入三个正整数作为边长，判断该三条边构成的三角形是直角、等腰或一般三角形。

11. 用 PAD 图描述以下问题的控制结构。

有一个表 A(1)，A(2)，…，A(N)，按递增顺序排列。给定一个 Key 值，在表中用折半法查找。若找到，将表位置 i 送入 x，否则将零送到 x，同时将 Key 值插入表中。算法如下:

(1) 置初值 H = 1(表头)，T = N(表尾)。

(2) 置 i = [(H+T)/2](取整)。

(3) 若 Key = A(i)，则找到，将 i 送到 x; 若 Key > A(i)，则 Key 在表的后半部分，i+1 送入 H; 若 Key < A(i)，则 Key 在表的前半部分，i − 1 送入 T，重复第 2 步查找，直到 H > T 为止。

(4) 查不到时，将 A(i)，…，A(N)移到 A(i+1)，…，A(N+1)，Key 值送入 A(i)中。

12. 利用第 2 章习题 8 的 A-0 图，设计 IDEF0 的软件结构图。

13. 选择题:

(1) 对一个模块处理过程的分解，以下正确的说法是(　　)。

A. 用循环方式对过程进行分解，确定各个部分的执行顺序

B. 用选择方式对过程进行分解，确定各个部分的执行条件

C. 用顺序方式对过程进行分解，确定某个部分进行重复的开始和结束条件

D. 对处理过程仍然模糊的部分反复使用循环方式对过程进行分解

(2) 下列叙述正确的是(　　)。

A. NS 图可以用于系统设计　　B. PDL 语言可以用于运行

C. PAD 图表达软件的过程呈树型结构　　D. 结构化程序设计强调效率第一

(3) 程序流程图是一种传统的程序设计表示工具，有其优点和缺点，使用该工具时应该注意(　　)。

A. 考虑控制流程　　B. 考虑信息隐蔽

C. 遵守结构化设计原则　　D. 支持逐步求精

(4) 下面不属于结构化程序设计方法的是(　　)。

A. 自顶向下　　B. 可复用

C. 模块化　　D. 逐步求精

第4章 软件编码

编码即“编程序”，它是在前一阶段详细设计的基础上进行的，将详细设计得到的处理过程的描述转换为基于某种计算机语言的程序，即源程序代码。

由于软件工程的前导课程之一是程序设计，因此这一章并不是告诉读者如何编写程序，而是鉴于对软件质量和可维护性的影响，主要介绍程序设计语言的特色及编码应注意的程序设计风格。

4.1 程序设计语言的特性及选择

程序设计语言是人机通信的工具之一，使用这类语言“指挥”计算机干什么，是人类特定的活动。语言的心理特性对通信质量有主要的影响。编码过程是软件工程中的一个步骤，语言的工程特性对软件开发的成功与否有重要的影响。此外，语言的技术特性也会影响软件设计的质量，下面从三个方面介绍语言的特性。

4.1.1 程序设计语言特性

1. 心理特性

程序设计语言经常要求程序员改变处理问题的方法，使这种处理方法适合于语言的语法规定。而程序是人设计的，人的因素在设计程序时是至关重要的。语言的心理特性指影响程序员心理的语言性能，许多这类特性是作为程序设计的结果而出现的，虽不能用定量的方法来度量，但可以认识到它在语言中的表现形式如下。

(1) 歧义性：指程序设计语言通常是无二义性的，编译程序总是根据语法，按一种固定方法来解释语句的，但有些语法规则容易使人用不同的方式来解释语言，这就产生了心理上的二义性。

如：X = X1/X2 • X3，编译系统只有一种解释，但人们却有不同的理解，有人理解为 X = (X1/X2) • X3，而另一个人可能理解为 X = X1/(X2 • X3)。又如 FORTRAN 语言中变量的类型有显式定义和隐式定义两种，用 REAL K 显式说明 K 是实型变量，但按隐含类型定义，K 是整型变量。在程序较长时，不可能每次都查类型定义，容易产生错误。若程序语言具有这些使人心理上容易产生歧义性的特征，则易使编程出错，而且可读性也差。

(2) 简洁性：指人们必须记住的语言成分的数量。人们要掌握一种语言，就要记住语句的种类、各种数据类型、各种运算符、各种内部函数和内部过程，这些成分数量越多，简洁性越差，人们越难以掌握。但特别简洁也不好，有的语言(如 APL)为了简洁，提供功能强但形式简明的运算符，允许用最少的代码去实现很多的算术和逻辑运算。可是这样使程序难以理解，一致性差。所以既要简洁又要易读易理解。

(3) 局部性和顺序性：指人的记忆特性有两方面即联想方式和顺序方式。人的联想力使人能整体地记住和辨别某件事情，如一下子就能识别一个人的面孔，而不是一部分一部分地看过之后才认得出；人的顺序记忆提供了回忆序列中下一个元素的手段，如唱歌，依次一句一句地唱出，而不必思索。人的记忆特性对使用语言的方式有很大的影响。局部性指语言的联想性，在编码过程中，由语句组合成模块，由模块组装成系统结构，并在组装过程中实现模块的高内聚、低耦合，使局部性得到加强，提供异常处理的语言特性，则削弱了局部性。若在程序中多采用顺序序列，则使人易理解，如果存在大量分支或循环，则不利于人们的理解。

(4) 传统性：指人们习惯于已掌握的语种，而传统性容易影响人们学习新语种的积极性，若新语种的结构、形式与原来的类似，还容易接受，若风格根本不同，则难以接受，如习惯用 Pascal 或 C 的编程人员，用 Lisp 和 Prolog 编程，就要用更多的时间来学习。

2. 工程特性

从软件工程的观点、程序设计语言的特性着重考虑软件开发项目的需要，对程序编码有如下要求。

(1) 可移植性：指程序从一个计算机环境移植到另一个计算机环境的容易程度，计算机环境是指不同机型、不同的操作系统版本及不同的应用软件包。要增加可移植性，应考虑以下几点：在设计时模块与操作系统特性不应有高度联系；要使用标准的语言，要使用标准的数据库操作，尽量不使用扩充结构；对程序中各种可变信息均应参数化，以便于修改。

(2) 开发工具的可利用性：有效的软件开发工具可以缩短编码时间，改进源代码的质量。目前，许多编程语言都嵌入到一套完整的软件开发环境里。这些开发工具为：交互式调试器、交叉编译器、屏幕格式定义工具、报表格式定义工具、图形开发环境、菜单系统和宏处理程序等。

(3) 软件的可重用性：指编程语言能否提供可重用的软件成分，如模块子程序。可通过源代码剪贴、包含和继承等方式实现软件重用。可重用软件在组装时，从接口到算法都可能调整，需考虑额外代价。

(4) 可维护性：源程序的可维护性对复杂的软件开发项目很重要。如易于把详细设计翻译为源程序，易于修改需要变化的源程序。源程序的可读性、语言的文档化特性对软件的可维护性具有重大的影响。

3. 技术特性

语言的技术特性对软件工程各阶段有一定的影响，特别是确定了软件需求之后，程序设计语言的特性就显得非常重要了，要根据项目的特性选择相应特性的语言，有的要求提供复杂的数据结构，有的要求实时处理能力强，有的要求能方便地进行数据库的操作。软件设计阶段的设计质量一般与语言的技术特性关系不大(面向对象设计例外)，但将软件设计转化为程序代码时，转化的质量往往受语言性能的影响，可能会影响到设计方法。如 Ada、Smalltalk、C++等支持抽象类型的概念，Pascal、C 等允许用户自定义数据类型，并能提供链表和其他数据结构的类型。这些语言特性为设计者进行概要设计和详细设计提供了很大的方便。在有些情况下，仅在语言具有某种特性时，设计需求才能满足。如要实现彼此通信和协调的并发分布式处理，则只有并发 Pascal、Ada、Modula_2 等语言才能用于这样的设计。语言的特性对软件的测试与维护也有一定的影响。支持结构化构造的语言有利于减少程序环路的复杂性，使程序易测试、易维护。

4.1.2 程序设计语言的选择

为开发一个特定项目，选择程序设计语言时，必须从技术特性、工程特性和心理特性几方面考虑。在选择语言时，从问题入手，确定它的要求是什么，以及这些要求的相对重要性。由于一种语言不可能同时满足它的各种需求，所以要对各种要求进行权衡，比较各种可用语言的适用程度，最后选择认为是最适用的语言。

1. 项目的应用领域

项目的应用领域是选择语言的关键因素，有下列几种类型。

1) 科学工程计算

该计算需要大量的标准库函数，以便处理复杂的数值计算，可供选用的语言有：

(1) FORTRAN 语言：是世界上第一个被正式推广应用的计算机语言，产生于 1954 年，经过 FORTRAN 0 到 FORTRAN Ⅳ，又相继扩展为 FORTRAN 77，FORTRAN 90，通过几个版本不断的更新，使它不仅面向科学计算，数据处理能力也极强。

(2) Pascal 语言：产生于 20 世纪 60 年代末，具有很强的数据和过程结构化的能力，它是第一个体现结构化编程思想的语言，由于它语言简明、数据类型丰富、程序结构严谨，许多算法都用类 Pascal 来概括。用 Pascal 语言写程序，也有助于培养良好的编程风格。

(3) C 语言：产生于 20 世纪 70 年代初，最初用于描述 UNIX 操作系统及其上层软件，后来发展成具有很强功能的语言，支持复杂的数据结构，可大量运用指针，具有丰富灵活的操作运算符及数据处理操作符。此外还具有汇编语言的某些特性，使程序运行效率高。

(4) PL/1 语言：是 IBM 在 20 世纪 50 年代发明的第三代语言，主要用于科学计算、商业事务、实时控制领域。

2) 数据处理与数据库应用

数据处理与数据库应用可供选用的语言如下：

(1) Cobol 语言：产生于 20 世纪 50 年代末，是广泛用于商业数据处理的语言，它具有极强的数据定义能力，程序说明与硬件环境说明分开，数据描述与算法描述分开，结构严谨，层次分明，说明采用类英语的语法结构，可读性强。

(2) SQL 语言：最初是为 IBM 公司开发的数据库查询语言，目前不同的软件开发公司有了不同的扩充版本，Informix_SQL、Microsoft_SQL 及 PL/SQL 可以方便地对数据库进行存取管理。

(3) 4GL 语言：称为第四代语言，随着信息系统的飞速发展，原来的第二代语言(如 FORTRAN、Cobol)第三代语言(如 Pascal、C 等)受硬件和操作系统的局限，其开发工具不能满足新技术发展的需求，因此，在 20 世纪 70 年代末，提出了第四代语言的概念，4GL 的主要特征是：

① 友好的用户界面，操作简单，非计算机专业人员也能方便地使用它。

② 兼有过程性和非过程性双重特性。非过程性指语言的抽象层次又提高到一个新的高度，只需告诉计算机“做什么”，而不必描述“怎么做”，“怎么做”的工作由语言系统运用它的专门领域的知识来填充过程细节。

③ 高效的程序代码能缩短开发周期，并减少维护的代价。

④ 完备的数据库。在 4GL 中实现数据库功能，不再把 DBMS(数据库管理系统)看成是语言以外的成分。

⑤ 应用程序生成器，能提供一些常用的程序来完成文件维护、屏幕管理、报表生成和查询等任务，从而有效提高软件生产率。

3) 实时处理

实时处理软件一般对性能的要求很高，可选用的语言有：

(1) 汇编语言：是面向机器的，它可以完成高级语言无法满足要求的特殊功能，如与外部设备之间的一些接口操作。

(2) Ada 语言：是美国国防部出资开发的，主要用于实时、并发和嵌入系统的语言。Ada 语言是在 Pascal 基础上开发出来的，但其功能更强、更复杂。它提供了一组丰富的实时特性，包括多任务处理、中断处理、任务间同步与通信等，它还提供了许多程序包供程序员选择。通过修订，已成为安全、高效和灵活的面向对象的编程语言。

4) 系统软件

在编写操作系统、编译系统等系统软件时，可选用汇编语言、C 语言、Pascal 语言和 Ada 语言。

5) 人工智能

如果要完成知识库系统、专家系统、决策支持系统、推理工程、语言识别、模式识别、机器人视角及自然语言处理等人工智能领域内的系统，应选择的语言如下：

(1) Lisp：是一种函数型语言，产生于 20 世纪 60 年代初，它特别适用于组合问题中的符号运算和表处理，多用于定理证明、树的搜索和其他问题的求解。近年来 Lisp 广泛应用于专家系统的开发，对于定义知识库系统中的事实、规则和相应的推理相对要容易一些。

(2) Prolog：是一种逻辑型语言，产生于 20 世纪 70 年代初，它提供了支持知识表示的特性，每一个程序由一组表示事实、规则和推理的子句组成，比较接近于自然语言，符合人的思维方式。

6) 互联网领域

(1) HTML+CSS+JavaScript 前端。HTML+CSS+JavaScript 也被称为“前端之魂”。通常我们把 HTML 作为主体，这个主体装载了各种各样的 dom 元素，而 CSS 则主要修饰这些 dom 元素，然后通过 JavaScript 去操作这些 dom 元素。

(2) PHP 语言。虽然 Java 是当之无愧的第一大语言，尤其是在复杂的后台作业逻辑方面 Java 具有较大的优势，相对来说 Java 更加严谨，但是对于 Web 开发来说，无疑 PHP 是当之无愧的王者。PHP 语法相对简洁，而且开发效率高，并且对于业务开发具有得天独厚的优势，Facebook、腾讯、微博都是 PHP 领域的应用者，如果不考虑做底层应用，那么 PHP 无疑是最佳选择。

(3) Java 语言。Java 的优势主要在于其面向对象性和跨平台性。处理复杂的业务逻辑、数据时 Java 几乎是其第一选择，比如大型的电子商务网站的设计开发。Java 拥有很多大商业公司的支持。

目前移动互联网领域的开发，以及 Android 的主力开发语言也是 Java 语言。

(4) C# 语言。在桌面开发领域，C#已经是绝对的王者。当当、京东商城、CSDN、58 同城、凡客、招商银行等知名网站都和 C#有着极大的渊源。

就形式而言，对于 B/S 软件架构系统而言，还是 Java 更具优势，C# 的优势目前更多集中在 C/S 系统架构。随着人工智能的火热，Python 语言、函数式编程也变得更为热火，而且 Python 语法更加简洁，功能也越来越强大，Google 的 Go 语言、Apple 的新语言 Swift 语言，从语言的角度来说，都是非常不错的语言。

以上讨论的语言，一般适用于相应的应用领域，但要根据具体情况灵活掌握。有的语言功能强，适用的范围较广，但比较庞大。

2. 软件开发的方法

有时编程语言的选择依赖于开发的方法，如果要用快速原型模型来开发(详见第 7 章)，要求能快速实现原型，因此宜采用 4GL。如果是面向对象方法，宜采用面向对象的语言编程。近年来，推出了许多面向对象的语言，这里主要介绍以下几种。

(1) C++：是由美国 AT&T 公司的 Bell 实验室最先设计和实现的语言，它提供了面向对象类的定义、继承、封装和消息传递等概念实现的手段，又与 C 语言兼容，保留了 C 语言的许多特性，维护了大量已开发的 C 库、C 工具以及 C 源程序的完整性，使编程人员不必放弃自已熟悉的 C 语言，只需补充学习 C++ 提供的那些面向对象的概念，因而从 C 过渡到 C++比较容易，加之它的运行性能较高，成为当今最受欢迎的对象语言之一。目前，除了常用的 AT&T C++，Turbo C++，Borland C++ 及 Microsoft C++ 等版本外，又推出了 Microsoft Visual C++，充分发挥 Windows 和 Web 的功能。

(2) Java：是由 Sun 公司开发的一种面向对象的、分布式的、安全的、高效的及易移植的语言，它的基本功能类似于 C++，但做了重大修改，不再支持运算符重载、多继承及许多易于混淆和较少使用的特性，增加了内存空间自动垃圾收集的功能，使程序员不必考虑内存管理问题。Java 应用程序可利用语言提供的例程库，自由地打开和访问网络上的对象。

3. 软件执行的环境

良好的编程环境不但有效提高软件生产率，同时能减少错误，有效提高软件质量。近几年推出了许多可视化的软件开发环境，如 Visual BASIC、Visual C、Visual FoxPro 及 Delphi (面向对象的 Pascal)等，都提供了强有力的调试工具，帮助用户快速形成高质量的软件。

4. 算法和数据结构的复杂性

科学计算、实时处理和人工智能领域中的问题算法较复杂，而数据处理、数据库应用和系统软件领域内的问题，数据结构比较复杂，因此选择语言时可考虑是否有完成复杂算法的能力，或者有构造复杂数据结构的能力。

5. 软件开发人员的知识

有时编程语言的选择与软件开发人员的知识水平及心理因素有关，新的语言虽然有吸引力，但软件开发人员若熟悉某种语言，而且有类似项目的开发经验，往往愿意选择原有的语言。开发人员应仔细地分析软件项目的类型，敢于学习新知识，掌握新技术。

4.2 程序设计风格

程序设计风格指一个人编制程序时所表现出来的特点、习惯及逻辑思路等。良好的编程风格可以减少编码的错误，减少读程序的时间，从而提高软件的开发效率。以下讨论与编程风格有关的因素。

1. 源程序文档化

编写源程序文档化的原则为：

(1) 标识符应按意取名。若是几个单词组成的标识符，每个单词第一个字母用大写，或者之间用下划线分开，这便于理解。如某个标识符取名为 rowofscreen，若写成 RowOfScreen 或 row_of_screen 就容易理解了。但名字也不是越长越好，太长了，书写与输入都易出错，必要时用缩写名字，但缩写规则要一致。

(2) 程序应加注释。注释是程序员与读者之间通信的重要工具，用自然语言或伪码描述。它说明了程序的功能，特别在维护阶段，对理解程序提供了明确指导。注释分序言性注释和功能性注释。

序言性注释应置于每个模块的起始部分，主要内容有：

① 说明每个模块的用途、功能。

② 说明模块的接口即调用形式、参数描述及从属模块的清单。

③ 数据描述：指重要数据的名称、用途、限制、约束及其他信息。

④ 开发历史：指设计者、审阅者姓名及日期，修改说明及日期。

功能性注释嵌入在源程序内部，说明程序段或语句的功能以及数据的状态。注意以下几点：

① 注释用来说明程序段，不是每一行程序都要加注释。

② 使用空行或缩进或括号，以便很容易区分注释和程序。

③ 修改程序也应修改注释。

2. 数据说明

为了使数据定义更易于理解和维护，有以下指导原则：

(1) 数据说明顺序应规范，使数据的属性更易于查找，从而有利于测试、纠错与维护。例如按常量说明、类型说明、全程量说明及局部量说明顺序。

(2) 一个语句说明多个变量时，各变量名按字典序排列。

(3) 对于复杂的数据结构，要加注释，说明在程序实现时的特点。

3. 语句构造

语句构造的原则为：简单直接，不能为了追求效率而使代码复杂化。为了便于阅读和理解，不要一行多个语句。不同层次的语句采用缩进形式，使程序的逻辑结构和功能特征更加清晰。要避免复杂的判定条件，避免多重的循环嵌套。表达式中使用括号以提高运算次序的清晰度等。

4. 输入和输出

在编写输入和输出程序时考虑以下原则：

(1) 输入操作步骤和输入格式尽量简单。

(2) 应检查输入数据的合法性、有效性，报告必要的输入状态信息及错误信息。

(3) 输入一批数据时，使用数据或文件结束标志，而不要用计数来控制。

(4) 交互式输入时，提供可用的选择和边界值。

(5) 当程序设计语言有严格的格式要求时，应保持输入格式的一致性。

(6) 输出数据表格化、图形化。

输入、输出风格还受其他因素的影响，如输入、输出设备，用户经验及通信环境等。

5. 效率

效率指处理机时间和存储空间的使用，对效率的追求明确以下几点：

(1) 效率是一个性能要求，目标在需求分析中给出。

(2) 追求效率建立在不损害程序可读性或可靠性基础之上，要先使程序正确，再提高程序效率；先使程序清晰，再提高程序效率。

(3) 提高程序效率的根本途径在于选择良好的设计方法、良好的数据结构与算法，而不是靠编程时对程序语句做调整。

总之，在编码阶段，要善于积累编程经验，培养和学习良好的编程风格，使编出的程序清晰易懂，易于测试与维护，从而提高软件的质量。

本章小结

在瀑布模型中，编码阶段是工作量较小的阶段，也是较为容易的阶段。这阶段的主要任务是将详细设计的每个模块的算法描述转换为用程序设计语言编写的源程序。

用程序设计语言编写源程序时，要根据项目的特点和性质选择相适应的程序设计语言，同时要注意程序设计语言的各种特性。

在编写源程序过程中，要注意程序设计风格。程序设计风格要求简明和清晰，不要追求程序设计的技巧，要追求程序结构清晰，层次结构清楚，语句简单明了，各种名字的命名规范、程序和数据有注释。

习 题

1. 程序语言有哪些共同特征？
2. 在项目开发时，选择程序设计语言通常考虑哪些因素？
3. 第 4 代语言(4GL)有哪些主要特征？
4. 举例说明各种程序设计语言的特点及适用范围？
5. 什么是程序设计风格？为了具有良好的设计风格，应注意哪些方面的问题？
6. 如何选择程序设计语言？
7. 利用 PHP 与 Java 语言编写互联网程序各有什么优缺点？

第 5 章　软件测试

在软件开发的一系列活动中，为了保证软件的可靠性，人们研究并使用了很多方法进行分析、设计及编码实现。但是由于软件产品本身无形态，它是复杂的、知识高度密集的逻辑产品，其中不可能没有错误。生产产品在出厂前都要进行严格的检验，软件产品也不例外。软件开发总伴随着软件质量保证的活动，而软件测试是主要活动之一。软件测试代表了需求分析、设计和编码的最终复审。本章主要介绍测试的有关概念、方法及测试步骤。

5.1　软件测试概述

5.1.1　软件测试的目的

统计资料表明，测试的工作量约占整个项目开发工作量的40%左右，对于关系到人的生命安全的软件(如飞机飞行自动控制系统)，测试的工作量还要成倍增加。那么，为什么要花这么多代价进行测试？其目的何在？因此G. J. Myers对软件测试的目的提出了以下观点：

(1) 软件测试是为了发现错误而执行程序的过程。

(2) 一个好的测试用例能够发现至今尚未发现的错误。

(3) 一个成功的测试是发现了至今尚未发现的错误的测试。

因此，测试阶段的基本任务应该是根据软件开发各阶段的文档资料和程序的内部结构，精心设计一组“精制”的测试用例，利用这些用例测试程序，找出软件中潜在的各种错误和缺陷。

5.1.2　软件测试的原则

在软件测试中，应注意以下指导原则：

(1) 测试用例应由输入数据和预期的输出数据两部分组成。这样便于对照检查，做到“有的放矢”。

(2) 测试用例不仅选用合理的输入数据，还要选择不合理的输入数据(或边界数据)。这样能更多地发现错误，提高程序的可靠性。对于不合理的输入数据，程序应拒绝接受，并给出相应提示。

(3) 除了检查程序是否做了它应该做的事，还应该检查程序是否做了它不应该做的事。例如程序正确打印出用户所需信息的同时还打印出用户并不需要的多余信息。

(4) 应制定测试计划并严格执行，排除随意性。

(5) 长期保留测试用例。测试用例的设计耗费了很大的工作量，必须将其作为文档保存。

因为修改后的程序可能有新的错误，需要进行回归测试。同时，为以后的维护提供方便。

(6) 对发现错误较多的程序段，应进行更深入的测试。有统计数字表明，一段程序中已发现的错误越多，其中潜在的错误概率也越大。这叫“群集效应”。

(7) 程序员避免测试自己的程序。测试是一种“挑剔性”的行为，心理状态是测试自己程序的障碍。另外，对需求说明的理解而引入的错误则更难发现。因此应由别的人或另外的机构来测试程序员编写的程序会更客观、更有效。

(8) 选择多种测试方法和手段，避免“杀虫剂”现象。

5.2 测试方法

软件测试方法一般分为动态测试方法与静态测试方法。动态测试方法中又根据测试用例的设计方法不同，分为黑盒测试与白盒测试两类。

5.2.1 静态测试与动态测试

1. 静态测试

静态测试是指被测试程序不在机器上运行，而是采用人工检测和计算机辅助静态分析的手段对程序进行检测，方法如下：

(1) 人工测试：指不依靠计算机而靠人工审查程序或评审软件而进行的测试方法。人工审查程序偏重于编码质量的检验，而软件审查除了审查编码还要对各阶段的软件产品进行检验。人工检测可以发现计算机不易发现的错误，据统计，能有效地发现 30%～70%的逻辑设计错误和编码错误，可以减少系统测试的总工作量。

(2) 静态分析：指利用静态分析工具对被测试程序进行特性分析的测试方法。这种方法从程序中提取一些信息，以便检查程序逻辑的各种缺陷和可疑的程序构造。例如：用错的局部量和全程量、不匹配参数、不适当的循环嵌套和分支嵌套、潜在的死循环及不会执行到的代码等。还可能提供一些间接涉及程序缺陷的信息、各种类型的语句出现的次数、变量和常量的引用表、标识符的使用方式、过程的调用层次及违背编码规则等。静态分析中还可以用符号代替数值求得程序结果，以便对程序进行运算规律的检验。

2. 动态测试

动态测试指通过运行程序而发现错误的方法。一般意义上的测试大多是指动态测试。为使测试发现更多的错误，需要运用一些有效的方法。测试任何产品，一般有两种方法：一是测试产品的功能，二是测试产品内部结构及处理过程。动态测试一般采用黑盒测试法和白盒测试法。

5.2.2 黑盒测试法与白盒测试法

1. 黑盒法

该方法把被测试对象看成一个黑盒子，测试人员完全不考虑程序的内部结构和处理过程，只在软件的接口处进行测试，依据需求说明书，检查程序是否满足功能要求。因此，黑盒测试又称为功能测试或数据驱动测试。

通过黑盒测试主要发现以下错误：

(1) 是否有不正确或遗漏了的功能。

(2) 在接口上，能否正确地接受输入数据，能否产生正确的输出信息。

(3) 访问外部信息是否有错。

(4) 性能上是否满足要求等。

用黑盒法测试时，必须在所有可能的输入条件和输出条件中确定测试数据。是否要对每个数据都进行穷举测试呢？ 例如测试一个程序，需输入 3 个整数值。微机上，每个整数可能取值有 2^{16} 个，3 个整数值的排列组合数为 $2^{16}\times 2^{16}\times 2^{16}=2^{48}\approx 3\times 10^{14}$。假设此程序执行一次为 1 毫秒，用这些所有的数据去测试要用 1 万年的时间！但这还不能算穷举测试，还要输入一切不合法的数据。可见，穷举地输入测试数据进行黑盒测试是不可能的。

2. 白盒法

该方法把测试对象看作一个打开的盒子，测试人员须了解程序的内部结构和处理过程，以检查处理过程的细节为基础，对程序中尽可能多的逻辑路径进行测试，检验内部控制结构和数据结构是否有错，实际的运行状态与预期的状态是否一致。

白盒法也不可能进行穷举测试，企图遍历所有的路径，往往是做不到的。如测试一个循环 20 次的嵌套的 IF 语句，循环体中有 5 条路径。测试这个程序的执行路径为 5^{20}，约为 10^{14}，如果每毫秒完成一个路径的测试，测试此程序需 3170 年！

对于白盒测试，即使每条路径都测试了，程序仍可能有错。例如要求编写一个升序的程序，错编成降序程序(功能错)，就是穷举路径测试也无法发现。再如由于疏忽漏写了路径，白盒测试也发现不了。

所以，黑盒法和白盒法都不能使测试达到彻底。为了用有限的测试发现更多的错误，需精心设计测试用例。黑盒法、白盒法是设计测试用例的基本策略，每一种方法对应着多种设计测试用例的技术，每种技术可达到一定的软件质量标准要求。下面分别介绍这两类方法对应的各种测试用例设计技术。

5.3 测试用例的设计

5.3.1 白盒技术

由于白盒测试是结构测试，所以被测对象基本上是源程序，以程序的内部逻辑结构为基础设计测试用例。

1. 逻辑覆盖

追求程序内部的逻辑结构覆盖程度，当程序中有循环时，覆盖每条路径是不可能的，要设计使覆盖程度较高的或覆盖最有代表性的路径的测试用例。下面根据图 5.1 所示的程序，分别讨论几种常用的覆盖技术。

1) 语句覆盖

为了提高发现错误的可能性，在测试时应该执行到程序中的每一个语句。语句覆盖是指设计足够的测试用例，使被测程序中每个语句至少执行一次。如图 5.1 是一个被测程序的程序流程图。

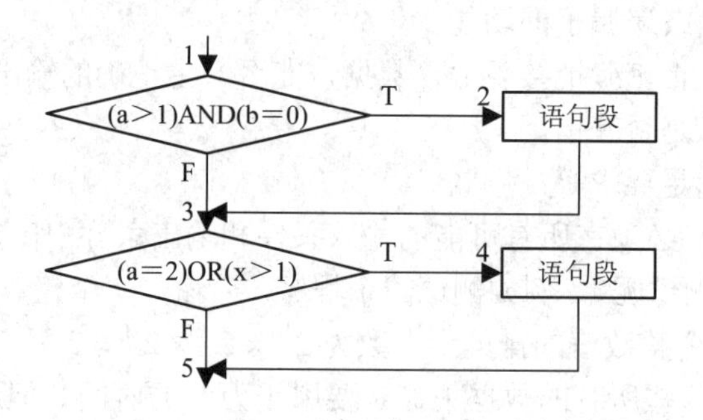

图 5.1　一个被测试程序的流程图

如果能测试路径 124，就保证每个语句至少执行一次，选择测试数据为 $a = 2$、$b = 0$、$x = 3$，输入此组数据，就能达到语句覆盖标准。

从程序中每个语句都能执行这点看，语句覆盖似乎全面地检验了每个语句。但它只测试了逻辑表达式为"真"的情况，如果将第一个逻辑表达式中的"AND"错写成"OR"、第二个逻辑表达式中将"$x > 1$"错写成"$x < 1$"，仍用上述数据进行测试，不能发现错误。因此，语句覆盖是比较弱的覆盖标准。

2) 判定覆盖

判定覆盖指设计足够的测试用例，使得被测程序中每个判定表达式至少获得一次"真"值和"假"值，从而使程序的每一个分支至少都通过一次，因此判定覆盖也称分支覆盖。

设计测试用例，只要通过路径 124、135 或者 125、134，就达到判定覆盖标准。

选择两组数据：$a = 3$，$b = 0$，$x = 1$ (通过路径 125)

$a = 2$，$b = 1$，$x = 2$ (通过路径 134)

对于多分支(嵌套 IF, CASE)的判定，判定覆盖要使得每一个判定表达式获得每一种可能的值来测试。

判定覆盖较语句覆盖严格，因为如果通过了各个分支，则各个语句也执行了。但该测试仍不充分，上述数据只覆盖了全部路径的一半，如果将第二个判定表达式中的"$x > 1$"错写成"$x < 1$"，仍查不出错误。

3) 条件覆盖

条件覆盖指设计足够的测试用例，使得判定表达式中每个条件的各种可能的值至少出现一次，那么，上述程序中有 4 个条件：

$a > 1$，$b = 0$，$a = 2$，$x > 1$

要选择足够的数据，使得图 5.1 中的第一个判定表达式出现结果：

$a > 1$，$b = 0$

$a \leq 1$，$b \neq 0$

并使第二个判定表达式出现结果：

$a = 2$，$x > 1$

$a \neq 2$，$x \leq 1$

才能达到条件覆盖的标准。

为满足上述要求，选择以下两组测试数据：

$a = 2$，$b = 0$，$x = 3$ (满足 $a > 1$，$b = 0$，$a=2$，$x > 1$，通过路径 124)

$a = 1$，$b = 1$，$x = 1$ (满足 $a \leq 1$，$b \neq 0$，$a \neq 2$，$x \leq 1$，通过路径 135)

以上两组测试用例不但覆盖了判定表达式中所有条件的可能取值，而且覆盖了所有判断的取“真”分支和取“假”分支。在这种情况下，条件覆盖强于判定覆盖。但也有例外情况，设选择另外两组测试数据：

$a = 1$，$b = 0$，$x = 3$ (满足 $a \leq 1$，$b = 0$，$a \neq 2$，$x > 1$)

$a = 2$，$b = 1$，$x = 1$ (满足 $a > 1$，$b \neq 0$，$a = 2$，$x \leq 1$)

它们覆盖了所有条件的结果，满足条件覆盖。但只覆盖了第一个判定表达式的取“假”分支和第二个判定表达式的取“真”分支，即只测试了路径 134，此例不满足判定覆盖。所以满足条件覆盖不一定满足判定覆盖，为了解决此问题，需要对条件和分支兼顾。

4) *判定/条件覆盖*

该覆盖标准指设计足够的测试用例，使得判定表达式中的每个条件的所有可能取值至少出现一次，并使每个判定表达式所有可能的结果也至少出现一次。对于上述程序，选择以下两组测试用例满足判定/条件覆盖:

$a = 2$，$b =0$，$x = 3$

$a = 1$，$b = 1$，$x = 1$

这也是满足条件覆盖选取的数据。

从表面上看，判定/条件覆盖测试了所有条件的取值，但实际上条件组合中的某些条件会抑制其他条件。例如在含有“与”运算的判定表达式中，第一个条件为“假”，则这个表达式中的后面几个条件均不起作用；在含有“或”运算的表达式中，第一个条件为“真”，后边其他条件也不起作用，因此，后边其他条件若写错就测不出来。

5) *条件组合覆盖*

条件组合覆盖是比较强的覆盖标准，它是指设计足够的测试用例，使得每个判定表达式中条件的各种可能的值的组合都至少出现一次。

上述程序中，两个判定表达式共有 4 个条件，因此有 8 种组合：

① $a > 1$，$b = 0$　② $a > 1$，$b \neq 0$　③ $a \leq 1$，$b = 0$　④ $a \leq 1$，$b \neq 0$

⑤ $a = 2$，$x > 1$　⑥ $a = 2$，$x \leq 1$　⑦ $a \neq 2$，$x > 1$　⑧ $a \neq 2$，$x \leq 1$

下面 4 组测试用例就可以满足条件组合覆盖标准:

$a = 2$，$b = 0$，$x = 2$　覆盖条件组合①和⑤，通过路径 124

$a = 2$，$b = 1$，$x = 1$　覆盖条件组合②和⑥，通过路径 134

$a = 1$，$b = 0$，$x = 2$　覆盖条件组合③和⑦，通过路径 134

$a = 1$，$b = 1$，$x = 1$　覆盖条件组合④和⑧，通过路径 135

显然，满足条件组合覆盖的测试一定满足“判定覆盖”、“条件覆盖”和“判定/条件覆盖”，因为每个判定表达式、每个条件都不止一次地取到过“真”、“假”值。但也看到，该例没有覆盖程序可能执行的全部路径，125 这条路径被漏掉了，如果这条路径有错，就不能测出。

6) 路径覆盖

路径覆盖是指设计足够的测试用例，覆盖被测程序中所有可能的路径。

对于上例，选择以下测试用例，覆盖程序中的 4 条路径：

a = 2，b = 0，x = 2　　　覆盖路径 124，覆盖条件组合①和⑤

a = 2，b = 1，x = 1　　　覆盖路径 134，覆盖条件组合②和⑥

a = 1，b = 1，x = 1　　　覆盖路径 135，覆盖条件组合④和⑧

a = 3，b = 0，x = 1　　　覆盖路径 125，覆盖条件组合①和⑧

可看出满足路径覆盖测试却未满足条件组合覆盖。

现将这 6 种覆盖标准作比较，见表 5-1。

表 5-1　6 种覆盖标准的对比

<table>
<tr><td rowspan="6">弱
发现错误能力 ▼
强</td><td>语句覆盖</td><td>每条语句至少执行一次</td></tr>
<tr><td>判定覆盖</td><td>每个判定的每个分支至少执行一次</td></tr>
<tr><td>条件覆盖</td><td>每个判定的每个条件应取到各种可能的值</td></tr>
<tr><td>判定/条件覆盖</td><td>同时满足判定覆盖和条件覆盖</td></tr>
<tr><td>条件组合覆盖</td><td>每个判定中各条件的每一种组合至少出现一次</td></tr>
<tr><td>路径覆盖</td><td>使程序中每一条可能的路径至少执行一次</td></tr>
</table>

语句覆盖发现错误能力最弱。判定覆盖包含了语句覆盖，但它可能会使一些条件得不到测试。条件覆盖对每一条件进行单独检查，一般情况下它的检错能力较判定覆盖强，但有时达不到判定覆盖的要求。判定/条件覆盖包含了判定覆盖和条件覆盖的要求，但由于计算机系统软件实现方式的限制，实际上不一定达到条件覆盖的标准。条件组合覆盖发现错误能力较强，凡满足其标准的测试用例，也必然满足前 4 种覆盖标准。

前 5 种覆盖标准把注意力集中在单个判定或判定的各个条件上，可能会使程序某些路径没有执行到。路径测试根据各判定表达式取值的组合，使程序沿着不同的路径执行，查错能力强。但由于它是从各判定的整体组合出发设计测试用例的，可能使测试用例达不到条件组合覆盖的要求。在实际的逻辑覆盖测试中，一般以条件组合覆盖为主设计测试用例，然后再补充部分用例，以达到路径覆盖测试标准。

2. 循环覆盖

在逻辑覆盖的测试技术中，以上只讨论了程序内部有判定存在的逻辑结构的测试用例设计技术。而循环也是程序的主要逻辑结构，要覆盖含有循环结构的所有路径是不可能的，但可通过限制循环次数来测试。下面给出设计原则供参考。

1) 单循环

设 n 为可允许执行循环的最大次数。设计以下情况的测试用例：

(1) 跳过循环。

(2) 只执行循环一次。

(3) 执行循环 m 次，其中 m < n。

(4) 执行循环 n−1 次，n 次，n+1 次。

2) 嵌套循环

嵌套循环步骤为：

(1) 置外循环处于最小循环计数值，对内层进行单循环测试。

(2) 由里向外，进行下一层的循环测试。

3. 基本路径测试

图 5.1 的例子很简单，只有 4 条路径。但在实际问题中，一个不太复杂的程序其路径却是一个庞大的数字。为了解决这一难题，只得把覆盖的路径数压缩到一定的限度内，例如，循环体只执行一次。基本路径测试是在程序流程图的基础上，通过分析由控制构造的环路复杂性，导出基本路径集合，从而设计测试用例，保证这些路径至少通过一次。

基本路径测试的步骤如下：

(1) 以详细设计或源程序为基础，导出程序流程图的拓扑结构——程序图。程序图是退化了的程序流程图，它是反映控制流程的有向图，其中小圆圈称为结点，代表了流程图中每个处理符号(矩形、菱形框)，有箭头的连线表示控制流向，称为程序图中的边或路径。

图 5.2(a)是一个程序流程图，可以将它转换成图 5.2(b)的程序图(假设菱形框表示的判断内设有复合的条件)。在转换时注意：一条边必须终止于一个结点，在选择结构中的分支汇聚处即使无语句也应有汇聚结点；若判断中的逻辑表达式是复合条件，应分解为一系列只有单个条件的嵌套判断，如对于图 5.3(a)的复合条件的判定应画成图 5.3(b)所示的程序图。

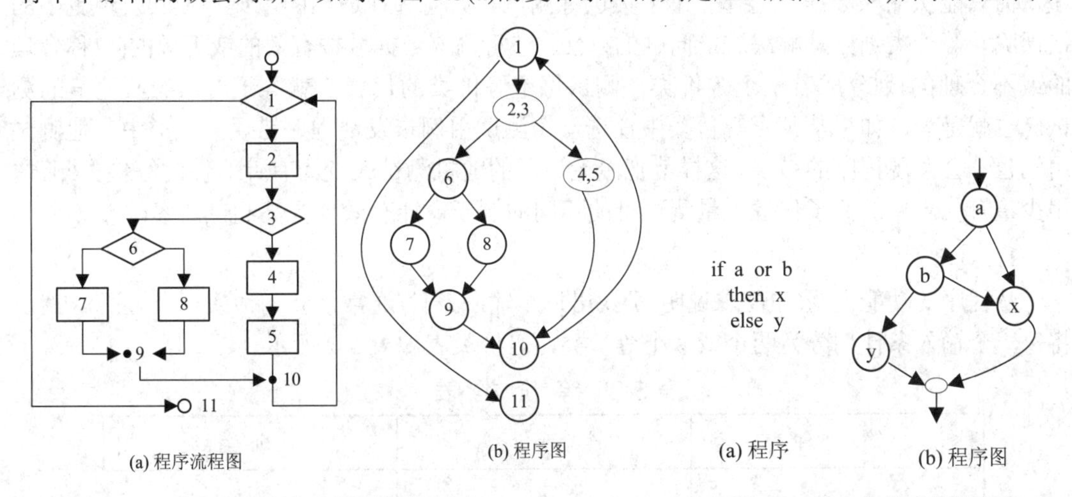

图 5.2　程序流程图和程序图　　图 5.3　复合条件下的程序图

(2) 计算程序图 G 的环路复杂性 V(G)。McCabe 定义程序图的环路复杂性为此平面图中区域的个数。区域个数为边和结点圈定的封闭区域数加上图形外的区域数 1。

例如图 5.2(b)的 V(G) = 4，也可按另一种方法计算，即 V(G) = 判定结点数 + 1。

(3) 确定只包含独立路径的基本路径集。环路复杂性可导出程序基本路径集合中的独立路径条数，这是确保程序中每个执行语句至少执行一次所必需的测试用例数目的上界。独立路径是指包括一组以前没有处理的语句或条件的一条路径。从程序图来看，一条独立路径是至少包含有一条在其他独立路径中未有过的边的路径，例如，在图 5.2(b)所示的图中，一组独立的路径是：

path1：1—11

path2：1—2—3—4—5—10—1—11

path3：1—2—3—6—8—9—10—1—11

path4：1—2—3—6—7—9—10—1—11

从例中可知，一条新的路径必须包含有一条新边。这 4 条路径组成了如图 5.2(b)所示的程序图的一个基本路径集，4 是构成这个基本路径集的独立路径数的上界，这也是设计测试用例的数目。只要测试用例确保这些基本路径的执行，就可以使程序中每个可执行语句至少执行一次，每个条件的取“真”和取“假”分支也能得到测试。基本路径集不是唯一的，对于给定的程序图，可以得到不同的基本路径集。

(4) 设计测试用例，确保基本路径集合中每条路径的执行。

5.3.2 黑盒技术

黑盒测试是功能测试，因此设计测试用例时，需要研究需求说明和概要设计说明中有关程序功能或输入、输出之间的关系等信息，从而与测试后的结果进行分析比较。用黑盒技术设计测试用例的方法一般有以下四种，在实际测试中应该把各种方法结合起来使用。

1. 等价类划分

为了保证软件质量，需要做尽量多的测试，但不可能用所有可能的输入数据来测试程序，而只能从输入数据中选择一个子集进行测试。如何选择适当的子集，使其发现更多的错误呢？等价类划分是解决这一问题的办法。它将输入数据域按有效的或无效的(也称合理的或不合理的)划分成若干个等价类，测试每个等价类的代表值就等于对该类其他值的测试。也就是说，如果从某个等价类中任选一个测试用例未发现程序错误，该类中其他测试用例也不会发现程序的错误。这样就把漫无边际的随机测试改变为有针对性的等价类测试，用少量有代表性的例子代替大量测试目的相同的例子，能有效地提高测试效率。

1) 划分等价类

从程序的功能说明(如需求说明书)找出每个输入条件(通常是一句话或一个短语)，然后将每一个输入条件划分为两个或多个等价类，等价类表如表 5-2 所示。

表 5-2 等价类表

输入条件	合理等价类	不合理等价类
⋮	⋮	⋮

表 5-2 中合理等价类是指各种正确的输入数据，不合理的等价类是其他错误的输入数据。划分等价类是一个比较复杂的问题，以下提供了几条经验供参考：

(1) 如果某个输入条件规定了取值范围或值的个数，则可确定一个合理的等价类(输入值或数在此范围内)和两个不合理等价类(输入值或个数小于这个范围的最小值或大于这个范围的最大值)。

例如输入值是学生的成绩，范围为 0～100，确定一个合理的等价类为“0≤成绩≤100”，两个不合理的等价类为“成绩＜0”和“成绩＞100”。

(2) 如果规定了输入数据的一组值，而且程序对不同的输入值做不同的处理，则每个允许的输入值是一个合理等价类，此外还有一个不合理等价类(任何一个不允许的输入值)。

例如，输入条件上说明教师的职称可为助教、讲师、副教授及教授 4 种职称之一，则分别取这四个值作为 4 个合理等价类，另外把 4 个职称之外的任何职称作为不合理等价类。

(3) 如果规定了输入数据必须遵循的规则，可确定一个合理等价类(符合规则)和若干个不合理等价类(从各种不同角度违反规则)。

(4) 如果已划分的等价类中各元素在程序中的处理方式不同，则应将此等价类进一步划分为更小的等价类。

以上这些划分输入数据等价类的经验也同样适用于输出数据，这些数据也只是测试时可能遇到的情况的很小部分。为了能正确划分等价类，一定要正确分析被测程序的功能。

2) 确定测试用例

根据已划分的等价类，按以下步骤设计测试用例：

(1) 为每一个等价类编号。

(2) 设计一个测试用例，使其尽可能多地覆盖尚未被覆盖过的合理等价类。重复这一步，直到所有合理等价类被测试用例覆盖。

(3) 设计一个测试用例，使其只覆盖一个不合理等价类。重复这一步，直到所有不合理等价类被覆盖。之所以这样做，是因为某些程序中对某一输入错误的检查往往会屏蔽对其他输入错误的检查。因此必须针对每一个不合理等价类，分别设计测试用例。

例如：某一报表处理系统，要求用户输入处理报表的日期。假设日期限制在 1990 年 1 月至 1999 年 12 月，即系统只能对该段时期内的报表进行处理。如果用户输入的日期不在此范围内，则显示输入错误信息。该系统规定日期由年、月的 6 位数字字符组成，前 4 位代表年，后两位代表月。现用等价类划分法设计测试用例，来测试程序的“日期检查功能”。

① 划分等价类并编号：划分成 3 个有效等价类，7 个无效等价类，如表 5-3 所示。

表 5-3 “报表日期”输入条件的等价类表

输入条件	合理等价类	不合理等价类
报表日期的类型及长度	1. 6 位数字字符	2. 有非数字字符 3. 少于 6 个数字字符 4. 多于 6 个数字字符
年份范围	5. 在 1990～1999 之间	6. 小于 1990 7. 大于 1999
月份范围	8. 在 1～12 之间	9. 等于 0 10. 大于 12

② 为合理等价类设计测试用例，对于表中编号为 1、5、8 对应的 3 个合理等价类，用一个测试用例覆盖。

测试数据	期望结果	覆盖范围
199905	输入有效	1, 5, 8

③ 为每一个不合理等价类至少设计一个测试用例：

测试数据	期望结果	覆盖范围
99MAY	输入无效	2
19995	输入无效	3
1999005	输入无效	4
198912	输入无效	6
200001	输入无效	7
199900	输入无效	9
199913	输入无效	10

注意：在7个不合理的测试用例中，不能出现相同的测试用例，否则相当于一个测试用例覆盖了一个以上不合理等价类，使程序测试不完全。

等价类划分法比随机选择测试用例要好得多，但这个方法的缺点是没有注意选择某些高效的、能够发现更多错误的测试用例。

2. 边界值分析

实践经验表明，程序往往在处理边界情况时发生错误。边界情况指输入等价类和输出等价类边界上的情况。因此检查边界情况的测试用例是比较高效的，可以查出更多的错误。

例如，在做三角形设计时，要输入三角形的3个边长A、B和C。这3个数值应当满足A > 0、B > 0、C > 0、A+B > C、A+C > B、B+C > A，才能构成三角形。但如果把6个不等式中的任何一个“>”错写成“≥”，那个不能构成三角形的问题恰好出现在容易被疏忽的边界附近。在选择测试用例时，选择边界附近的值就能发现被疏忽的问题。

使用边界值分析方法设计测试用例时，一般与等价类划分结合起来。但它不是从一个等价类中任选一个例子作为代表，而是将测试边界情况作为重点目标，选取正好等于、刚刚大于或刚刚小于边界值的测试数据。下面提供的一些设计原则供参考。

(1) 如果输入条件规定了值的范围，可以选择正好等于边界值的数据作为合理的测试用例，同时还要选择刚好越过边界值的数据作为不合理的测试用例。如输入值的范围是［1，100］，可取0、1、100、101等值作为测试数据。

(2) 如果输入条件指出了输入数据的个数，则按最大个数、最小个数、比最小个数少1及比最大个数多1等情况分别设计测试用例。如一个输入文件可包括1～255个记录，则分别设计有1个记录、255个记录，以及0个记录和256个记录的输入文件的测试用例。

(3) 对每个输出条件分别按照以上两个原则确定输出值的边界情况。如一个学生成绩管理系统规定，只能查询95～98级大学生的各科成绩，可以设计测试用例，使得查询范围内的某一届或四届学生的学生成绩，还需设计查询94级、99级学生成绩的测试用例(不合理输出等价类)。

由于输出值的边界不与输入值的边界相对应，所以要检查输出值的边界不一定可能，要产生超出输出值之外的结果也不一定能做到，但必要时还需试一试。

(4) 如果程序的需求说明给出的输入或输出域是个有序集合(如顺序文件、线性表和链表等)，则应选取集合的第一个元素和最后一个元素作为测试用例。

对上述报表处理系统中的报表日期输入条件，以下用边界值分析设计测试用例。

程序中判断输入日期(年月)是否有效，假设使用如下语句：

```
IF(ReportDate <= MaxDate)AND(ReportDate >= MinDate)
    THEN    产生指定日期报表
    ELSE    显示错误信息
ENDIF
```

如果将程序中的“<=”误写为“<”，则上例的等价类划分中所有测试用例都不能发现这一错误，采用边界值分析法的测试用例如表 5-4 所示。

显然采用这 14 个测试用例发现程序中的错误要更彻底一些。

表 5-4 “报表日期”边界值分析法测试用例

输入条件	测试用例说明	测试数据	期望结果	选取理由
报表日期的类型及长度	1 个数字字符	5	显示出错	仅有一个合法字符
	5 个数字字符	19995	显示出错	比有效长度少 1
	7 个数字字符	1999005	显示出错	比有效长度多 1
	有 1 个非数字字符	1999.5	显示出错	只有一个非法字符
	全部是非数字字符	May---	显示出错	6 个非法字符
	6 个数字字符	199905	输出有效	类型及长度均有效
日期范围	在有效范围边界上选取数据	199001	输入有效	最小日期
		199912	输入有效	最大日期
		199000	显示出错	刚好小于最小日期
		199913	显示出错	刚好大于最大日期
月份范围	月份为 1 月	199801	输入有效	最小月份
	月份为 12 月	199812	输入有效	最大月份
	月份<1	199800	显示出错	刚好小于最小月份
	月份>12	199813	显示出错	刚好大于最大月份

3. 错误推测

在测试程序时，人们根据经验或直觉推测程序中可能存在的各种错误，从而有针对性地编写检查这些错误的测试用例，这就是错误推测法。

错误推测法没有确定的步骤，凭经验进行。它的基本思想是列出程序中可能发生错误的情况，根据这些情况选择测试用例。如输入、输出数据为零是容易发生错误的情况；又如，输入表格为空或输入表格只有一行是容易出错的情况等。

例如对于一个排序程序，列出以下几项需特别测试的情况：

(1) 输入表为空。

(2) 输入表只含一个元素。

(3) 输入表中所有元素均相同。

(4) 输入表中已排好序。

又如，测试一个采用二分法的检索程序，考虑以下情况：

(1) 表中只有一个元素。

(2) 表长是 2 的幂。

(3) 表长为 2 的幂减 1 或 2 的幂加 1

因此，要根据具体情况具体分析。

4. 因果图

等价类划分和边界值分析方法都只是孤立地考虑各个输入数据的测试功能，而没有考虑多个输入数据的组合引起的错误。因果图能有效地检测输入条件的各种组合可能会引起的错误。因果图的基本原理是通过画因果图，把用自然语言描述的功能说明转换为判定表，最后为判定表的每一列设计一个测试用例。

5. 综合策略

前面介绍的软件测试方法各有所长。每种方法都能设计出一组有用的例子，用这组例子容易发现某种类型的错误，但可能不易发现另一种类型的错误。因此在实际测试中，联合使用各种测试方法，形成综合策略，通常先用黑盒法设计基本的测试用例，再用白盒法补充一些必要的测试用例，方法如下：

(1) 在任何情况下都应使用边界值分析法，用这种方法设计的用例暴露程序错误能力强。设计用例时，应该既包括输入数据的边界情况又包括输出数据的边界情况。

(2) 必要时用等价类划分方法补充一些测试用例。

(3) 再用错误推测法补充测试用例。

(4) 检查上述测试用例的逻辑覆盖程度，如未满足所要求的覆盖标准，再增加例子。

(5) 如果需求说明中含有输入条件的组合情况，则一开始就可使用因果图法。

5.4 测试过程

5.4.1 测试准备

软件测试时需要准备以下三种工具：

(1) 软件配置：指需求说明书、设计说明书和源程序等。

(2) 测试配置：指测试方案、测试用例和测试驱动程序等。

(3) 测试工具：指计算机辅助测试的有关工具。

软件经过测试以后，要根据预期的结果对测试的结果进行分析比较，对于出现的错误要进行纠错，并修改相应文档。修改后的程序往往要经过再次测试，直到满意为止。在分析结果的同时，要对软件可靠性进行评价，如果总是出现需要修改设计的严重错误，软件的质量和可靠性就值得怀疑，同时也需进一步测试；如果软件功能能正确完成，出现的错误易修改，可以断定软件的质量和可靠性可以接受或者所做的测试还不足以发现严重错误；如果测试发现不了错误，那么可以断定是测试方案、用例考虑的不够细致充分，错误仍潜伏在软件中，应考虑重新制定测试方案，设计测试用例。

5.4.2 软件测试的步骤及与各开发阶段的关系

软件产品在交付使用之前要经过哪些测试呢？一般要经过单元测试、集成测试、确认测试和系统测试。图 5.4 为软件测试经历的步骤。

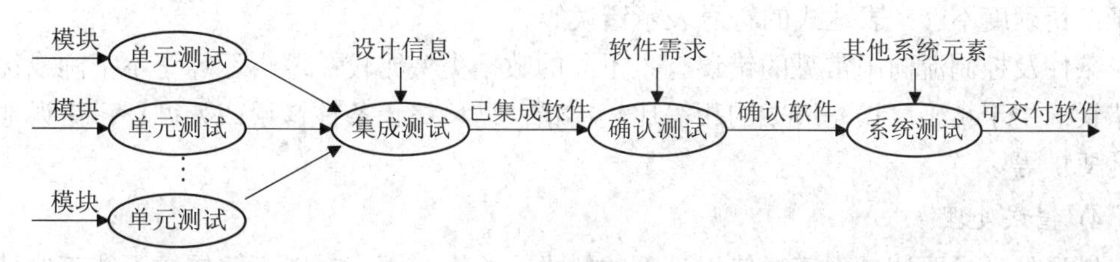

图 5.4 软件测试步骤

单元测试指对源程序中每一个程序单元进行测试，检查各个模块是否正确实现规定的功能，从而发现模块在编码中或算法中的错误。该阶段涉及编码和详细设计的文档。各模块经过单元测试后，将各模块组装起来进行集成测试，以检查与设计相关的软件体系结构的有关问题。确认测试主要检查已实现的软件是否满足需求说明书中确定了的各种需求。系统测试指把已确定的软件与其他系统元素(如硬件、其他支持软件、数据和人工等)结合在一起进行测试。图 5.5 列出了软件工程领域中的测试与软件开发各阶段之间的关系。

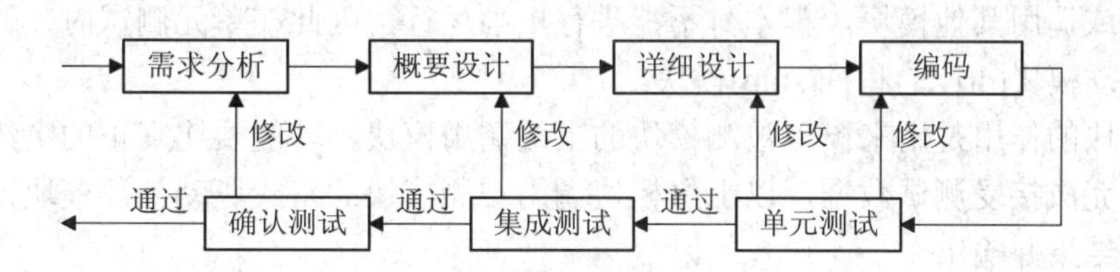

图 5.5 软件测试与软件开发过程的关系

下面将详细介绍单元测试、集成测试和确认测试的具体内容及方法。

5.4.3 单元测试

1. 测试的内容

单元测试主要针对模块的如下 5 个基本特征进行测试。

1) 模块接口

模块接口测试主要检查数据能否正确地通过模块。检查的主要内容是参数的个数、属性及对应关系是否一致。当模块通过文件进行输入/输出时，要检查文件的具体描述(包括文件的定义、记录的描述及文件的处理方式等)是否正确。

2) 局部数据结构

局部数据结构主要检查以下几方面的错误：说明不正确或不一致；初始化或缺省值错误；变量名未定义或拼写错误；数据类型不相容；上溢、下溢或地址错等。

除了检查局部数据外，还应注意全局数据与模块的相互影响。

3) 重要的执行路径

重要模块要进行基本路径测试，仔细地选择测试路径是单元测试的一项基本任务。注意选择测试用例能发现不正确的计算、错误的比较或不适当的控制流而造成的错误。

计算中常见的错误有：算术运算符优先次序不正确；运算方式不正确；初始化方式不正确；精确度不够；表达式的符号表示错误等。

条件及控制流向中常见的错误有：不同的数据类型比较；逻辑运算符不正确或优先次序错误；由于精确度误差造成的相等比较出错；循环终止条件错误或死循环；错误地修改循环变量等。

4) 错误处理

错误处理主要测试程序对错误处理的能力，检查是否存在以下问题：不能正确处理外部输入错误或内部处理引起的错误；对发生的错误不能正确描述或描述内容难以理解；在错误处理之前，系统已进行干预等。

5) 边界条件

程序最容易在边界上出错，如输入/输出数据的等价类边界，选择条件和循环条件的边界，复杂数据结构(如表)的边界等都应进行测试。

2. 测试的方法

由于被测试的模块往往不是独立的程序，它处于整个软件结构的某一层位置上，被其他模块调用或调用其他模块，其本身不能进行单独运行，因此在单元测试时，需要为被测模块设计驱动模块(driver)和桩(stub)模块。

驱动模块的作用是用来模拟被测模块的上级调用模块，功能要比真正的上级模块简单得多，它只完成接受测试数据，以上级模块调用被测模块的格式驱动被测模块，接收被测模块的测试结果并输出。

桩模块用来代替被测模块所调用的模块。它的作用是返回被测模块所需的信息。图 5.6 表示为了测试软件结构(图 5.6(a))中的模块 B，建立模块 B 的测试环境(图 5.6(b))。

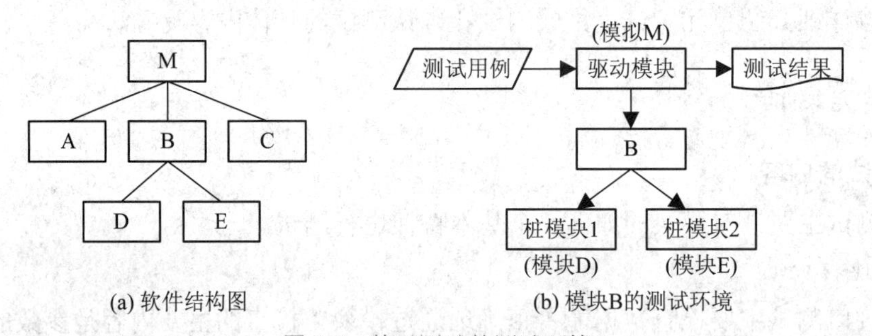

图 5.6 单元测试的测试环境

驱动模块和桩模块的编写给测试带来额外开销，但是与被测模块有联系的那些模块(如模块 M、D、E)在尚未编写好或未测试的情况下，设计驱动模块和桩模块是必要的。

5.4.4 集成测试

1. 集成测试的目的

集成测试是指在单元测试的基础上，将所有模块按照设计要求组装成一个完整的系统而进行的测试，故也称组装测试或联合测试。实践证明，单个模块能正常工作，组装后不见得仍能正常工作，这是因为：

(1) 单元测试使用的驱动模块和桩模块，与它们所代替的模块并不完全等效，因此单元测试有不彻底、不严格的情况。

(2) 各个模块组装起来，穿越模块接口的数据可能会丢失。

(3) 一个模块的功能可能会对另一个模块的功能产生不利的影响。

(4) 各个模块的功能组合起来可能达不到预期要求的功能。

(5) 单个模块可以接受的误差，组装起来可能累积和放大到不能接受的程度。

(6) 全局数据可能会出现问题。

因此必须要进行集成测试，用于发现模块组装中可能出现的问题，最终构成一个符合要求的软件系统。

2. 集成测试的方法

集成测试的方法主要有非渐增式测试和渐增式测试。

(1) 非渐增式测试。该测试是首先对每个模块分别进行单元测试，然后再把所有的模块按设计要求组装在一起进行的测试。

(2) 渐增式测试。该测试是逐个把未经过测试的模块组装到已经测试过的模块上去，进行集成测试。每加入一个新模块进行一次集成的测试，重复此过程直至程序组装完毕。

渐增式与非渐增式测试的区别有如下几点：

(1) 非渐增式测试方法把单元测试和集成测试分成两个不同的阶段，前一阶段完成模块的单元测试，后一阶段完成集成测试。而渐增式测试把单元测试与集成测试合在一起，同时完成。

(2) 非渐增式测试需要更多的工作量，因为每个模块都需要驱动模块和桩模块，而渐增式测试利用已测试过的模块作为驱动模块或桩模块，因此工作量较少。

(3) 渐增式测试可以较早地发现接口之间的错误，非渐增式测试在最后组装时才发现。

(4) 渐增式测试有利于排错，发生错误往往和最近加进来的模块有关，而非渐增式测试发现接口错误要推迟到最后，很难判断是哪一部分接口出错。

(5) 渐增式测试比较彻底，已测试的模块和新的模块组装在一起再测试。

(6) 渐增式测试占用的时间较多，但非渐增式测试需更多的驱动模块、模块，也占用一些时间。

(7) 非渐增式测试开始可并行测试所有模块，能充分利用人力，对测试大型软件很有意义。

考虑到目前计算机硬件价格下降，人工费用上升，软件错误纠正越早代价越低等特点，采用渐增式测试方法测试较好。也可考虑将两种方法结合起来，一些模块分别测试，然后将这些测试过的模块再用渐增式测试逐步结合进软件系统中去。

3. 渐增式测试组装模块的方法

1) 自顶向下结合

该方法不需要编写驱动模块，只需要编写桩模块。其步骤是从顶层模块开始，沿被测程序的软件结构图的控制路径逐步向下测试，从而把各个模块都结合进来，这里又有两种组合策略：

(1) 深度优先策略：先从软件结构中选择一条主控路径，把该路径上的模块一个个结合进来进行测试，以便完成一个特定的子功能，接着再结合其他需要优先考虑的路径。主控路径一般选择系统的关键路径或输入、输出路径。

图 5.7 是一个软件结构图。图 5.8 是自顶向下以深度优先策略组装模块的例子，其中 Si 模块代表桩模块。

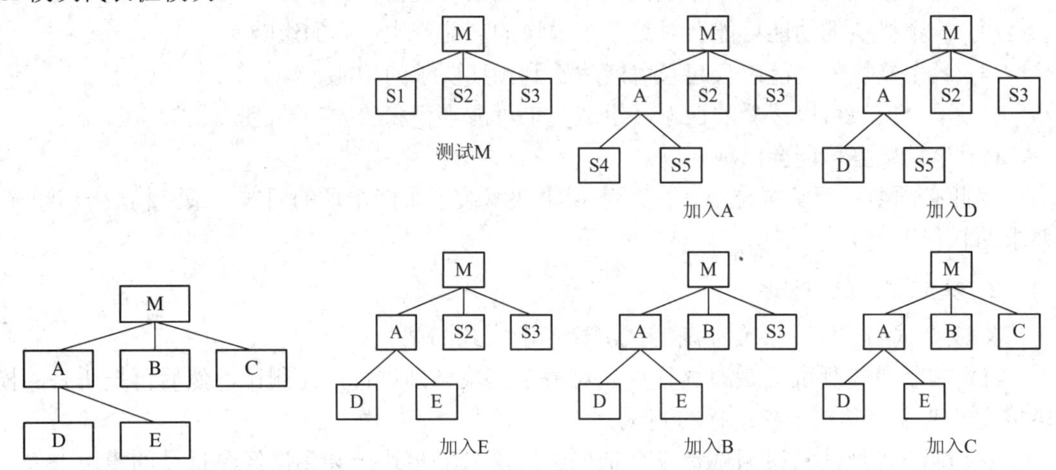

图 5.7　一个软件结构图　　图 5.8　采用深度优先策略自顶向下结合模块的过程

(2) 宽度优先策略：逐层结合直接下属的所有模块。如对于图 5.7 的例子，结合顺序为 M、A、B、C、D、E。

自顶向下测试的优点是能较早地发现高层模块接口、控制等方面的问题；初期的程序概貌可让人们较早地看到程序的主功能，增强开发人员的信心。

自顶向下测试的缺点是桩模块不可能提供完整的信息，因此把许多测试推迟到用实际模块代替桩模块之后；设计较多的桩模块，测试开销大；早期不能并行工作，不能充分利用人力。

2) 自底向上结合

该方法仅需编写驱动模块，不需编写桩模块。其步骤如下：

(1) 把低层模块组合成实现一个个特定子功能的族(如图 5.9 所示)。

(2) 为每一个族编写一个驱动模块，以协调测试用例的输入和测试结果的输出(如图 5.10 所示，其中 di 模块为驱动模块)。

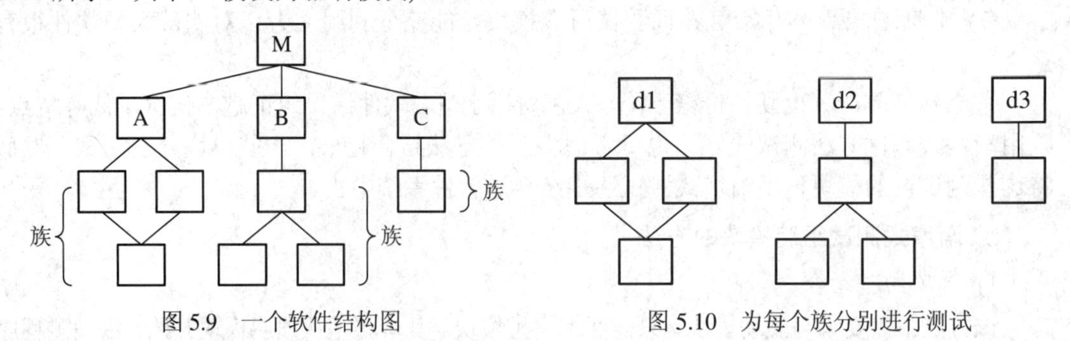

图 5.9　一个软件结构图　　图 5.10　为每个族分别进行测试

(3) 对模块族进行测试。

(4) 按软件结构图依次向上扩展，用实际模块替换驱动模块，形成一个个更大的族(如图 5.11 所示)。

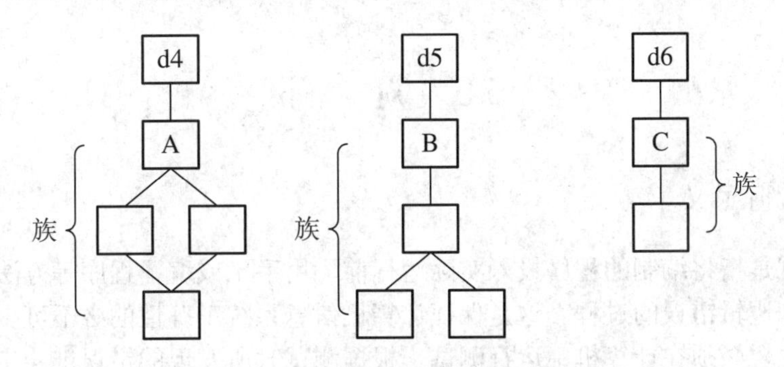

图 5.11 形成 3 个更大的族进一步测试

(5) 重复(2)至(4)步，直至软件系统全部测试完毕。

自底向上测试的优点是：随着上移，驱动模块逐步减少，测试开销小一些；比较容易设计测试用例；早期可以并行工作；低层模块的错误能较早发现。其缺点是：系统整体功能最后才能看到；上层模块错误发现的晚，上层模块的问题是全局性的问题，影响范围大。

由于自顶向下渐增式测试和自底向上渐增式测试的方法各有利弊，实际应用时，应根据软件的特点、任务的进度安排选择合适的方法。一般是将这两种测试方法结合起来，低层模块使用自底向上结合的方法组装成子系统，然后由主模块开始自顶向下对各子系统进行集成测试。

5.4.5 确认测试

确认测试又称有效性测试。它的任务是检查软件的功能与性能是否与需求说明书中确定的指标相符合。因而需求说明是确认测试的基础。

确认测试阶段有进行确认测试与软件配置审查两项工作。

1. 确认测试

确认测试一般是指在模拟环境下运用黑盒测试方法，由专门测试人员和用户参加的测试。确认测试需要需求说明书、用户手册等文档，要制定测试计划，确定测试的项目，说明测试内容，描述具体的测试用例。测试用例应选用实际运用的数据。测试结束后，应写出测试分析报告。

经过确认测试后，可能有两种情况：

(1) 功能、性能与需求说明一致，该软件系统是可以接受的。

(2) 功能、性能与需求说明有差距，要提交一份问题报告。对这样的错误进行修改，工作量非常大，必须同用户协商。

2. 软件配置审查

软件配置审查的任务是检查软件的所有文档资料的完整性、正确性。如发现遗漏和错误，应补充和改正。同时要编排好目录，为以后的软件维护工作奠定基础。

软件系统只是计算机系统中的一个组成部分，软件经过确认后，最终还要与系统中的其他部分(如计算机硬件、外部设备、某些支持软件、数据及人员)结合在一起，在实际使用环境下运行，测试其能否协调工作，这就是所谓的系统测试，系统测试有关的内容不在软件工程范围内。

5.5 调 试

5.5.1 调试的定义

程序调试是指将编制的程序投入实际运行前，用手工或编译程序等方法进行测试，修正语法错误和逻辑错误的过程。这是保证计算机信息系统正确性的必不可少的步骤。编写完计算机程序，必须在计算机中运行测试。根据测试时所发现的错误进一步进行诊断，找出原因和具体的位置后进行修正。因此程序调试活动分为以下两部分：① 根据错误迹象确定程序中错误的确切性质、原因和位置；② 对程序进行修改，排除这个错误。因此说程序调试的目的是诊断和修正程序中的错误。

5.5.2 调试技术

1. 简单的调试方法

1) 在程序中插入打印语句

该方法的优点是显示程序的动态过程，比较容易检查源程序的有关信息。其缺点是低效率，可能输出大量的无关的数据，发现错误带有偶然性。同时还要修改程序，这种修改可能会掩盖错误、改变关键的时间关系或把新的错误引入程序。

2) 运行部分程序

有时为了测试某些被怀疑为有错的程序段，整个程序反复执行多次，使很多时间浪费在执行已经是正确的程序段上。在此情况下，应设法使被测试程序只执行需要检查的程序段，以提高效率。可采用以下方法：

(1) 把不需要执行的语句段前和后加上注释符，使这段程序不再执行。调试过后，再将注释符去掉。

(2) 在不需要执行的语句段前加判定值为“假”的 IF 语句或者加 GOTO 语句，使该程序不执行。调试结束后，再撤销这些语句，使程序复原。

3) 借助于调试工具

目前大多数程序设计语言都有专门的调试工具，可以利用这些工具分析程序的动态行为。例如借助“追踪”功能可以追踪子程序调用、循环与分支执行路径、特定变量的变化情况等，利用“设断点”可以执行特定语句或改变特定变量值引起的程序中断，以便检查程序的当前状态。还可借助调试工具观察或输出内存变量的值，大大提高调试程序的效率，缺点是也会产生大量的无关信息，也会走弯路。

实践表明，对于较为复杂的程序，就查出错误的速度和精确度而言，有时用“脑”比用“工具”更有成效。

2. 归纳法调试

归纳法是一种从特殊到一般的思维过程，从对个别事例的认识当中，概括出共同特点，得出一般性规律的思考方法。归纳法调试从测试结果发现的线索(错误迹象、征兆)入手，分析它们之间的联系，导出错误原因的假设，然后再证明或否定这个假设。归纳法调试的具体步骤如下：

(1) 收集有关数据：列出做对了什么、做错了什么程序的全部信息。

(2) 组织数据：整理数据以便发现规律，使用分类法构造一张线索表。

(3) 提出假设：分析线索之间的关系，导出一个或多个错误原因的假设。如果不能推测一个假设，再选用测试用例去测试，以便得到更多的数据。如果有多个假设，首先选择可能性最大的一个。

(4) 证明假设：假设不是事实，需要证明假设是否合理。不经证明就根据假设改错，只能纠正错误的一种表现(即消除错误的征兆)或只纠正一部分错误。如果不能证明这个假设成立，需要提出下一个假设。

例如，在一个“考试评分”程序中出现了一个错误：在某些情况下，学生分数中间值不正确，即 51 个学生评分，正确地打印出平均值是 73.2，中间值却是 26 而不是期望的 82，检查这个测试用例和其他几个测试用例的执行结果，得到如表 5-5 所示的线索表。

表 5-5 出错线索表

	Yes	No
What	第 3 号报表中打印的中间值有误	平均值正确
Where	在第 3 号报表中	其他报表中正确
When	在对“51 个学生评分”的程序测试时发现	对 2 个学生和 20 个学生评分时不出现错误
How	中间值为“26”，同时在做“一个学生的评分”测试也出现错误，中间值为 1	中间值似乎与实际分数无关

下面通过寻找现象的矛盾来建立有关错误的假设。矛盾是取偶数个学生，计算不出错，奇数个学生计算出错，同时总结出中间值总是小于或等于学生人数(26≤51 和 1≤1)，这时的处理可给学生换一个分数，把 51 个学生的测试再做一遍，中间值仍是 26，因此在“how-no”栏中填写“中间值似乎与实际分数无关”这样一个范围。随后分析线索表，根据“中间值≥学生人数一半的最小整数”这一情况判断出好像程序把分数放在一个顺序表中，打印的是中间那个学生的编号而不是他的分数。因此就有了发生错误原因的假设，再通过检查源程序或额外多执行几个测试用例来证明这个假设。

3. 演绎法调试

演绎法是一种从一般的推测和前提出发，运用排除和推断过程作出结论的思考方法。演绎法调试是列出所有可能的错误原因的假设，然后利用测试数据排除不适当的假设，最后再用测试数据验证余下的假设确实是出错的原因。演绎法调试的具体步骤如下：

(1) 列出所有可能的错误原因的假设：把可能的错误原因列成表，不需要完全解释，仅是一些可能因素的假设。

(2) 排除不适当的假设：应仔细分析已有的数据，寻找矛盾，力求排除前一步列出的所有原因。如果都排除了，则需补充一些测试用例，以建立新的假设；如果保留下来的假设多于一个，则选择可能性最大的原因做基本的假设。

(3) 精化余下的假设：利用已知的线索，进一步求精余下的假设，使之更具体化，以便可以精确地确定出错位置。

(4) 证明余下的假设：做法同归纳法。

4. 回溯法调试

该方法从程序产生错误的地方出发，人工沿程序的逻辑路径返向搜索，直到找到错误的原因为止。例如，从打印语句出错开始，通过看到的变量值，从相反的执行路径查询该变量值从何而来。该方法是对小型程序寻找错误位置的有效方法。

本章小结

软件测试在项目开发中花费的精力较多，也是保证软件质量的最后一个阶段。因为经过测试后就要投入维护运行阶段。

软件测试的原则是用最少的测试数据，暴露尽可能多的错误。为达到此目的，就要选择相应的测试方法。软件测试方法有静态测试法和动态测试法，动态测试法又分为白盒法和黑盒法。软件测试中，通常以动态测试为主，动态测试要先选择测试数据，然后执行程序，将得到的结果和预期的结果比较，从而发现错误。

选择测试数据又称为测试用例设计。测试用例设计方法有逻辑覆盖方法、边界值分析方法、等价类划分方法、错误推测法和因果图法等。

在进行软件测试时，首先进行单元测试，然后进行集成测试，再进行确认测试。单元测试可以发现模块中的问题，集成测试可以发现模块之间的接口问题，确认测试可以发现软件系统是否符合用户的功能性能要求。

习 题

1. 软件测试的目的是什么？在软件测试中，应注意哪些原则？

2. 什么是白盒测试法？它有哪些覆盖标准？试对它们的检错能力进行比较。

3. 什么是黑盒测试法？采用黑盒技术设计测试用例有哪几种方法？这些方法各有什么特点？

4. 软件测试要经过哪些步骤？这些测试与软件开发各阶段之间有什么关系？

5. 单元测试有哪些内容？测试中采用什么方法？

6. 什么是集成测试？非渐增式测试与渐增式测试有什么区别？渐增式测试如何组装模块？

7. 什么是确认测试？该阶段有哪些工作？

8. 调试的目的是什么？调试有哪些技术手段？

9. 将正确答案的编号填入题目空白处：

在白盒测试用例设计中，有语句覆盖、条件覆盖、判定覆盖和路径覆盖等，其中，__A__是最强的覆盖准则。为了对图 5.12 所示的程序进行覆盖测试，必须适当地选取测试数据。若 X, Y 是两个变量，可供选择的测试数据组共有 Ⅰ, Ⅱ, Ⅲ, Ⅳ 4 组(如表中给出)，则实现语句覆盖至少应采用的测试数据组是__B__；实现条件覆盖至少应采用的测试数据组是__C__；实现路径覆盖至少应采用的测试数据组是__D__或__E__。

[供选择的答案]:

A: (1) 语句覆盖 (2) 条件覆盖 (3) 判定覆盖 (4) 路径覆盖

B～E: (1) Ⅰ和Ⅱ组 (2) Ⅱ和Ⅲ组 (3) Ⅲ和Ⅳ组
(4) Ⅰ和Ⅳ组 (5) Ⅰ、Ⅱ和Ⅲ组 (6) Ⅱ、Ⅲ和Ⅳ组
(7) Ⅰ、Ⅲ和Ⅳ组 (8) Ⅰ、Ⅱ和Ⅳ组

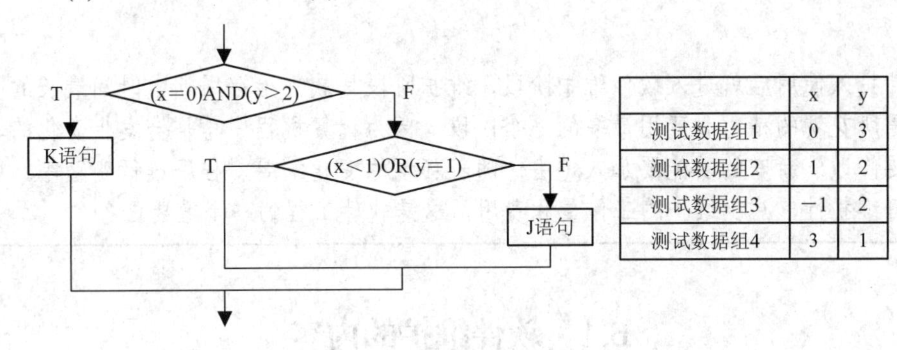

	x	y
测试数据组1	0	3
测试数据组2	1	2
测试数据组3	−1	2
测试数据组4	3	1

图 5.12

10. 请对第 3 章习题第 10 题(2)判定三角形类别程序算法用等价类划分和边界值分析法设计测试用例，并检查逻辑覆盖标准。

11. 判断下面说法哪些是错误的。

(1) 对软件的测试应该由第三方来进行。( )

(2) 软件测试的目的是为了证明软件的正确性。( )

(3) 软件测试是可以穷尽的。( )

(4) 软件测试只能证明软件有错误，不能证明软件无错误。( )

(5) 设计测试用例时，需选取一切可能的输入数据进行测试。( )

(6) Web 应用软件的安全性仅仅与 Web 应用软件本身的开发有关。( )

(7) 桌面检查是由同行帮忙检查自己的程序。( )

(8) 静态分析方法是性能测试的方法。( )

12. 针对下面代码，已开发了一个 Connection 类，请编写一个测试用例进行类的单元测试，如何测试 Connection 类？

```
Public  class Connection{
    Private  java.sql.Connection  conn;
    Public  Connection()  throws Exception  {        //建立连接
        Class.forName("Oracle.jdbc.drive.OracleDriver") ;
        Conn = DriverManager.getConnection (
                "jdbc:oracle:thin:@localhost:1521:oracle81",
                "psel",
                "psel" );

    }
}
```

第6章 软件维护

软件投入使用后就进入软件维护阶段。维护阶段是软件生存周期中时间最长的一个阶段，也是所花费的精力和费用最多的一个阶段。因为计算机程序总是会发生变化的，隐含的错误要修改；新增的功能要加入进去；随着环境的变化，要对程序进行变动等。所以如何提高可维护性，减少维护的工作量和费用，这是软件工程的一个重要任务。

6.1 软件维护的内容

软件维护有校正性维护、兼容性维护、完善性维护和预防性维护。

1. 校正性维护

在软件交付使用后，由于软件开发过程中产生的错误在测试中并没有完全彻底地发现，因此必然有一部分隐含的错误被带到维护阶段来。这些隐含的错误在某些特定的使用环境下会暴露出来。为了识别和纠正错误，修改软件性能上的缺陷，应进行确定和修改错误的过程，这个过程就称为校正性维护，校正性维护占整个维护工作的21%。

2. 兼容性维护

随着计算机的飞速发展，计算机硬件和软件环境在不断发生变化，数据环境也在不断发生变化。为了使应用软件适应这种变化而修改软件的过程称为兼容性维护。例如，某个应用软件原来是在DOS环境下运行的，现在要把它移植到Windows环境下来运行；某个应用软件原来是在一种数据库环境下工作的，现在要改到另一种安全性较高的数据库环境下工作，这些变动都需要对相应的软件作修改。这种维护活动要占整个维护活动的25%。

3. 完善性维护

在软件漫长的运行时期中，用户往往会对软件提出新的功能要求与性能要求。这是因为用户的业务会发生变化，组织机构也会发生变化。为了适应这些变化，应用软件原来的功能和性能需要扩充和增强。这种增加软件功能、增强软件性能和提高软件运行效率而进行的维护活动称为完善性维护。例如，软件原来的查询响应速度较慢，要提高响应速度；软件原来没有帮助信息，使用不方便，现在要增加帮助信息。这种维护性活动数量较大，占整个维护活动的50%。

4. 预防性维护

为了提高软件的可维护性和可靠性而对软件进行的修改称为预防性维护。这是为以后进一步的运行和维护打好基础。这需要采用先进的软件工程方法对需要维护的软件或软件中的某一部分进行设计、编码和测试。在整个维护活动中，预防性维护占很小的比例，只占4%。

6.2　软件维护的特点

6.2.1　非结构化维护和结构化维护

软件的开发过程对软件的维护有较大的影响。若不采用软件工程的方法开发软件，则软件只有程序而无文档，维护工作非常困难，这是一种非结构化的维护。若采用软件工程的方法开发软件，则各阶段都有相应的文档，容易进行维护工作，这是一种结构化的维护。

1. 非结构化维护

因为只有源程序，而文档很少或没有文档，维护活动只能从阅读、理解和分析源程序开始。由于没有需求说明文档和设计文档，只有通过阅读源程序来了解系统功能、软件结构、数据结构、系统接口和设计约束等。这样做，一是非常困难；二是难于搞清楚这些问题；三是常常误解这些问题。要想搞清楚，需花费大量的人力、物力，最终对源程序修改的结果是难以估量的，因为没有测试文档，不可能进行回归测试，很难保证程序的正确性。这就是软件工程时代以前进行维护的情况。

2. 结构化维护

用软件工程思想开发的软件具有各个阶段的文档，这对于理解、掌握软件功能、性能、软件结构、数据结构、系统接口和设计约束有很大作用。进行维护活动时，需从评价需求说明开始，搞清楚软件功能、性能上的改变；对设计说明文档进行评价，对设计说明文档进行修改和复查；根据设计的修改，进行程序的变动；根据测试文档中的测试用例进行回归测试；最后，把修改后的软件再次交付使用。这对于减少精力、减少花费和提高软件维护效率有很大的作用。

6.2.2　维护的困难性

软件维护的困难性主要是由于软件需求分析和开发方法的缺陷造成的。软件生存周期中的开发阶段没有严格而又科学的管理和规划，就会引起软件运行时的维护困难。这种困难表现在如下几个方面：

(1) 读懂别人的程序是困难的。要修改别人编写的程序，首先要看懂、理解别人的程序。而理解别人的程序是非常困难的，这种困难程度随着程序文档的减少而很快增加，如果没有相应的文档，困难就会达到非常严重的地步。一般程序员都有这样的体会，修改别人的程序，还不如自己重新编程序。

(2) 文档的不一致性。文档的不一致性是维护工作困难的又一因素。它会导致维护人员不知所措，不知根据什么进行修改。这种不一致表现在各种文档之间的不一致以及文档与程序之间的不一致。这种不一致是由于开发过程中文档管理不严所造成的。在开发中经常会出现修改程序却遗忘了修改与其相关的文档，或某一文档做了修改，却没有修改与其相关的另一文档这类现象。要解决文档不一致性，就要加强开发工作中的文档版本管理工作。

(3) 软件开发和软件维护在人员和时间上的差异。如果软件维护工作由该软件的开发人员来进行，则维护工作就变得容易，因为他们熟悉软件的功能、结构等。但通常开发人员与维护人员是不同的，这种差异会导致维护的困难。由于维护阶段持续时间很长，正在运行的软件可能是十几、20年前开发的，开发工具、方法、技术与当前的工具、方法和技术差异很大，这又是维护困难的另一因素。

(4) 软件维护不是一项吸引人的工作。由于维护工作的困难性，维护工作经常遭受挫折，而且很难出成果，不像软件开发工作那样吸引人。

6.2.3 软件维护的费用

软件维护的费用在总费用中的比重是在不断增加的，在1970年占35%～40%，1980年上升到40%～60%，1990年上升到70%～80%。

软件维护费用不断上升，这只是软件维护有形的代价。另外还有无形的代价，即要占用更多的资源。由于大量软件的维护活动要使用较多的硬件、软件和软件工程师等资源，这样一来，就会因为投入新的软件开发的资源不足而使软件开发受到影响。由于维护时的改动，在软件中引入了潜在的故障，从而降低了软件的质量。

软件维护费用增加的主要原因是软件维护的生产率非常低。例如，在1976年美国的飞行控制软件每条指令的开发成本是75美元，而维护成本是每条指令大约4000美元，也就是说生产率下降为原来的2%。

用于软件维护工作的活动可分为生产性活动和非生产性活动两种。生产性活动包括分析评价、修改设计和编写程序代码等。非生产性活动包括理解程序代码功能、解释数据结构、接口特点和设计约束。维护活动总的工作量由下式表示：

$$M = P + K \cdot \exp(C - D)$$

其中：M表示维护工作的总工作量；P表示生产性活动工作量；K表示经验常数；C表示复杂性程度；D表示维护人员对软件的熟悉程度。

上式表明，若C越大，D越小，那么维护工作量将成指数增加；C增加表示软件因未用软件工程方法开发，从而使得软件为非结构化设计，文档缺少，程序复杂性高；D减小表示维护人员不是原来的开发人员，对软件熟悉程度低，重新理解软件要花费很多时间。

6.3 软件维护的实施

6.3.1 维护的组织

为了有效地进行软件维护，应事先就开始组织工作，建立维护机构。这种维护机构通常以维护小组的形式出现。维护小组分为临时维护小组和长期维护小组。

1. 临时维护小组

临时维护小组是非正式的机构，它执行一些特殊的或临时的维护任务。例如，对程序排错的检查，检查完善性维护的设计和进行质量控制的复审等。临时维护小组采用“同事复审”或“同行复审”等方法来提高维护工作的效率。

2. 长期维护小组

对长期运行的复杂系统需要一个稳定的维护小组。维护小组由以下成员组成。

1) 组长

维护小组组长是该小组的技术负责人，负责向上级主管部门报告维护工作。组长应是一个有经验的系统分析员，具有一定的管理经验，熟悉系统的应用领域。

2) 副组长

副组长是组长的助手。在组长缺席时完成组长的工作，具有与组长相同的业务水平和工作经验。副组长还执行同开发部门或其他维护小组联系的任务。在系统开发阶段，收集与维护有关的信息；在维护阶段，他同开发者继续保持联系，向他们传送程序运行的反馈信息。因为大部分维护要求是由用户提出的，所以副组长同用户保持密切联系也是非常重要的。

3) 维护负责人

维护负责人是维护小组的行政负责人。他通常管理几个维护小组的人事工作，负责维护小组成员的人事管理工作。

4) 维护程序员

维护程序员负责分析程序改变的要求和执行修改工作。维护程序员不仅具有软件开发方面的知识和经验，也应具有软件维护方面的知识和经验，还应熟悉程序应用领域的知识。

6.3.2 维护的流程

软件维护的流程如下：

(1) 制定维护申请报告。

(2) 审查申请报告并批准。

(3) 进行维护并做详细记录。

(4) 复审。

1. 制定维护申请报告

所有软件维护申请报告应按规定的方式提出。该报告也称为软件问题报告。它是维护阶段的一种文档，由申请维护的用户填写。当遇到一个错误时，用户必须完整地说明错误产生的情况，包括输入数据、错误清单、源程序清单以及其他有关材料，即导致该错误的环境的完整描述。对于适应性或完善性的维护要求，要提交一份简要的维护规格说明。

维护申请报告是一种由用户产生的文档，是用作计划维护任务的基础。在软件维护组织内部还要制定一份软件修改报告，该报告是维护阶段的另一种文档，用来指出：

(1) 为满足软件问题报告实际要求的工作量。

(2) 要求修改的性质。

(3) 请求修改的优先权。

(4) 关于修改的事后数据。

提出维护申请报告之后，由维护机构来评审维护请求。评审工作很重要，通过评审回答要不要维护，从而可以避免盲目的维护。

2. 维护过程

一个维护申请提出之后，经评审需要维护的，则按下列过程实施维护：

(1) 首先确定要进行维护的类型。有许多情况，用户可以把一个请求看作校正性维护，而软件开发者可以把这个请求看作适应性或完善性维护，此时，对不同观点就要协商解决。

(2) 对校正性维护从评价错误的严重性开始。如果存在一个严重的错误，例如一个系统的重要功能不能执行，则由管理者组织有关人员立即开始分析问题。如果错误并不严重，则校正性维护与软件其他任务一起进行，统一安排，按计划进行维护工作。甚至会有这样一种情况，申请是错误的。因此经审查后发现并不需要修改软件。

(3) 对适应性和完善性进行维护。如同它是另一个开发工作一样，建立每个请求的优先权，安排所要求的工作。若设置一个极高的优先权，当然也就意味着要立即开始此项维护工作了。

(4) 实施维护任务。不管维护类型如何，大体上要开展相同的技术工作。这些工作包括修改软件设计、必要的代码修改、单元测试、集成测试、确认测试以及复审，每种维护类型的侧重点不一样。

(5) “救火”维护。实际中存在着并不完全适合上面所述的经过仔细考虑的维护申请，这时申请的维护称为“救火”维护，在发生重大的软件问题时，就会出现这种情况。例如，一个造纸厂的流程控制系统出现一个使压出的纸越出建筑物的故障，这时要立即组织有关人员去“救火”，必须立即解决问题。显然，如果一个软件开发机构经常“救火”，就必须要认真检查一下该机构的管理和技术存在什么重大问题。

3. 维护的复审

在维护任务完成后，要对维护任务进行复审。进行复审时要回答下列问题：

(1) 给出当前情况，即设计、代码和测试的哪些方面已经完成？

(2) 各种维护资源已经用了哪些？还有哪些未用？

(3) 对于这个工作，主要的、次要的障碍是什么？

(4) 复审对维护工作能否顺利进行有重大影响，对一个软件机构来说也是有效的管理工作的一部分。

6.3.3 维护技术

有两类维护技术，它们是面向维护的技术和维护支援技术。面向维护的技术是在软件开发阶段用来减少错误、提高软件可维护性的技术。维护支援技术是在软件维护阶段用来提高维护作业的效率和质量的技术。

1. 面向维护的技术

面向维护的技术涉及软件开发的所有阶段。

在需求分析阶段，对用户的需求进行严格的分析定义，使之没有矛盾和易于理解，可以减少软件中的错误。例如美国密执安大学的 ISDOS 系统就是需求分析阶段使用的一种分析与文档化工具，可以用它来检查需求说明书的一致性和完备性。

在设计阶段，划分模块时应充分考虑将来改动或扩充的可能性。使用结构化分析和结构化设计方法，采用容易变更的、不依赖于特定硬件和特定操作系统的设计。

在编码阶段，采用灵活的数据结构，使程序相对独立于数据的物理结构，养成良好的程序设计风格。

在测试阶段，尽可能多地发现错误，保存测试用例和测试数据等。

以上这些技术方法都能减少软件错误，提高软件的可维护性。

2. 维护支援技术

维护支援技术包括下列各方面的内容：

(1) 信息收集。

(2) 错误原因分析。

(3) 软件分析与理解。

(4) 维护方案评价。

(5) 代码与文档修改。

(6) 修改后的确认。

(7) 远距离的维护。

6.3.4 维护的副作用

维护的目的是为了延长软件的寿命并让其创造更多的价值，经过一段时间的维护，软件中的错误减少了，功能增强了。但修改软件是危险的，每修改一次，潜伏的错误就可能增加一份。这种因修改软件而造成的错误或其他不希望出现的情况称为维护的副作用。维护的副作用有编码副作用、数据副作用和文档副作用三种。

1. 编码副作用

在使用程序设计语言修改源代码时可能引入如下错误：

(1) 删除或修改一个子程序、一个标号和一个标识符。

(2) 改变程序代码的时序关系，改变占用存储的大小，改变逻辑运算符。

(3) 修改文件的打开或关闭。

(4) 改进程序的执行效率。

(5) 把设计上的改变翻译成代码的改变。

(6) 为边界条件的逻辑测试做出改变。

以上这些变动都容易引入错误，要特别小心、仔细修改，避免引入新的错误。

2. 数据副作用

在修改数据结构时，有可能造成软件设计与数据结构不匹配，因而导致软件错误。数据副作用是修改软件信息结构导致的结果，有以下几种：

(1) 重新定义局部或全局的常量，重新定义记录或文件格式。

(2) 增加或减少一个数组或高层数据结构的大小。

(3) 修改全局或公共数据。

(4) 重新初始化控制标志或指针。

(5) 重新排列输入/输出或子程序的参数。

以上这些情况都容易导致设计与数据不相容的错误。数据副作用可以通过详细的设计文档加以控制，在此文档中描述了一种交叉作用，把数据元素、记录、文件和其他结构联系起来。

3. 文档副作用

对数据流、软件结构、模块逻辑或任何其他有关特性进行修改时，必须对相关技术文档进行相应修改。否则会导致文档与程序功能不匹配、缺省条件改变和新错误信息不正确等错误，使文档不能反映软件当前的状态。如果对可执行软件的修改没有反映在文档中，就会产生如下文档副作用：

(1) 修改交互输入的顺序或格式没有正确地记入文档中。

(2) 过时的文档内容、索引和文本可能造成冲突等。

因此，必须在软件交付之前对整个软件配置进行评审，以减少文档副作用。事实上，有些维护请求并不要求改变软件设计和源代码，而是指出在用户文档中不够明确的地方。在这种情况下，维护工作主要集中在文档上。

为了控制因修改而引起的副作用，要做到：按模块把修改分组；自顶向下地安排被修改模块的顺序；每次修改一个模块。

对每个修改了的模块，在安排修改下一个模块之前要确定这个修改的副作用。可使用交叉引用表、存储映像表和执行流程跟踪等方法。

6.4 软件可维护性

软件的维护是十分困难的，这是因为软件的源程序和文档难于理解、难于修改，因此造成软件维护工作量大、成本上升和修改出错率高。软件维护工作面广，维护难度大，稍有不慎就会在修改中给软件带来新问题。为了使软件能够易于维护，必须考虑使软件具有可维护性。

6.4.1 可维护性定义

软件可维护性是指软件能够被理解、校正、适应及增强功能的容易程度。

软件的可维护性、可使用性和可靠性是衡量软件质量的几个主要特性，也是用户十分关心的几个问题。但是影响软件质量的这些主要因素，目前还没有对它们普遍适用的定量度量的方法，就其概念和内涵来说则是很明确的。

软件的可维护性是软件开发阶段的关键目标。影响软件可维护性的因素较多，设计、编码及测试中的疏忽和低劣的软件配置，缺少文档等都会对软件的可维护性产生不良影响。软件可维护性可用下面 7 个质量特性来衡量，即可理解性、可测试性、可修改性、可靠性、可移植性、可使用性和效率。对于不同类型的维护，这 7 种特性的侧重点也不相同。这些质量特性通常体现在软件产品的许多方面。为使每一个质量特性都达到预定的要求，需要在软件开发的各个阶段采取相应的措施加以保证，即这些质量要求要渗透到各开发阶段的各个步骤中。因此，软件的可维护性是产品投入运行以前各阶段针对上述各质量特性要求进行开发的最终结果。

6.4.2 可维护性的度量

目前有若干对软件可维护性进行综合度量的方法，但要对可维护性作出定量度量还是困难的。还没有一种方法能够使用计算机对软件的可维护性进行综合性的定量评价。下面是度量一个可维护的软件的 7 种特性时常采用的方法，即质量检查表、质量测试和质量标准。

质量检查表是用于测试程序中某些质量特性是否存在的一个问题清单。检查者对检查表上的每一个问题，依据自己的定性判断，回答“是”或者“否”。质量测试与质量标准则用于定量分析和评价程序的质量。由于许多质量特性是相互抵触的，要考虑几种不同的度量标准去度量不同的质量特性。

6.4.3 提高可维护性的方法

怎样才能得到可维护性高的程序呢？可从下面 5 个方面来解决这个问题：

(1) 建立明确的软件质量目标。

(2) 利用先进的软件开发技术和工具。

(3) 建立明确的质量保证工作。

(4) 选择可维护的程序设计语言。

(5) 改进程序文档。

1. 建立明确的软件质量目标

如果要使程序满足可维护性的七种特性的全部要求，那是不现实的。实际上，有一些可维护特性是相互促进的，如可理解性和可测试性，可理解性和可修改性；而另一些则是相互矛盾的，如效率和可移植性，效率和可修改性等。为保证程序的可维护性，应该在一定程度上满足可维护性的各个特性，但各个特性的重要性随着程序用途的不同或计算机环境的不同而改变。对编译程序来说，效率和可移植性是主要的；对信息管理系统来说，可使用性和可修改性可能是主要的。通过大量实验证明，强调效率的程序包含的错误比强调简明性的程序所包含的错误要高出 10 倍。因此明确软件所追求的质量目标对软件的质量和生存周期的费用将产生很大的影响。

2. 使用先进的软件开发技术和工具

利用先进的软件开发技术能大大提高软件质量和减少软件费用。例如，面向对象的软件开发方法就是一个非常实用而强有力的软件开发方法。

面向对象方法与人类习惯的思维方法一致，用现实世界的概念来思考问题，从而能自然地解决问题。它强调模拟现实世界中的概念而不强调算法，它鼓励开发者在开发过程中都使用应用领域的概念去思考，开发过程自始至终都围绕着建立问题领域的对象模型来进行。按照人们习惯的思维方式建立起问题领域的模型，模拟客观世界，使描述问题的问题空间和描述解法的解空间在结构上尽可能一致，开发出尽可能直观、自然的表现求解方法的软件系统。

面向对象方法开发出的软件的稳定性好。传统方法开发出来的软件系统的结构紧密依赖于系统所需要完成的功能。当功能需求发生变化时，将引起软件结构的整体修改，因而这样的软件结构是不稳定的。面向对象方法以对象为中心构造软件系统，用对象模拟问题领域中的实体，以对象间的联系刻画实体间的联系，根据问题领域中的模型来建立软件系统的结构。由于客观世界的实体及其之间的联系相对稳定，因此建立的模型也相对稳定。当系统的功能需求发生变化时，并不会引起软件结构的整体变化，往往只需要做一些局部性的修改。所以面向对象方法构造的软件系统也比较稳定。

面向对象方法构造的软件可重用性好。对象所固有的封装性和信息隐蔽机制，使得对象内部的实现和外界隔离，具有较强的独立性。因此对象类提供了比较理想的模块化机制和比较理想的可重用的软件成分。

由于对象类是理想的模块机制，它的独立性好，修改一个类通常很少涉及其他类。若只修改一个类的内部实现部分而不修改该类的对外接口，则可以完全不影响软件的其他部分。由于面向对象的软件技术符合人们习惯的思维方式，用这种方法所建立的软件系统的结构与问题空间的结构基本一致，因此面向对象的软件系统比较容易理解。

对面向对象的软件系统进行维护，主要通过对从已有类派生出一些新类的维护来实现。因此，维护时的测试和调试工作也主要围绕这些新派生出来的类进行。类是独立性很强的模块，向类的实例发消息即可运行它，观察它是否能正确地完成要求它做的工作。对类的测试通常比较容易实现，如果发现错误也往往集中在类的内部，比较容易调试。

总之，面向对象方法开发出来的软件系统稳定性好、容易修改、容易理解，易于测试和调试，因而可维护性好。

3. 建立明确的质量保证

质量保证是指为提高软件质量所做的各种检查工作。质量保证检查是非常有效的方法，不仅在软件开发的各阶段中得到了广泛应用，而且在软件维护中也是一个非常重要的工具。为了保证可维护性，以下四类检查是非常有用的。

1) 在检查点进行检查

检查点是指软件开发的每一个阶段的终点。在检查点进行检查的目标是证实已开发的软件是满足设计要求的。在不同的检查点检查的内容是不同的。例如，在设计阶段检查的重点是可理解性、可修改性和可测试性，可理解性检查的重点是检查设计的复杂性。

2) 验收检查

验收检查是一个特殊的检查点的检查，它是对软件从开发转移到维护的最后一次检查。它对减少维护费用、提高软件质量是非常重要的。验收检查实际上是我们已讲过的验收测试的一部分，只不过验收检查是从维护角度提出验收条件或标准的。

3) 周期性的维护检查

上述两种软件检查适用于新开发的软件。对已运行的软件应进行周期性的维护检查。为了改正在开发阶段未发现的错误，使软件适应新的计算机环境并满足变化的用户需求，对正在使用的软件进行改变是不可避免的。改变程序可能引入新错误并破坏原来程序概念的完整性。为了保证软件质量应该对正在使用的软件进行周期性维护检查。实际上周期性维护检查是开发阶段对检查点进行检查的继续，采用的检查方法和检查内容都是相同的。把多次维护检查结果同以前进行的验收检查结果以及检查点检查结果做比较，对检查结果的任何改变都要进行分析，找出原因。

4) 对软件包的检查

上述检查方法适用于组织内部开发和维护的软件或专为少数几个用户设计的软件，很难适用于享有多个用户的通用软件包。因为软件包属于卖方的资产，用户很难获得软件包的源代码和完整的文档。对软件包的维护通常采用下述方法：使用单位的维护程序员在分析研究卖方提供的用户手册、操作手册、培训教程、新版本策略指导、计算机环境和验收测试的基础上，深入了解本单位的希望和要求，编制软件包检验程序。软件包检验程序是一个测试程序，它检查软件包程序所执行的功能是否与用户的要求和条件相一致。为了建立这个程序，维护程序员可以利用卖方提供的验收测试用例或重新设计新的测试用例，根据测试结果检查和验证软件包的参数或控制机构，从而完成软件包的维护。

4. 选择可维护的语言

程序设计语言的选择对维护影响很大。低级语言很难理解，很难掌握，因而很难维护。一般来说，高级语言比低级语言更容易理解，在高级语言中，一些语言可能比另一些语言更容易理解。

第四代语言，例如查询语言、图形语言、报表生成语言和非常高级语言等，对减少维护费用来说是一种最有吸引力的语言。人们容易使用、理解和修改它们。例如，用户使用第四代语言开发商业应用程序比使用通常的高级语言要快好多倍。一些第四代语言是过程语言，而另一些是非过程语言。对于非过程的第四代语言，用户不需要指出实现的算法，用户只需向编译程序或解释程序提出自己的要求。例如它能自动地选择报表格式、选择字符类型等。自动生成指令能改进软件可靠性。此外，第四代语言容易理解，容易编程，程序容易修改，因此改进了可维护性。

5. 改进程序的文档

1) 程序文档

程序员利用程序文档来理解程序的内部结构、程序同系统内其他程序、操作系统和其他软件系统如何相互作用。程序文档包括源代码的注释、设计文档、系统流程图、程序流程图和交叉引用表等。

程序文挡是对程序功能、程序各组成部分之间的关系、程序设计策略和程序实现过程的历史数据等的说明和补充。程序文档对提高程序的可阅读性有重要作用。为了维护程序，人们必须阅读和理解程序文档。通常过低估计文档的价值是因为人们过低估计用户对修改的需求。虽然人们对文档的重要性还有许多不同的看法，但大多数人同意以下的观点：

(1) 好的文档能提高程序的可阅读性，但坏的文档比没有文档更差。

(2) 好的文档意味着简明性、风格的一致性，且容易修改。

(3) 程序编码中应该有必要的注释以提高程序的可理解性。

(4) 程序越长、越复杂，则它对文档的需求也越迫切。

2) 用户文档

用户文档提供用户如何使用程序的命令和指示，通常是指用户手册。更好的用户文档是联机的，用户在终端就可以阅读到它，这给没有经验的用户提供了必要的帮助和引导。

3) 操作文档

操作文档指导用户如何运行程序，它包括操作员手册、运行记录和备用文件目录等。

4) 数据文档

数据文档是程序数据部分的说明，它由数据模型和数据词典组成。数据模型表示数据内部结构和数据各部分之间的功能依赖性。通常数据模型是用图形表示的。数据词典列出了程序中使用的全部数据项，包括数据项的定义、数据项的使用以及在什么地方使用。

5) 历史文档

历史文档用于记录程序开发和维护的历史，不少人尚未意识到它的重要性。历史文档有三类，即系统开发日志、出错历史和系统维护日志。了解系统如何开发和系统如何维护的历史对维护程序员来说是非常有用的信息，因为系统开发者和维护者是分开的。利用历史文档可以简化维护工作。例如理解原设计意图，指导维护员如何修改代码而不破坏系统的完整性。

本章小结

软件维护是瀑布模型的最后一个阶段。软件维护阶段也是时间最长、费用最多的一个阶段。软件进入维护阶段后，软件开发中隐藏的错误，在某种运行条件下就会暴露出来，这时就要排除隐藏的错误；由于时间的推移，软件的功能性能已不能满足业务和组织机构发展的需要，需要扩充软件的功能性能；也可能因为软件环境和硬件环境发生变化，为了适应这种变化而要对软件进行修改。

修改软件是非常困难的事情，在修改之前，要理解软件原来的设计思想，要搞清楚软件的体系结构、数据结构等。要看懂别人编写的软件本身就很困难，若相应的文档不全或有错误，则困难就更大了。因此软件维护有许多额外的活动，这就导致软件维护费用很大。

进行软件维护活动，要有相应的维护组织机构和软件维护文档。软件维护文档有软件问题报告和软件修改报告两种。

软件维护的方法和技术与软件开发的方法和技术相同。

为了减少软件维护的费用，必须提高软件的可维护性。在软件开发期间要注意提高软件的可维护性，要做到软件结构清晰，具有积木式结构，具有可扩充性、可读性和可修改性，具有完整、一致和正确的文档。

习　题

1. 软件维护有哪些内容？
2. 软件维护的副作用有哪些？
3. 什么是软件可维护性？可维护性度量的特性是什么？
4. 提高可维护性的方法有哪些？
5. 结合自己使用的软件产品，谈谈软件维护的重要性。
6. 杀毒软件的病毒库升级属于哪种维护？为什么？
7. 游戏软件的升级属于哪种维护？为什么？
8. 谈谈软件维护的成本作为软件成本的一部分对其正确估算的重要性。
9. 选择题:

(1) 突发性故障维护主要是(　　)。

A. 软件维护　　B. 硬件维护　　C. 数据文件维护　　D. 代码维护

(2) 软件维护中因删除一个标识符而引起的错误是(　　)的副作用。

A. 文档　　B. 数据　　C. 编码　　D. 设计

(3) 与《软件维护手册》文档相关的人员是(　　)。

A. 管理人员和开发人员　　B. 管理人员和维护人员

C. 维护人员和用户　　D. 管理人员和用户

(4) 下列选项中，影响软件可维护性的决定因素是(　　)。

A. 文档　　B. 资金

C. 程序代码　　D. MTTF(产品寿命期望值)

(5) 生产性维护活动包括(　　)。

A. 修改设计　　B. 理解设计　　C. 解释数据结构　　D. 理解功能

(6) 随着软硬件环境变化而修改软件的过程是(　　)。

A. 校正性维护　　B. 适应性维护　　C. 完善性维护　　D. 预防性维护

(7) 为了提高软件的可维护性，在编码阶段应注意(　　)。

A. 保存测试用例和数据　　B. 提高模块的独立性

C. 文档的副作用　　D. 养成好的程序设计风格

(8) 维护中因删除一个标识符而引起的错识是(　　)的副作用。

A. 文档　　B. 数据　　C. 编码　　D. 设计

(9) 软件维护的困难主要原因是(　　)。

A. 费用低　　B. 人员少　　C. 开发方法的缺陷　　D. 维护难

(10) 一般来说,在软件维护过程中，大部分工作是由(①)引起的。在软件维护的实施过程中，为了正确、有效地修改程序，需要经历以下三个步骤：分析和理解程序、修改程序和(②)。(③)的修改不归结为软件的维护工作。

供选择的答案如下：

① A. 适应新的软件环境　　B. 适应新的硬件环境

C. 用户的需求改变　　D. 程序的可靠性

② A. 新验证程　　B. 验收程序　　C. 书写维护文档　　D. 建立目标程序

③ A. 设计文档　　B. 数据　　C. 需求规约　　D. 代码

(11) 为提高系统性能而进行的修改属于(　　)。

A. 纠正性维护　　B. 适应性维护　　C. 完善性维护　　D. 测试性维护

(12) 软件生命周期中，(　　)阶段所占的工作量最大。

A. 分析阶段　　B. 设计阶段　　C. 编码阶段　　D. 维护阶段

(13) 系统维护中要解决的问题来源于(　　)。

A. 系统分析阶段　　B. 系统设计阶段

C. 系统实施阶段　　D. 上述三种阶段都有

(14) 产生软件维护的副作用，是指(　　)。

A. 开发时的错误　　B. 隐含的错误

C. 因修改软件造成的错误　　D. 运行时的误操作

第7章 软件工程模型

软件工程模型也称为软件开发模型，它是在软件生存周期基础上构造出的软件开发全部过程、活动和任务的结构框架。因此，软件开发模型又称为软件生存周期模型。软件开发模型能清晰、直观地表达软件开发全部过程，明确规定要完成的主要活动和任务。它是软件项目开发工作的基础。软件工程模型建议用一定的流程将各个环节连接起来，并可用规范的方式操作全过程，如同工厂的生产线。

7.1 瀑布模型

7.1.1 模型表示

瀑布模型如图 7.1 所示。该模型说明整个软件开发过程是按图中 5 个阶段进行的。每个阶段的任务完成之后，产生右边相应的文档(图中只列出该阶段最主要的文档)，这些文档经过确认，表明该阶段工作完成，并进入下一阶段的工作。每个阶段均以上一个阶段的文档作为开发的基础，如果某一文档出现问题，则要返回到上一个阶段去重新进行工作。

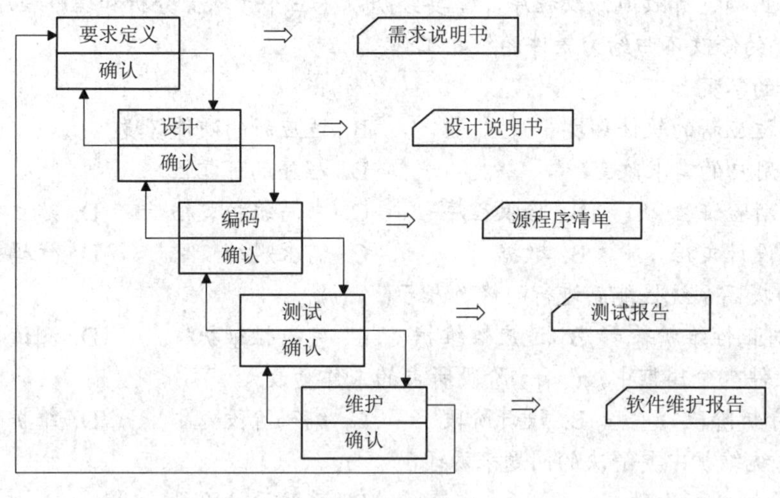

图 7.1　瀑布模型

7.1.2 瀑布模型的特点

瀑布模型严格按照生存周期各个阶段的目标、任务、文档和要求来进行开发。它强调了每一阶段的严格性，尤其是开发前期的良好需求说明，这样，就能解决在开发阶段后期修正不完善的需求说明将花费巨大的费用的问题。于是人们需付出很大的努力来加强各阶段活动的严格性，特别是要求定义阶段，希望得到完整、准确、无二义性的需求说明，以减少后面各阶段不易估量的浪费。在传统的观念中，人们认为只要认真努力，总可以通过详尽分析来确定完整、准确的需求说明，从而明确系统的各种需求，只要采用一套严格规定的术语及表达方式，就一定可以准确清楚地表达和通讯，以便在严格的开发管理下得到完美的结果。

在这种严格定义的模型中，开发人员试图在每一活动过程结束后，通过严格的阶段性复审与确认，得到该阶段的一致、完整、准确和无二义性的良好文档，以“冻结”这些文档为该阶段结束的标志，保持不变，作为下一阶段活动的唯一基础，从而形成一个理想的线性开发序列，以每一步的正确性和完整性来保证最终系统的质量。

瀑布模型是以文档形式驱动的，为合同双方最终确认的产品规定了蓝本，为管理者进行项目开发管理提供了基础，为开发过程施加了“政策”或纪律限制，约束了开发过程中的活动。

瀑布模型以里程碑开发原则为基础，提供各阶段的检查点，确保用户需求，满足预算和时间限制。

瀑布模型是一种整体开发模型，在开发过程中，用户看不见系统是什么样，只有开发完成，向用户提交整个系统时，用户就能看到一个完整的系统。

瀑布模型适合于功能和性能明确、完整、无重大变化的软件开发。大部分的系统软件就具有这些特征，例如编译系统、数据库管理系统和操作系统等。在开发前均可完整、准确、一致和无二义性地定义其目标、功能和性能等。

7.1.3　瀑布模型的局限性

传统的瀑布模型给软件产业带来了巨大的进步，部分地缓解了软件危机，但这种模型本质上是一种线性顺序模型，存在着比较明显的缺点，各阶段之间存在着严格的顺序性和依赖性，特别是强调预先定义需求的重要性，在着手进行具体的开发工作之前，必须通过需求分析预先定义并“冻结”软件需求，然后再一步一步地实现这些需求。但是实际项目很少是遵循着这种线性顺序进行的。

1. 需求是可变的

某些应用软件的需求与外部环境、公司经营策略或经营内容等密切相关，因此需求是随时变化的，在不同时间用户的需求可能有较大的不同，采用预先定义整体不变的需求的策略，在一年或数年之前预先指定对需求随时间变化的软件的需求，显然是不切实际的。然而按照瀑布模型开发，在开发后期修改需求要付出很高的代价，甚至根本不可能修改。

2. 需求是模糊的

对于某些类型的软件系统，如操作系统、编译系统等系统软件，人们对它们比较熟悉，有长期使用它们的经验，其需求经过仔细的分析之后可以预先指定。但是，对于大多数经常使用的应用系统，例如管理信息系统，其需求往往很难预先准确地指定。

3. 用户和开发者难于沟通

大型软件的开发需要系统分析员、软件工程师、程序员、用户和领域专家等各类人员的协同配合。大多数用户和领域专家不熟悉计算机和软件技术，软件开发人员也往往不熟悉用户的专业领域，特别在涉及各种不同领域的知识时，情况更是如此。因此，在需求分析阶段做出的用户需求常常是不完整、不准确的。

从以上论述可知，传统的瀑布模型很难适应需求可变、模糊不定的软件系统的开发，而且在开发过程中，用户很难参与进去，只有到开发结束才能看到整个软件系统。这种理想的、线性的开发过程，缺乏灵活性，不适合实际的开发过程。

7.2 渐增模型

7.2.1 增量构造模型

增量构造模型如图 7.2 所示。在该模型中，需求分析阶段和设计阶段都是按瀑布模型的整体方式开发的，但是编码阶段和测试阶段是按增量方式开发的。在这种模型的开发中，用户可以及早看到部分软件功能，及早发现问题，以便在开发其他软件功能时及时解决问题。

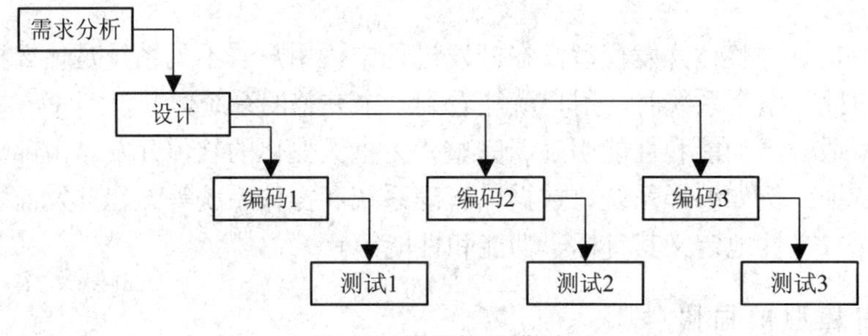

图 7.2 增量构造模型

7.2.2 演化提交模型

演化提交模型如图 7.3 所示。在该模型中，项目开发的各个阶段都是增量方式。先对某部分功能进行需求分析，然后顺序进行设计、编码和测试，把该功能的软件交付给用户，再对另一部分功能进行开发，提交用户直至所有功能全部增量开发完毕为止。开发的顺序按图 7.3 中的编号进行。该模型是增量开发的极端形式，它不仅是增量开发也是增量提交，用户将最早收到部分工作软件，能及早发现问题，使修改扩充更容易。

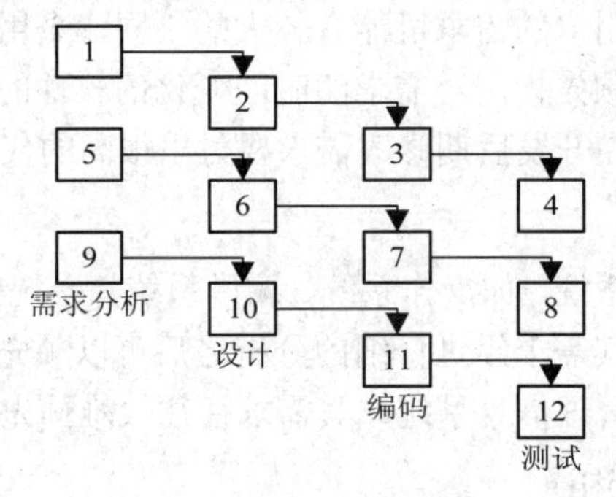

图 7.3 演化提交模型

7.3 快速原型模型

7.3.1 基本思想

1. 原型

原型是指模拟某种产品的原始模型，在其他产业中经常使用模型。例如，在建造一座楼房时，先按一定的比例建造一个缩小的楼房模型，通过对楼房模型的外观、形状和颜色的直接理解和认识，加强了对要建造的真正楼房的理解和认识。模型直观性很强，很容易发现那些不满意的设计，也很容易进行修改，经过用户和建设者反复讨论修改，最终可得到用户满意的模型，然后按照这个模型正式建造，这座楼房自然能满足用户要求。而软件开发中的原型是软件的一个早期可运行的版本，它反映了最终系统的重要特性。

2. 快速原型思想的产生

在 20 世纪 80 年代就出现了快速原型的思想，它是在研究需求分析阶段的方法和技术中产生的。由于种种原因，在需求分析阶段得到完全、一致、准确和合理的需求说明是很困难的。因此在开发过程的早期，在获得一组基本需求说明后，就快速地使其"实现"，通过原型反馈，加深对系统的理解，并满足用户基本要求，使用户在试用过程中受到启发，对需求说明进行补充和精确化，还增进了开发者和用户对系统需求的理解。使比较含糊的软件需求和功能明确化，还帮助开发者和用户发现和消除不协调的系统需求，逐步确定各种需求，从而获得合理、协调一致、无歧义的、完整的和现实可行的需求说明。

以后，又把快速原型思想用到软件开发的其他阶段，并向软件开发的全过程扩展，即先用相对少的成本，较短的周期开发一个简单的、但可以运行的系统原型向用户演示或让用户试用，以便及早澄清并检验一些主要设计策略，在此基础上再开发实际的软件系统。

3. 快速原型的原理

快速原型是利用原型辅助软件开发的一种新思想。经过简单快速分析，快速实现一个原型，用户与开发者在试用原型过程中加强通讯与反馈，通过反复评价和改进原型，减少误解，弥补遗漏，适应变化，最终提高软件质量。

4. 原型运用方式

由于运用原型的目的和方式不同，在使用原型时也采取不同的策略，有抛弃策略和附加策略。

抛弃策略是将原型用于开发过程的某一阶段，促使该阶段的开发结果更加完整、准确、一致和可靠，该阶段结束后，原型随之作废。探索型和实验型快速原型就是采用此策略的。

附加策略是将原型用于开发的全过程，原型由最基本的核心开始，逐步增加新的功能和新的需求，反复修改反复扩充，最后成为用户满意的软件系统。演化型快速原型就采用了此策略。

采用何种形式、何种策略运用快速原型主要取决于软件项目的特点、人员素质、可供支持的原型开发工具和技术等，这要根据实际情况的特点来决定。

7.3.2 快速原型模型的表示

快速原型模型的表示如图 7.4 所示。图 7.4(a)说明了原型本身的表示，图 7.4(b)说明了原型的使用过程，图 7.4(c)说明了快速原型模型的开发过程。

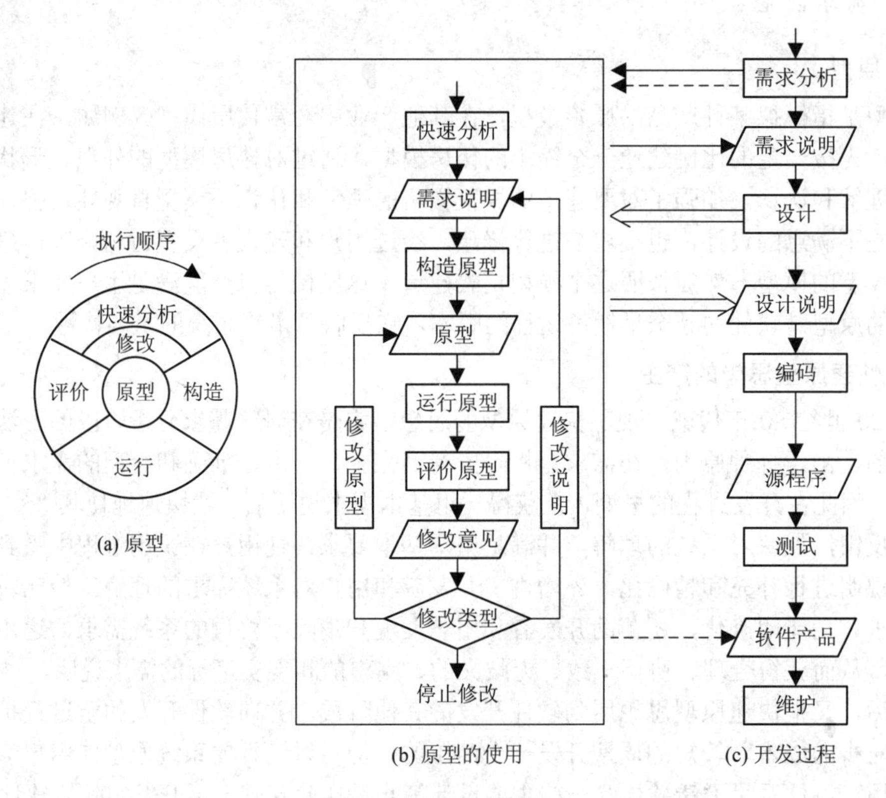

图 7.4 快速原型模型

在图 7.4(c)中，实线箭头连接的表示探索型快速原型模型的开发过程，双线箭头连接的表示实验型快速原型模型的开发过程，虚线箭头连接的表示演化型快速原型模型的开发过程。

对于探索型，用原型过程来代替需求分析，把原型作为需求说明的补充形式，运用原型尽可能使需求说明完整、一致、准确和无二义性，但在整体上仍采用瀑布模型。

对于实验型，用原型过程来代替设计阶段，即在设计阶段引入原型，快速分析实现方案，快速构造原型，通过运行，考察设计方案的可行性与合理性，原型成为设计的总体框架或设计结果的一部分。

对于演化型，用原型过程来代替全部开发阶段。这是典型的演化提交模型的形式，它是在强有力的软件工具和环境支持下，通过原型过程的反复循环，直接得到软件系统。不强调开发的严格阶段性和高质量的阶段性文档，不追求理想的开发模式。

7.3.3 原型开发过程

1. 原型构造要求

原型不同于最终系统，两者在功能范围上的区别是最终系统要实现软件需求的全部功能，而原型只实现所选择的部分功能；最终系统对每个软件需求都要求详细实现，而原型仅仅是为了试验和演示用的，部分功能需求可以忽略或者模拟实现。

因此，在构造原型时，必须注意功能性能的取舍，忽略一切暂时不关心的部分以加速原型的实现，同时又要充分体现原型的作用，满足评价原型的要求。

在构造原型之前，必须明确运用原型的目的，从而解决分析与构造内容的取舍，还要根据构造原型的目的确定考核、评价原型的内容。

2. 原型的特征分类

根据原型的目的和方式不同，构造原型的内容的取舍不同，体现出原型特征有如下类别：

(1) 系统的界面形式，用原型来解决系统的人机交互界面的结构。

(2) 系统的总体结构，用原型来确定系统的体系结构。

(3) 系统的主要处理功能和性能，用原型来实现系统的主要功能和性能。

(4) 数据库模式，用原型来确定系统的数据库结构。

3. 原型开发步骤

1) 快速分析

在分析人员与用户紧密配合下，迅速确定系统的基本需求，根据原型所要体现的特征(如上述的特征类别)，描述基本需求以满足开发原型的需要。其关键要注意分析与描述内容的选取，围绕运用原型的目标，集中力量确定局部的需求说明，从而尽快开始构造原型。

2) 构造原型

在快速分析的基础上，根据基本需求说明尽快实现一个可运行的系统。这里要求具有强有力的软件工具支持，并忽略最终系统在某些细节上的要求，如安全性、坚固性和例外处理等，主要考虑原型系统能够充分反映所要评价的特性，而暂时删除一切次要内容。例如，如果构造原型的目的在于确定输入界面的形式，则可借助于输入界面自动生成工具(如FormGenerator)，由界面形式的描述和数据域的定义立即生成简单的输入模块，而暂时忽略有关善后处理工作及参照检查、值域检查等内容，从而迅速提供用户使用。如果要利用原型确定系统的总体结构，可借助于菜单生成器迅速实现系统的控制结构，忽略转储、恢复等维护功能，用户通过运行菜单了解系统的总体结构。总之，在此阶段要求快速实现系统原型，尽快投入运行和演示。

3) 运行原型

这是发现问题、消除误解、开发者与用户充分协调的一个步骤。由于原型忽略了很多内容，集中反映要评价的特性，外观看来不太完整。用户要在开发者的指导下运行原型，使用过程中努力发现各种不合理的部分，各类人员在共同运用原型的过程中进一步加深对系统的了解及相互之间的理解。

4) 评价原型

在运行的基础上，考核评价原型的特性，分析运行效果是否满足用户的愿望，纠正过去交互中的误解与分析中的错误，增添新的要求，并满足因环境变化或用户新想法引起的系统要求变动，提出全面的修改意见。

5) 修改

根据评价原型的活动结果进行修改。若原型未满足需求说明的要求，说明对需求说明存在不一致的理解或实现方案不够合理，则应根据明确的要求迅速修改原型。若原型运行效果不满足用户要求，则说明需求说明不准确、不完整、不一致或要求有所变动和增加，则修改和规定新的需求说明，重新构造原型。

修改过程代替了初始的快速分析，从而形成原型开发的循环过程。用户与开发者在这种循环过程中不断接近系统的最终要求。

上述步骤是为了描述方便而划分的。在软件工具支持下，上述各种活动往往交融在一起，或合而为一或交叉进行。运行、评价和修改有可能在各类人员共同使用和随时交互过程中交织在一起，而不再像瀑布模型那样有严格的阶段划分，线性推进。

7.4 增量模型的评价

1. 增量模型的基本思想

增量模型和瀑布模型之间的本质区别是：瀑布模型属于整体开发模型，它规定在开始下一个阶段的工作之前，必须完成前一阶段的所有细节。而增量模型属于非整体开发模型，它推迟某些阶段或所有阶段中的细节，从而较早地产生工作软件。

增量模型是在项目的开发过程中以一系列的增量方式开发系统。增量方式包括增量开发和增量提交。增量开发是指在项目开发周期内，以一定的时间间隔开发部分工作软件；增量提交是指在项目开发周期内，以一定的时间间隔增量方式向用户提交工作软件及相应文档。增量开发和增量提交可以同时使用，也可单独使用。

2. 原型的作用

原型有如下的作用：

(1) 为软件系统提供明确的需求说明，当用户要求含糊不清、不完全及不稳定时，通过原型执行、评价，使用户要求明确。

(2) 原型可作为新颖设计思想的实现工具，也可作为高风险开发的安全因素，从而证实设计的可行性。

(3) 原型模型支持软件产品的演化，对开发过程中的问题和错误具有应付变化的机制。

(4) 原型模型鼓励用户参与开发过程，参与原型的运行和评价，能充分地与开发者协调一致。

开发期间，原型可作为终端用户的教学环境。

3. 使用原型的要求

能够使用原型的情况如下：

(1) 开发周期很长的项目，通过原型开发来缩短开发周期。

(2) 系统的使用可能变化较大，不能相对稳定，而原型模型具有适应变化的机制。

(3) 用户对系统的需求较为模糊，对某种要求缺乏信心。

(4) 开发者对系统的某种设计方案的实现无信心或无十分的把握。

上述这些情况均适合于使用原型模型来开发。

不宜使用原型的情况如下：

(1) 缺乏开发工具，或对原型的可用工具不了解的时候。

(2) 用户不愿意参与开发。

(3) 用户的数据资源没有很好地组织和管理的时候，因为快速原型需要快速寻找和存取数据。

(4) 用户的软件资源没有被组织和管理起来的时候，因为 MIS 中的模型、模块、使用设施和程序的难易程度对原型使用很关键。

4. 原型的优点

原型具有如下一些优点：

(1) 可及早为用户提供有用的产品。

(2) 可及早发现问题，随时纠正错误。

(3) 减少技术、应用风险，缩短开发时间，减少费用，提高生产率。

(4) 通过实际运行原型，提供直接评价系统的方法，促使用户主动参与开发活动，加强了信息反馈，促进各类人员的协调，减少误解，适应需求的变化，能有效提高系统质量。

5. 原型的缺点

原型存在的问题如下：

(1) 缺乏丰富而强有力的软件工具和开发环境。

(2) 缺乏有效的管理机制，还未建立起自己的开发标准。

(3) 对设计人员水平及开发环境要求较高。

(4) 在多次重复改变原型的过程中，程序员会感到厌倦。

(5) 系统的易变性对测试有一定影响，难于做到彻底测试，更新文档较为困难。

7.5　螺旋模型

对于复杂的大型软件，开发一个原型往往达不到要求。螺旋模型将瀑布模型与增量模型结合起来，加入了两种模型均忽略了的风险分析，弥补了这两种模型的不足。

7.5.1　基本思想

螺旋模型是一种风险驱动的模型。在软件开发中，有各种各样的风险。对于不同的软件项目，其开发风险有大有小。在制定项目开发计划时，分析员要明确项目的需求是什么，需要多少资源，如何安排开发进度等一系列问题。但是，要给出准确无误的回答是不容易的。分析员通常可凭借经验给出初步的设想，这难免会带来一定的风险。同样，在设计阶段，给出的设计方案是否能实现用户的功能，也会具有一定风险。实践表明，项目越复杂，设计方案、资源、成本和进度等因素的不确定性越大，项目开发的风险也越大。因此，应及时对风险进行识别、分析和采取对策，从而消除或减少风险的危害。

螺旋模型将开发过程分为几个螺旋周期，每个螺旋周期大致和瀑布模型相符合。每个螺旋周期可分为如下 4 个步骤：

第一，制定计划，即确定目标，选定实施方案，明确开发限制条件；

第二，风险分析，即分析所选方案，识别风险，通过原型消除风险；

第三，开发实施，即实施软件开发；

第四，用户评估，即评价开发工作，提出修改意见，建立下一个周期的计划。

螺旋模型适合于大型软件的开发，它吸收了软件工程“演化”的概念，使得开发人员和用户对每个螺旋周期出现的风险都有所了解，从而做出相应的反应。但是，使用该模型需要有相当丰富的风险评估经验和专门知识，这使该模型的应用受到一定限制。

螺旋模型的表示如图 7.5 所示。在图 7.5 中，半径的大小代表了完成现在步骤所需的费用累加。螺旋角度的大小代表了完成螺旋的每次循环需做的工作，模型反映了一个重要的概念，即每一次循环包含一次进展，该进展对产品的每一部分及每一级改进指出了从用户需求文档至每一单独程序的编程步骤的相同次序。

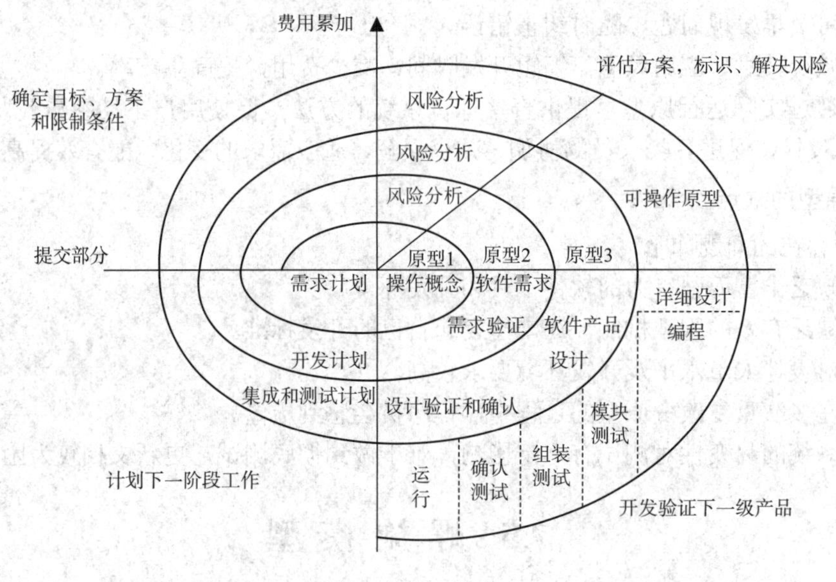

图 7.5　螺旋模型

7.5.2　螺旋周期

1. 用户概念

这一周期是用户概念级的需求，也是粗线条的、概要的需求和未经开发者进行分析的需求。

2. 软件需求

这一周期定义不确定因素。这些不确定因素是项目风险的重要来源。若是如此，则要制定风险的费用效率策略。这可能涉及快速原型及其他方法的结合，一旦涉及不确定因素风险被评估，下一步工作将由遗留的有关风险来确定。

3. 软件设计

这一周期以性能和用户接口风险为主，采用演化开发技术，即采用原型化模型来解决风险。若这个原型是可运行的、健壮的，则可作为下一步产品演化的基础，那么紧接着的风险驱动就是一系列的原型演化，这就使得项目只完成螺旋模型所有可能步骤的一个子集。

4. 软件实现

这一周期以程序开发或接口控制风险占主导地位，下面将遵循基本的瀑布模型进行开发。

7.5.3 螺旋周期的步骤

1. 确定目标、方案和限制条件

确定软件产品各部分的目标，如性能、功能和适应变化的能力等；

确定软件产品各部分实现的各种方案，选择如 A 设计、B 设计、软件重用和购买等；

确定不同方案的限制条件，如成本、规模、接口调度、资源分配和时间表安排等。

2. 评估方案、标识风险和解决风险

对各个不同实现方案进行评估，对出现的不确定因素进行风险分析，提出解决风险的策略，建立相应的原型。若原型是可运行的、健壮的，则可作为下一步产品演化的基础。

螺旋模型的风险驱动中，解决风险可采用面向说明书、面向原型、面向模拟法和面向自动转换的方法。在这种情况下，通过相应的程序风险大小及不同方法效率的分析来选择合适的配合策略。类似地，风险管理分析能决定投入其余工程活动的时间和工作量，如计划、轮廓管理、质量保证、正式确认和测试等。

3. 开发确认产品

若以前的原型已解决了所有性能和用户接口风险，而且占主要位置的是程序开发和接口控制风险，那么接下来应采用瀑布模型的方法，进行用户需求、软件需求、软件设计和软件实现等阶段的开发。同时要对其做适当修改，以适应增量开发。也就是说，可以选择原型、模拟原型，这样就导致了不同的步骤。

4. 计划下一周期工作

对下一周期的软件需求、软件设计和软件实现进行计划；对部分产品进行增量开发；或者是由部分组织和个人来开发软件的各个部分。可设想有一系列平行的螺旋循环，每一个螺旋循环对应一个组成部分，好像在图中加入第三维，即加若干重叠的螺旋平面，不同的螺旋平面对应于不同的软件组成部分，以便分别演化。

与其他模型相似，在螺旋模型中，每次循环都以评审结束，评审涉及产品的原来人员或组织，评审覆盖前次循环中开发的全部产品，包括下一次循环的计划以及实现它们的资源。评审的主要任务是确保将所有的有关部分共同提交给下一阶段。

7.6 喷泉模型

7.6.1 基本思想

喷泉模型是一种以用户需求为动力，以对象作为驱动的模型。它适合于面向对象的开发方法。它克服了瀑布模型不支持软件重用和多项开发活动集成的局限性。喷泉模型使开

发过程具有迭代性和无间隙性。系统某些部分常常重复工作多次，相关功能在每次迭代中随之加入演化的系统。无间隙是指在分析、设计和实现等开发活动之间不存在明显的边界。

喷泉模型如图 7.6 所示。它以面向对象的软件开发方法为基础，以用户需求作为喷泉模型的源泉。

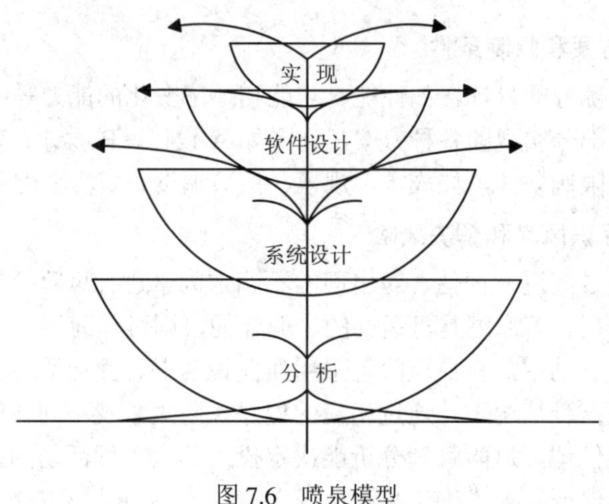

图 7.6 喷泉模型

7.6.2 喷泉模型的特点

喷泉模型的特点如下：

(1) 喷泉模型规定软件开发过程有四个阶段，即分析、系统设计、软件设计和实现。

(2) 喷泉模型的各阶段相互重叠，它反映了软件过程并行性的特点。

(3) 喷泉模型以分析为基础，资源消耗呈塔形，在分析阶段消耗的资源最多。

(4) 喷泉模型反映了软件过程迭代的自然特性，从高层返回低层无资源消耗。

(5) 喷泉模型强调增量开发，它依据分析一点，设计一点的原则，并不要求一个阶段的彻底完成，整个过程是一个迭代的逐步提炼的过程。

(6) 喷泉模型是对象驱动的过程，对象是所有活动作用的实体，也是项目管理的基本内容。

(7) 喷泉模型在实现时，由于活动不同，可分为系统实现和对象实现，这既反映了全系统的开发过程，也反映了对象族的开发和重用过程。

7.7 基于知识的模型

基于知识的模型又称智能模型，它把瀑布模型和专家系统结合在一起。该模型在开发的各个阶段上都利用了相应的专家系统来帮助软件人员完成开发工作，使维护在系统需求说明一级上进行。为此，建立了各阶段所需要的知识库，将模型、相应领域知识和软件工程知识分别存入数据库，以软件工程知识为基础的生成规则构成的专家系统与含有应用领域知识规则的其他专家系统相结合，构成了该应用领域的开发系统。

1. 模型表示

基于知识模型的表示如图 7.7 所示。该模型基于瀑布模型，在各阶段都有相应的专家系统支持。

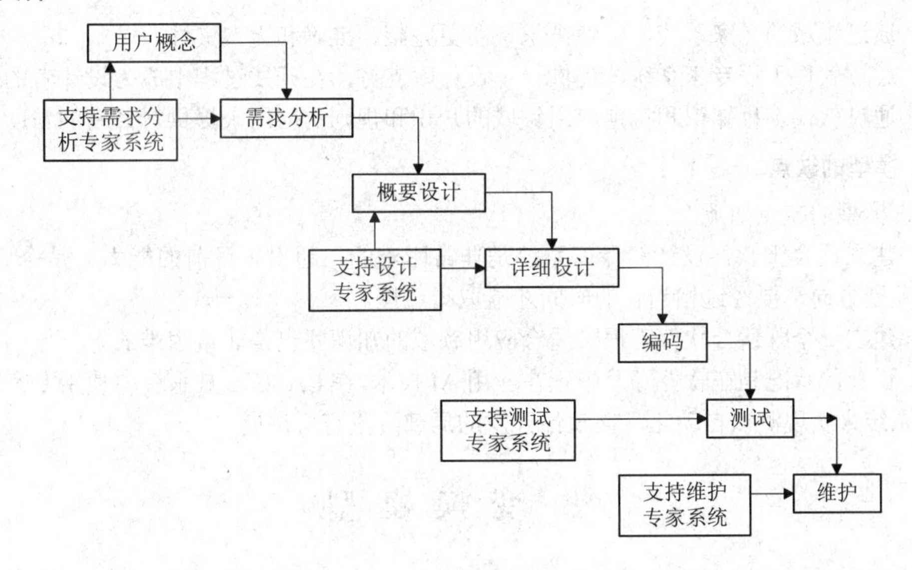

图 7.7　基于知识的模型

1) 支持需求活动的专家系统

支持需求活动的专家系统用来帮助减少需求活动中的二义性、不精确性和冲突易变的需求，这种专家系统要使用应用领域的知识，要用到应用系统中的规则，建立应用领域的专家系统来支持需求活动。

2) 支持设计活动的专家系统

支持设计活动的专家系统用于支持设计功能的 CASE 中的工具和文档的选择，这种专家系统要使用软件开发的知识。

3) 支持测试活动的专家系统

支持测试活动的专家系统用于支持测试自动化，利用基于知识的系统选择测试工具，生成测试数据，跟踪测试过程，分析测试结果。

4) 支持维护活动的专家系统

支持维护活动的专家系统将维护新的应用开发过程的重复活动，运行可利用的基于知识的系统来进行维护。

2. 模型的特点

知识模型以瀑布模型与专家系统的综合应用为基础。该模型通过应用系统的知识和规则帮助设计者认识一个特定的软件的需求和设计，这些专家系统已成为开发过程的伙伴，并指导开发过程。

将软件工程知识从特定领域分离出来，这些知识随着过程范例收入知识库，产生规则，在接受软件工程技术的基础上被编码成专家系统，用来辅助软件工程的开发。

在使用过程中，软件工程专家系统与其他领域的应用知识的专家系统连接起来，形成了特定的软件系统，为开发一个软件产品所应用。

3. 模型的优点

知识模型的优点如下：

(1) 通过领域的专家系统，可使需求说明更完整、准确和无二义性。

(2) 通过软件工程专家系统，提供一个设计库支持，在开发过程中成为设计者的助手。

(3) 通过软件工程知识和特定应用领域的知识和规则的应用来提供对开发的帮助。

4. 模型的缺点

知识模型的缺点如下：

(1) 建立适合于软件设计的专家系统是非常困难的，超出了目前的能力，是今后软件工程的发展方向，要经过相当长的时间才能取得进展。

(2) 建立一个既适合软件工程又适合应用领域的知识库也是非常困难的。

(3) 目前的状况是在软件开发中正在应用 AI 技术，在 CASE 工具系统中使用专家系统，用专家系统来实现测试自动化，在软件开发的局部阶段有所进展。

7.8 变换模型

变换模型是一种适合于形式化开发方法的模型。从软件需求形式化说明开始，经过一系列变换，最终得到系统的目标程序。

变换模型主要用于软件的形式化开发方法，一个形式化的软件开发方法要提供一套思维方法和描述开发手段，如规范描述的原则、程序开发的一般过程、描述语言等，使开发者能利用数学概念和表示方法恰当合理地构造形式规范，根据开发过程的框架及设计原则进行规范描述和系统化的设计，并对规范的性质和设计的步骤进行分析与验证。

7.8.1 模型表示

变换模型的表示如图 7.8 所示。用于软件形式化开发方法的变换模型分为模型规范的建立和规范到实现开发的一系列变换过程。

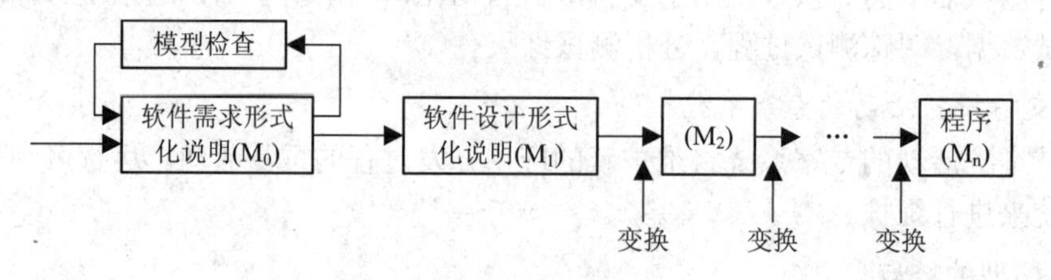

图 7.8　变换模型

7.8.2 开发过程

1. 建立软件系统的模型规范

将对实现环境和系统的功能需求进行分析，抽象出与系统有关的基本概念和固有属性，并以此为基础建立问题求解的抽象模型，称为模型抽象。它由相互关联的两部分组成，即表示抽象和运算抽象。

2. 表示抽象

表示抽象是模型规范构造者在分析求解问题及其实现环境的基础上，对形成系统可观察属性的对象域及其组成元素的形式描述。这种描述来源于对现实世界中求解问题及其环境的分析，与如何实现所描述的对象无关，需要恰当地反映它们与求解问题相关的固有性质。

3. 运算抽象

运算抽象是定义若干运算来模拟系统中可能发生的事件，即围绕表示抽象给出若干运算的规范描述。这种描述规定了运算所模拟的事件发生前后系统可观察属性的变化关系，即状态转换关系。

4. 变换过程

当软件系统模型规范的构造完成之后，进一步开发满足规范的实现系统。程序开发过程应是设计和验证并行的多步精化过程，对开发的每一步，均要慎重考虑该步开发是否正确，发现问题及时解决。只有这样才能大大减少开发费用，保证最终产品的质量和开发效率。

从抽象模型规范(M_0)开始的理想多步开发过程可表示为 $M_0 \to M_1 \to M_2 \to \cdots \to M_n$ 的变换，其中，M_{i+1} 是 M_i 的实现模型，变换中的每一步的“强度”都影响到整个变换的强度，还要论证每个 M_{i+1} 是 M_i 的正确实现。这种开发过程中的证明推理是以诸模型的形式化为前提的，也是保证最终的实现系统(M_n)正确实现模型规范的必要阶段。

5. 变换的独立性

这种多步变换过程的一个重要性质是每步变换相对于相关模型来讲是“封闭的”，即每步变换的正确性仅与该步变换所依据的规范 M_i 以及对变换后的假设(如 M_{i+1})有关，变换步骤在这种意义下独立于其他变换步骤。假若没有这种独立性，就无法控制错误的恶性蔓延。

6. 变换的设计

变换的设计过程是一种“发明”的过程。在模型具体化的变换过程中，具体实现模型的设计是开发者的职责。目前还没有相当高级的规范能自动翻译成高效程序代码的工具，这种设计“发明”，是以开发者自己对正在设计中的系统的功能和使用环境的理解为基础的，也是以实现效率及对进一步开发的预测等程序设计经验以及对软件开发基本原则的理解为基础的。形式化开发方法仅提供给开发者一种严格有效的思维工具和描述工具，而不能代替开发者进行变换的“发明”。

7.8.3 变换模型的特点

变换模型的特点如下：

(1) 该模型只适合于软件的形式化开发方法。

(2) 必须有严格的数学理论和形式化技术支持。

(3) 缺乏相应的支持工具，处于手工处理方式。

(4) 尚处于研究和实验阶段，距离实用前景尚有一段距离。

(5) 对软件开发人员要求较高。

7.9 统一过程

统一过程是基于统一建模语言的软件开发过程，它是用例驱动和风险驱动的、以构架为中心的、采用迭代和增量的软件开发过程。该过程包括若干循环周期，每个循环周期包括四个阶段：初始阶段、细化阶段、构造阶段和移交阶段，每个阶段包含若干次迭代，每次迭代又要执行五种工作流：需求捕获、分析、设计、实现和测试。

用例驱动意味着开发过程首先捕获用例，然后在此基础上进行分析、设计、实现和测试工作。风险驱动意味着每个新发布版本都集中于解决或减少对项目成功影响最大的风险。以构架为中心意味着将系统的构架用作构思、构造、管理和改善该系统的主要制品。迭代和增量开发意味着按专门的迭代计划和评估标准产生一个内部或外部版本所进行的一组明确的活动，而增量是系统中一个较小的、可管理的部分，指两次构造之间的差异，每次迭代至少产生一个新的构造块，从而向系统增加一个增量。

统一过程是经过 30 多年的发展而形成的，它是吸收了各种生存周期模型的先进思想和丰富的实践经验而产生的。它用于面向对象的开发方法，用统一建模语言来描述软件系统的静态结构和动态行为。它把一个项目划分为若干细小的项目，每个细小项目的开发就是一个小瀑布模型。整个系统是按增量方式逐渐积累出来的，这种积累是经过迭代过程实现的。统一过程将成为软件开发的主流过程。

统一过程的详细介绍见第 13 章。

本章小结

瀑布模型是最基本的模型，严格按照线性顺序开发会导致开发过程缺乏灵活性，而且在开发过程中，用户与开发者交流不够，用户只能在开发完成后才能看到软件产品，用户若有什么修改意见，则为时已晚。因此，瀑布模型有一定的局限性。增量模型就是为了克服这些局限性而产生的。

增量模型有两类，一种是基于瀑布模型的渐增模型，另一种是基于原型的快速原型模型。渐增模型是改进的瀑布模型，以功能增量为基础，可提前提供部分软件产品，这样可提前发现问题。快速原型模型是以原型为增量的基础，尽早提供部分工作软件。根据原型的不同用法，可分为探索型原型、实验型原型和演化型原型。

探索型原型是把原型用于需求分析阶段，通过原型的运行来明确软件的需求。实验型原型是把原型用于设计阶段，通过原型的运行来考察某个设计方案是否可以实现。演化型原型是把原型用于整个开发阶段，通过不断增加原型的功能，将原型逐步演化为最终产品。

增量模型比较灵活，适应用户的可变要求。在开发过程中，要求用户与开发者一起运行原型、一起评价原型，可以经常沟通，加强交流。

快速原型模型要求有相应的方法技术和开发环境的支持，因为要快速分析，快速构建、运行、评价和修改原型，没有相应的支持工具是不能做到的。但快速原型模型也有一定的局限性，难以做到彻底的测试，文档难以建立，还缺乏相应的开发规范。

习 题

1. 渐增模型有几种？各有何特点？

2. 快速原型模型有几种？各有何特点？

3. 快速原型模型的开发步骤是什么？

4. 评价快速原型模型的优缺点。

5. 对比瀑布模型与增量模型，指出增量模型的新思路。

6. 选择题:

(1) 瀑布模型本质上是一种(　　)。

A. 线性顺序模型　　B. 顺序迭代模型

C. 线性迭代模型　　D. 及早见产品模型

(2) 瀑布模型把软件生存周期划分为软件定义、软件开发和(　　)三个阶段，而每一阶段又可细分为若干个更小的阶段。

A. 详细设计　　B. 可行性分析　　C. 运行及维护　　D. 测试与排错

(3) 软件生命周期的瀑布模型把软件项目分为 3 个阶段、8 个子阶段。以下选项是正常的开发顺序的是(　　)。

A. 计划阶段、开发阶段、运行阶段　　B. 设计阶段、开发阶段、编码阶段

C. 设计阶段、编码阶段、维护阶段　　D. 计划阶段、编码阶段、测试阶段

(4) 采用瀑布模型进行系统开发的过程中，每个阶段都会产生不同的文档。以下关于产生这些文档的描述中，正确的是(　　)。

A. 外部设计评审报告在概要设计阶段产生

B. 集成测试计划在程序设计阶段产生

C. 系统计划和需求说明在详细设计阶段产生

D. 在进行编码的同时，需独立地设计单元测试计划

请给出正确答案后再进行分析。

(5) 瀑布模型表达了一种系统的、顺序的软件开发方法。以下关于瀑布模型的叙述中，正确的是(　　)。

A. 瀑布模型能够非常快速地开发大规模软件项目

B. 只有很大的开发团队才可使用瀑布模型

C. 瀑布模型已不再适合于现今的软件开发环境

D. 瀑布模型适用于软件需求已确定、开发过程能够采用线性方式完成的项目

(6) 按照瀑布模型的阶段划分，软件测试可以分为单元测试、集成测试、系统测试。以下测试选项不属于系统测试的内容的是(　　)。

A. 压力测试　　B. 接口测试　　C. 功能测试

D. 安全测试　　E. 性能测试

第 8 章 结构化方法

结构化方法是软件工程产生以后首先提出来的软件开发方法，它也是一种实用的软件开发方法，由结构化分析、结构化设计和结构化程序设计构成。本章主要介绍结构化分析和结构化设计，结构化程序设计见 3.5.2 小节。

8.1 概 述

1. 结构化方法

结构化方法是指根据某种原理，使用一定的工具，按照特定步骤工作的软件开发方法。它遵循的原理是自顶向下、逐步求精，使用的工具有数据流图(DFD)、数据字典、判定表、判定树和结构化语言等。

结构化方法是从分析、设计到实现都使用结构化思想的软件开发方法，实际上它由三部分组成：结构化分析(Structured Analysis，SA)，结构化设计(Structured Design，SD)和结构化程序设计(Structured Pergramming，SP)。

2. 发展历程

在结构化方法的发展历程上，它是随着 SP 方法的提出、SD 方法的出现直至 SA 方法提出才逐渐形成的。

1) 结构化程序设计

首先出现的是 SP，它是 20 世纪 60 年代末首先由 Dijkstra 提出的，旨在控制程序编制中的复杂性问题。SP 被称为软件发展中的第三个里程碑，Dijkstra 提出“GOTO 语句可以从高级语言中取消”，1966 年 Bohm 和 Jacopini 首次证明了只要三种控制结构(顺序、选择、重复)就能表达用一个入口和一个出口的流程图所能表达的任何程序逻辑。他们的工作为结构程序设计提供了理论基础，验证该方法的最著名的例子是纽约时报的信息库管理系统。在当时该系统共有 83 000 行高级语言代码，只花了 11 人年，在 22 个月内就完成了这一复杂的软件系统，按时交付使用。使用证明，该系统是高度可靠的。结构化程序设计的基本要点已在 3.5.2 小节介绍了。

2) 结构化设计

20 世纪 70 年代中期 L.L.Constantine 和 E.Yourdon 提出和倡导了结构化设计。在 SP 取得重大成功的影响下，Yourdon 等人把结构化和逐步求精的思想由编码阶段应用推广到设计阶段，后来又扩充到分析阶段，形成了包括 SD 和 SA 在内的基于数据流的系统设计方法。SD 的目标在于控制系统体系结构一级的复杂性，实施原则是基于功能分解，验证技术是人工复审测试。

3) 结构化分析

20 世纪 70 年代末期，由 DeMarco 等人提出了 SA 方法。该方法旨在减少分析活动中的错误，产生系统的逻辑模型，其分析的对象是结构化的功能说明；它实施的原则是面向数据流，基于功能分解，靠人工复审测试进行验证。

3. 基本思想

结构化方法总的指导思想是自顶向下，逐步求精，它的两个基本原则是抽象与分解。

4. 特点

结构化方法具有以下特点：

(1) 它是使用最早的开发方法，使用时间也最长。

(2) 它应用最广，特别适合于数据处理。

(3) 相应的支持工具多，发展较为成熟。

5. 优点

结构化方法一经问世，就显示出了它的以下几大优点：

(1) 简单、实用。

(2) 适合于瀑布模型，易为开发者掌握。

(3) 成功率较高，据美国 1000 家公司统计，该方法的成功率高达 90.2%，名列第二，仅次于面向对象的方法。

(4) 特别适合于数据处理领域中的应用，对其他领域的应用也基本适用。

6. 存在问题

结构化方法存在以下一些问题：

(1) 对于规模大的项目，特别复杂的应用不太适应。

(2) 难以解决软件重用的问题。

(3) 难以适应需求的变化。

(4) 难以彻底解决维护问题。

8.2 结构化分析

结构化分析是面向数据流的需求分析的方法，是 20 世纪 70 年代后期由 Yourdon、Constantine 及 DeMarco 等人提出和发展起来并得到广泛应用的。像所有的软件分析方法(如面向对象分析方法、IDEF 方法等)一样，SA 也是一种建模活动，该方法使用简单易读的符号，根据软件内部数据传递、变换的关系，自顶向下逐层分解，描绘出满足功能要求的软件模型。

8.2.1 自顶向下逐层分解的分析策略

面对一个复杂的问题，分析人员不可能一开始就考虑到问题的所有方面以及全部的细节，采取的策略往往是分解，把一个复杂的问题划分成若干小问题，然后再分别解决，将问题的复杂性降低到人可以掌握的程度。分解可分层进行，先考虑问题最本质的方面，忽略细节，形成问题的高层概念，然后再逐层添加细节，即在分层过程中采用不同程度的“抽象”级别，最高层的问题最抽象，而低层的较为具体。图 8.1 是自顶向下逐层分解的示意图。

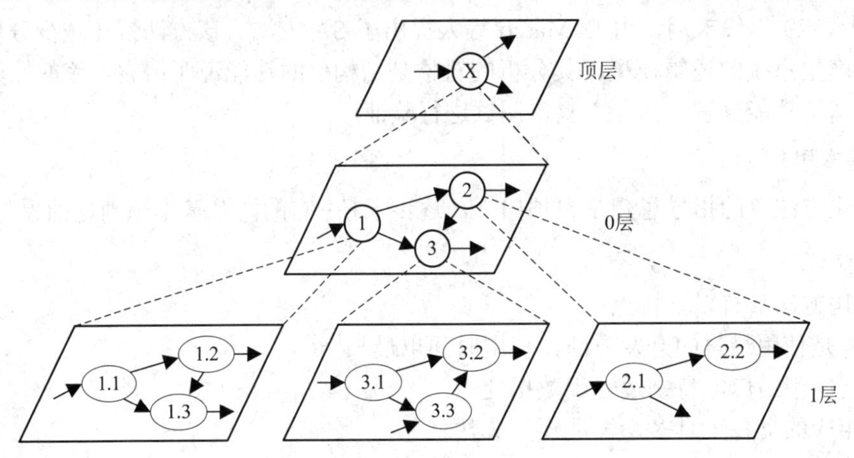

图 8.1 对一个问题的逐层分解

顶层的系统 X 很复杂，可以把它分解为 0 层的 1、2、3 三个子系统，若 0 层的子系统仍很复杂，则再分解为下一层的子系统 1.1、1.2、1.3 和 3.1、3.2、3.3 ……直到子系统都能被清楚地理解为止。

图 8.1 的顶层抽象地描述了整个系统，底层具体地画出了系统的每一个细节，而中间层是从抽象到具体的逐步过渡，这种层次分解使分析人员分析问题时不至于一下子陷入细节，而是逐步地去了解更多的细节，如在顶层，只考虑系统外部的输入和输出，其他各层反映系统内部情况。

依照这个策略，对于任何复杂的系统，分析工作都可以有计划、有步骤及有条不紊地进行。

8.2.2 描述工具

SA 方法利用图形等半形式化的描述方式表达需求，简明易懂，用它们形成需求说明书中的主要部分。这些描述工具有以下几种：

(1) 数据流图。数据流图描述系统的分解，即描述系统由哪几部分组成，各部分之间有什么联系等。

(2) 数据字典。数据字典定义了数据流图中的数据和加工。它是数据流条目、数据存储条目、数据项条目和基本加工条目的汇集。

(3) 描述加工逻辑的结构化语言、判定表及判定树。结构化语言、判定表及判定树则详细描述数据流图中不能被再分解的每一个基本加工的处理逻辑。

8.2.3 SA 分析步骤

1. 建立当前系统的物理模型

当前系统(也称现行系统)指目前正在运行的系统，可能是需要改进的正在计算机上运行的软件系统，也可能是人工的处理系统。通过对当前系统的详细调查，了解当前系统的工作过程，同时收集资料、文件、数据及报表等，将看到的、听到的、收集到的信息和情况用图形描述出来。也就是用一个模型来反映自己对当前系统的理解，如画系统流程图(参见 2.1.3 小节)。这一模型包含了许多具体因素，反映现实世界的实际情况。

2. 抽象出当前系统的逻辑模型

物理模型反映了系统“怎么做”的具体实现，去掉物理模型中非本质的因素(如物理因素)，抽取出本质的因素。所谓本质的因素，是指系统固有的、不依赖运行环境变化而变化的因素，任何实现均这样做。非本质因素不是固有的，随环境不同而不同，随实现不同而不同。对物理模型进行分析，区别本质因素和非本质因素，去掉非本质因素，就形成当前系统的逻辑模型，反映了当前系统“做什么”的功能。

3. 建立目标系统的逻辑模型

目标系统指待开发的新系统。分析、比较目标系统与当前系统逻辑上的差别，即在当前系统的基础上决定变化的范围，把那些要改变的部分找出来，将变化的部分抽象为一个加工，这个加工的外部环境及输入/输出就确定了。然后对“变化的部分”重新分解，分析人员根据自己的经验，采用自顶向下逐步求精的分析策略，逐步确定变化部分的内部结构，从而建立目标系统的逻辑模型。

4. 作进一步补充和优化

为了完整地描述目标系统，还要作一些补充：说明目标系统的人机界面，它所处的应用环境及它与外界环境的相互联系，决定人机界面；说明至今尚未详细考虑的细节，如出错处理、输入/输出格式、存储容量和响应时间等性能要求与限制。

8.3 数据流图

数据流图(Data Flow Diagram，DFD)，是 SA 方法中用于表示系统逻辑模型的一种工具，它以图形的方式描绘数据在系统中流动和处理的过程。由于它只反映系统必须完成的逻辑功能，所以它是一种功能模型。

图 8.2 是一个飞机机票预订系统的数据流图，其功能为旅行社把预订机票的旅客信息(姓名、年龄、单位、身份证号码、旅行时间及目的地等)输入机票预订系统。系统为旅客安排航班，打印出取票通知单(付有应交的账款)。旅客在飞机起飞的前一天凭取票通知等交款取票，系统检验无误后输出机票给旅客。

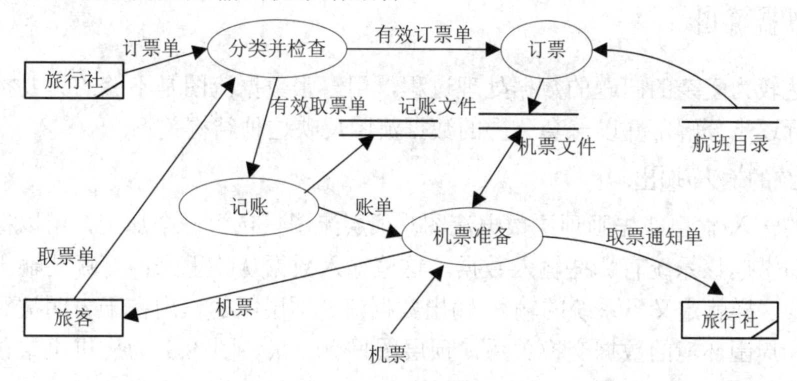

图 8.2 飞机机票预订系统

8.3.1 基本图形符号

数据流图有以下 4 种基本图形符号：

→：箭头，表示数据流。

○：圆或椭圆，表示加工。

=：双杠，表示数据存储。

□：方框，表示数据的源点或终点。

1. 数据流

数据流是数据在系统内传播的路径，由一组成分固定的数据项组成。如订票单由旅客姓名、年龄、单位、身份证号、日期及目的地等数据项组成。由于数据流是流动中的数据，所以必须有流向，即在加工之间、加工与源点终点之间、加工与数据存储之间流动。除了与数据存储之间的数据流不用命名外，数据流应该用名词或名词短语命名。

2. 加工

加工也称为数据处理，它对数据流进行某些操作或变换。每个加工也要有名字，通常是动词短语，简明地描述完成什么加工。在分层的数据流图中，加工还应编号。

3. 数据存储

数据存储指暂时保存的数据，它可以是数据库文件或任何形式的数据组织。流向数据存储的数据流可理解为写入文件，或查询文件，从数据存储流出的数据可理解为从文件读数据或得到查询结果。

4. 数据源点和终点

数据源点和终点是软件系统外部环境中的实体(包括人员、组织或其他软件系统)，统称外部实体。它们是为了帮助理解系统界面而引入的，一般只出现在数据流图的顶层图中，表示了系统中数据的来源和去处。

有时为了增加数据流图的清晰性，防止数据流的箭头线太长，在一张图上可重复画同名的源/终点(如某个外部实体既是源点也是终点的情况)，在方框的右下角加斜线则表示是一个实体。有时数据存储也需重复标识。

8.3.2 画数据流图

为了表达较为复杂的问题的数据处理过程，用一张数据流图是不够的。要按照问题的层次结构进行逐步分解，并以一套分层的数据流图反映这种结构关系。

1. 画系统的输入/输出

画系统的输入/输出即先画顶层数据流图。顶层流图只包含一个加工，用以标识被开发的系统，然后考虑该系统有哪些输入数据，这些输入数据从哪里来；有哪些输出数据，输出到哪里去。这样就定义了系统的输入/输出数据流。顶层图的作用在于表明被开发系统的范围以及它和周围环境的数据交换关系，顶层图只有一张。图 8.3 为飞机机票预订系统的顶层图。

图 8.3　飞机机票预订系统顶层图

2. 画系统内部

画系统内部即画下层数据流图。一般将层号从 0 开始编号，采用自顶向下，由外向内的原则。画 0 层数据流图时，一般根据当前系统工作分组情况，并按新系统应有的外部功能，分解顶层流图的系统为若干子系统，决定每个子系统间的数据接口和活动关系。如机票预订系统按功能可分成两部分，一部分为旅行社预订机票，另一部分为旅客取票，两部分通过机票文件的数据存储联系起来，0 层数据流图如图 8.4 所示。画更下层数据流图时，则分解上层图中的加工，一般沿着输入流的方向，凡数据流的组成或值发生变化的地方则设置一个加工，这样一直进行到输出数据流(也可从输出流到输入流方向画)。如果加工的内部还有数据流，则对此加工在下层图中继续分解，直到每一个加工足够简单，不能再分解为止。不再分解的加工称为基本加工。

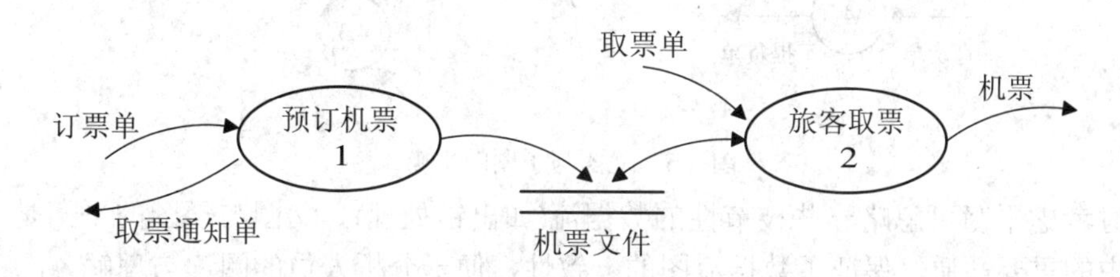

图 8.4　飞机机票预订系统 0 层图

3. 注意事项

画数据流图时有以下几点注意事项：

(1) 命名：不论数据流、数据存储还是加工，合适的命名使人们易于理解其含义。数据流的名字代表整个数据流的内容，而不仅仅是它的某些成分，不使用缺乏具体含义的名字，如“数据”、“信息”等。加工名也应反映整个处理的功能，不使用“处理”、“操作”这些笼统的词。

(2) 画数据流而不是控制流，也不是程序流：数据流图反映系统“做什么”，不反映“如何做”，因此箭头上的数据流名称只能是名词或名词短语，整个图中不反映加工的执行顺序。

(3) 一般不画物质流：数据流反映能用计算机处理的数据，并不是实物，因此在目标系统的数据流图上一般不要画物流，如机票预订系统中，人民币也在流动，但并未画出，因为交款是“人工”行为。

(4) 每个加工至少有一个输入数据流和一个输出数据流，反映出此加工数据的来源与加工的结果。

(5) 编号：如果一张数据流图中的某个加工分解成另一张数据流图时，则上层图为父图，直接下层图为子图。子图应编号，子图上的所有加工也应编号，子图的编号就是父图中相应加工的编号，加工的编号由子图号、小数点及局部号组成，如图 8.5 所示。

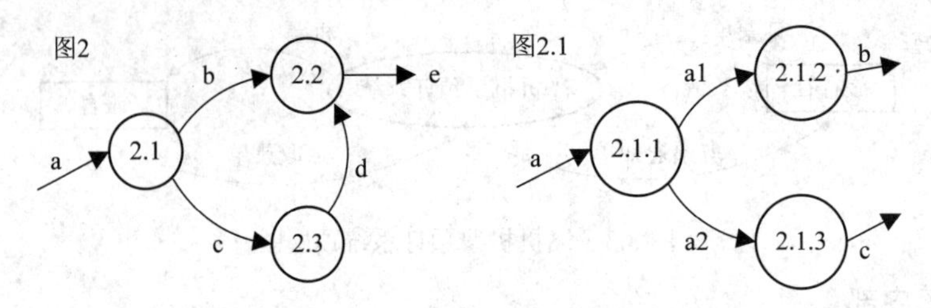

图 8.5　父图与子图

(6) 父图与子图的平衡：子图的输入、输出数据流同父图相应加工的输入、输出数据流必须一致，此即父图与子图的平衡。图 8.5 中，子图 2.1 与父图 2 相应加工 2.1 的输入、输出数据流的数目、名称完全相同，即一个输入流 a，两个输出流 b 和 c。再看图 8.6，好像父图与子图不平衡，因为父图加工 4 与子图输入输出数据流数目不相等，但是借助于数据字典(见图 8.4)中数据流的描述可知，父图的数据流“订货单”由“客户”、“账号”及“数量”三部分数据组成，即子图是父图中加工、数据流同时分解而来，因此这两张图也是平衡的。

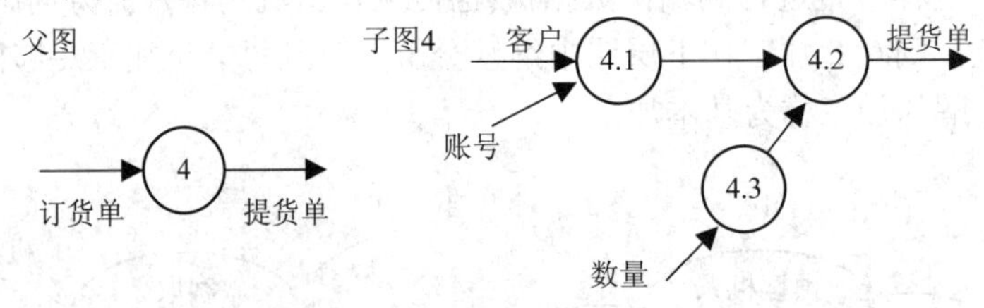

图 8.6　父图与子图的平衡

有时考虑平衡可忽略一些枝节性的数据流(如出错处理)。父图与子图的平衡是分层数据流图中的重要性质，保证了数据流图的一致性，便于分析人员的阅读与理解。

(7) 局部数据存储：当某层数据流图中的数据存储不是父图中相应加工的外部接口，而只是本图中某些加工之间的数据接口时，则称这些数据存储为局部数据存储，一个局部数据存储只有当它作为某些加工的数据接口或某个加工特定的输入或输出时，就把它画出来，这样有助于实现信息隐蔽。

(8) 提高数据流图的易理解性：注意合理分解，要把一个加工分解成几个功能相对独立的子加工，这样可以减少加工之间输入、输出数据流的数目，增加数据流图的可理解性。分解时要注意子加工的独立性、均匀性，特别是画上层数据流时，要注意将一个问题划分成几个大小接近的组成部分，这样做便于理解。不要在一张数据流图中出现某些加工已是基本加工，而某些加工还要分解好几层的情况。

为了使数据流图便于在计算机上输入与输出，以下给出了描述数据流图的另一套基本符号：

———→：表示数据流，只能水平或垂直画。

编号：表示加工。

编号：表示数据存储。

：表示源点或终点。

图 8.7 给出了采用这套符号画出的等价于图 8.2 的 DFD。

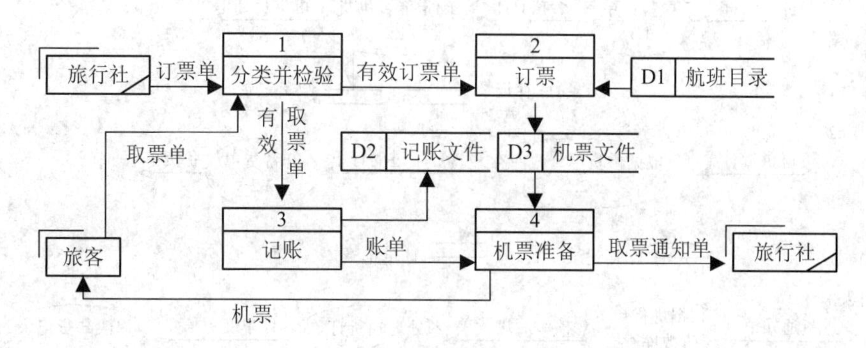

图 8.7　与图 8.2 等价的 DFD

8.3.3　SA 方法的应用

现以 2.4.2 小节中的销售管理系统为例，采用 SA 方法来进行需求分析，建立功能模型。

图 8.8 为采用 SA 方法画出的销售管理系统的分层 DFD。首先分析功能说明，先找出哪些是属于系统之外的外部实体，然后画出顶层数据流图，顶层图如图 8.8(a)所示。随后分解系统，每个子系统有哪些流动着的数据，哪些需要暂时保存的数据，通过什么加工使数据发生变换。根据系统功能，在 0 层图上分解系统为 5 个加工，加工的名称及加工之间的数据流在功能说明中有动词和名词与之对应。图 8.8(b)为 0 层图，它说明系统分为 5 个子系统。

在下层图(1 层，2 层，……)的分解过程中，应仔细考虑每个加工内部还应该进行哪些处理，还有什么数据流产生，这些可能在功能说明中没有，需要分析人员和用户参考现行系统的工作流程，进行“创造”，精细数据流图。图 8.8(c)为 1 层图，其中图 c1、图 c2、……图 c5 分别是 0 层图的 5 个加工分解的结果。

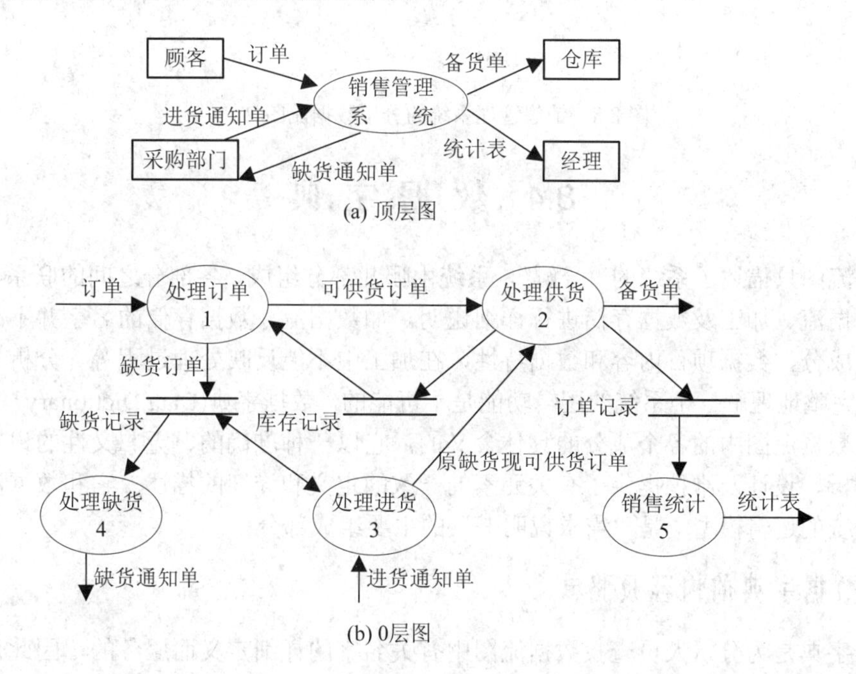

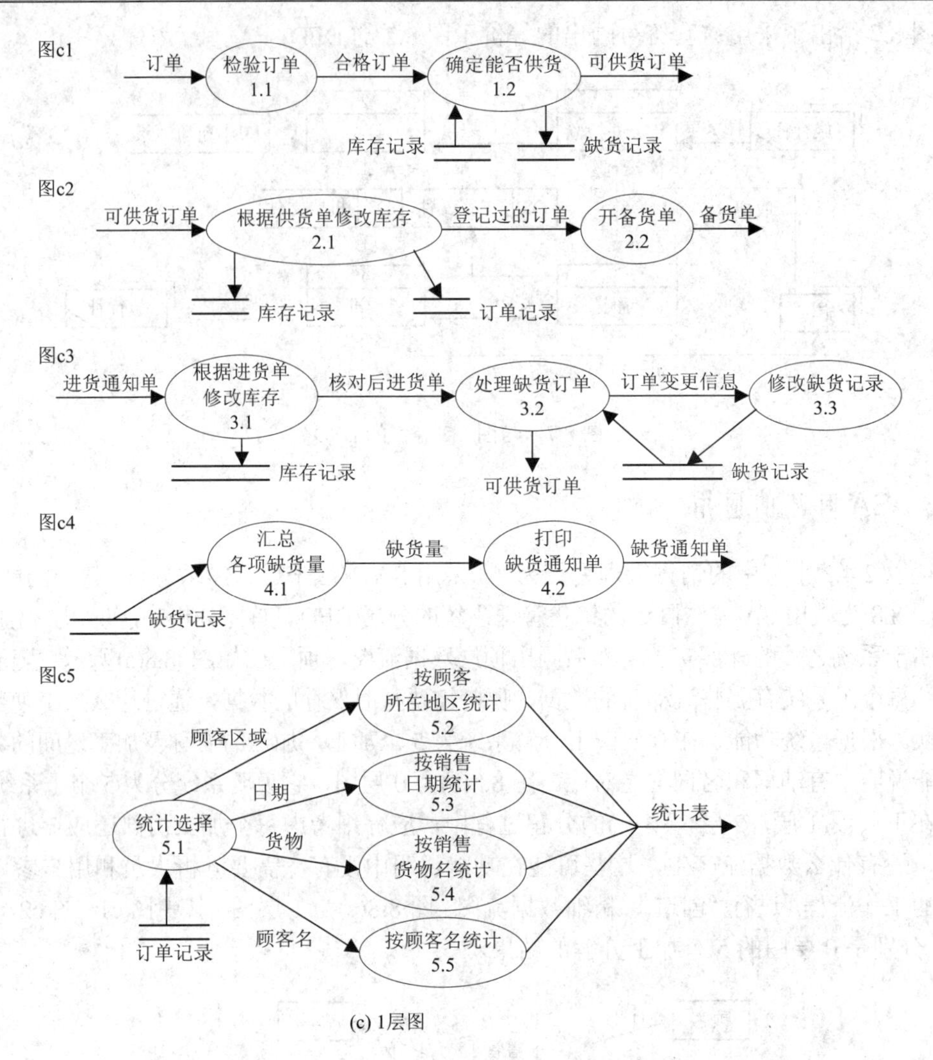

(c) 1层图

图 8.8　销售管理系统的分层数据流图(2)

8.4　数 据 字 典

数据流图只描述了系统的“分解”，系统由哪几部分组成，各部分之间的联系，并没有对各个数据流、加工及数据存储进行详细说明。如数据流、数据存储的名字并不能反映其中的数据成分、数据项目内容和数据特性，在加工中不能反映处理过程等。分析人员仅靠“图”来完整地理解一个系统的逻辑功能是不可能的。数据字典(Data Dictionary，DD)就是用来定义数据流图中的各个成分的具体含义的，它以一种准确的、无二义性的说明方式为系统的分析、设计及维护提供了有关元素的一致的定义和详细的描述。它和数据流图共同构成了系统的逻辑模型，是“需求说明书”的主要组成部分。

8.4.1　数据字典的内容及格式

数据字典是为分析人员查找数据流图中有关名字的详细定义而服务的，因此也像普通字典一样，要把所有条目按一定的次序排列起来，以便查阅。数据字典有以下 4 类条目：数据流、数据项、数据存储及基本加工。数据项是组成数据流和数据存储的最小元素。源点、终点不在系统之内，故一般不在字典中说明。

1. 数据流条目

数据流条目给出了 DFD 中数据流的定义，通常列出该数据流的各组成数据项。在定义数据流或数据存储组成时，使用表 8-1 给出的符号。

表 8-1 在数据字典的定义式中出现的符号

符 号	含 义	举 例 及 说 明
=	被定义为	
+	与	X = a + b，表示 X 由 a 和 b 组成
[⋯|⋯]	或	X = [a | b]，表示 X 由 a 或 b 组成
{⋯}	重复	X = {a}，表示 X 由 0 个或多个 a 组成
m{⋯}n 或 $\{\cdots\}_m^n$	重复	X = 2{a}5 或 X = $\{a\}_2^5$，表示 X 中最少出现 2 次 a，最多出现 5 次 a。5、2 为重复次数的上、下限
(⋯)	可选	X=(a)，表示 a 可在 X 中出现，也可不出现
“⋯”	基本数据元素	X= “a”，表示 X 是取值为字符 a 的数据元素
••	连接符	X=1 •• 9，表示 X 可取 1 到 9 中任意一个值

下面给出了几个使用表 8-1 中符号定义数据流组成及数据项的例子。

例：机票 = 姓名 + 日期 + 航班号 + 起点 + 终点 + 费用

姓名 = $\{字母\}_2^{18}$

航班号 = “Y7100” •• “Y8100”

终点 = [上海|北京|西安]

数据流条目主要内容及举例如下：

数据流名称：订单

别名：无

简述：顾客订货时填写的项目

来源：顾客

去向：加工 1 “检验订单”

数据流量：1000 份/每周

组成：编号 + 订货日期 + 顾客编号 + 地址 + 电话 + 银行账号 + 货物名称 + 规格 + 数量

其中，数据流量指单位时间内(每小时或每天或每周或每月)的传输次数。

2. 数据存储条目

数据存储条目是对数据存储的定义，主要内容及举例如下：

数据存储名称：库存记录

别名：无

简述：存放库存所有可供货物的信息

组成：货物名称 + 编号 + 生产厂家 + 单价 + 库存量

组织方式：索引文件，以货物编号为关键字

查询要求：要求能立即查询

3. 数据项条目

数据项条目是不可再分解的数据单位，其定义格式及举例如下：

数据项名称：货物编号

别名：G—No，G—num，Goods—No

简述：本公司的所有货物的编号

类型：字符串

长度：10

取值范围及含义：第1位，进口/国产；第2～4位，类别；第5～7位，规格；第8～10位，品名编号。

4. 加工条目

加工条目是用来说明DFD中基本加工的处理逻辑的，由于上层的加工是由下层的基本加工分解而来的，因此只要有了基本加工的说明，就可理解其他加工。加工条目的主要内容及举例如下：

加工名：确定能否供货

编号：1.2

激发条件：接收到合格订单时

优先级：普通

输入：合格订单

输出：可供货订单、缺货订单

加工逻辑：根据库存记录

```
IF  订单项目的数量 < 该项目库存量的临界值
    THEN  可供货处理
    ELSE  此订单缺货，登录，待进货后再处理
END IF
```

数据字典中的加工逻辑主要描述该加工“做什么”，即实现加工的策略，而不是实现加工的细节，它描述如何把输入数据流变换为输出数据流的加工规则。为了使加工逻辑直观易读，易被用户理解，有几种常用的描述方法，它们是结构化语言、判定表及判定树(见8.5节)。

8.4.2 数据字典的实现

1. 手工建立

手工建立数据字典的内容用卡片形式存放，其步骤如下：

(1) 按4类条目规范的格式印制卡片。

(2) 在卡片上分别填写各类条目的内容。

(3) 先按图号顺序排列，同一图号的所有条目按数据流、数据项、数据存储和加工的顺序排列。

(4) 同一图号中的同一类条目(如数据流卡片)可按名字的字典顺序存放，加工一般按编号顺序存放。

(5) 同一成分在父图和子图都出现时，则只在父图上定义。

(6) 建立索引目录。

2. 利用计算机辅助建立并维护

利用计算机辅助建立并维护数据字典的步骤如下：

(1) 编制一个“字典生成与管理程序”，可以按规定的格式输入各类条目，能对字典条目增、删、改，能打印出各类查询报告和清单，能进行完整性、一致性检查等。美国密执安大学研究的 PSL/PSA 就是这样一个系统。

(2) 利用已有的数据库开发工具，针对数据字典建立一个数据库文件，可分别以矩阵表的形式来描述数据流、数据项、数据存储和加工等各个表项的内容，如数据流的矩阵表如下：

编号	名称	来源	去向	流量	组成
…	…	…	…	…	…

然后使用开发工具建成数据库文件，便于修改、查询，并可随时打印出来。另外，有的 DBMS 本身包含一个数据字典子系统，建库时能自动生成数据字典。

计算机辅助开发数据字典比手工建立数据字典有更多的优点，能保证数据的一致性和完整性，使用也方便，但增加了技术难度与机器开销。

8.5 加工逻辑的描述

加工逻辑也称为“小说明”，描述加工逻辑一般用结构化语言、判定表及判定树。

8.5.1 结构化语言

结构化语言是介于自然语言(英语或汉语)和形式语言之间的一种半形式语言。形式语言精确，但不易被理解，自然语言易理解，但它不精确，可能产生二义性。结构化语言取“长”补“短”，它是在自然语言基础上加了一些限定，使用有限的词汇和有限的语句来描述加工逻辑，它的结构可分成外层和内层两层。

1. 外层

外层用来描述控制结构，采用如下顺序、选择及重复三种基本结构：

(1) 顺序结构：是一组祈使语句、选择语句及重复语句的顺序排列。祈使语句指至少包含一个动词及一个名词，指出要执行的动作及接受动作的对象。

(2) 选择结构：一般用 IF-THEN-ELSE-ENDIF、CASE-OF-ENDCASE 等关键词。

(3) 重复结构：一般用 DO-WHILE-ENDDO、REPEAT-UNTIL 等关键词。

2. 内层

内层一般是采用祈使语句的自然语言短语，使用数据字典中的名词和有限的自定义词，其动词含义要具体，尽量不用形容词和副词来修饰。还可使用一些简单的算术运算和逻辑运算符号。

例如，8.4.1 小节的“确定能否供货”加工条目中的加工逻辑就是用结构化语言写的。

8.5.2 判定表

在有些情况下，数据流图中的某个加工的一组动作依赖于多个逻辑条件的取值。这时，用自然语言或结构化语言都不易清楚地描述出来，而用判定表就能够清楚地表示复杂的条件组合与应做的动作之间的对应关系。

例如，某数据流图中有一个“确定保险类别”的加工，指的是申请汽车驾驶保险时，要根据申请者的情况确定不同的保险类别。加工逻辑为：如果申请者的年龄在 21 岁以下，要额外收费；如果申请者是 21 岁以上并是 26 岁以下的女性，适用于 A 类保险；如果申请者是 26 岁以下的已婚男性，或者是 26 岁以上的男性，适用于 B 类保险；如果申请者是 21 岁以下的女性或是 26 岁以下的单身男性，适用于 C 类保险。除此之外的其他申请者都适用于 A 类保险。

从这段叙述中不能较快地看懂该加工的动作，而用判定表表示出来就清楚了。

判定表由四部分组成，用双线分割开四个区域，如图 8.9 所示。

条件定义	条件取值的组合
动作定义	在各种取值的组合下应执行的动作

图 8.9 判定表结构

各部分的含义在图上标出。现就上例构造一张判定表，可采取以下步骤：

(1) 提取问题中的条件。条件是年龄、性别及婚姻。

(2) 标出条件的取值。为绘制判定表方便，用符号代替条件的取值，见表 8-2。

(3) 计算所有条件的组合数 N。$N=\prod_{i=1}^{3} m_i = 3\times 2\times 2=12$。

(4) 提取可能采取的动作或措施。这些措施要适用于 A 类保险、B 类保险、C 类保险和额外收费。

(5) 制作判定表。判定表如表 8-3 所示。

表 8-2 条件取值表

条件名	取 值	符 号	取值数 m
年龄	年龄≤21 21＜年龄≤26 年龄＞26	C Y L	$m_1=3$
性别	男 女	M F	$m_2=2$
婚姻	未婚 已婚	S E	$m_3=2$

表8-3 判 定 表

	1	2	3	4	5	6	7	8	9	10	11	12
年龄	C	C	C	C	Y	Y	Y	Y	L	L	L	L
性别	F	F	M	M	F	F	M	M	F	F	M	M
婚姻	S	E	S	E	S	E	S	E	S	E	S	E
A类保险					√	√			√	√		
B类保险				√				√			√	√
C类保险	√	√	√				√					
额外收费	√	√	√	√								

注：编号1～12为每一列规则的序号；"√"表示选取的动作。

(6) 完善判定表：初始的判定表可能不完善，表现在两个方面。第一，缺少判定列中应采取的动作。例如"确定保险类别"的说明中若没有最后一句"除此之外……"，那么第9、10两列就无选取的动作，这时就应与用户说明并将其补充完整。第二，有冗余的判定列。两个或多个规则中，具有相同的动作，而与它所对应的各个条件组合中有取值无关的条件。如第1和第2、第5和第6、第9和第10、第11和第12都与第三个条件"婚姻"取值无关，因此可将它们分别合并。合并后的规则还可进一步合并，如图8.10所示，图中"Y"表示逻辑条件取值为"真"，"N"表示逻辑条件取值为"假"，"—"表示与取值无关。

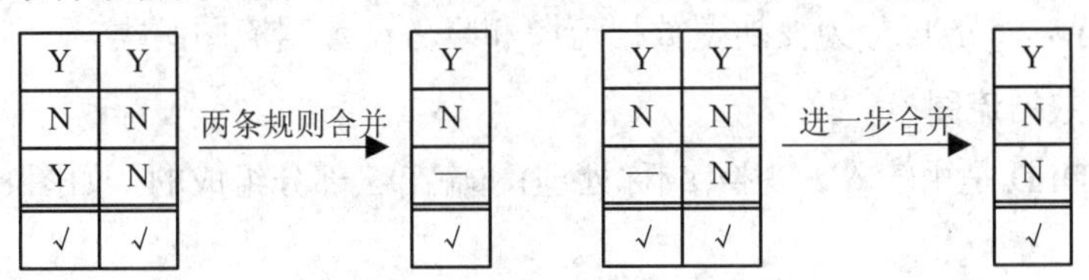

图8.10 动作相同的规则合并

判定表能够把系统在一定条件下所做的动作准确无误地表示出来，但不能描述循环的处理特性，循环处理还需结构化语言。

8.5.3 判定树

判定树是判定表的变形，一般情况下它比判定表更直观，且易于理解和使用。图8.11是与表8-3功能等价的判定树。

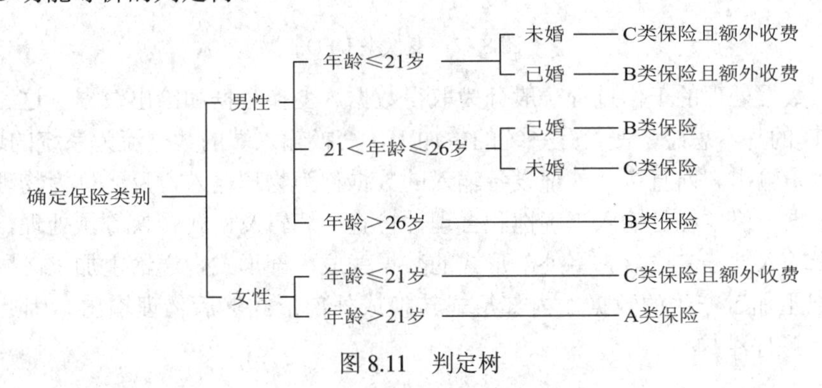

图8.11 判定树

上述三种描述加工逻辑的工具各有优缺点，对于顺序执行和循环执行的动作，用结构化语言描述；对于存在多个条件复杂组合的判断问题，用判定表和判定树。判定树较判定表直观易读，判定表进行逻辑验证较严格，能把所有的可能性全部都考虑到。可将两种工具结合起来，先用判定表作底稿，在此基础上产生判定树。

经过需求分析，开发人员已经基本上理解了用户的要求，确定了目标系统的功能，定义了系统的数据，描述了处理这些数据的基本策略。将这些共同的理解进行整理，最后形成文档——需求说明书。

8.6 结构化设计

结构化设计(有时简称 SD)是以结构化分析产生的数据流图为基础，按一定的步骤映射成软件结构。该方法由美国 IBM 公司 L.Constantine 和 E.Yourdon 等人于 1974 年提出，与结构化分析衔接，构成了完整的结构化分析与设计技术，是目前使用最广泛的软件设计方法之一。

8.6.1 数据流图的类型

要把数据流图(DFD)转换成软件结构，必须研究 DFD 的类型。各种软件系统，不论 DFD 如何庞大与复杂，一般可分为变换型数据流图和事务型数据流图两类。

1. 变换型数据流图

变换型的 DFD 是由输入、变换(或称处理)和输出三部分组成的，如图 8.12 所示，虚线为标出的流界。

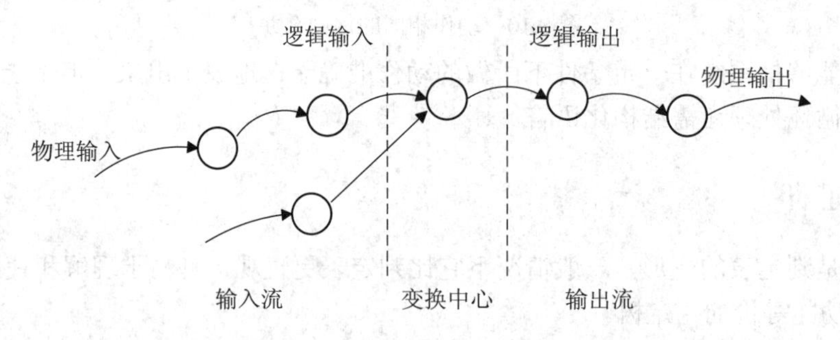

图 8.12 变换型 DFD

变换型数据处理的工作过程一般分为取得数据、变换数据和给出数据。这三步体现了变换型 DFD 的基本思想。变换是系统的主加工，变换输入端的数据流为系统的逻辑输入，输出端为逻辑输出。而直接从外部设备输入的数据称为物理输入，反之称为物理输出。外部的输入数据一般要经过输入正确性和合理性检查、编辑及格式转换等预处理，这部分工作都由逻辑输入部分完成，它将外部形式的数据变成内部形式，送给主加工。同理，逻辑输出部分把主加工产生的数据的内部形式转换成外部形式然后物理输出。因此变换型的 DFD 是一个顺序结构。

2. 事务型的数据流图

若某个加工将它的输入流分离成许多发散的数据流，形成许多平行的加工路径，并根据输入的值选择其中一个路径来执行，这种特征的DFD称为事务型的数据流图，这个加工称为事务处理中心，如图8.13所示。

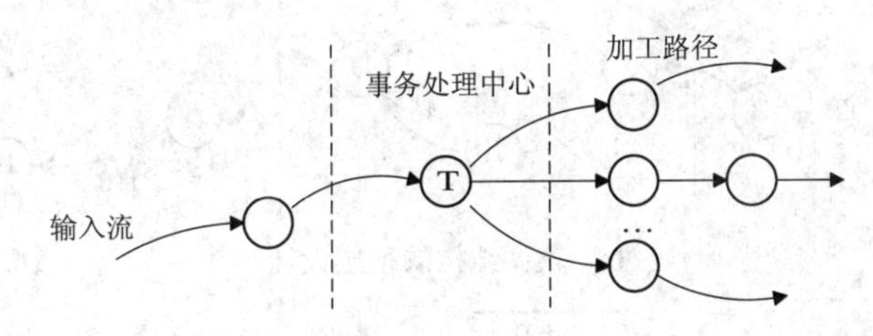

图8.13　事务型DFD

一个大型的软件系统的DFD，既具有变换型的特征，又具有事务型的特征，如事务型DFD中的某个加工路径可能是变换型的。

8.6.2　设计过程

结构化设计方法的设计过程如下：

(1) 精化DFD。把DFD转换成软件结构图前，设计人员要仔细地研究分析DFD并参照数据字典，认真理解其中的有关元素，检查有无遗漏或不合理之处，进行必要的修改。

(2) 确定DFD类型。如果是变换型，确定变换中心和逻辑输入、逻辑输出的界线，映射为变换结构的顶层和第一层；如果是事务型，确定事务中心和加工路径，映射为事务结构的顶层和第一层。

(3) 分解上层模块，设计中下层模块结构。

(4) 根据优化准则对软件结构求精。

(5) 描述模块功能、接口及全局数据结构。

(6) 复查，如果有错，转(2)修改完善，否则进入详细设计。

8.6.3　变换分析设计

当DFD具有较明显的变换特征时，则按照下列步骤设计。

1. 确定DFD中的变换中心、逻辑输入和逻辑输出

如果设计人员经验丰富，则容易确定系统的变换中心，即主加工。如几股数据流的汇合处往往是系统的主加工。若一下不能确定，则要从物理输入端开始，沿着数据流方向向系统中心寻找，直到有这样的数据流，它不能再被看作是系统的输入，而它的前一个数据流就是系统的逻辑输入。同理，从物理输出端开始，逆数据流方向向中间移动，可以确定系统的逻辑输出。介于逻辑输入和逻辑输出之间的加工就是变换中心，用虚线划分出流界，DFD的三部分就确定了。

2. 设计软件结构的顶层和第一层——变换结构

变换中心确定以后，就相当于决定了主模块的位置，这就是软件结构的顶层，如图8.14

所示。其功能是主要完成所有模块的控制，它的名称是系统名称，以体现完成整个系统的功能。

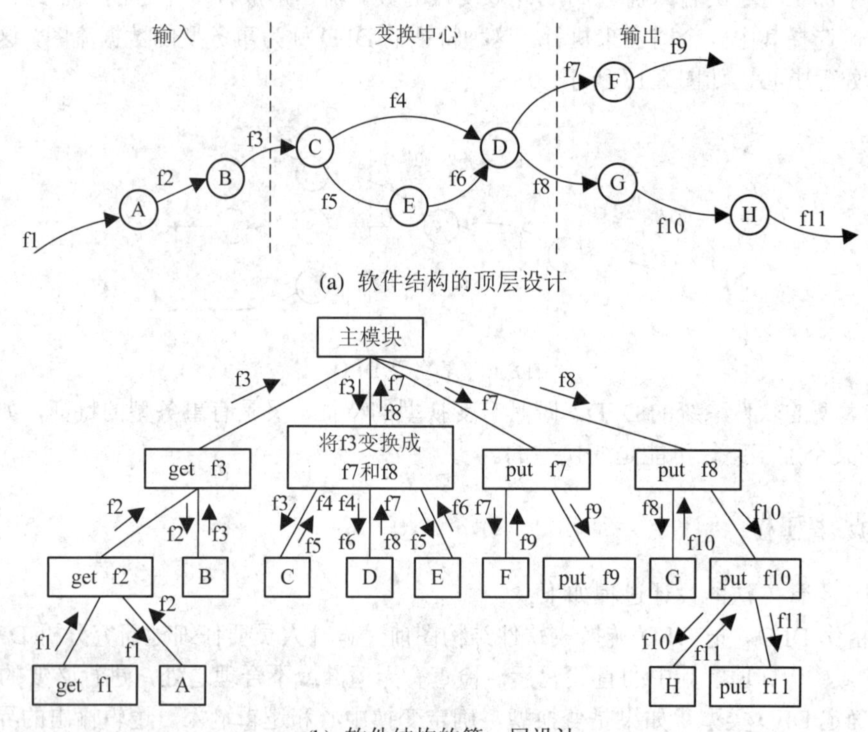

(a) 软件结构的顶层设计

(b) 软件结构的第一层设计

图 8.14　变换分析设计举例

主模块确定之后，设计软件结构的第一层。第一层至少要有输入、输出和变换三种功能的模块，即为每个逻辑输入设计一个输入模块，其功能为向顶层模块提供相应的数据，如图 8.14 中的 f3；为每个逻辑输出设计一个输出模块，其功能为输出顶层模块的信息，如图 8.14 中的 f7、f8。同时，为变换中心设计一个变换模块，它的功能是将逻辑输入进行变换加工，然后逻辑输出，如图 8.14 中，将 f3 变换成 f7 和 f8。这些模块之间的数据传送应该与 DFD 相对应。

3. 设计中、下层模块

对第一层的输入、变换及输出模块自顶向下、逐层分解。

1) 输入模块的下属模块的设计

输入模块的功能是向它的调用模块提供数据，所以必须要有数据来源。这样输入模块应由接收数据和转换成调用模块所需的信息两部分组成。

因此，每个输入模块可以设计成两个下属模块：一个接收，一个转换。用类似的方法一直分解下去，直到物理输入端，如图 8.14 中模块“get f3”和“get f2”的分解。模块“get f1”为物理输入模块。

2) 输出模块的下属模块的设计

输出模块的功能是将它的调用模块产生的结果送出，它由将数据转换成下属模块所需的形式和发送数据两部分组成。

这样每个输出模块可以设计成两个下属模块：一个转换，一个发送，一直到物理输出端。如图 8.14 中，模块“put f7”，“put f8”和“put f10”的分解。模块“put f9”和“put f11”为物理输出模块。

3) 变换模块的下属模块的设计

根据 DFD 中变换中心的组成情况，按照模块独立性的原则来组织其结构，一般对 DFD 中每个基本加工建立一个功能模块，如图 8.14 中模块“C”、“D”和“E”。

4. 设计的优化

以上步骤设计出的软件结构仅仅是初始结构，还必须根据设计准则对初始结构进行精细设计和改进，以下为可提供的求精办法。

(1) 输入部分的求精：对每个物理输入设置专门模块，以体现系统的外部接口；其他输入模块并非真正输入，当它与转换数据的模块都很简单时，可将它们合并成一个模块。

(2) 输出部分的求精：为每个物理输出设置专门模块，同时注意把相同或类似的物理输出模块合并在一起，以减低耦合度。

(3) 变换部分的求精：根据设计准则，对模块进行合并或调整。

总之，软件结构的求精带有很大的经验性。往往形成 DFD 中的加工与 SC 中的模块之间一对一的映射关系，然后再修改。但对于一个实际问题，可能把 DFD 中的两个甚至多个加工组成一个模块，也可能把 DFD 中的一个加工扩展为两个或更多个模块，要根据具体情况灵活掌握设计方法，以求设计出由高内聚和低耦合的模块所组成的、具有良好特性的软件结构。

8.6.4　事务分析设计

对于具有事务型特征的 DFD，则采用事务分析的设计方法。下面结合图 8.15 说明该方法的设计过程。

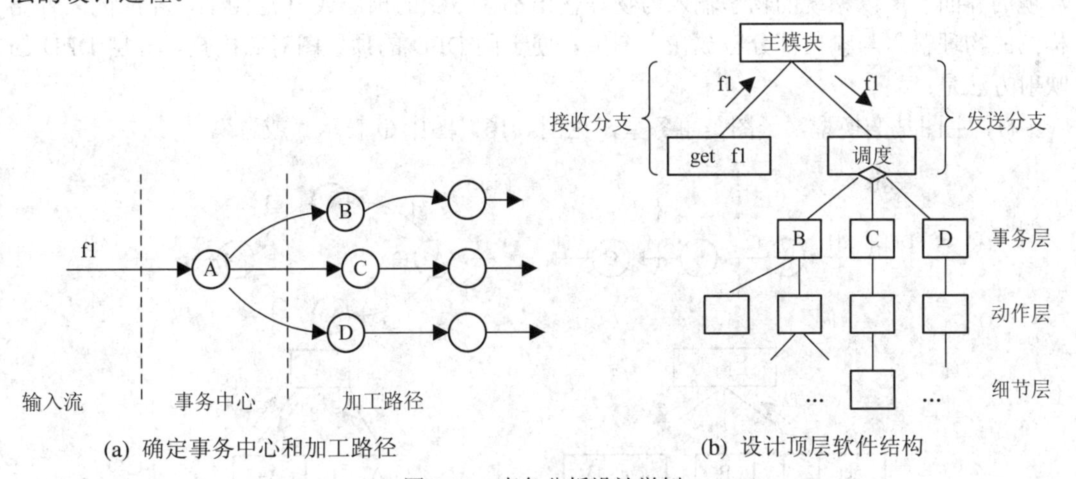

(a) 确定事务中心和加工路径　　(b) 设计顶层软件结构

图 8.15　事务分析设计举例

(1) 确定 DFD 中的事务中心和加工路径。

当 DFD 中的某个加工明显地将一个输入数据流分解成多个发散的输出数据流时，该加工就是事务中心。从事务中心辐射出去的数据流为各个加工路径。

(2) 设计软件结构的顶层和第一层——事务结构。

设计一个顶层模块，它是一个主模块，有两个功能，一是接收数据，二是根据事务类型调度相应的处理模块。事务型软件结构应包括接收分支和发送分支两个部分。

① 接收分支：负责接收数据，它的设计与变换型 DFD 的输入部分设计方法相同。

② 发送分支：通常包含一个调度模块，它控制管理所有的下层的事务处理模块。当事务类型不多时，调度模块可与主模块合并。

(3) 事务结构中、下层模块的设计、优化等工作同变换结构。

8.6.5 数据流图映射成软件结构

1. 综合 DFD 的映射

一个大型系统的 DFD 中，既有变换流，又有事务流，属于综合的数据流图，其软件结构设计方法如下：

(1) 确定 DFD 整体上的类型。事务型通常用于对高层数据流图的变换，其优点是把一个大而复杂的系统分解成若干较小的简单的子系统。变换型通常用于对较低层数据流图的转换。变换型具有顺序处理的特点，而事务型具有平行分别处理的特点，所以两种类型的 DFD 导出的软件结构有所不同。只要从 DFD 整体的、主要功能处理分析其特点，就可区分出该 DFD 整体类型。

(2) 标出局部的 DFD 范围，确定其类型。

(3) 按整体和局部的 DFD 特征，设计出软件结构。

2. 分层 DFD 的映射

对于一个复杂问题的数据流图，往往是分层的。分层的数据流图映射成软件结构图也应该是分层的，这样便于设计，也便于修改。由于数据流图的顶层图反映的是系统与外部环境的界面，所以系统的物理输入与物理输出都在 SC 的顶层或 0 层图上，相应的软件结构图的物理输入与输出部分应放在主图中，便于同 DFD 的顶层图对照检查。分层 DFD 的映射方法是：

(1) 主图是变换型，子图是事务型，见图 8.16，图中 ⊕ 表示“或者”。

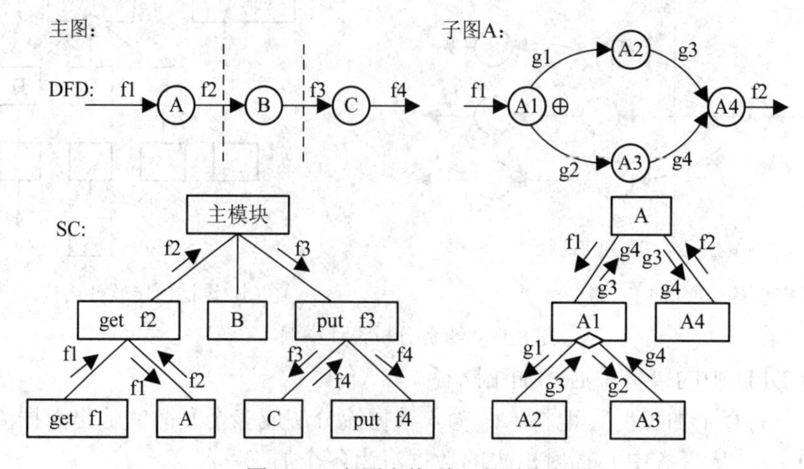

图 8.16 主图变换型、子图事务型

(2) 主图是事务型，子图是变换型，见图 8.17。

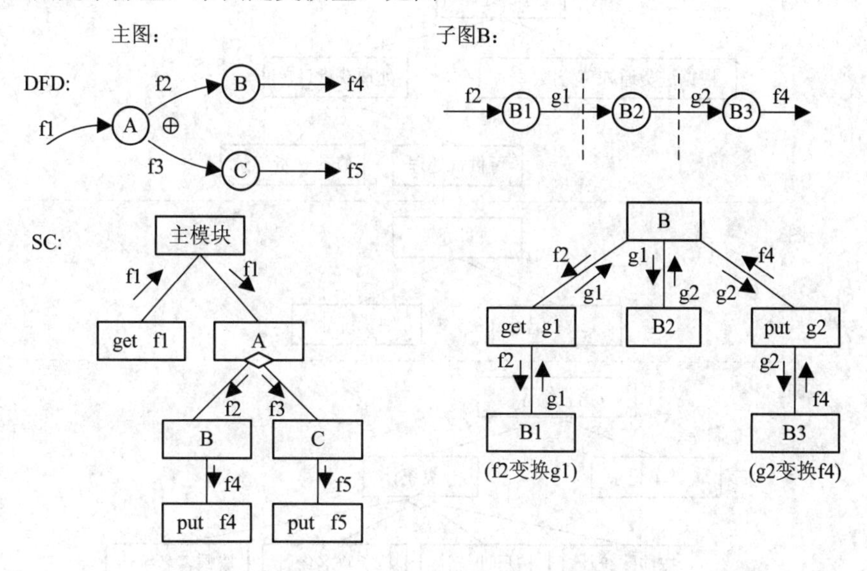

图 8.17 主图事务型、子图变换型

8.6.6 结构化设计应用示例

将 8.3.3 小节中的销售管理系统的 DFD 转换为软件结构图。分析该系统的 0 层图，它有 4 个主要功能，即订货处理、进货处理、缺货处理和销售统计。其中，订货处理包括订单处理和供货处理两部分。这 4 个处理可平行工作，因此从整体上分析可按事务型数据流图来设计，根据功能键来选择 4 个处理中的一个。设计出的软件结构如图 8.18 所示。

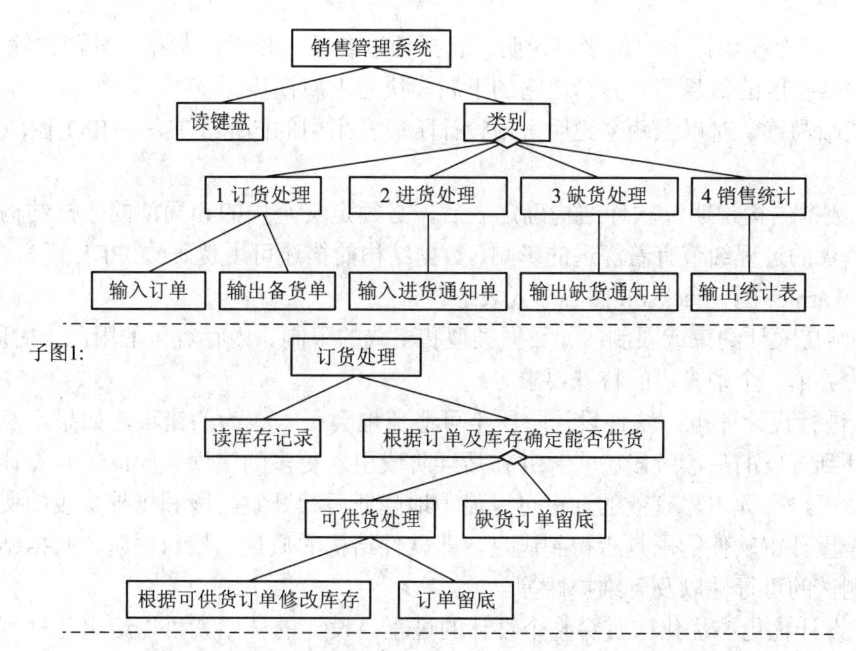

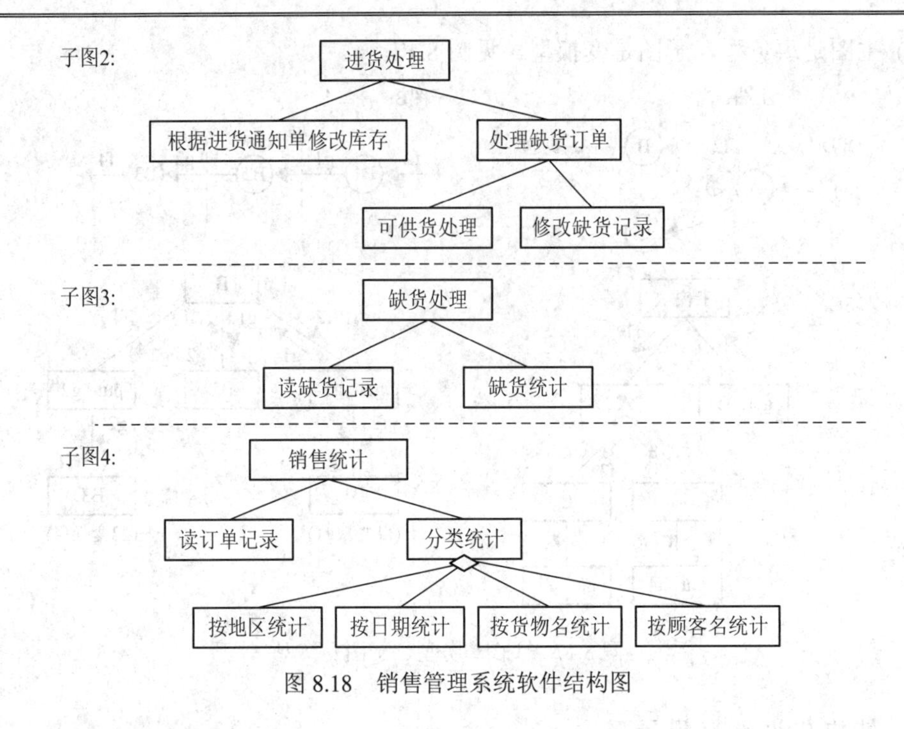

图 8.18 销售管理系统软件结构图

8.6.7 设计的后处理

由设计的工作流程可知，经过变换分析或事务分析设计，形成软件结构并经过优化和改进后，还要做以下工作：

(1) 为每个模块写一份处理说明：从设计的角度描述模块的主要处理任务、条件抉择等，以需求分析阶段产生的加工逻辑的描述为参考。这里的说明应该是清晰、无二义性的。

(2) 为每个模块提供一份接口说明：包括通过参数表传递的数据、外部的输入/输出和访问全局数据区的信息等，并指出它的下属模块与上属模块。

为清晰易读，对以上两个说明可用设计阶段常采用的图形工具——IPO 图(见 3.3.3 小节)来表示。

(3) 数据结构说明：软件结构确定之后，必须定义全局的和局部的数据结构，因为它对每个模块的过程细节有着深远的影响。数据结构的描述可用伪码(如 PDL 语言、类 Pascal 语言)或 Warnier 图、Jackson 图等形式表达。

(4) 给出设计约束或限制：如数据类型和格式的限制、内存容量的限制、时间的限制、数据的边界值、个别模块的特殊要求等。

(5) 进行设计评审：软件设计阶段不可避免地会引入人为的错误，如果不及时纠正，就会传播到开发的后续阶段中去，并在后续阶段引入更多的错误。因此一旦设计文档完成以后，就可进行评审，有效的评审可以显著地降低后续开发阶段和维护阶段的费用。在评审中应着重评审软件需求是否得到满足，即软件结构的质量、接口说明、数据结构说明、实现和测试的可行性以及可维护性等。

(6) 设计优化：优化应贯穿整个设计的过程。设计的开始就可以给出几种可选方案，进行比较与修改，找出最好的。设计中途的每一步应处处考虑软件结构的简明、合理及高效等性能，以及尽量简单的数据结构。

本 章 小 结

结构化方法是软件开发方法中公认的、有成效的、技术成熟和使用广泛的一种方法，它较适合于数据处理类型软件的开发。该方法利用图形等半形式化工具表达需求和软件体系结构，表达方式简明、易读，也易于使用，为后一阶段的测试、评价提供了有利条件。

随着软件系统的复杂性增加，规模变大，以及用户需求的多变性，结构化方法也暴露出了它自身的弱点，主要表现在下述几方面：

(1) 传统的 SA 方法主要用于数据处理方面的问题，主要工具 DFD 体现了系统“做什么”的功能，但它仅是一个静态模型，没有反映处理的顺序，即控制流程。因此，不适合描述实时控制系统。如飞机飞行控制、工业制造过程控制和日常家用电器(如洗衣机、微波炉)中的控制都属于实时控制问题，其处理过程更多地决定于控制信息。为了解决实时软件的需求分析，人们对 SA 方法进行了许多扩充。由 Ward 等人扩充了 DFD 的基本符号，可以在 DFD 中画控制流。而后来的 Hatley 等人提出了控制流图(CFD)的定义。用 DFD 表示数据和对数据的处理过程，用 CFD 表示事件流或控制信息启动软件处理过程的工作顺序。也有用描述系统动态行为的状态转换图(STD)代替 CFD。

(2) 20 世纪 60 年代末出现的数据库技术，使许多大型数据处理系统中的数据都组织成数据库的形式，SA 方法使用 DFD 在分析与描述“数据要求”方面是有局限的，DFD 应与数据库技术中的实体联系图(ER 图)结合起来(如同 IDEF0 功能模型与 IDEF1 信息模型相结合一样)。ER 图能增加对数据存储的细节以及数据与数据之间、数据与处理过程之间关系的理解，还解决了在 DD 中所包含的数据内容表示问题，这样才能较完整地描述用户对系统的需求。

(3) 对于一些频繁的人机交互的软件系统，如飞机订票、银行管理和文献检索等系统，用户最关心的是如何使用它，输入命令、操作方式、系统响应方式及输出格式等，都是用户需求的重要方面，DFD 不适合描述人机界面系统的需求。SA 方法往往对这一部分用自然语言作补充，对这类系统可采用其他的分析方法(如面向对象的分析方法)。

(4) 为了更精确地描述软件需求，提高软件系统的可靠性、安全性，也便于实现自动化，SA 方法可与形式化方法结合起来。软件自动化是软件发展的必然趋势与理想目标，而形式化又是软件自动化发展的基础。形式化方法是将需求说明用形式规约语言来描述。典型的有基于模型的 Z 语言及 VDM 开发方法(维也纳开发方法)，Fraser 等人提出以 SA 中的 DFD 与 VDM 的集成途径：其一是借助系统的 SA 模型指导分析人员理解系统并开发 VDM 形式规约；其二是由 DFD 产生 VDM 形式规约的基于规则的自动转换途径。而 Randell 等人研究了 DFD 与 Z 语言规约之间的相互转换问题，利用基于 Z 语言的语法框架可以实现 SA 中的各模型图及数据字典到 Z 的自动转换。

(5) 结构化方法构造的软件体系结构是建立在功能基础上的，而系统的功能是可变的，因此建立的体系结构是不稳定的，不便于扩充与修改。

(6) 结构化分析和结构化设计之间的过渡不是平滑的，即分析阶段和设计阶段的概念、术语及表示方法差别很大，但是可以用映射规则将 SA 的数据流图转换为软件体系结构。

习 题

1. 何谓结构化方法？有何特点？

2. 什么是结构化分析方法？该方法使用什么描述工具？

3. 结构化分析方法通过哪些步骤来实现？

4. 什么是数据流图？其作用是什么？其中的基本符号各表示什么含义？

5. 画数据流图应该注意什么事项？

6. 什么是数据字典？其作用是什么？它有哪些条目？

7. 描述加工逻辑有哪些工具？

8. 简述结构化方法的优缺点。

9. 某银行的计算机储蓄系统功能是：将储户填写的存款单或取款单输入系统，如果是存款，系统记录存款人姓名、住址、存款类型、存款日期及利率等信息，并印出存款单给储户；如果是取款，系统计算清单给储户。请用 DFD 描绘该功能的需求，并建立相应的数据字典。

10. 某图书管理系统有以下功能：

(1) 借书：输入读者借书证，系统首先检查借书证是否有效，若有效，对于第一次借书的读者，在借书文件上建立档案。否则，查阅借书文件，检查该读者所借图书是否超过 10 本。若已达 10 本，则拒借；若未达 10 本，则办理借书手续(检查库存、修改库存目录并将读者借书情况登入借书文件)。

(2) 还书：从借书文件中读出与读者有关的记录，查阅所借日期，如果超期(三个月)，作罚款处理；否则，修改库存目录与借书文件。

(3) 查询：可通过借书文件和库存目录文件查询读者情况、图书借阅情况及库存情况，打印各种统计表。

请就以上系统功能画出分层的 DFD 图，并建立重要条目的数据字典。

11. 某厂对部分职工重新分配工作的政策是：年龄在 20 岁以下者，初中文化程度的脱产学习；高中文化程度的当电工；年龄在 20～40 岁者，中学文化程度男性当钳工，女性当车工，大学文化程度的都当技术员；年龄在 40 岁以上者，中学文化程度的当材料员，大学文化程度的当技术员。请用结构化语言、判定表或判定树描述上述问题的加工逻辑。

12. 什么是“变换流”？什么是“事务流”？试将具有相应形式的数据流图转换成软件结构图。

13. 试述“变换分析”、“事务分析”的设计步骤。

14. 图 8.19 是某系学籍管理的一部分，图(a)、图(b)分别是同一模块 A 的两个不同设计方案，你认为哪一个设计方案较好？请陈述理由。

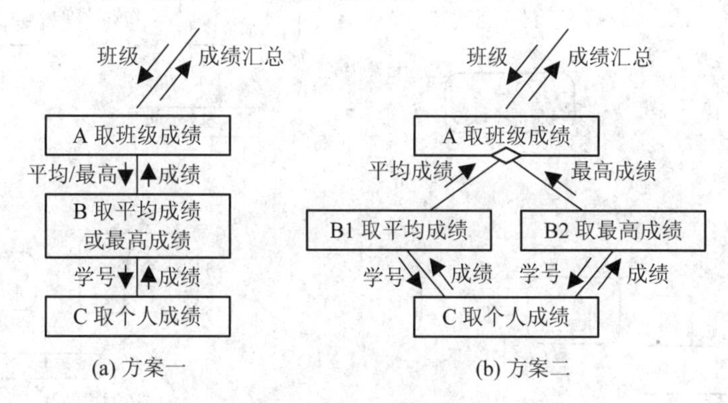

图 8.19　学籍管理

15. 请将图 8.20 的 DFD 转换为软件结构图。

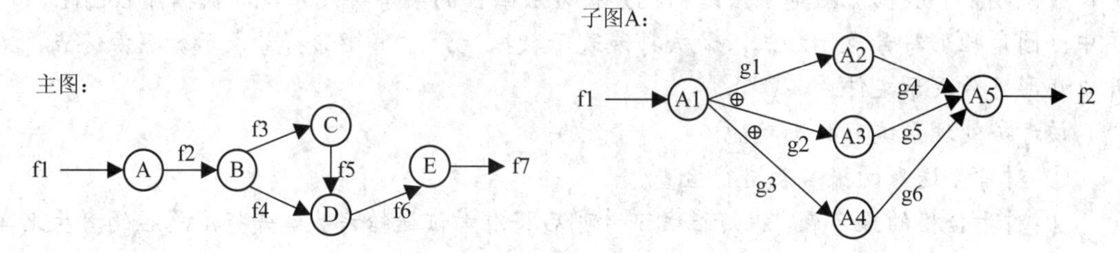

图 8.20　数据流图

16. 阅读下列说明和数据流图(如图 8.21 所示)，回答问题(1)至问题(4)。

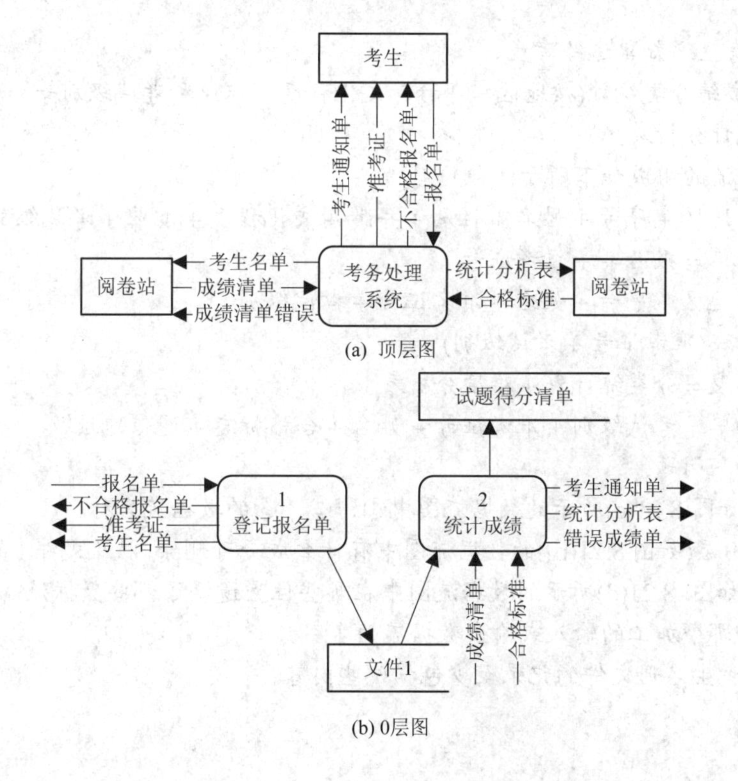

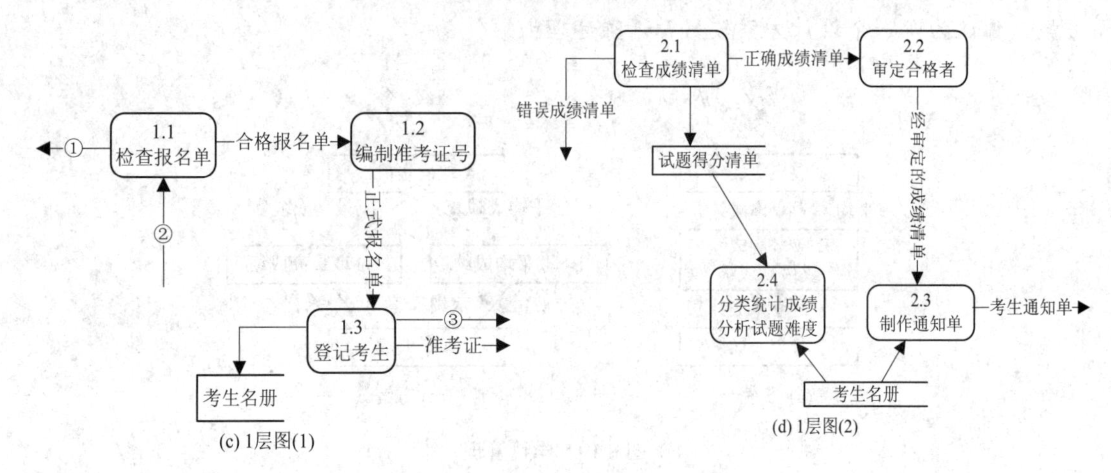

图 8.21 数据流图

【说明】 数据流图是采用结构化分析方法画出的某考务处系统的数据流程图(DFD)。图中：圆角矩形符号表示加工；箭头符号表示数据流；方角矩形符号表示数据源终点；右开口矩形符号表示文件。

该考务处理系统有如下功能：

① 对考生送来的报名表进行检查。

② 对于合格的报名表，编好准考证号码后将准考证送给考生，并将汇总后的考生名单送给阅卷站。

③ 对阅卷站送来的成绩清单进行检查，并根据考试中心制定的合格标准审定考试合格者。

④ 制作考生通知单送给考生。

⑤ 进行成绩分类统计(按地区、年龄、文化程度、职业和考试级别等分类)和试题难度分析，产生统计分析表。

部分数据流的组成如下所示：

报名单＝地区＋序号＋姓名＋性别＋年龄＋文化程度＋职业＋考试级别＋通信地址

正式报名单＝报名单＋准考证号

准考证＝地区＋序号＋姓名＋准考证号＋考试级别

考生名单＝(准考证号＋考试级别)

统计分析表＝分类统计表＋难度分析表

考生通知单＝考试级别＋准考证号＋姓名＋合格标志＋通信地址

请完成如下问题：

(1) 指出如图 8.21(c)所示的数据流图中①、②、③的数据流名称。

(2) 指出 0 层(如图 8.21(b))的数据流图中有什么成分可删除，以及文件 1 的名称是什么。

(3) 指出如图 8.21(d)所示的数据流图中在哪些位置遗漏了哪些数据流，也就是说，要求给出漏掉了哪个加工的输入或输出数据流的名字。

(4) 指出考生名册文件的记录至少包括哪些内容。

第 9 章　面向对象基础

面向对象的思想最初出现于挪威奥斯陆大学和挪威计算中心共同研制的 Simula 67 语言中。其后，随着位于美国加利福尼亚的 Xerox 研究中心推出的 Smalltalk 76 和 80 语言，面向对象的程序设计方法得到比较完善的实现。

面向对象是当前计算机界关心的重点，是 20 世纪 90 年代软件开发的主流。面向对象的概念和应用已超越了程序设计和软件开发，扩展到很宽的范围，如数据库系统、交互式接口、应用结构、应用平台、分布式系统、网络管理结构、CAD 技术和人工智能等领域。一些新的工程概念及其实现，如并发工程、综合集成工程等也需要面向对象的支持，所以面向对象是程序设计的新风范，是软件开发的一种新方法，是一种新的技术。

9.1　面向对象程序设计语言的发展

9.1.1　Simula 语言

Simula 是在 1967 年由挪威的奥斯陆大学和挪威计算机中心的 Johen Dahl 和 Nygard 设计的，当时取名为 Simula 67。这个名字反映了它是以前的一个仿真语言 Simula 的延续。然而，Simula 67 是一种真正的多功能程序设计语言，仿真只不过是其中的一个应用而已。

Simula 是在 ALGOL 60 的基础上扩充了一些面向对象的概念而形成的一种语言，它的基本控制结构与 ALGOL 相同，基本数据类型也是从 ALGOL 60 照搬过来的。一个可执行的 Simula 程序由包含多个程序单元(例程和类)的主程序组成，还支持以类为单位的有限形式的分块编译。

Simula 语言中引入了类、子类的概念，提供继承机制，也支持多态机制，还提供了协同例程，它模仿操作系统或实时软件系统中的并行进程概念。在 Simula 中，协同例程通过类的实例来表示。Simula 还包含对离散事件进行仿真的一整套原语，仿真是面向对象技术的应用中最直接受益的一个主要领域。Simula 通过一个类 SIMULATION 来支持仿真概念，该类可作为其他任何类的父类，该类的任何子类称为仿真类。

Simula 是一种混合型的面向对象程序设计语言，它开创了面向对象思想的先河，具有特殊的贡献，它仍然具有活力，还拥有一定范围内的一批热心支持者。目前在许多公司的不同硬件环境中都装有 Simula 语言的编译器，这些公司大多数是挪威和瑞典的公司。

9.1.2 Smalltalk 语言

Smalltalk 的思想是 1972 年由 Alan Kay 在犹他大学提出的，后来当一个专门从事图形工作的研究小组得到Simula编译程序时，便认为这些概念可直接应用到他们的图形工作中。当 Kay 后来加入到 Xerox 研究中心后，他使用同样的原理作为一个高级个人计算机环境的基础。Smalltalk 先是演变为 Smalltalk 76，然后是 Smalltalk 80。

Smalltalk 是一种纯面向对象程序设计语言，它强调对象概念的归一性，引入了类、子类、方法、消息和实例等概念术语，应用了单继承性和动态联编，成为面向对象程序设计语言发展中一个引人注目的里程碑。

在 Smalltalk 80 中，除了对象之外，没有其他形式的数据，对一个对象的唯一操作就是向它发送消息。在该语言中，类被看成是对象，类是元素的实例，它全面支持面向对象的概念，任何操作都以消息传递的方式进行。

Smalltalk 是一种弱类型语言，程序中不作变量类型说明，系统也不作类型检查。它的虚拟机和虚拟像实现策略，使得数据和操作有统一的表示，即 bytecode。它有利于移植和向面向对象数据库的演变，它有较强的动态存储管理功能，包括垃圾收集。

Smalltalk 不仅是一种程序设计语言，它还是一种程序设计环境。该环境包括硬件和操作系统涉及的许多方面，这是 Smalltalk 最有意义的贡献之一，它引入了用户界面的程序设计工具和类库：多窗口、图符、正文和图形的统一、下拉式菜单、使用鼠标定位、选择设备等。它们都是用类和对象实现的，在这些工具支持下，程序中的类、消息和方法的实现都可以在不同窗口中联机地设计、实现、浏览和调试。在 Smalltalk 环境中，这些界面技术与面向对象程序设计技术融合在一起，使得面向对象程序设计中的“对象”对广大使用者来说是可见的，并且是具有实质内容的东西。

Smalltalk 的弱点是不支持强类型，执行效率不高，这是由该语言是解释执行 bytecode 和查找对象表为主的动态联编所带来的。

9.1.3 Eiffel 语言

Eiffel 是 20 世纪 80 年代后期由 ISE 公司的 B.Meyer 等人开发的，它是继 Smalltalk 80 之后又一个纯面向对象的程序设计语言。它的主要特点是全面的静态类型化、全面支持面向对象的概念、支持动态联编、支持多重继承和具有再命名机制可解决多重继承中的同名冲突问题。

Eiffel 还设置了一些机制来保证程序的质量。对一个方法可以附加前置条件和后置条件，以便对这个方法调用前后的状态进行检查，若这样的断言检查出了运行错误，而该方法又定义了关于异常处理的子句，则自动转向异常处理。可以对一个类附加类不变量的断言，以便对类的所有实例进行满足给定约束的检查。

Eiffel 还支持大量的开发工具，如垃圾收集、类库、图形化的浏览程序、语法制导编辑器和配置管理工具等。它在许多方面克服了 Smalltalk 80 中存在的问题，因此在面向对象程序设计语言中有较高的地位，同时 Eiffel 语言还保留了一个开发架构，可以和 UML-CASE 工具、C/C++、Java、COM 组件、.NET 组件协同合作。

9.1.4　C++ 语言

C++ 是一种混合型的面向对象的强类型语言，由 AT&T 公司下属的 Bell 实验室于 1986 年推出。C++ 是 C 语言的超集，融合了 Simula 的面向对象的机制，借鉴了 ALGOL 68 中变量声明位置不受限制、操作符重载，形成一种比 Smalltalk 更接近于机器但又比 C 语言更接近问题的面向对象程序设计语言。

C++ 支持基本的如对象、类、方法、消息、子类和继承性面向对象的概念。C++ 的运行速度明显高于 Smalltalk 80，因为它在运行时不需作类型检查，不存在为 bytecode 的解释执行而产生的开销，动态联编的比重较小。C++ 基于 C 语言的特点，易于为广大 C 语言程序员所接受，可充分利用长期积累下来的 C 语言的丰富例程及应用。

9.1.5　Java 语言

1995 年，美国 Sun Microsystems 公司正式向 IT 业界推出了 Java 语言，该语言具有安全、跨平台、面向对象、简单、适用于网络等显著特点，程序员们纷纷尝试用 Java 语言编写网络应用程序，并利用网络把程序发布到世界各地进行运行。目前，Java 语言已经成为最流行的网络编程语言之一，截止到 2018 年，全世界大约有 500 万 Java 程序员，占程序语言 80%的使用人群，许多大学纷纷开设 Java 课程，java 正逐步成为世界上程序员使用最多的编程语言。

C 语言是面向过程的语言，C++语言是面向过程和面向对象混合的语言，Java 语言产生于 C++ 语言之后，是完全的面向对象的编程语言，充分吸取了 C++ 语言的优点，采用了程序员所熟悉的 C 和 C++ 语言的许多语法，同时又去掉了 C 语言中指针、内存申请和释放等影响程序健壮性的部分，可以说 Java 语言是站在 C++ 语言这个“巨人的肩膀上”前进的。

9.1.6　面向对象程序设计语言

从第一个面向对象程序设计语言 Simula 问世到现在，已有几十种面向对象语言出现，这些语言分为两大类：第一类是纯面向对象的程序设计语言，它们是 Smalltalk-80，Eiffel，SELF，Java 等；第二类是混合式面向对象程序设计语言，它们是 C++，Simula，CLOS，CommonLoops，Objective-C，objective Pascal 等。

面向对象的程序设计在相当长的时间内并没有引起软件界的重视，一个原因是理解这些成果的人长期没有超出大学的范围，只局限于研究人员的范围。在没有产生实际经济效益之前，很难说服软件产业采用一个全新的模式。另一个原因则是它们对计算机平台的要求很高，需要大量的存储空间、高速的硬件设备，这使得人们在经济上无法接受。另外，所开发的产品运行效率不高也制约了它们的运用。

到了 20 世纪 80 年代中期，硬件的迅速发展逐步排除了采用面向对象程序设计在性能价格比方面的障碍，就连个人计算机也能满足面向对象程序设计的基本要求。而这时出现的 C++ 语言，既支持面向对象的概念，又保留了原有 C 语言的特征，使 C 语言的程序员可以在他们的 C 环境中用 C++ 学习面向对象的程序设计，而不必被迫接触一种新的、不同的计算机语言和环境。由于模式转移的平滑性，同时各厂商陆续推出了 C++ 的商业版本及相应的工具，引入了面向对象的集成环境，从而使面向对象的程序设计模式进入主流。

9.2 面向对象的概念

9.2.1 面向对象的基本思想

面向对象的基本出发点就是尽可能按照人类认识世界的方法和思维方式来分析和解决问题，客观世界是由许多具体的事物或事件、抽象的概念及规则等组成的。因此，我们将任何感兴趣或要加以研究的事物、概念都统称为对象。面向对象的方法正是以对象作为最基本的元素，它也是分析问题、解决问题的核心。由此可见，面向对象方法很自然地符合人类的认识规律。计算机实现的对象与真实世界具有一对一的关系，不必作任何转换，这样就使面向对象更易于为人们所理解、接受和掌握。

9.2.2 面向对象的基本概念

1. 对象

对象是人们要进行研究的任何事物，从最简单的整数到复杂的飞机等均可看作对象，它不仅能表示具体的事物，还能表示抽象的规则、计划或事件。对象类型主要有以下几种：

(1) 有形实体：指一切看得见、摸得着的实物，如计算机、机房、机器人和工件等。这些都属于有形实体，也是最容易识别的对象。

(2) 作用：指人或组织所起的作用，如医生、教师、学生、工人、公司和部门等。

(3) 事件：指在特定时间所发生的事，如飞行、演出、事故和开会等。

(4) 性能说明：指厂商对产品性能的说明，如产品名字、型号及各种性能指标等。

对象不仅能表示结构化的数据，而且能表示抽象的事件、规则以及复杂的工程实体。因此，对象具有很强的表达能力和描述功能。

2. 对象的状态和行为

对象具有状态，一个对象用数据值来描述它的状态，如某个具体的学生张三，具有姓名、年龄、性别、家庭地址、学历及所在学校等数据值，用这些数据值来表示这个具体的学生的情况。

对象还有操作，用于改变对象的状态，对象及其操作就是对象的行为。如某个工人经过“增加工资”的操作后，他的工资额就发生变化。

对象实现了数据和操作的结合，使数据和操作封装于对象的统一体中；对象内的数据具有自己的操作，从而可灵活地专门描述对象的独特行为，具有较强的独立性和自治性；其内部状态不受或很少受外界的影响，具有很好的模块化特点。对象为软件重用奠定了坚实的基础。

3. 类

具有相同或相似性质对象的抽象就是类。因此，对象的抽象是类，类的具体化就是对象，也可以说类的实例是对象。

类具有属性，它是对象的状态的抽象，用数据结构来描述类的属性；类具有操作，它是对象的行为的抽象，用操作名和实现该操作的方法来描述。

例如，人、教师、学生、公司、长方形、工厂和窗口等都是类的例子；每个人都有年龄、性别、名字及正在从事的工作，这些就是人这个类的属性；而“画长方形”、“显示长方形”则是长方形这个类具有的操作。对象和类之间的关系如图 9.1 所示。

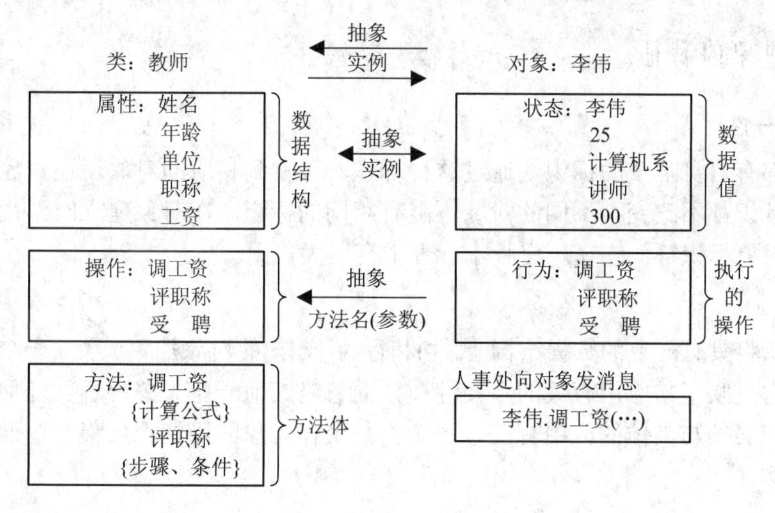

图 9.1　对象、类和消息传递

4. 类的关系

在客观世界中有若干类，这些类之间有一定的结构关系，通常有两种主要的结构关系，即一般具体结构关系及整体部分结构关系。

一般具体结构称为分类结构，也可以说是“或”关系，是“is　a”关系。例如，汽车和交通工具都是类。它们之间的关系是一种“或”关系，汽车“是一种”交通工具。类的这种层次结构可用来描述现实世界中的一般化的抽象关系，通常越在上层的类越具有一般性和共性，越在下层的类越具体、越细化。

整体部分结构称为组装结构，它们之间的关系是一种“与”关系，是“has a”关系。例如，汽车和发动机都是类，它们之间是一种“与”关系，汽车“有一个”发动机。类的这种层次关系可用来描述现实世界中的类的组成的抽象关系。上层的类具有整体性，下层的类具有成员性。

在类的结构关系中，通常上层类称为父类或超类，下层类称为子类。

5. 消息和方法

对象之间进行通信的一种构造叫做消息。在对象的操作中，当一个消息发送给某个对象时，消息包含接收对象去执行某种操作的信息。接收消息的对象经过解释，然后给予响应。这种通信机制称为消息传递。发送一条消息至少要包含说明接收消息的对象名、发送给该对象的消息名(即对象名.方法名)，一般还要对参数加以说明，参数可以是只有认识消息的对象所知道的变量名，或者是所有对象都知道的全局变量名。

消息传递是从外部使得一个对象具有某种主动数据的行为。对于一个系统来说，使用消息传递的方法可更好地利用对象的分离功能。

类中操作的实现过程叫做方法，一个方法有方法名、参数及方法体。当一个对象接收一条消息后，它所包含的方法决定对象怎样动作。方法也可以发送消息给其他对象，请求执行某一动作或提供信息。由于对象的内部对用户是密封的，因而消息只是对象同外部世界连接的管道。而对象内部的数据只能被自己的方法所操纵。对象、类和消息传递如图 9.1 所示。

9.2.3 面向对象的特征

1. 对象唯一性

每个对象都有自身唯一的标识，通过这种标识，可找到相应的对象。在对象的整个生命期中，它的标识都不改变，不同的对象不能有相同的标识。在对象建立时，由系统授予新对象唯一的对象标识符，它在历史版本管理中有巨大作用。

2. 分类性

分类性是指将具有一致的数据结构(属性)和行为(操作)的对象抽象成类。一个类就是这样一种抽象，它反映了与应用有关的重要性质，而忽略其他一些无关内容。任何类的划分都是主观的，但必须与具体的应用有关。每个类是个体对象的可能无限集合，而每个对象是相关类的实例。

3. 继承性

继承性是父类和子类之间共享数据结构和方法的机制，这是类之间的一种关系。在定义和实现一个类的时候，可以在一个已经存在的类的基础之上来进行，把这个已经存在的类所定义的内容作为自己的内容，并加入若干新的内容。

继承性是面向对象程序设计语言不同于其他语言的最主要的特点，是其他语言所没有的。

在类层次中，子类只继承一个父类的数据结构和方法，称为单重继承；在类层次中，子类继承了多个父类的数据结构和方法，则称为多重继承。

在软件开发中，类的继承性使所建立的软件具有开放性，可进行扩充，是信息组织与分类的行之有效的方法，它简化了对象、类的创建工作量，增加了代码的可重用性。

采用继承性，提供了类的规范的等级结构，对单重继承，可用树结构来描述；对多重继承，可用格结构来描述。通过类的继承关系，使公共的特性能够共享，提高了软件的重用性。首先进行共同特性的设计和验证，然后自顶向下来开发，逐步加入新的内容，符合逐步细化的原则，通过继承，便于实现多态性。

4. 多态性(多形性)

多态性是指相同的操作或函数、过程作用于多种类型的对象上并获得不同结果。不同的对象，收到同一消息产生完全不同的结果，这种现象称为多态性。如 MOVE 操作，可以是窗口对象的移动操作，也可以是国际象棋棋子移动的操作。

多态性允许每个对象以适合自身的方式去响应共同的消息，这样就增强了操作的透明性、可理解性和可维护性。用户不必为相同的功能操作作用于不同类型的对象而费心地去识别。

多态性增强了软件的灵活性和重用性。允许用更为明确、易懂的方式去建立通用软件。多态性与继承性相结合使软件具有更广泛的重用性和可扩充性。

9.2.4　面向对象的要素

面向对象有一些基本要素。虽然这些要素并不是仅为面向对象系统所独有，但这些要素很适合于用来支持面向对象的系统。

1. 抽象

抽象是指强调实体的本质、内在的属性，而忽略一些无关紧要的属性。在系统开发中，抽象指的是在决定如何实现对象之前，对象的意义和行为。使用抽象可以尽可能避免过早考虑一些细节，大多数语言都提供数据抽象机制，而运用继承性和多态性强化了这种能力，分析阶段使用抽象仅仅涉及应用域的概念，在理解问题域之前不考虑设计与实现。合理应用抽象可以在分析、设计程序结构、数据库结构及文档化等过程中使用统一的模型。

面向对象比其他方法技术有更高的抽象性。对象具有极强的抽象表达能力，对象可表示一切事物，可表达结构化的数据，也可表达非结构化的数据，如工程实体、图形、声音及规则等。而类实现了对象的数据和行为的抽象，是对象的共性的抽象。

2. 封装性(信息隐蔽)

封装性是保证软件部件具有优良的模块性的基础。封装性是指所有软件部件内部都有明确的范围以及清楚的外部边界。每个软件部件都有友好的界面接口，软件部件的内部实现与外部可访问性分离。

面向对象的类是封装良好的模块，类定义将其说明(用户可见的外部接口)与实现(用户不可见的内部实现)显式地分开，其内部实现按其具体定义的作用域提供保护。

对象是封装的最基本单位，在用面向对象的方法解决实际问题时，要创建类的实例，即建立对象，除了应具有的共性外，还应定义仅由该对象所私有的特性。因此，对象封装比类的封装更具体、更细致，是面向对象封装的最基本单位。

封装防止了程序相互依赖性而带来的变动影响。面向对象的封装比传统语言的封装更为清晰、有力。

3. 共享性

面向对象技术在不同级别上促进了共享, 有以下几种：

(1) 同一个类中对象的共享。同一个类中的对象有着相同数据结构，这是由数据成员的类型、定义顺序及继承关系等决定的；也有着相同的行为特征，这是由方法接口和实现决定的。从这个意义上讲，这些对象之间是结构、行为特征的共享关系。进一步，在某些实际应用中还会出现要求这些对象之间有状态(即数据成员值)的共享关系。例如，所有同心圆的类，各个具体圆的圆心坐标值是相同的，即共处于同一状态。

(2) 在同一个应用中的共享。在同一应用的类层次结构中，存在继承关系的各相似子类中，存在着数据结构和行为的继承，使各相似子类共享共同的结构和行为。使用继承来实现代码的共享，这也是面向对象的主要优点之一。

(3) 在不同应用中的共享。面向对象不仅允许在同一应用共享信息，而且为未来目标的可重用设计准备了条件。通过类库这种机制和结构来实现不同应用中的信息共享。

4. 强调对象结构而不是程序结构

面向对象技术强调明确对象是什么，而不强调对象是如何被使用的。对象的使用依赖于应用的细节，并且在开发中不断变化。当需求变化时，对象的性质比对象的使用方式更为稳定。因此，从长远来看，在对象结构上建立的软件系统将更为稳定。面向对象技术特别强调数据结构，而对程序结构的强调比传统的功能分解方法要少得多。从这种意义上讲，面向对象的开发与数据库设计中的信息建模技术相似，只不过面向对象开发增加了类依赖行为的概念。

9.3　面向对象的程序设计模式

9.3.1　程序设计模式

程序设计模式分为创建型模式、结构型模式、行为型模式三种。

1. 创建型模式

创建型模式分为五种：工厂方法模式、抽象工厂模式、单例模式、建造者模式、原型模式。

(1) 工厂方法模式：定义一个用于创建对象的接口，让子类决定实例化哪一个类，Factory Method 使一个类的实例化延迟到了子类。

(2) 抽象工厂模式：提供一个创建一系列相关或相互依赖对象的接口，而无须指定它们的具体类。

(3) 单例模式：保证一个类只有一个实例，并提供一个访问它的全局访问点。

(4) 建造者模式：将一个复杂对象的构建与它的表示相分离，使得同样的构建过程可以创建不同的表示。

(5) 原型模式：用原型实例指定创建对象的种类，并且通过拷贝这些原型来创建新的对象。

2. 结构型模式

结构型模式共有七种：适配器模式、装饰器模式、代理模式、外观模式、桥接模式、组合模式、享元模式。

(1) 适配器模式：将一类的接口转换成客户希望的另外一个接口，适配器使得原本由于接口不兼容而不能一起工作的那些类可以一起工作。

(2) 装饰器模式：动态地给一个对象增加一些额外的职责，就增加的功能来说，装饰器模式相比生成子类更加灵活。

(3) 代理模式：为其他对象提供一种代理以控制对这个对象的访问。

(4) 外观模式：为子系统中一组接口提供一致的界面，此模式定义了一个高层接口，该接口使得子系统更加容易使用。

(5) 桥接模式：将抽象部分与它的实现部分相分离，使它们可以独立地变化。

(6) 组合模式：将对象组合成树形结构以表示部分整体的关系，组合使得用户对单个对象和组合对象的使用更具有一致性。

(7) 享元模式：运用共享技术有效地支持大量细粒度的对象。

3. 行为型模式

行为型模式共有 11 种：迭代器模式、观察者模式、模板方法、命令模式、状态模式、策略模式、职责链模式、中介者模式、访问者模式、解释器模式、备忘录模式。

(1) 迭代器模式：提供一种方法，顺序访问一个聚合对象的各个元素，而又不需要暴露该对象的内部表示。

(2) 观察者模式：定义对象间一对多的依赖关系，当一个对象的状态发生改变时，所有依赖于它的对象都得到通知自动更新。

(3) 模板方法：定义一个操作中的算法的骨架，而将一些步骤延迟到子类中，模板方法使得子类可以不改变算法的结构即可重定义该算法的某些特定步骤。

(4) 命令模式：将一个请求封装为一个对象，从而可以用不同的请求对客户进行参数化，对请求排队和记录请求日志，以及支持可撤销的操作。

(5) 状态模式：允许对象在其内部状态改变时改变他的行为。对象看起来似乎改变了他的类。

(6) 策略模式：定义一系列的算法，把它们一个个封装起来，并使它们可以互相替换，本模式使得算法可以独立于使用它们的客户。

(7) 职责链模式：使多个对象都有机会处理请求，从而避免请求的送发者和接收者之间的耦合关系

(8) 中介者模式：用一个中介对象封装一些列的对象交互。

(9) 访问者模式：表示一个作用于某对象结构中的各元素的操作，使得可以在不改变各元素类的前提下定义作用于这个元素的新操作。

(10) 解释器模式：给定一个语言，定义其文法的一个表示，并定义一个解释器，这个解释器使用该表示来解释语言中的句子。

(11) 备忘录模式：在不破坏对象的前提下，捕获一个对象的内部状态，并在该对象之外保存这个状态。

9.3.2　设计原则

我们为什么要用设计模式呢？根本原因是为了代码复用，增加可维护性。代码复用需要遵循以下五个原则：开发封闭原则、里氏代换原则、单一职责原则、依赖倒转原则、接口隔离原则。

1. 开发封闭原则

开发封闭原则也称开闭原则，就是让设计对扩展开放，对修改关闭。开闭原则的本质是指当一个设计中增加新的模块时，不需要修改现有的模块。

在给出一个设计时，应当首先考虑到用户需求的变化，将应对用户变化的部分设计为对扩展开放，而设计的核心部分是经过精心考虑之后确定下来的基本结构，这部分应当是对修改关闭的，即不能因为用户的需求变化而再发生变化，因为这部分不是用来应对需求变化的。

如果设计遵守了开闭原则，那么这个设计一定是易维护的，因为在设计中增加新的模块时，不必去修改设计中的核心模块。遵守了开闭原则，则系统的核心类可以兼容任何后来扩充的类。

当设计某些系统时，经常需要面向抽象来考虑系统的总体设计，不需要考虑具体类，这样就容易设计出满足开闭原则的系统，在程序设计好后，首先对 abstract 类的修改关闭，否则，一旦修改了 abstract 类，比如，为它再增加一个 abstract 方法，那么 abstract 类所有的子类都需要做出修改；应当对增加 abstract 类的子类开放，即在程序中再增加子类时，不需要修改其他面向抽象类而设计的重要类。

开闭原则工厂模式是对具体产品进行扩展，有的项目可能需要更多的扩展性，要对这个工厂模式也进行扩展，那就成了“抽象工厂模式”。

2. 里氏代换原则

里氏代换原则是由麻省理工学院计算机科学实验室的 Liskov 女士在 1987 年的 OOPSLA 大会上发表的一篇文章《Data Abstraction and Hierarchy》提出来的，主要阐述了有关继承的一些原则，也就是什么时候应该使用继承，什么时候不应该使用继承，以及其中所蕴涵的原理。

2002 年，软件工程大师罗伯特 • C • 马丁(Robert C. Martin)出版了一本《敏捷软件开发：原则、模式和实践(Agile Software Development Principles Patterns and Practices)》，在文中他把里氏代换原则最终简化为一句话——子类必须能够替换成它们的基类。

我们把里氏代换原则解释得更完整一些：在一个软件系统中，子类应该可以替换任何基类能够出现的地方，并且经过替换以后，代码还能正常工作。

3. 单一职责原则

单一职责原则又称单一功能原则。它规定一个类应该只有一个发生变化的原因。该原则由 Robert C. Martin 于《敏捷软件开发：原则、模式和实践》一书中给出。马丁表示此原则是基于汤姆 • 狄马克(Tom DeMarco)和 Meilir Page-Jones 的著作中的内聚性原则发展出来的。

所谓职责是指类变化的原因。如果一个类有多于一个的动机被改变，那么这个类就具有多于一个的职责。如果一个类承担的职责过多，就等于把这些职责耦合在一起了。一个职责的变化可能会削弱或者抑制这个类完成其他职责的能力。这种耦合会导致脆弱的设计，当发生变化时，设计会遭受到意想不到的破坏。而如果想要避免这种现象的发生，就要尽可能地遵守单一职责原则。此原则的核心就是解耦和增强内聚性。

4. 依赖倒转原则

所谓依赖倒转原则(也称依赖倒置原则)，就是不论高层组件和低层组件都应该依赖于抽象，而不是具体实现类。这听起来更像是“针对接口编程，而不是针对实现编程”，但是这里依赖倒转原则更强调“抽象”的概念，不要让高层组件依赖低层组件，更不能依赖具体实现类，都要依赖于抽象。依赖倒转原则的核心在于“面向接口编程”，目的在于“解耦”。

依赖倒转原则中的倒转是指我们的思想要和一般的“自顶向下”结构化设计思想相反。面向过程的设计方法是从顶端分析，然后到实现类，例如，简单工厂模式中我们让工厂生产产品，但是又不想让工厂和具体实现类存在任何关系，否则就对具体实现类产生了依赖，这是我们不希望看到的结果。这时候我们就应该将思想倒转一下，不要从顶端开始，我们从具体的实现类开始，看看能够抽象出什么，然后一切都依赖抽象来进行，这样就与我们的目标相近了。

5. 接口隔离原则

接口隔离原则要求客户端不应该依赖它不需要的接口；类间的依赖关系应该建立在最小的接口上。

例如，现在有一个接口，作用是编写一个网站，其中有两个方法：

```
void WriteWebsiteUI();//实现 UI 界面
void WriteWebsiteLogic();//实现逻辑代码
```

经验丰富的程序员可以把实现界面和后台逻辑一起实现。但是没有经验的程序员可能不管界面，那么这样一来就违反了单一职责原则和里氏替换原则，所以我们将编写网站的接口拆分成 IWriteWebsiteUI 及 IWriteWebsiteLogic 两个接口，这样的话，经验丰富的程序员实现这两个接口，而对应职责的程序员实现各自的接口就可以了。这样，在接口的复用上也达到了想要的效果。

单一职责原则与接口隔离原则的异同点在于：相似之处都是起到了瘦身的作用，减少耦合性；不同的地方当然是职责是一种能力，可能可以处理某一样事物但需要很多个接口。接口与职能还是有差别的。

9.4 面向对象的开发方法

9.4.1 面向对象方法的形成

20 世纪 80 年代，面向对象程序设计语言趋于成熟，作为一种新的程序设计模式开始为社会所关注，为更多的人所理解和接受。这一成就促使研究者把一部分注意力转向更广、更深层次的研究。首先把面向对象的思想用于设计阶段，于是有了面向对象的设计。更进一步，又把面向对象的思想用于分析阶段，产生了面向对象的分析。因而在面向对象的系统开发过程等方面不断取得进展，一种新的软件开发方法——面向对象的开发方法产生了。虽然尚不完善，但逐渐处于主流开发方法的地位了。

9.4.2 面向对象的开发方法

当今，国际上对面向对象开发方法的研究已日趋成熟，已有不少面向对象产品出现。面向对象思想、技术和开发方法正越来越显示出其强大的生命力。面向对象开发方法逐步形成三个主要流派，它们分别是 Booch 方法、Coad 方法和 OMT 方法。

1. Booch 方法

Booch 最先描述了面向对象的软件开发的基础问题，指出面向对象开发是一种根本不同于传统的功能分解的设计方法。面向对象的软件分解更接近人对客观事物的理解，而功能分解只通过问题空间的转换来获得。

Booch 方法包括各类模型，涉及软件系统的对象、动态及功能各方面，对类及继承的阐述特别值得借鉴。最早于 1983 年提出了对象认定的基于词法分析的方法。Booch 通过分析正文描述，将其中的名词映射为对象，将其中的动词映射为方法，从而为对象和方法的认定提供了一种简单的策略，为面向对象的分析中的对象认定方法奠定了基础。虽然 Booch 方法原是面向 Ada 语言的，但仍处于面向对象开发方法的奠基性地位。飞行中心提出的 Good 方法(通用面向对象软件开发方法)、欧洲空间局提出的 HOOD 方法(层次的面向对象设计)都是 Booch 方法的扩充，也是用 Ada 语言实现的。

2. Coad 方法

1989 年 Coad 和 Yourdon 提出的面向对象的开发方法，经典方法有“OOA”和“OOD”，该方法比较完整而系统地介绍了面向对象的分析和面向对象的设计。该方法的主要优点是通过多年来大系统开发(如美国一个航空管制系统)的经验与面向对象概念的有机结合，在对象、结构、属性和服务的认定方面，提出了一套系统的原则，它们是作者经验的总结和升华。该方法完成了从需求角度出发的对象和分类结构的认定工作，面向对象设计可以在此基础上，从设计的角度进一步进行类和类层次结构的认定。尽管 Coad 方法没有引入类和类层次结构的术语，但事实上已经在分类结构、属性、服务及消息关联等概念中体现了类和类层次结构的特征。Coad 方法的详细介绍见第 10 章。

3. OMT 方法

OMT 方法是 1991 年由 James，Rumbaugh 等 5 人提出来的，其经典方法为“面向对象的建模与设计”。

该方法是一种新兴的面向对象的开发方法，开发工作是奠基在对真实世界的对象建模上，然后围绕这些对象使用这个模型来构造独立于语言的设计。面向对象的建模和设计促进了对需求的理解，有利于开发出更清晰、更容易维护的软件系统。

该方法为大多数应用领域的软件开发提供了一种实际的、高效的保证，努力寻求一种问题求解的实际方法。它吸收了面向对象技术的基本的直观映象，通过一整套的符号表示和相应的方法学来系统地反映现实世界的客体。该方法还给出了好的设计与坏的设计的示例及准则，用来帮助软件开发者避免一些常见的易犯的错误。

该方法将面向对象的概念应用于软件开发生命周期的各个阶段，并说明了如何在软件开发的整个生命周期中贯穿运用面向对象的概念、方法及技术进行分析、设计和实现。

该方法特别强调面向对象的构造是真实事物的模型(映像)，而不是一种程序设计技术，将对象间的关系上升为相同的语义级(称之为类)，详细说明了继承机制、特别强调类、模型化及高级策略。

该方法的作者多年来在大量的应用领域中使用了面向对象分析、面向对象设计、面向对象程序设计及面向对象数据建模技术，同时也研究并实现了一套面向对象的符号表示和方法学，开发了一个面向对象的支持工具，因此不仅在理论上而且在实际中都熟练掌握和使用了面向对象技术。OMT 方法的详细介绍见第 11 章。

本章小结

本章是面向对象开发方法的基础。介绍了面向对象程序设计语言的发展，程序设计模式的转换，以及向面向对象程序设计模式转换的必然性，同时介绍了面向对象程序设计的基本特征、基本构件和基本机制。

本章介绍了面向对象的基本概念，如对象、类、属性、操作、关系、消息和方法等，同时还介绍了面向对象的特征和要素。

对象的最基本的特征是封装和继承。作为一种抽象数据类型，对象把实体的相关属性和操作封装在一起，允许人们用自然的方式去模拟外部实体的结构和行为。继承是类实现可重用性和可扩充性的关键特征。在继承关系下，类之间组成网状或树形的层次结构。尽管人们对面向对象作了广泛的研究，但在对象语义理论方面尚缺乏一个为人们所普遍接受的严格的数学模型。

把面向对象的思想用于软件的分析和设计，从而产生了崭新的面向对象的开发方法。本章概括地介绍了各种典型的面向对象开发方法，如 Coad 方法、OMT 方法及 Booch 方法等。其中 Coad 方法在第 10 章中详细介绍，OMT 方法在第 11 章中详细介绍。

习　题

1. 说明对象、类、类结构及消息的基本概念。
2. 说明面向对象的特征和要素。
3. 说明面向对象程序设计的基本构件。
4. 说明面向对象开发方法的三个流派。
5. 利用接口隔离原则设计“图书销售系统”软件。
6. 利用合成复用原则设计“图书销售网站”软件。

第10章 面向对象的Coad方法

面向对象的 Coad 方法由面向对象的分析和面向对象的设计构成。通过面向对象的分析，建立信息需求分析模型，在此基础上，进行面向对象的设计，设计出具有 5 个层次 4 个组元的模型。

10.1 Coad方法概述

10.1.1 术语

1. 分析

分析是一种研究问题域的过程，该过程产生系统行为的需求说明描述，它是关于要做的事情的一个完全、一致和可行的陈述。

系统分析是关于问题空间的一种加工过程，它的输入是目标系统的问题空间，输出则是经过抽象、理解之后产生的系统需求说明。这一过程本质上是人的一种思维过程，但需要工具辅助。

分析关心的是用户边界、问题应用范围及系统应完成的任务。

分析方法是一种思维工具，用来帮助分析人员对需求进行形式化，即用特定的标记系统来表示和传递分析的结果。不同标记系统在产生表示时有不同的着眼点，也就有不同角度的抽象，因而反映出不同分析方法的特征。

面向对象的分析是用面向对象的方法对目标系统的问题空间进行理解、分析和反映。通过对象的认定和类层次的认定，确定问题空间中应存在的类和类层次结构。

2. 设计

设计是建立在分析产生的需求说明的基础上，加入计算机系统实现所需的细节的过程，包括人机行为、任务管理及数据管理等。

设计所关心的是把分析的结果应用于具体的硬件/软件实现中。

面向对象的设计则是用面向对象的方法，构造目标系统的解空间，通过类的认定和类层次的结构的组织，确定解空间中应存在的类和类层次结构，并确定外部和主要的数据结构。

面向对象的分析和面向对象的设计之间并没有像传统开发方法那样有明显的界限，但的确存在差别，存在抽象程度、先后顺序及侧重点的差别。这种特点与采用了一致的思维方式有关，也与面向对象模式本身就是状态交换和进化的认识有关。

10.1.2　控制复杂性原则

在面向对象的分析与设计中，控制复杂性时采用了如下的原则。

1. 抽象

抽象是为了集中研究问题而忽略那些与问题无关的部分的一种方法。抽象有过程抽象和数据抽象两种。

过程抽象常表示为“功能/子功能”抽象，将处理过程分解成多个子步骤，是一种基本的处理复杂性的方法。但是使用这种分解来构成一个设计多少有点随意性和易变性，但可在一定范围内用来确定和描述服务。

数据抽象是构造系统任务描述的基础，使用数据抽象可以定义属性和服务，获得属性的唯一方法是借助于服务。属性及其服务可以看成一个固有载体。

2. 封装

封装又称信息隐蔽，它是在开发完整全面的程序结构时使用的原则，程序中各组成部分都应该封装或隐蔽在某个单个设计策略中。

封装使相关内容放在一起，减少了不同内容的通信，它将某些特殊需求与其他一些可能使用这些需求的描述分开，可使对象的使用与对象的创建分离。

消息通信也是封装的一种形式，要求执行的动作的细节封装在消息接收的对象中。数据抽象是封装中“相关事物联系在一起”的一种形式。

3. 继承

继承是用来表示类之间相似性的一种机制，它简化了与已定义过的相似类的定义，描述了一般和具体化关系，在类层次结构和类网络结构中明确地说明了共同的属性和服务。

这个原则构成了显式表达共同性的重要技术和基础，继承能使设计者一次确定共同的属性和服务，同时将这些属性和服务扩展到或限制到具体的实例中，继承也可用于表示共同性。

4. 组织方法

在理解客观世界组织与表示需求时，常采用以下三种方法：

(1) 识别具体对象及其属性。

(2) 识别整体对象及部分对象。

(3) 识别不同的对象类。

5. 行为分类

最常用的三种行为分类是：

(1) 建立在即时因果关系基础上。

(2) 建立在历史发展的相似性上。

(3) 建立在功能相似性上。

10.1.3　开发多层次多组元的模型

1. 连续性表示

长期以来，软件人员遇到的主要问题如下：

(1) 数据结构与数据处理的分离：即ER图与DFD图的分离。有人注意到DFD图不适合于长期保存数据，当时解决的办法是增加一级表示数据结构的图，即ER图，这种方法使数据及数据处理分离。

(2) 分析与设计的分离：即软件分析用DFD图、ER图及数据词典来表示，而软件设计的表示是软件结构图和软件详细设计表示法。它们的表示截然不同，需要转换。

面向对象的Coad方法使用统一的基本表示方法来组织数据及数据处理。面向对象的分析定义问题域的对象和类，反映系统的任务；面向对象的设计定义附加的类和对象，反映需求的实现，使得分析和设计符号表示无明显差别。不存在从分析到设计的转换。

2. 分析模型

Coad方法在面向对象的分析中的五种活动如下：

(1) 识别对象和类。

(2) 识别类的结构。

(3) 确定主题。

(4) 定义属性。

(5) 定义服务。

按上述活动建立信息需求分析模型，按下列五个层次整理提交文档。

- 主题层：控制一次分析所考虑的范围，即对相关的类进行归并。
- 对象层：在分析范围内找出全部的对象。
- 结构层：分析类的分类结构和组装结构。
- 属性层：描述每个对象的状态特征。
- 服务层：描述每个对象所具有的操作。

3. 设计模型

Coad方法中，面向对象设计模型在面向对象的分析模型的五个层次上由四个组元构成，如图10.1所示。

主题层
对象层
结构层
属性层
服务层

PDC	HIC	TMC	DMC
问题域组元	人机界面组元	任务管理组元	数据管理组元

图10.1 设计模型

五个层次从纵向反映模型是透明重叠的，一级比一级更详细，四个组元从横向反映模型的组成。

四个组元对应于面向对象设计的四个主要活动步骤：

(1) 设计问题域组元。

(2) 设计人机界面组元。

(3) 设计任务管理组元。

(4) 设计数据管理组元。

10.1.4 定义及符号表示

下面给出Coad方法中面向对象分析和面向对象设计用到的定义和符号表示。

1. 对象和类

1) 对象

对象是问题域中事物的抽象或者是问题域中事物的实现的抽象，它是属性值及其相应服务的一种封装，对象的同义词是实例。

2) 类

类是一个或多个对象的描述，对象可用统一的属性和服务的集合来描述。另外，类也可以描述如何创建该类的新对象。

3) 类对象

类对象指的是类和类中的对象，其符号表示如图 10.2 所示，粗方框表示类，类分三个区域，对象用围绕着粗框的细框来表示，在表示类的三个区域内，应标出类对象的名称、属性及服务，这是具有对象的类，是一种具体类。图 10.3 给出了类的符号表示，这种类是一种抽象类，它没有对象。

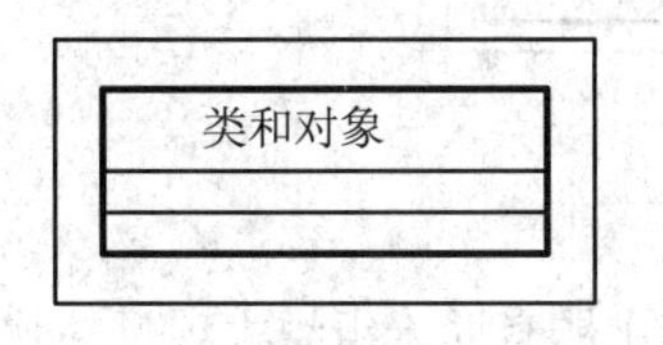

图 10.2　类对象的符号表示

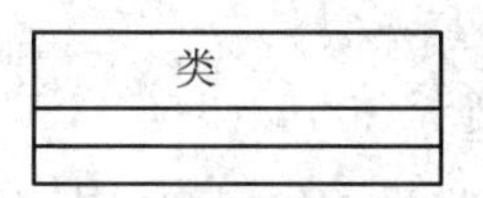

图 10.3　类的符号表示

2. 层次结构

1) 结构

结构是与系统任务有关的问题域复杂性的一种表示，它是类层次结构的统称，既描述了一般具体结构，也描述了整体部分结构。

2) 分类结构

分类结构是系统组织的三种方法之一，即区分不同类的方法，是一种“is　a”结构。例如，台灯是一种照明工具，其中照明工具是一般的，台灯是具体的，照明工具与台灯是一种分类关系，也称分类结构。在分类结构中，使用继承描述更一般的属性和服务。分类结构的符号表示如图 10.4 所示，一般类放在顶端，具体类放在下端，它们之间用线连起来，其中半圆弧说明这是一个一般具体结构的形式。

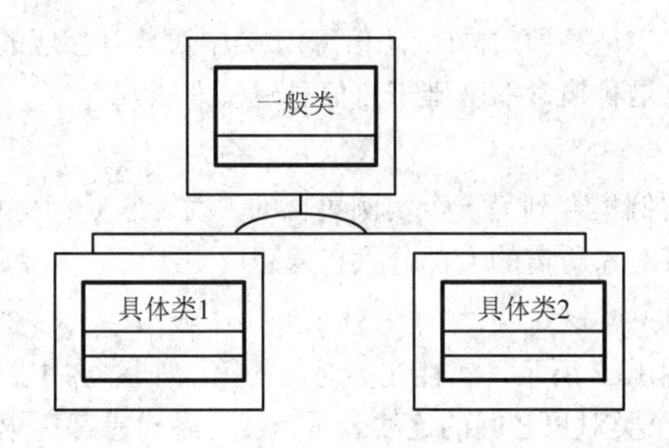

图 10.4　分类结构的符号表示

3) 组装结构

组装结构也是三种系统组织方法之一，它是“has a”结构。例如，台灯有一个电灯泡，则台灯和电灯泡就是这种结构的例子。台灯是整体，而电灯泡则是台灯的组成部分之一。组装结构的表示如图 10.5 所示。整体类放在图的顶部，部分类放在图的下端，用线把它们连起来，用三角形表示这是一个组装结构的形式。连线上的数字和范围表示了整体所包含的部分的数目。

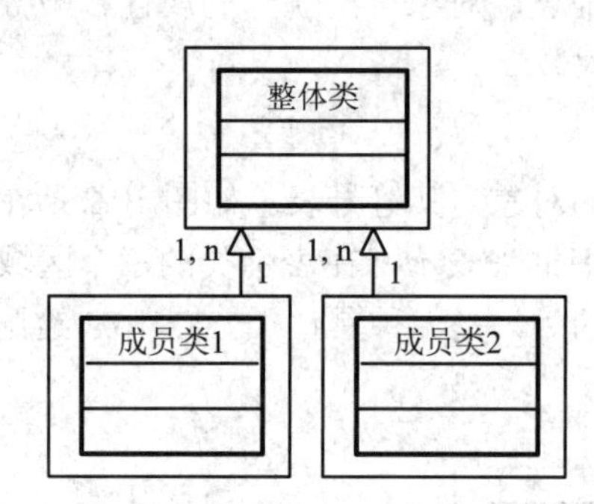

图 10.5 组装结构的符号表示

3. 主题

主题是指导人们了解复杂大模型的一种机制，主题有助于组织大项目的软件包。主题是一种手段，用它来综述较大的面向对象分析和设计的模型，给出这些模型的概貌，是这些模型的抽象机制。

主题的表示符号有两种形式。图 10.6 是主题的简单表示形式，它给出主题名和相应编号，图 10.7 是主题的扩展表示形式，除了主题名和相应编号，还给出该主题包含的类。

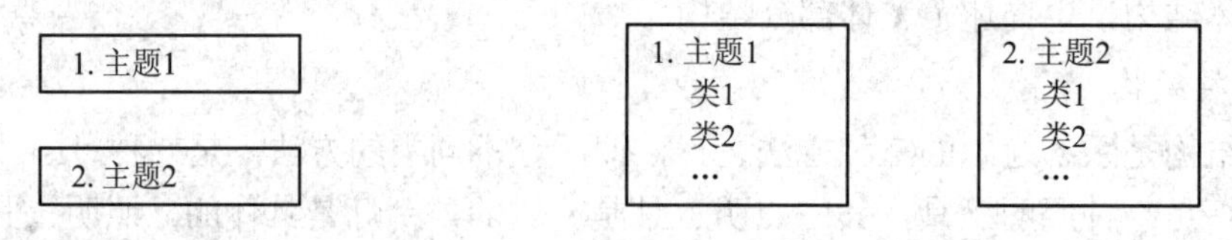

图 10.6 主题简单表示　　图 10.7 主题扩展表示

4. 属性及实例关联

1) 属性

属性是类的性质，它是某种数据(状态信息)。类中对象有相应的值(状态)，用来描述对象或分类结构的实例。这种概念的基础来自信息建模方法。

2) 实例关联

实例关联是一个实例集合到另一个实例集合的映射。它是问题域映射的一种模型，表示对象间的依赖关系及对象所需的一部分状态信息。

3) 符号表示

属性表示符号如图 10.8 所示，属性在类对象的第二个区域中表示，实例关联表示符号如图 10.9 所示，用两个类对象之间的连线表示，线上各对象都标记数字或范围(m, n)，说明对象之间的约束关系，表明一个类对象 1 对应了 0 个或 m 个类对象 2。

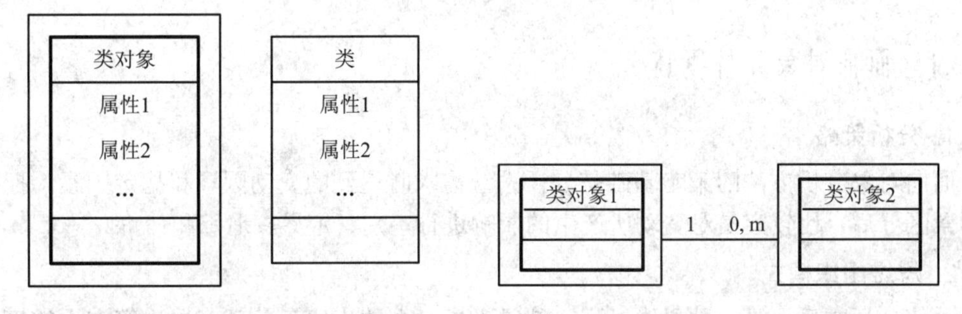

图 10.8　属性的符号表示　　图 10.9　实例关联的符号表示

5. 服务及消息关联

1) 服务

一个服务是在对象接收到一条消息后所要进行的加工，它是对象表现的具体行为。服务的符号如图 10.10 所示，放在类对象的第三个区域中。

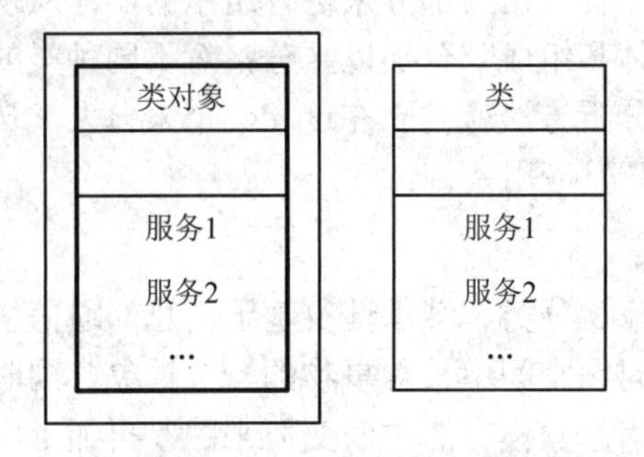

图 10.10　服务的符号表示

2) 消息关联

消息关联用于表示对象间的通信，说明了服务的要求。通信的基本方式是消息传递，所以定义通信信息就是定义实例之间的消息关联。消息关联的符号表示如图 10.11 所示。在两个类对象之间用粗线连起来，箭头由发送对象指向接收对象。发送对象发送消息，接收对象接收消息。接收对象执行某些动作，并将结果返回发送对象。

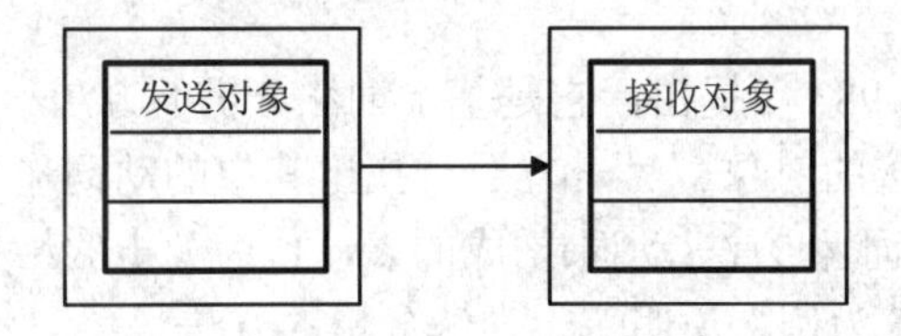

图 10.11　消息关联的符号表示

10.2　面向对象的分析

系统分析员面临的最大问题就是对应用领域要有比较深刻的认识，并能够抓住其中的实质问题，这就是“问题空间”的理解问题，而系统的设计和实现则属于“解空间”的问题。

10.2.1 面向对象分析概述

1. 分析策略

面向对象分析方法的策略基础是分析系统需求时遇到的变动因素和稳定因素，把这两种因素区分后，比较容易对变动所产生的影响进行鉴别、定界、追踪和估价。

2. 思维组织模式

系统分析本质上是一种思维过程，就是考虑问题的次序、条理、层次等方面的模式，在传统的分析模式中从问题空间到分析结果的映射是间接的，因为由分析方法所决定的思维模式与人们所采用的思维模式有一定的距离。为了减少这些距离，只好进行转换，以利于分析结果的传递。

从根本上统一思维模式的办法是在系统开发各个环节中，统一采用人类原有的思维组织模式。人类典型的思维过程是由三部分来进行组织的，即从现实世界中区分出特定的客体及其属性；对客体的整体和组成部分加以区分；对不同种类的客体给出表示，在此基础上加以区分。面向对象的分析方法就建立在这 dg 个来自人类自己思维组织模式之上，依照客观世界本来的规律来开发应用系统。

3. 分析方法的表示

面向对象的分析由对象、分类、继承性及基于消息的通信构成。其中对象是一组属性和专有服务的封装，它是问题空间中某种事物的一个抽象，同时也带有问题空间中这种事物的若干实例。这些是从信息建模方法中演变而来的，再加上面向对象的封装性、继承性和层次结构，所以面向对象的分析比信息建模方法更完整地实现了从问题空间到系统模型的直接映射。

10.2.2 对象的认定

面向对象分析的核心是对象，人们已经使用了许多方法来进行对象的认定。

1. 简单的认定方法

该方法由 Booch 于 1983 年提出，它是基于词法分析的方法。从目标系统的描述开始，找出其中的名词作为候选的对象。另一方面，找出其中的动词作为候选的方法(即服务)，然后产生一个由对象(名词)和方法(动词)构成的表，作为分析的结果。

现以开发字处理系统为例，说明基于词法分析的方法。

问题陈述：字处理系统允许用户产生文档，产生的文档存储在用户目录中。用户可打印和显示文档，修改文档，还可从用户目录中删除文档。

找出该问题的名词和动词确认的对象和方法构成的表如下：

对象	服务
文档	产生，存储，打印，显示，修改，删除
目录	存储，删除

2. 复杂系统对象的认定

在一个复杂系统中，对象的认定面临五个需要回答的问题。

1) 到什么地方去找候选对象

寻找对象的范围如下：

(1) 问题空间：从用户那里得到某种形式表达的系统需求，了解问题领域的知识背景，向用户索取与系统主题有关的、简要的归纳性材料，与有关人员座谈、听取意见和建议。

(2) 文本：收集一切能得到的文字材料，重点留意那些专门示例系统主题和值得仔细学习与考虑的部分，并注意出现的名词。

(3) 图：能收集到的一切图。如块结构图、接口图、系统构件图、高层次的数据流图和控制流图等。根据这些再用图标和连线画出内容丰富的图来，形成问题空间的初始骨架。

2) 找什么

范围确定之后，可能成为对象的是：

(1) 结构：这是最有可能被认定为对象的实体，其中分类结构和组装结构又是结构中可能性最大的。

(2) 其他系统：指要进行交互的外部系统和外界的“终结点”。

(3) 设备：需要进行交互的设备。

(4) 事件：由系统及时观察和记录的事件及历史事件。

(5) 扮演的角色：各种人员在系统中扮演的角色。

(6) 位置：系统安装和运行的物理位置。

(7) 组织和单位。系统涉及的人员所属的单位。

3) 对候选对象考察什么

对于一个候选对象，能否认定它是一个对象，要考察的内容如下：

(1) 需要记忆，即系统是否有必要记忆对象的某些或全部成分。

(2) 需要服务，即系统是否有必要对该对象的行为提供服务。

(3) 多于一个属性。只有一个属性的对象通常应看成其他对象的属性。

(4) 共有属性即对于一种对象所有实例，能否认定一组为这些实例所共有的属性。

(5) 共有服务即对于一种对象的所有实例，能否认定一组这些实例都要进行的加工。

4) 提出什么质疑

对于已初步认定的对象，应从下列几方面提出质疑：

(1) 记忆和服务的必要性：若系统没有必要始终持有现实世界中某种事物的信息或者提供关于它的服务，那么这种事物就不要认定为对象。

(2) 单个实例：若某种有属性的对象只有一个实例，要看它是否确实反映了问题空间情况，若已经初步认定的两种或多种对象有相同的属性和服务，而且至少其中的一种只有一个实例，这时应当考虑将它们合并。

(3) 派生结果：注意那些可以通过计算机得出值的属性。

5) 怎样为认定的对象命名

认定的对象需要命名，这时应当：

(1) 用单数名词或形容词加名词来命名对象的名字。

(2) 命名所使用的词汇应当来自符合系统主题、标准的词汇集。

(3) 使用可读的名字，要基于内容，基于内在本质，具有确切意义。

10.2.3 结构的认定

结构指的是多种对象的组织方式，用来反映问题空间中的复杂事物和复杂关系。结构有分类结构和组装结构两种。分类结构针对的是事物的类别之间的组织关系；组装结构对应于事物的整体与部件之间的关系。

1. 认定分类结构

使用分类结构，可以按照事物的类别对问题空间进行层次结构划分，体现现实世界中事物的一般性与特殊性。认定分类结构的原则是先从一般向特殊考虑，再从特殊向一般考虑。

1) 从一般到特殊

对于一种对象，首先认为它具有最一般的含义。这时看它在问题空间中具有不同特殊性的可能，对该对象每种可能的特殊性考虑以下因素：

(1) 是否可用不同的属性和服务来描述？

(2) 是否反映了现实世界中有意义的特殊性？

(3) 是否在问题空间之内？

按上述原则确认了对象应具有的特殊性后，就可令共有的属性和服务从属于一般含义的对象，而令扩充的特殊属性和服务分属于特殊含义的对象。

2) 从特殊到一般

对于一种对象，在认定它具有某种特殊含义之后，再从特殊向一般考虑，这时要考察：

(1) 问题空间中是否有其他与这种对象有一些属性或服务是共有的？

(2) 若引入某种更一般的对象，是否反映了现实世界中有意义的一般性？

(3) 若引入某种更一般的对象，那么这种对象是否存在于问题空间之中？

2. 认定组装结构

认定组装结构的原则是先从整体向部件考虑，再从部件向整体考虑。

1) 从整体到部件

对于一种对象，首先认为它是一个整体。这时看它在问题空间中含有部件的可能性，即要考察：

(1) 它的组成部分是什么？

(2) 对于它的一个部件，系统是否有必要记录每个实例或值？

(3) 对于它的一个部件，每个实例是否都有属性来描述？

(4) 它的部件是否反映现实世界中存在的部件？

(5) 它的部件是否限定在目标系统之内？

采用从整体到部件的方式考虑组装结构，即挖掘问题空间中出现的事物的具体构成细节。

2) 从部件到整体

对于一种对象，假定它可能是另一种对象的一个部件，这时应考察：

(1) 这种对象适合什么样的组装关系？

(2) 还需要哪些对象与这种对象一起构成另一种对象？

(3) 对于这样组装而成的对象，系统是否有必要记录它的每一个实例？

(4) 这样组装而成的对象在现实世界是否有意义？

(5) 这样组装而成的对象是否限定在目标系统之内？

采用从部件到整体的方式考虑组装结构，这是把问题空间中出现的某些事物合理地纳入某种含义更广、可作为整体看待的事物之中，以便从聚集的角度来表示客观事物。先整体向部件分析，再由部件向整体综合，这也遵循人类的思维组织模式。

10.2.4　认定主题

主题是一种关于模型的抽象机制，它是面向对象分析模型的概貌，也是关于某个模型要同时考虑和理解的内容，主题起一种控制作用。

从实际开发经验来看，一个实际的目标系统通过对象和结构的认定，对问题空间中的事物已进行了抽象和概括，所认定的对象和结构的数目有几十到几百种，但人们能同时考虑和理解的问题数目受到其记忆能力和处理能力的制约，为 7 个左右，因此不经过进一步抽象，会造成对分析结果理解的困难和混乱。

直观地来看，主题就是一个名词或名词短语，与对象名类似，但抽象程度不同。认定主题的方法是：

(1) 为每一个结构追加一个主题。

(2) 为每一种对象追加一个主题。

(3) 若当前主题的数目超过 7 个，就对已有主题进行归并。归并的原则是当两个主题对应的属性和服务有着较密切的联系时，就将它们归并为一个主题。

主题是一个单独的层次，在这个层次中，每个主题有一个序号，主题之间的联系是消息关联。

10.2.5　定义属性

属性是数据元素，用来描述对象或分类结构的实例。在分析过程中，定义属性有 5 个步骤。

1. 认定属性

认定一个属性有如下三个基本原则：

(1) 对相应对象或分类结构的每一个实例是否均适用？

(2) 在现实世界中它与这种事物的关系是否最密切？

(3) 认定的属性应当是一种相对的原子概念，不依赖于并列的其他属性就可以理解。

2. 确定属性的位置

确定属性与特定对象之间的从属关系主要是针对分类结构中的对象而言的，采用的是继承观点。低层对象的共有属性应在上层对象中定义，而低层对象只定义自己特有的属性。

3. 认定和定义实例关联

实例关联是一个实例集合到另一个实例集合的映射，既可以是两种对象的实例集合，也可以是同一种对象的实例集合的两个子集。

实例关联分为1∶1、1∶m、0∶1、0∶m这4种。与ER图中的联系相比有自己的特点。实例关联是可选的。

认定和定义实例关联的具体过程类似于ER图中建立的实体联系。

4. 重新修改认定的对象

经过上述的过程，对原来的认定可能会发生一些改变，需修改原来的认定。

5. 对属性和实例关联进行说明

对属性的名字、描述、约束和范畴进行说明，一个属性依其特征有如下情况：

(1) 描述型：指属性的值由对象实例添加、变动、删除及选择等操作来建立和保持。

(2) 定义型：用于标识和命名各个实例。

(3) 派生型：由其他数据计算得到的。

(4) 参考型：与另一个实例联系的事实。

10.2.6 定义服务

服务是在接收到一条消息后所要进行的加工。定义服务时，首先定义行为，然后定义实例之间的通信。

1. 认定基础服务

基础服务有以下三类：

(1) 存在服务：指最一般的服务，即创建、变动、删除及选择。

(2) 计算服务：一个实例需要另一个实例加工的结果时所需的服务。

(3) 监控服务：模型中某些部件需要快速实时处理时所需的服务。

2. 认定辅助服务

在面向对象分析模型中，对每种对象及分类结构要考虑对象生存史和状态—事件—响应两种辅助服务。

1) 对象生存史

对象生存史定义基础服务的顺序，检查其中每步需要的服务的变种，增加相应的服务变种，以及增加其他的服务。一种对象的基础服务顺序就是它的“存在”服务之间的次序关系，一般都有如图10.12所示的形式。

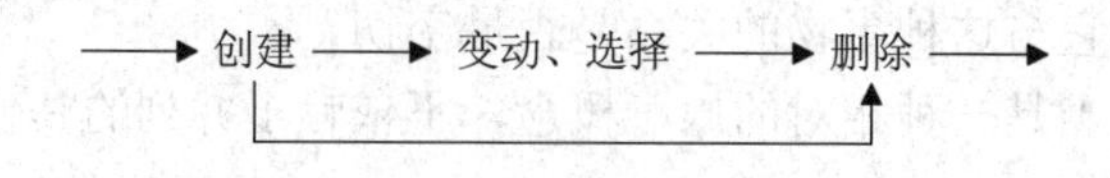

图10.12 对象生存史

2) 状态—事件—响应

状态—事件—响应要定义主要的系统状态，列出外部事件及其需要的响应，以及扩充服务和消息关联。

3. 认定消息关联

消息关联是事件－响应和数据流的一种结合，即每条消息关联都表示着一种要发出的消息和收到这条消息后要作出的一个响应。消息关联也是实例关联之间的一种映射关系。

认定消息关联时，首先在已经用实例关联起来的那些实例之间考虑有无消息关联，然后检查那些需要其他实例进行的加工，考虑增加其他必要的消息关联。

4. 对服务进行说明

对服务进行说明时，主要应对外部可观察到的行为进行说明，目的是强调可测试的部分，作为对系统需求进行验证、对系统实现进行验收的测试的基准。

10.2.7　对象的规格说明

下面给出以对象为单位的系统规格说明的模板。

```
specification            〈对象名〉
        描述性属性        〈……〉
        定义性属性        〈……〉
        派生性属性        〈……〉
        外部系统输入      〈……〉
        外部系统输出      〈……〉
        实例关联          〈……〉
        状态事件响应表    〈……〉
        对象生存史图      〈……〉
        服务              〈……〉
         ⋮
        服务              〈……〉
   end specification
```

10.2.8　应用示例

以传感器控制系统为例，用 Coad 方法建立该系统的分析模型。

1. 问题陈述

传感器控制系统控制传感器和临界传感器，报告问题情况。各传感器都通过类型(生产厂，型号)、触发序列(发往被触发的传感器)、转换(偏移，测量单位，比例系数)、脉冲调幅、地址、状态(开，关，等待)、当前值及报警阈值来描述。

传感器装在建筑物中，系统跟踪各个建筑物中的传感器、建筑物地址及紧急接触点。另外，临界传感器用容限(脉冲调幅容限)来描述。

每当超出或满足传感器阈值时，控制系统就触发相应的报警设备，报警设备的活动受设备状态持续时间的影响。

控制系统跟踪日期、时间、严重程度、修理时间及各个报警装置的状态。

2. 传感器控制系统的分析模型

图 10.13 给出了传感器控制系统的分析模型。

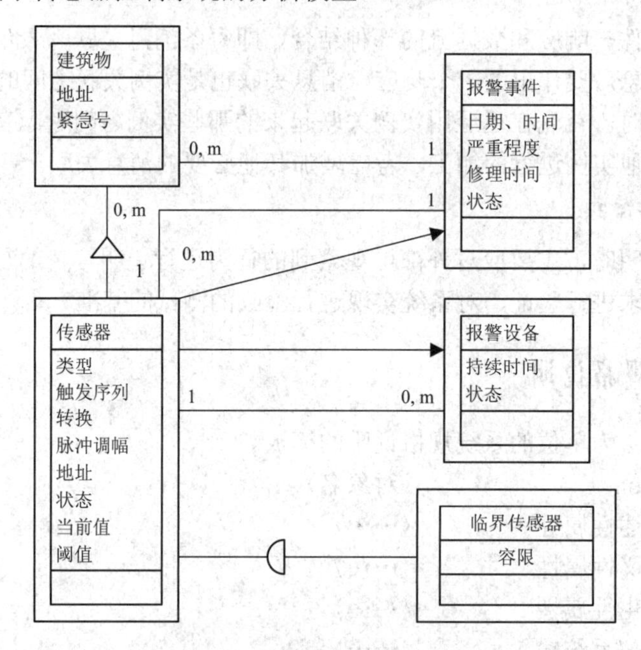

图 10.13 传感器控制系统分析模型

10.3 面向对象的设计

面向对象的设计是面向对象方法在软件设计阶段应用与扩展的结果。

面向对象的系统中，模块、数据结构及接口等都集中地体现在类和类层次结构中。系统开发的全过程都与类层次结构直接相关，是面向对象系统的基础和核心。在面向对象系统中，虽然可用类层次结构来统一作为各个开发阶段的工作对象，但仍然有必要在抽象程度和层次上加以明确的区分，以提高系统开发的效率。从这个意义上说，围绕着类和类层次结构，面向对象的开发各阶段承担不同层次的任务。

面向对象的分析通过对象的认定，确定问题空间中应当存在的类和类层次结构；面向对象的设计通过类的认定和类层次结构的组织，确定解空间中应存在的类和类层次结构，并确定外部接口和主要的数据结构。

10.3.1 面向对象设计的目标

面向对象设计的主要目标是提高生产率、提高质量、提高可维护性。

1. 提高生产率

面向对象的设计是一种系统设计活动，它能减少测试时间，但在系统开发过程中，使用面向对象设计最多可使整个生产率提高 20%左右。

另一种看法是，使用面向对象设计能提高整个生命周期的效率，大多数项目表明系统的开销有 70%、80%使用在维护阶段。因此，强调维护将大大提高整个生产率。

面向对象设计使用了重用类机制来改进效率，重用类是用包含类及子类层次的类库实现的，类库是这种结构的主要组成部分。

2. 提高质量

强调生产率的同时，不能忽视软件质量。改进质量的工具、技术及方法有许多，它们大多与开发过程末期的标准或过细的产品测试有关，而不强调过程本身。产生高质量产品的开发过程，特别是分析过程和设计过程，能够大大减少开发后期发现的错误，并大大提高系统的质量。

3. 提高可维护性

系统的需求总是在变化中，有许多影响需求的因素，如用户、环境、政策及技术等。设计者尽可能构造这样一种有利于将来修改的设计，方法是将系统中稳定部分与易变部分分离开来。系统中最稳定的是类，它严格描述了问题域及系统在该域中的任务。系统中可变的是服务，服务的复杂程度也是变化的，外部接口也是最可能变化的部分。

10.3.2 设计问题域组元

1. 原因

面向对象方法中的一个主要目标就是保持问题域组织框架的完整性，使用这种方法可以直接追踪分析、设计直至程序设计的内容，因为这三个阶段都是根据问题域本身来实现的。

设计问题域组元的理由就是为了寻求稳定性，无论何种修改，例如增加具体类、增加属性或服务等，都是建立在问题域基础上的。稳定性是实现可重用的分析、设计及程序设计的关键因素，为了更好地支持系统的扩充性也需要稳定性。

2. 内容

在面向对象的开发方法中，分析和设计不能截然分开，面向对象的分析结果就是面向对象设计多元组模型的一个完整的部分，但面向对象的设计可以修改或增加一些内容。对于设计问题组元来说，要在分析模型的基础上增加一些实际的修改，这些修改是针对具体的设计考虑的，修改包含合并或分解类对象、结构、属性、服务等。这些修改应建立在具体的客观标准上。

3. 策略

在设计问题域组元时，可采用下列策略：

(1) 应用面向对象的分析，使用相同的符号表示，围绕四种组元组织。

(2) 改进面向对象的分析结果，可直接应用分析的结果。

(3) 完善面向对象的分析结果，必须加入一些常规类以完善分析的内容。

4. 方法

1) 利用重用设计加入现有类

现有类是指面向对象程序设计语言提供的类库中的类，将所需的类加入到问题域组元中，同时指出现有类不用的属性和服务，使无用的属性和服务减少到最低程度。还要指出问题域中不再需要的部分，以及从现有类中继承而来的属性和服务。紧接着修改问题域的结构和关联，必要时将它们加入到现有类中。

2) 将专门的问题域类组合在一起

需要引入一个类将专门的问题域类组合在一起，引入的类即为“根”类，组合在一起的问题域类作为从属的类。引入“根”类主要是为了将专门的问题域类组合在一个类库中，这只是当不能使用更复杂的组合机制时才采用的一种组合方法。另外，还可建立协议来完成这种组合。

3) 加入一般化类(抽象类)以建立协议

在许多情况下，大量的具体类需要相似的一个协议，即需要定义一个相似的服务集合，这时可引入一个附加的抽象类，目的是建立一个协议。这些服务在具体类中详细定义。

4) 调整继承的支持层次

如果在分析模型中的一般具体结构中包括多重继承，而所使用的程序设计语言没有多重继承机制，或只有单重继承或根本没有继承机制，这时就要对分析模型进行修改。使用将继承转化为单一层次的方法，将多重继承转化为单重继承，这意味着不再在设计中明确表示一个或多个一般具体层次，而某些属性和服务可在具体类中重复多次。

对于不具备继承机制的语言，就要将各个一般具体结构变成一组零层次的类对象，即调整为各个孤立的类对象。

5. 提高效率

提高效率是设计的关键问题之一，为了从速度方面考虑提高效率，可能需要对问题域组元进行修改。当对象之间的消息发送出现阻塞时，必须进行修改。需要把问题域组元中的两个或多个类组合起来产生高耦合。这种修改是否能提高速度，还需经过测试和检查来了解。

为了提高速度，需要将设计模型的四种组元都增加一种构造块来存放某些中间结果。一种方法是扩充类对象的属性来存放中间结果，另一种方法是使用更低层的构造块来扩充类对象，这就构成了整体部分结构。

6. 支持数据管理组元

为了支持数据管理组元，各个被存储的对象必须了解自身是如何存储的。一种方法是“自己保存自己”，即通知对象保存自己，各对象知道如何保存自身，加入完成对象这种定义的属性和服务；另一种方法是各个对象将自己发送给数据管理组元，由相应组元保存。

10.3.3 设计人机交互组元

1. 原因

人机交互组元表示了用户与系统交互作用使用的命令以及系统提供给用户的信息。人机交互组元设计得如何，对用户使用系统带来较大影响。开发者在分析阶段为了得到正确的结果，要对用户进行分析。在设计过程中必须继承这种分析，它包括分析用户，确定交互作用的时间，分析具体系统使用的交互技术等。

2. 内容

在人机交互组元设计中，要增加人机交互的细节，包括指定窗口、设计窗口的布局和设计报表的形式等，原型设计有助于开发和选择实际的交互机制。

使用多层次多组元模型有助于从分析和需求中区分独立于实现的人机交互组元。这种区分减少了由结构技术变化而带来的变化影响。

3. 方法

1) 分类用户

分类用户研究使用系统用户的各类人员，他们是如何工作的？他们想完成什么任务？必须完成什么任务？设计者提供什么工具来帮助他们完成这种任务？怎样才能做到不引人注目地使用工具？

使用系统的人可能有以下几种情况：

(1) 按技能分，有初级、中级和高级。

(2) 按组织级别分：有总经理、部门经理和办事员。

(3) 按不同组织成员分：有职员、顾客。

2) 描述用户及其任务脚本

对用户的各类人员，描述他们使用系统的目的；各自的特征，包括年龄、文化程度、关键的成功因素、技能水平、主要任务及任务的脚本等。

3) 设计命令层次

研究用户交互的意义及准则。若已建立的交互系统中已有命令层次，则先着手研究已有的人机交互行为的意义和准则，然后建立初始命令层，再细化命令层。

4) 设计详细交互

按下列方面进行人机交互的设计：

(1) 一致性。使用一致的术语、一致的步骤及一致的动作行为。

(2) 减少步骤。最小化击键次数、使用鼠标的次数及下拉菜单的次数，极小化响应时间。

(3) 尽量显示提示信息。尽量为用户提供有意义的及时的反馈。

(4) 提供取消操作。用户难免出错，应尽量能使用户取消其错误动作。

(5) 帮助。有联机学习手册，易学易用。

5) 设计人机交互组元的类

人机交互组元在一定程度上依赖于所使用的图形用户接口，接口不同，人机交互组元类也不同，为了设计人机交互组元类，从构造窗口及其组成的人机交互开始。图 10.14 给出了窗口及其组元的结构。

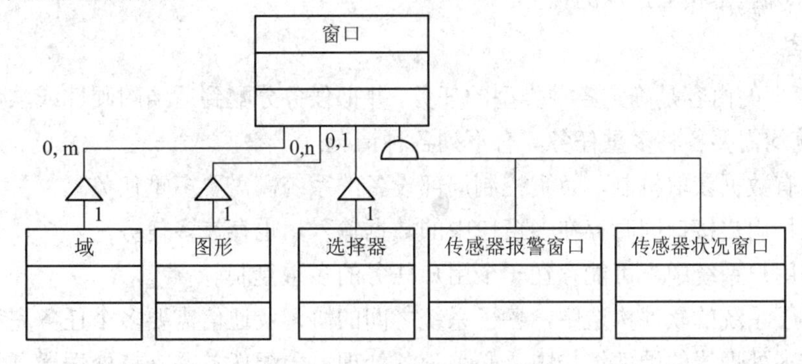

图 10.14　窗口及其组元

各个类都包含窗口中的菜单条、下拉菜单及弹出菜单的定义，各个类也定义了创建菜单所需的服务，反向显示所选择项目的服务和唤醒相关行为的服务，各个类也负责窗口中信息的实际显示，各个类都封装了其所有物理对话的考虑。

4. 传感器控制系统的人机交互组元

传感器控制系统的人机交互组元如图 10.15 所示。

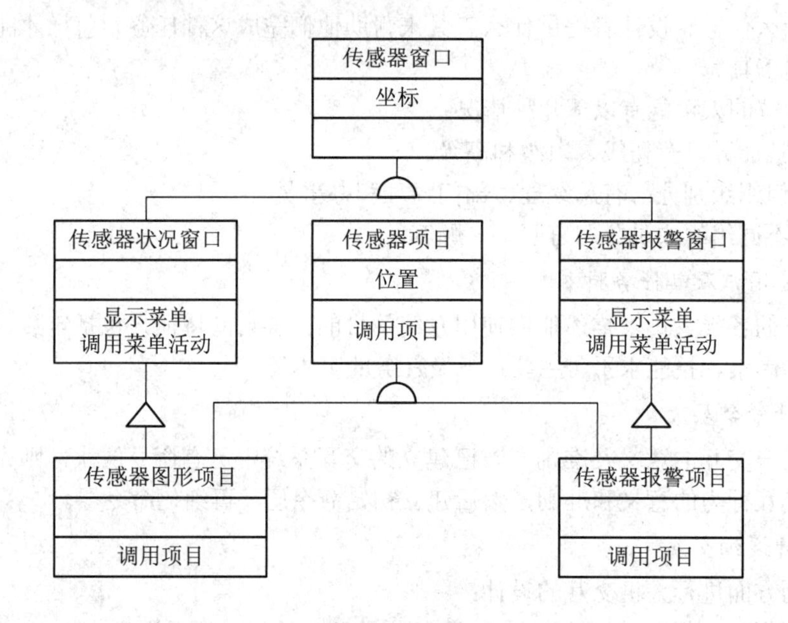

图 10.15 传感器控制系统人机交互组元

10.3.4 设计任务管理组元

1. 原因

任务是处理的别名，指用代码来定义的一个活动流。许多任务的并发执行称为多重任务。任务管理组元就是为了设计处理多重任务的。此外，在实际使用的硬件中，可能仅由一个处理器支持多个任务。因此，任务管理的一项重要内容就是，确定哪些是必须同时动作的任务，哪些是相互排斥的任务。

2. 内容

任务管理的内容是确定各种类型的任务，并把任务分配到适当的硬件或软件上去执行。不同的系统均需要各种多重任务，有下列各种情况:

(1) 具有数据获取机制，负责控制局部设备的系统，需要多重任务。

(2) 某种用户接口同时存在多窗口中的数据输入，也存在多任务。

(3) 多用户系统中，可能存在一个用户任务的多重复制。

(4) 多子系统的软件构造中，各子系统之间的协调及通信需要多个任务完成。

(5) 在多处理器的硬件结构中，必须为各处理器分配任务并支持处理器之间的通信。

(6) 对需要与其他系统通信的系统来说，也需要多任务。

这些都是任务管理组元的内容。在设计、编码等过程，多任务增加了处理复杂度，必须仔细选择各个任务。

3. 设计

1) 确定事件驱动型任务

某些任务是由事件驱动而执行的，这种任务可能负责与设备的通信，与一个或多个窗口、其他任务及子系统的通信。

任务可以设计成某个事件上的触发器，常常发出某种数据到达的信号，数据可以来自输入流，也可来自数据缓冲区。

2) 确定时钟驱动型任务

这些任务在特定时间内被触发执行某些处理。如某些设备要求周期性地获得数据或控制。某些子系统、人机接口、任务、处理器或其他系统也可能需要周期性地通信，这就需要时钟驱动型任务。

时钟驱动型任务的工作过程是，任务设置了唤醒时间并进入睡眠状态，任务睡眠等待来自系统的中断，一旦接收到这种中断，任务被唤醒并执行，通知有关的任务等，然后任务又回到睡眠状态。

3) 确定优先任务及临界任务

优先任务含高优先级及低优先级两种，用来适应处理任务的需要。临界任务是有关系统成功或失败的临界处理，它涉及严格的可靠性约束。

4) 确定协调任务

当存在三个以上的任务时，就应当考虑增加一个任务，用它来作为协调任务。协调任务的引入会增加总开销，但是引入协调任务有利于对封装任务之间的协调控制。

5) 分析各个任务

必须使任务数目保持到最少限度，无论是在开发阶段还是在维护阶段，每次只能理解一个或几个正在进行的任务。设计多任务系统的主要问题是常定义太多的任务，其原因是为了处理方便。这样做加大了整个设计的技术复杂度而且不易理解，因此必须仔细分析和选择各个任务。

6) 定义各个任务

任务定义包括下列内容：

(1) 任务的内容：先对任务命名，然后简洁地描述该任务。如果一个服务可以分解成多个任务，则修改该服务的名称描述，以使每一个服务都可以映射到一个任务中。

(2) 如何协调：先说明任务是事件驱动型还是时钟驱动型的，对于事件驱动型的任务来说，描述触发它的事件；对于时钟驱动型的事件来说，描述触发该任务之前的时间间隔，同时说明这是一次性的时间还是反复的时间段。

(3) 如何通信：说明任务应从哪里取得数据值，任务应把它的值发往何处。

4. 传感器控制系统的任务管理组元模型

传感器控制系统的任务管理组元如图 10.16 所示。

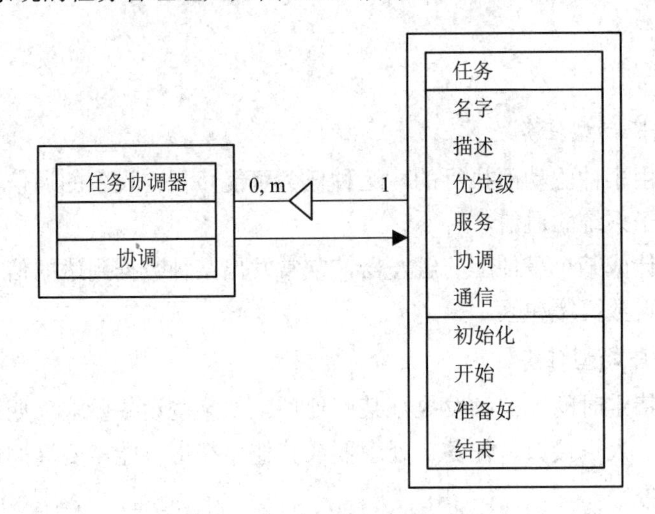

图 10.16 传感器控制系统任务管理组元

5. 传感器任务描述

• 任务 1 的内容如下：

名字：传感器读出。

描述：该任务在需要脉冲调幅时负责读出传感器。

服务：传感器.样本。

优先级：中等。

协调：时钟驱动，100 ms 的时间间隔。

通信：从输入线（传感器）得到值，给雷达邮箱发送值。

• 任务 2 的内容如下：

名字：临界传感器读出。

描述：该任务在需要脉冲调幅以及特定容限之内时负责读出临界传感器。

服务：临界传感器.样本。

优先级：高。

协调：时钟驱动，25 ms 的间隔。

通信：从输入线（临界传感器）得到值，经雷达邮箱发送值。

• 任务 3 的内容如下：

名字：接口协调。

描述：该任务负责人工接口、传感器初始化、阈值比较。

服务：传感器.初始化，传感器.报警条件监控。

优先级：低。

协调：由人工接口事件和数据事件的到达（从雷达邮箱）的事件驱动。

通信：从人工接口缓冲区或从雷达邮箱得到值。

10.3.5　设计数据管理组元

1. 原因

数据管理组元是系统存储、管理对象的基本设施，它建立在数据存储管理系统上，并且独立于各种数据管理模式。

2. 内容

该内容提供数据管理系统中对象的存储及检索的基础结构。

3. 设计

1) 选择数据存储管理模式

不同的数据存储管理模式有不同的特点，适用范围也不相同，应当根据应用系统的特点选择适用的模式。有三种存储管理模式，它们是文件管理系统、关系数据库管理系统和面向对象数据库管理系统。

2) 设计数据管理组元

设计数据管理组元，既需要设计数据格式又需要设计相应的服务。设计数据格式的方法与所使用的数据存储管理模式密切相关。

相应服务的设计。若某个类的对象需要存储起来，则在这个类中增加一个属性和服务，用于完成存储对象自身的工作。应把为此目的增加的属性及服务都看成是“隐式”的属性和服务，即不在面向对象设计模型中显式地表示它们，只在相应的类对象的文档中描述它们。

通过这种设计，对象了解如何存储自身。“存储自身”的属性及服务在问题域组元和数据管理组元之间搭起了一座必需的“桥”。

设计一个对象服务器类对象，所包含服务为告诉各对象保存自身，检索已存储的对象供其他设计组元使用。

4. 传感器控制系统的数据管理组元

传感器控制系统的数据管理组元如图 10.17 所示。

图 10.17　传感器控制系统的数据管理组元

在传感器控制系统中，使用不同文件表存储各对象的属性值时采用文件形式的格式。文件形式有下列几种：

(1) 报警设备文件。

(2) 报警事件文件。

(3) 建筑物文件。

(4) 传感器文件。它有一个传感器类型域，值为“传感器”、“临界传感器”。对于临界传感器，容限域必须有一个值；对于非临界传感器，该域的值为“不可应用”。

本章小结

Coad 方法是最早的面向对象分析和设计方法之一。其方法简单、易学，适合于初学者学习。该方法对对象、结构、属性及服务的认定比较系统、完整，可操作性强。

Coad 方法对类之间的关系和关联刻画不够细致，比较简单。该方法对系统的动态行为描述不够，未能刻画动态模型。

该方法的处理能力有一定的局限性，因而它的应用受到一定的限制。

本章介绍了 Coad 方法的面向对象分析，它主要是建立问题域的分析模型。该模型由五个层次组成，即主题层、对象层、结构层、属性层和服务层。

Coad 方法的面向对象的设计要建立四个组元的设计模型，即问题域组元、人机交互组元、任务管理组元和数据管理组元。问题域组元是在分析模型的基础上加以完善和补充而得到的。其他组元仍然按照五个层次进行设计。

尽管 Coad 方法较为简单，但是要应用它来开发一个项目，建立分析模型和设计模型仍然有一定的难度，要掌握一种面向对象的开发方法还不太容易。

习 题

1. 说明结构化方法的两条鸿沟。
2. 说明 Coad 方法控制复杂性的原则。
3. 说明 Coad 方法分析模型的五个层次。
4. 说明 Coad 方法设计模型的四个组元。
5. 分析 Coad 方法分析模型和设计模型的关系。
6. 说明复杂系统的对象的认定方法。
7. 什么是主题？如何认定主题？
8. 如何认定结构？
9. 说明认定属性的五个步骤。
10. 用 Coad 方法建立“窗口”系统的分析模型。
11. 说明人机交互组元的设计。
12. 说明任务管理组元的设计。

第 11 章　面向对象的 OMT 方法

面向对象的 OMT 方法，即面向对象的建模和设计方法，本章介绍 OMT 方法的系统分析、系统设计、对象设计的过程；阐述了 OMT 的三个模型的建模概念，即有关对象模型、动态模型及功能模型的概念及其符号表示；以银行网络系统为例，说明了如何构造 OMT 的三个模型，即阐述了分析、设计这三种模型的过程。

11.1　OMT 方法概述

11.1.1　OMT 方法学

OMT 是一种软件工程方法学，支持整个软件生存周期。它覆盖了问题构成、分析、设计和实现等阶段。

系统分析阶段涉及对应用领域的理解及问题域建模。分析阶段的输入是问题陈述，说明要解决的问题并提供了对假想系统概念的总览，同用户不断对话以及对客观世界背景知识的了解作为分析的附加输入，分析的结果是一个形式化模型。该模型概括了系统的三个本质因素：对象及对象之间的关系、动态的控制流以及带有约束的功能数据变换。

系统设计阶段确定整个系统的体系结构。以对象模型为指导，系统可由多个子系统组成，把对象组织成聚集并发任务而反映并发性，对动态模型中处理的相互通信、数据存储及实现要制定全面的策略，在权衡设计方案时要建立优先顺序。

对象设计阶段要精心考虑和细化分析模型，然后优化地生成一个实际设计。对象设计的重点从应用域概念转到计算机概念上来，应选择基本算法来实现系统中各主要功能。

OMT 方法学是组织开发的一种过程。这种过程是建立在一些协调技术之上的，OMT 方法的基础是开发系统的三种模型，再细化这三种模型，并优化以构成设计。对象模型由系统中的对象及其关系组成，动态模型描述系统中对象对事件的响应及对象间的相互作用，功能模型则确定对象值上的各种变换及变换上的约束。

11.1.2　系统分析

分析的目的是确定一个系统“干什么”的模型，该模型通过使用对象、关联、动态控制流和功能变换等来描述。分析过程是一个不断获取需求及不断与用户磋商的过程。

1. 问题陈述

问题陈述为记下或获取对问题的初步描述。

2. 构造对象模型

构造对象模型的步骤如下：

(1) 确定对象类。

(2) 编制类、属性及关联描述的数据词典。

(3) 在类之间加入关联。

(4) 给对象和链加属性。

(5) 使用继承构造和简化对象类。

(6) 将类组合成模块，这种组合在紧耦合和相关功能上进行。

最后得到：对象模型＝对象模型图＋数据词典。

3. 构造动态模型

构造动态模型的步骤如下：

(1) 准备典型交互序列的脚本。

(2) 确定对象间的事件并为各脚本安排事件跟踪。

(3) 准备系统的事件流图。

(4) 开发具有重要动态行为的各个类的状态图。

(5) 检查状态图中共享事件的一致性和完整性。

最后得到：动态模型＝状态图＋全局事件流图。

4. 构造功能模型

构造功能模型的步骤如下：

(1) 确定输入、输出值。

(2) 需要时使用数据流图来表示功能依赖关系。

(3) 描述各功能“干什么”。

(4) 确定约束。

(5) 详细说明优化标准。

最后得到：功能模型＝数据流图＋约束。

5. 验证、重复并完善细化三种模型

通过验证、重复并完善细化三种模型，最后得到：分析文档＝问题陈述＋对象模型＋动态模型＋功能模型。

11.1.3 系统设计

在系统设计阶段建立系统的高层结构，设计的目的是确定系统“怎么干”。系统设计的开发步骤如下：

(1) 将系统分解为各子系统。

(2) 确定问题中固有的并发性。

(3) 将各子系统分配给处理器及任务。

(4) 根据数据结构、文件及数据库来选择实现存储的基本策略。

(5) 确定全局资源和制定控制资源访问的机制。

(6) 选择实现软件控制的方法。

(7) 考虑边界条件。

最后得到：系统设计文档=系统的基本结构+高层次决策策略。

11.1.4　对象设计

对象设计时，对分析模型进行详细分析和阐述并且奠定实现的基础，从分析模型的面向客观边界的观点转到面向实现的计算机观点上来。对象设计步骤如下：

(1) 从其他模型中获取对象模型上的操作：在功能模型中寻找各个操作，为动态模型中的各个事件定义一个操作，这个操作与控制的实现有关。

(2) 设计实现操作的算法：指选择开销最小的算法，选择适合于算法的数据结构，定义新的内部类和操作。给那些与单个类联系不太清楚的操作分配内容。

(3) 优化数据的访问路径：指增加冗余联系以减少访问开销，提高方便性，重新排列运算以获得更高效率。为防止重复计算复杂表达，保留有关派生值。

(4) 实现系统设计中的软件控制。

(5) 为提高继承而调整类体系：指为提高继承而调整和重新安排类和操作，从多组类中把共同行为抽取出来。

(6) 设计关联的实现：分析关联的遍历，使用对象来实现关联或者对关联中的一两个类增加值对象的属性。

(7) 确定对象属性的明确表示：即将类、关联封装成模块。

最后得到：对象设计文档=细化的对象模型+细化的动态模型+细化的功能模型。

11.2　建模的基本概念

11.2.1　对象模型

对象模型表示了静态的、结构化的系统数据性质，描述了系统的静态结构，它是从客观世界实体的对象关系角度来描述的，表现了对象的相互关系。该模型主要关心系统中对象的结构、属性和操作，使用了对象图的工具来刻画，它是分析阶段三个模型的核心，是其他两个模型的框架。

1. 对象和类

1) 对象

对象就是应用领域中有意义的事物。对象建模的目的就是描述对象，把对象定义成问题域的概念、抽象或者具有明确边界和意义的事物。对象有两种用途：一是促进客观世界的理解，二是为计算机实现提供实际基础。问题分解为对象依赖于对问题判断和问题的性质。对象的符号表示如图 11.1 所示。

图 11.1　对象的符号表示

2) 类

对象类描述具有相似或相同性质（属性）的一组对象，这组对象具有一般行为（操作）、一般关系（对象之间的）及一般语义。类是对象类的略写，类中对象有相同的属性、行为模式。

通过将对象聚集成类，可以使问题抽象化，抽象增强了模型的归纳能力。类的图形表示如图 11.2 所示，图 11.2 中的属性和操作可写可不写，取决于所需的详细程度。

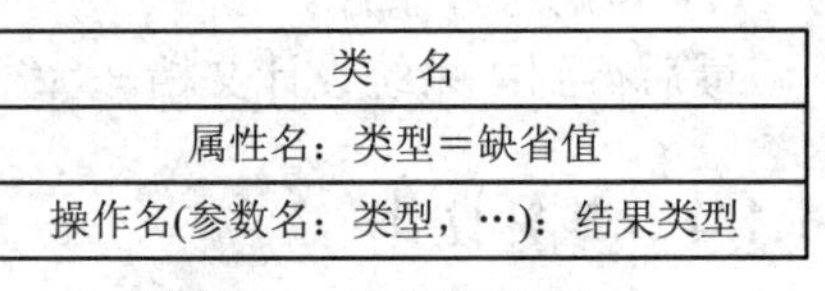

图 11.2 类的符号表示

3) 属性

属性是指类中对象所具有的数据值。如人的属性是姓名、年龄及地址等。对每个对象来说，其中每一属性都具有一个值，不同对象的同一属性可以具有相同或不同的属性值。类中的各属性名是唯一的。

属性的表示如图 11.2 的中间区域所示，每个属性名后可附加一些说明，即为属性的类型及缺省值，冒号后紧跟着类型，等号后紧跟着缺省值。

4) 操作和方法

操作是类中对象所使用的一种功能或变换。类中的各对象可以共享操作，每个操作都有一个目标对象作为其隐含参数。操作的行为取决于其目标所归属的类，对象“知道”其所归属的类，因而能正确地实现该操作。

方法是类的操作的实现步骤。例如文件这个类，可有打印操作，可设计不同的方法来实现 ASCII 文件的打印、二进制文件的打印及数字图像文件的打印，所有这些方法逻辑上均是做同一工作的，即打印文件。因此，可用类中 print 操作去执行它们，但每个方法均由不同的一段代码来实现。

操作的表示如图 11.2 底部区域所示，操作名后可跟参数表，用括号括起来，每个参数之间用逗号分开，参数名后可跟类型，用冒号与参数名分开，参数表后面用冒号来分隔结果类型，结果类型不能省略。

2. 关联和链

关联和链是建立对象及类之间关系的一种手段。

1) 关联和链的含义

链表示对象间的物理与概念的联结，如张三在通达公司工作。关联表示类之间的一种关系，就是一些可能的链的集合。

正如对象与类的关系一样，对象是类的实例，类是对象的抽象。而链是关联的实例，关联是链的抽象。

两个类之间的关联称为二元关联，三个类之间的关联称为三元关联。关联的表示是在类之间画一连线。图 11.3 表示了二元关联，图 11.4 表示一种三元关联，说明程序员使用计算机语言来开发项目。

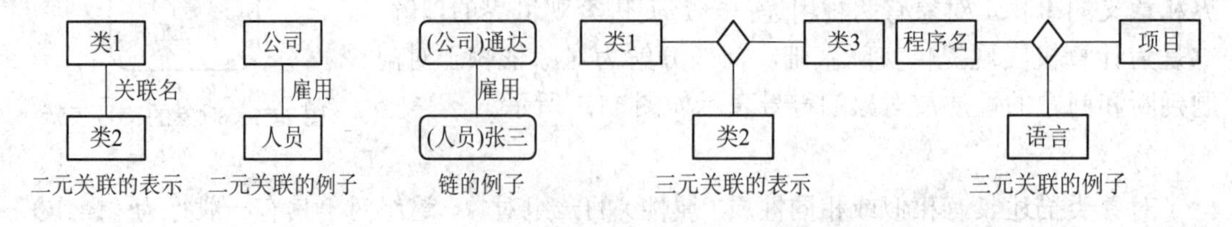

图 11.3 二元关联　　图 11.4 三元关联

角色为关联的端点，说明类在关联中的作用和角色。不同类的关联角色可有可无，同类的关联角色不能省。角色的表示如图 11.5 所示。

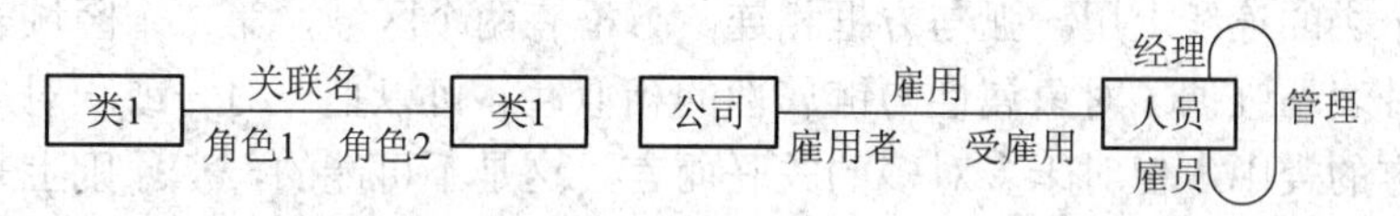

图 11.5 关联角色的表示

二元关联有两种角色，其中有各自的角色名称。角色名是用来唯一地标识端点的。角色提供了观察二元关联的一种方式，它把关联看成是从一个对象到另一个相关对象集的遍历。关联遍历是一种操作，用来产生与它相关的所有对象。

2) 受限关联

受限关联由两个类及一个限定词组成，限定词是一种特定的属性，用来有效地减少关联的重数，限定词在关联的终端对象集中说明。

受限关联的表示如图 11.6 所示。图 11.6 中有目录和文件两个类，一个文件只属于一个目录，在目录的内容中，文件名唯一确定一个文件，目录与文件名合并即可得到一个文件。一个文件与目录及文件名有关，限定减少了一对多的重数，一个目录下含有多份文件，各文件都有唯一的文件名。限定提高了语义的精确性，增强了查询能力。

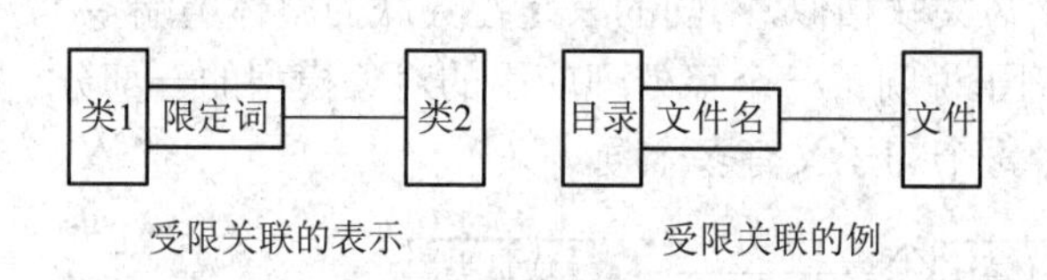

图 11.6 受限关联

3) 关联的多重性

关联的多重性是指类中有多少个对象与关联的类的一个对象相关。重数通常描述为"一"或"多"。但更常见的情况是非负整数的子集。如轿车的车门数目在 2～4 的范围内，关联重数可用对象图关联线连的末端的特定符号来表示。

小实心圆表示"多个"，从零到多。小空心圆表示零或一，没有符号表示的是一对一关联。图 11.7 表示了各种关联的重数。

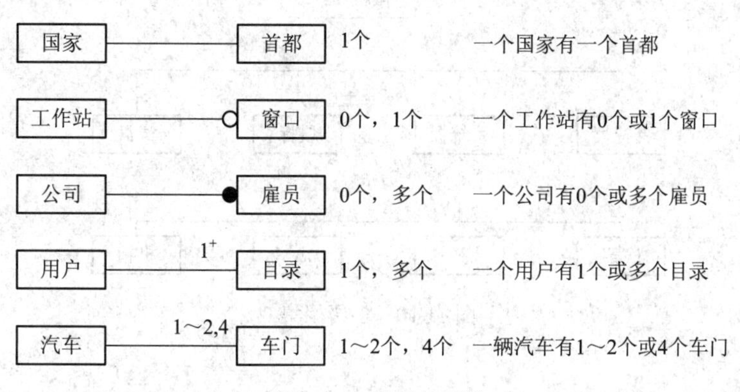

图 11.7 关联的重数

4) 链属性

链属性是关联的链的性质，如同属性是类中对象的性质一样。链属性的表示如图 11.8 所示。在两个类的连线上用一弧与方框相连。方框有两个区域，第二个区域表示一个或多个属性。这种表示强调了对象属性与链属性的相似性。可以把一对一或一对多的关联的链属性放入一方的类中，但对于多对多的关联而言，这是不可能的，从原则上来说，链属性不应当并入类中。因为一旦改变关联的重数，系统未来的灵活性将会降低。

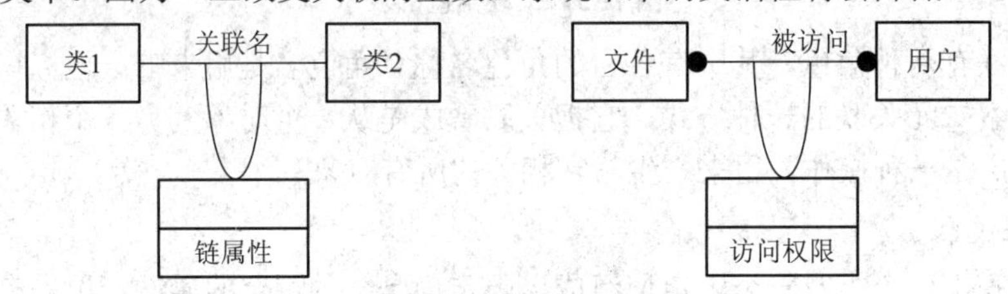

图 11.8 关联的链属性

3. 类的层次结构

1) 聚集关系

聚集是一种“整体成员”关系，在这种关系中，有整体类和成员类之分。聚集最重要的性质是传递性，也具有逆对称性。

聚集的符号表示与关联相似，不同的只是在关联的整体类端多了一个菱形框，如图 11.9 所示。图 11.9 中的例子说明了一个字处理应用的对象模型的一部分。文件中有多个段，每个段又有多个句子，每个句子又有多个词。

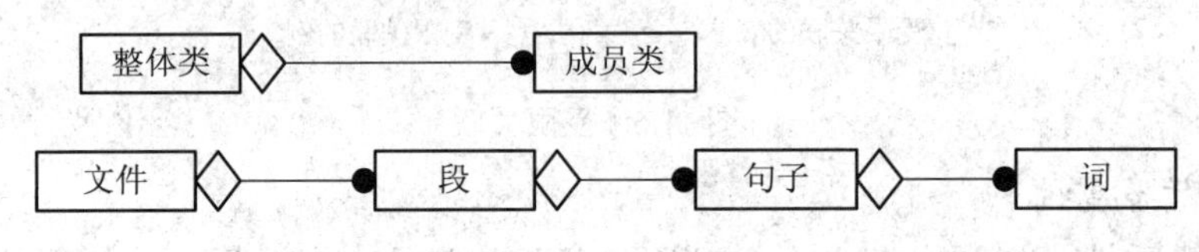

图 11.9 聚集关系

聚集可以有不同层次，可以把成员类聚集起来得到一棵简单的聚集树。聚集树是一种简单表示，比画很多线来将成员类联系起来简单得多，对象模型应该容易地反映各级层次。图 11.10 表示一个关于微机的多级聚集。

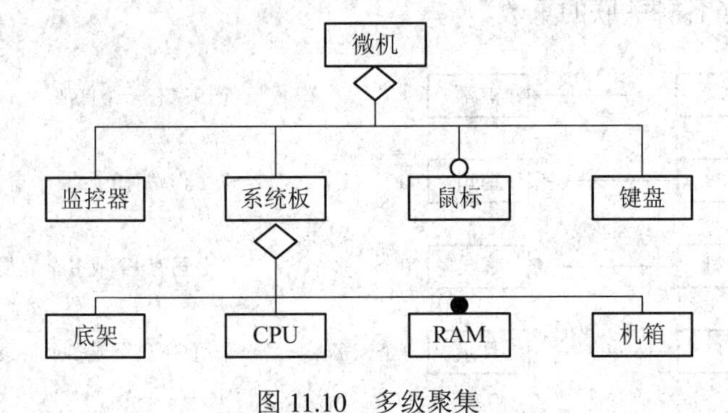

图 11.10 多级聚集

2) 一般化关系

一般化关系是在保留对象差异的同时共享对象相似性的一种高度抽象方式。它是“一般—具体”的关系，有一般化类和具体类之分。一般化类又称父类，具体类又称子类，各子类继承了父类的性质，而各子类的一些共同性质和操作又归纳到父类中。因此，一般化关系和继承是同时存在的。

一般化关系可以有不同层次，构成多级一般化和继承，祖先类和子孙类就是各级层次上的一般化关系。一个子类的实例也可以是它所有祖先的实例，实例的状态包括祖先类中各属性的值。

一般化关系的符号表示是在类关联的连线上加一个小三角形，如图 11.11 所示。

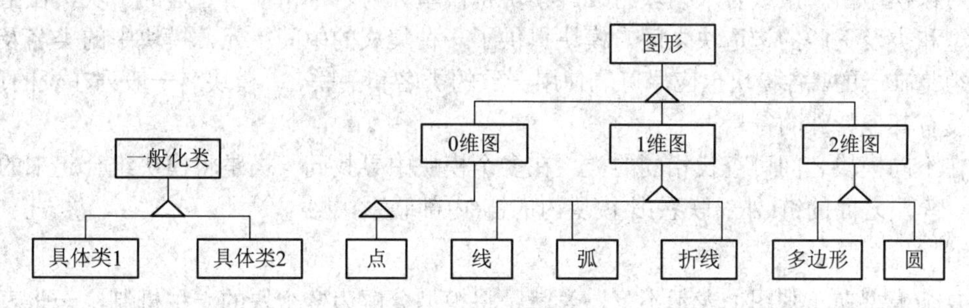

图 11.11　一般化关系

一般化关系和继承是同一思想的不同体现，用一般化来表示类之间的关系，而使用继承来表示一般化关系中共享属性及共享操作的机制。一般化与具体化是对同一关系的不同看法，一般化是指父类是子类的一般化，是从父类角度看问题；具体化是指子类是父类的具体表达，是从子类角度看问题。

继承有单重继承和多重继承。单重继承是指子类只有一个父类，在一个类层次结构中，若只有单重继承，则该类层次结构是树型层次结构。多重继承是指子类继承了多个父类的性质，即子类有多个父类，这是一种比单重继承更为复杂的一般化关系。在一个类层次结构中，若有多重继承，则该类层次结构是格型层次结构。多重继承的优点是在明确类时更为有效，同时增加了重用机会。这使概念建模更接近人的思维。缺点是丢失了概念及实现上的简单性。

一个父类具体化后的子类可以是分离的，也可以是重叠的。用空三角来表示具体化后的子类是分离的，用实三角表示具体化后的子类是重叠的。若在一个类层次结构中，具体化的子类均是分离的，即均用空三角表示具体化，则该层次结构均为单重继承。若在一个类层次结构中，具体化后的子类有重叠的子类，即用实三角表示具体化，则该结构为多重继承。图 11.12 给出了来自重叠类的多重继承。

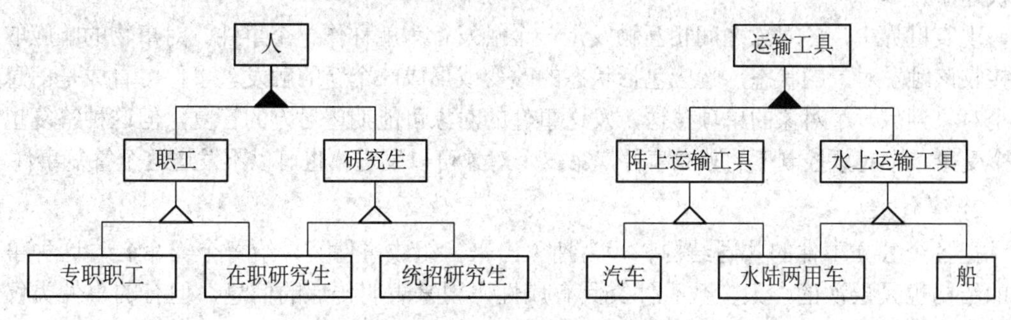

图 11.12　来自重叠类的多重继承

4. 对象模型

1) 模块

模块是类、关联及一般化结构的逻辑组成。一个模块只反映问题的一个侧面。如房间、电线、自来水管和通风设备等模块反映的就是建筑物的不同侧面。模块的边界大都由人来设置。模块的概念与Coad方法的主题类似，它是相关类、关联的一种抽象机制。

2) 对象模型

对象模型由一个或若干模块组成。模块将模型分为若干个便于管理的子块，在整个对象模型和类及关联的构造块之间，模块提供了一种集成的中间单元，模块中的类名及关联名必须是唯一的。各模块也应尽可能使用一致的类名和关联名。模块名一般列在表的顶部，模块没有其他特殊的符号表示。

在不同模块之间可查找相同的类，在多个模块中寻找同一类是将模块组合起来的一种机制。模块之间的链(外部联系)比模块内的链(内部联系)更少。

3) 表

复杂模型在一张图上表示不下，表就是将模型分解为多个块的一种机制，一张表占一页，一般一张表只表示一个模块。表仅仅是为了表示方便，并不是一种逻辑结构。

每张表都有一个标题、一个名称或代号，同一关联和一般化只出现在同一张表上。类可出现在多张表上，类的多次拷贝是连接各表的桥梁。在类盒边注明表名或表号，以方便查找该类的一些表。

11.2.2 动态模型

动态模型是与时间和变化有关的系统性质。该模型描述了系统的控制结构，它表示了瞬时的、行为化的系统控制性质，它关心的是系统的控制，操作的执行顺序；它从对象的事件和状态的角度出发，表现了对象的相互行为。

该模型描述的系统属性是触发事件、事件序列、事件状态、事件与状态的组织。使用状态图作为描述工具，涉及到事件、状态及操作等重要概念。

1. 事件

1) 事件的含义

事件是指定时刻发生的事物，是某事物发生的信号，它没有持续时间，是一种相对性的快速事件。

现实世界中，各对象之间相互触发，一个触发行为就称作一个事件。对事物的响应取决于接收该触发对象的状态，响应包括状态的改变或形成一个新的触发。事件可看成是信息从一个对象到另一个对象的单项传送，发送事件的对象可能期望对方的答复，但这种答复也是一个受第二个对象控制下的独立事件，第二个对象可以发送，也可以不发送这个答复事件。

2) 事件类

把各个独立事件的共同结构和行为抽象出来，组成事件类，给每个类命名，这种事件类的结构也是层次的，大多数事件类具有属性，用来表明传递的信息，但有的事件类仅仅是简单的信号。

由事件传递的数据值是事件的属性，像对象属性一样。属性跟在事件类名后面，用括号括起来。事件发生的时间是所有事件的隐含属性。下面是一些事件类和相应的属性：① 飞机航班(航线，机号，城市)；② 按鼠标键(键，定位)；③ 键入字符串(正文)。

3) 脚本

脚本是指系统某一执行期间内出现的一系列事件。脚本范围可以是变化的，它可包括系统中的所有事件，也可以只包括被某些对象触发或产生的事件。脚本可以是执行系统的历史记录，也可以是执行系统的模块。

下面给出使用电话的脚本，该脚本只包括影响电话线的事件：

呼叫拿起电话；
响拨号声；
呼叫者拨号（3）；
拨号声停；
呼叫者拨号（2）；
呼叫者拨号（6）；
呼叫者拨号（8）；
⋮
呼叫者拨号（8）；
呼叫电话鸣响声；
⋮

4) 事件跟踪

写下脚本后，要确定事件跟踪，各事件将信息从一个对象传到另一个对象中去，因此要确定各事件的发送对象和接收对象。可用事件跟踪图来表示事件、事件的接收对象和发送对象。

接收和发送对象位于垂直线顶端。各事件用水平箭头线表示，箭头方向是从发送对象指向接收对象，时间从上到下递增。图 11.13 给出打电话的事件跟踪图。

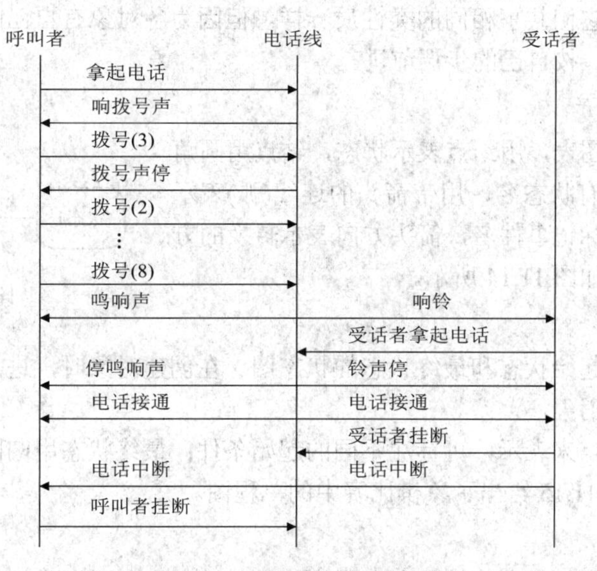

图 11.13　打电话事件跟踪图

2. 状态

1) 状态的含义

对象所具有的属性值称为它的状态。状态是对象属性值的一种抽象，按照影响对象显著行为的性质将值集归并到一个状态中去。状态指明了对象对输入事件的响应。

2) 状态的性质

状态具有如下性质：

(1) 时间性：状态与时间间隔有关，事件表示时刻，状态表示时间间隔，同一对象接收两个事件之间是一个状态。对象的状态依赖于接收的事件序列。

(2) 持续性：状态有持续性，它占有一个时间间隔，状态常与连续的活动有关，状态与需要时间才能完成的活动有关。

3) 事件与状态的关系

事件和状态是孪生的，一个事件分开两种状态，一个状态分开两个事件。

4) 状态的说明

说明一个状态具有的内容：状态名，状态目的描述，产生该状态的事件序列，表示状态特征的事件，在状态中接收的条件。

3. 状态图

1) 状态图的含义

状态图是一个标准的计算机概念，它是有限自动机的图形表示，这里把状态图作为建立动态模型的图形工具。状态图文字上的含义有所不同，我们强调使用事件和状态来确定控制，而不是作为代数构造法。

状态图反映了状态与事件的关系，当接收一个事件时，下一状态就取决于当前状态的该事件，由该事件引起的状态变化称为转换。状态图确定了由事件序列引起的状态序列。状态图描述了对象中某个类的行为，由于类的所有实例有相同的行为，那么这些实例共享同一状态图，正如它们共享相同的类性质一样。但因为各对象有自己的属性值，因此各对象也有自己的状态，按自己的步调前进。

2) 状态图的表示

状态图是一种图表，用结点表示状态，结点用圆角框表示；圆角框内有状态名，用带箭头的连线(弧)表示状态的转换，上面标记事件名，箭头方向表示转换的方向。状态图的表示如图 11.14 所示。

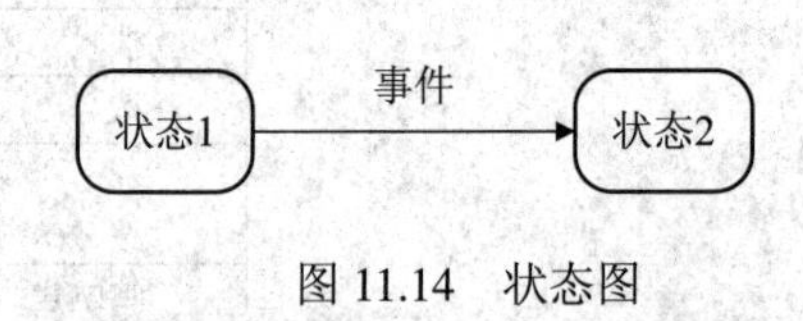

图 11.14　状态图

3) 单程图

单程图是具有起始状态和最终状态的状态图。在创建对象时，进入初始状态，进入最终状态隐含着对象消失。

初始状态用圆点来表示，可标注不同的起始条件；最终状态用圆圈中加圆点表示，可标注终止条件。图 11.15 给出了象棋比赛中的单程图。

4) 循环状态图

在循环状态图中，没有初始状态和最终状态。循环状态图如图 11.16 所示。

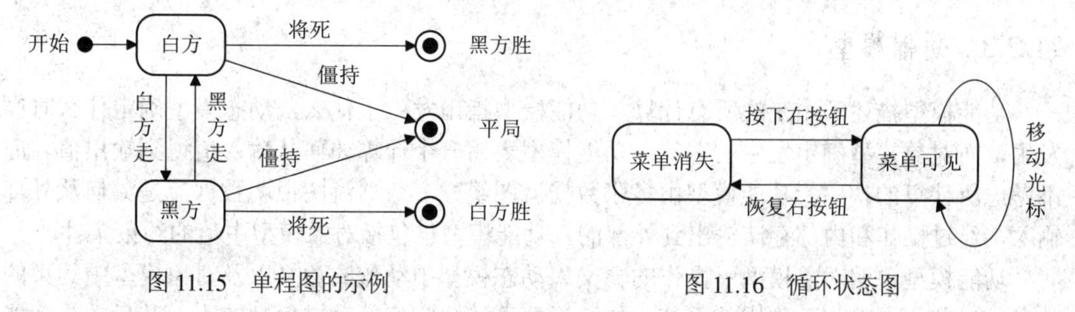

图 11.15　单程图的示例　　图 11.16　循环状态图

4. 条件和操作

1) 条件

当一个状态遇到一个事件后，在转换到另一个状态时，有时需要满足某种条件才能完成转换。这时，条件可用作转换的保护，只有保护条件成立时，事件发生后才引发该转换。例如在图 11.17 中，在家时，不穿雨披(状态)；上班骑车(事件)时，如果天下雨(条件)就穿雨披(下一状态)。

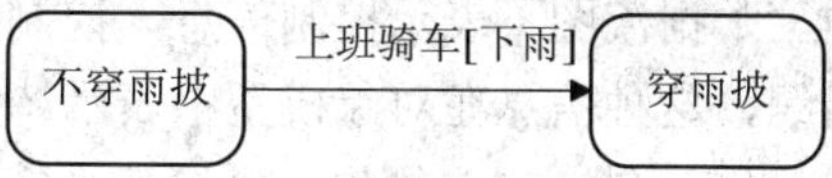

图 11.17　转换的保护条件

2) 操作

若状态图只用于描述事件模式，则用途不大，还应说明事件是如何触发操作的。对象处于某状态时，可以附有多种操作，对象的某种状态出现一个事件时，就要转换到另一状态，则附在状态或转换上的操作就要被执行。操作有动作和活动两种。

3) 活动

活动是一种有时间间隔的操作，它是依附于状态上的操作。活动包含一些连续的操作，如在屏幕上显示一张图。活动也包含一段时间内的序列操作，该序列由自身终止。在状态结点上，活动表示为“do:　活动名”，进入该状态时，则执行该活动的操作，该活动由来自引起该状态的转换的事件终止。

4) 动作

动作是一种即时操作，它是与事件有关的操作，动作名放在事件之后，用“/动作名”来表示。该操作与状态图的变化比较起来，其持续时间是无关紧要的。带有操作和条件的状态图的表示如图 11.18 所示。

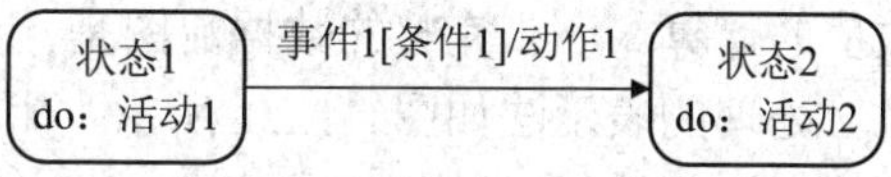

图 11.18　带有操作和条件的状态图

5. 动态模型的构造

在构造动态模型时，应注意下列问题：

(1) 只构造那些有意义的动态行为的类的状态图，并不是所有类都需要状态图。

(2) 为保持整个动态模型的正确性，对共享事件中各个状态的一致性进行检测。

(3) 使用脚本以帮助构造各状态图。

(4) 定义状态时，只考虑相关属性，所有对象模型中表示的属性都不必用在状态图中。

(5) 在决定事件和状态的大小时，需考虑到应用要求。

(6) 区分应用中的活动和动作，活动出现在一段时间内，动作的出现是瞬时的。

(7) 尽量使子类状态图独立于其父类的状态图。

11.2.3 功能模型

功能模型描述了系统的所有计算，功能模型指出发生了什么，动态模型确定什么时候发生，而对象模型确定发生的客体。功能模型表明一个计算如何从输入值得到输出值。而不考虑所计算的次序。功能模型由多张数据流图组成。数据流图说明数据流是如何从外部输入，经过操作和内部存储输出到外部的。功能模型也包括对象模型中值的约束条件。

功能模型说明对象模型中操作的含义、动态模型中动作的意义以及对象模型中约束的意义。一些不存在相互作用的系统，如编译器系统，它们的动态模型较小，其目的是功能计算，功能模型是这类系统的主要模型。

1. 数据流图

功能模型由多张数据流图组成。数据流图用来表示从源对象到目标对象的数据值的流向。数据流图不表示控制信息，控制信息在动态模型中表示。数据流图也表示对象中值的组织，这种信息在对象模型中表示。数据流图中包含有处理、数据流、动作对象和数据存储对象。图 11.19 给出一个窗口系统的图标显示的数据流图，图标名和位置作为数据流图的输入，使用现有的图标定义，将图标扩展为应用坐标系统中的向量。该向量应限制在窗口尺寸内，通过窗口移动来得到屏幕坐标向量。最后向量被转换为像素操作，该操作可发往屏幕显示缓冲区。数据流图表示了所执行的变换序列外部值及影响此计算的对象。

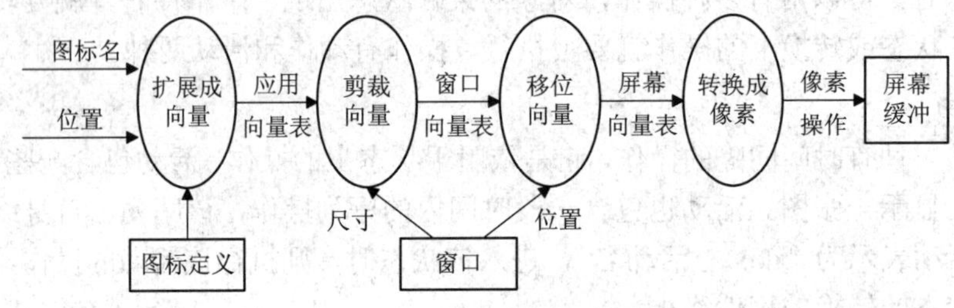

图 11.19 窗口系统的图标显示

2. 处理

数据流图中的处理用来改变数据值，最低层处理是纯粹的函数，典型的函数包括两个数值的计算。一张完整的数据流图是一个高层处理，处理用对象类上操作的方法来实现。

处理的表示法如图 11.20 所示，用椭圆表示处理，椭圆中标注处理名。各处理均有输入流和输出流，各箭头上方标识出输入/输出流。图 11.20 中表示了两个处理，其中图 11.20(b)“显示图标”的处理是图 11.19 的上一级抽象，表示了一张完整的数据流图。

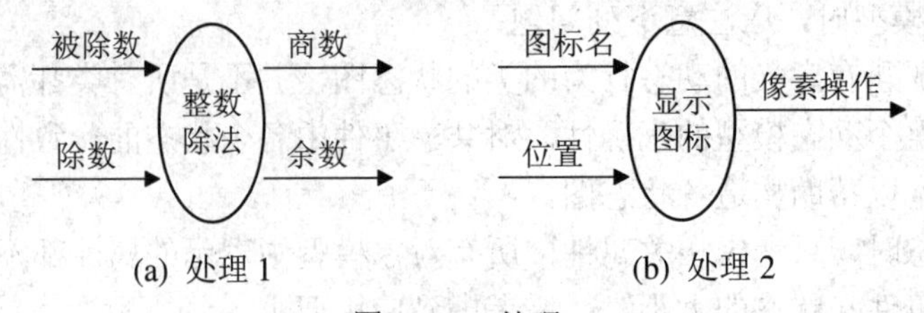

(a) 处理 1　　(b) 处理 2

图 11.20 处理

3. 数据流

数据流图中的数据流将对象的输出与处理、处理与对象的输入、处理与处理联系起来，在一个计算中，用数据流来表示中间数据值，数据流不能改变数据值。

数据流用箭头来表示，方向从数据值的产生对象指向接收对象。箭头上方标注该数据流的名字。

数据流图边界上的数据流是图的输入/输出流，这些数据流可以与对象相关，也可以不相关。图 11.20(b)的输入流是图标名和位置，该输入流的产生对象应在上一层数据流图中说明。该图的输出流为像素操作，接收对象是屏幕缓冲。

4. 动作对象

动作对象是一种主动对象，它通过生成或者使用数据值来驱动数据流图。动作对象为数据流图的输入/输出流的产生对象和接收对象，位于数据流图的边界，作为输入流的源点或输出流的终点。

动作对象用长方形表示，说明它是一个对象，动作对象和处理之间的箭头线表明了该图的输入/输出流。图 11.19 的屏幕缓冲是一个使用像素操作的动作对象。

5. 数据存储

数据流图中的数据存储是被动对象，它用来存储数据。与动作对象不一样，数据存储本身不产生任何操作，它只响应存储和访问数据的要求。

数据存储用二条平行线段来表示，线段之间写明存储名。输入箭头表示更改所存储的数据，如增加元素，更改数据值，删除元素等；　输出箭头表示从存储中查找信息。

动作对象和数据存储都是对象，它们的行为和用法不同，应区别这两种对象。数据存储可以用文件来实现，而动作对象可用外部设备来体现。

有些数据流也是对象，尽管在许多情况下，它们只代表纯粹的值的含义。把对象看成是单纯的数值和把对象看成是包含有许多数值的数据存储，这两者是有差异的。在数据流图中，用空三角来表示产生对象的数据流。

6. 确定操作

数据流图中的处理最终必须用对象的操作来实现，各个最底层的原子处理就是一个操作，高层处理也可认为是操作。它具有查询、动作、活动和访问重要的操作。

(1) 查询。查询是任何对象的外部可见状态无副作用的一种操作，是一种纯函数，查询操作是从对象模型路径中得来的。

(2) 动作。动作是某个时刻对象的操作。阐明动作的一种方法是使用算法来实现，通常很容易定义简单但不充分的算法。动作的描述清晰、无二义是十分重要的。

(3) 活动。活动是占用时间的对象的操作，由于活动需要时间，则活动本身就具有副作用。活动只对动作对象有意义。

(4) 访问。访问操作是用来读写对象属性值的。在分析时不必列出或确定访问操作，但在设计时，访问操作可直接从对象模型中类的属性和联系中得到。

11.3　系 统 分 析

OMT 方法的第一步是系统分析，系统分析的目的是对客观世界的系统进行建模，为了做到这种模型化，必须调查所有需求，分析所有需求的实质含义，并重新严格定义。本节以上面介绍的建模概念为基础，结合“银行网络系统”的具体示例来构造客观世界问题的准确、严密的分析模型。

分析模型有三种用途：

(1) 用来明确问题需求；

(2) 为用户和开发人员提供明确需求；

(3) 为用户和开发人员提供一协商的基础，作为后继的设计和实现的框架。

11.3.1 系统分析概述

系统分析的过程如图 11.21 所示。

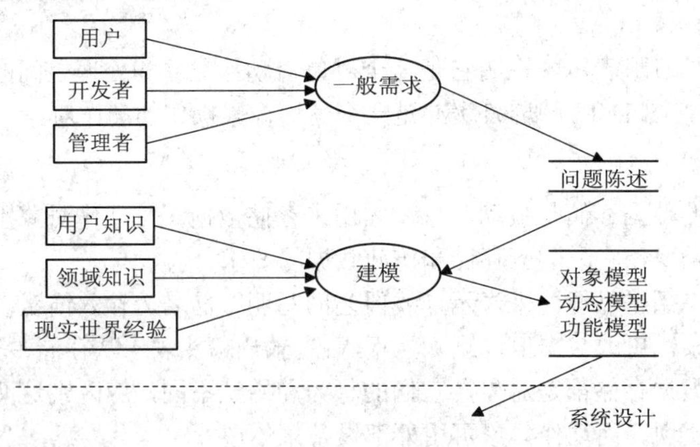

图 11.21 系统分析过程

由图 11.21 可以看出，系统分析开始于用户和开发者对问题的陈述。该陈述可能是不完整的或不正确的，分析可以使陈述更精确并且提示了陈述的二义性和不一致性。问题的陈述不可能是一成不变的，它应该是细化实际需求的基础。

然后是建模。理解问题陈述中描述的客观世界，将问题的本质属性抽象成模型表示。分析模型应该是问题的精确而又简洁的表示，后继的设计阶段必须参考模型的内容，而且开发早期的错误可以通过分析模型来修正。

分析不可能按照严格顺序来执行，大型模型需要反复构造，先构造模型的子集，然后扩充直至理解整个问题。分析并非是机械过程，大多数问题陈述缺少必要的信息。这种信息可从用户或从分析者问题域的背景中得到。分析者必须与用户接触、交流，目的是澄清二义性和错误概念。

11.3.2 问题陈述

开发任何系统的第一步都是陈述需求。问题陈述应该阐述“要干什么”，而不是“如何做”。它应该是需求的陈述，而不是解决问题的方法。

问题陈述可详细也可简略，传统问题的需求可相当详细。而对一个新领域的研究项目的需求可能缺少许多详情，但假设这种研究有一些目标，这样就可陈述清楚。

分析者必须同用户一块工作来提炼需求，因为这样才表示了用户的真实意图，其中涉及对需求的分析及查找丢失的信息。

下面以“银行网络系统”为例，用 OMT 方法进行开发。

银行网络系统问题陈述如下：

设计支持银行网络的软件，银行网络包括人工出纳和分行共享的自动出纳机。每个分理处用自己的计算机来保存各自的账户，处理各自的事务；各分理处的出纳站与分理处计算机通信，出纳站录入账户和事务数据；自动出纳机与分行计算机通信，分行计算机与拨款分理处结账，自动出纳机与用户接口接受现金卡，与分行系统通信完成事务，发放现金，打印数据；系统需要记录保管和安全措施；系统必须正确处理同一账户的并发访问；每个分理处为自己的计算机准备软件，银行网络费用根据顾客和现金卡的数目分摊给各分理处。图 11.22 给出银行网络的示意图。

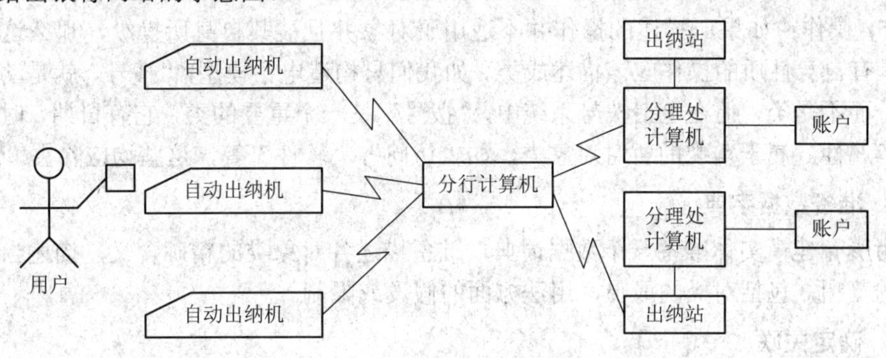

图 11.22　银行网络示意图

11.3.3　建立对象模型

建立对象模型，首先标识类和关联，因为它们影响了整体结构和解决问题的方法；其次是增加属性，进一步描述类和关联的基本网络，使用继承合并和组织类；最后将操作增加到类中去作为构造动态模型和功能模型的副产品。

1. 确定类

构造对象模型的第一步是标出来自问题域的相关对象类，对象包括物理实体和概念。所有类在应用中都必须有意义，在问题陈述中，并非所有类都是明显给出的，有些是隐含在问题域或一般知识中的。按图 11.23 所示的过程确定对象类。

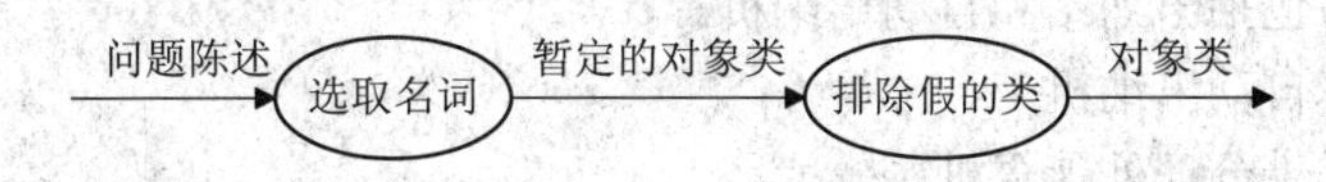

图 11.23　确定对象类

检查问题陈述中的所有名词，产生如下的暂时对象类：

软件	银行网络	出纳员	自动出纳机	分行
分理处	分理处计算机	账户	事务	出身站
事务数据	分行计算机	现金卡	用户	现金
收据	系统	顾客	费用	账户数据
访问	安全措施	记录保管		

根据下列标准，去掉不必要的类和不正确的类：

(1) 冗余类：若两个类表述了同一个信息，保留最富有描述能力的类，如“用户”和“顾客”就是重复的描述，因为“顾客”最富有描述性，因此保留它。

(2) 不相干的类：除掉与问题没有多少关系或根本无关的类。例如，摊派“费用”超出了银行网络的范围。

(3) 模糊类：类必须是确定的，有些临时类边界定义不对，或范围太广，如“记录保管”为模糊类，它是“事务”中的一部分。在银行网络中，模糊类有“系统”、“安全措施”、“记录保管”及“银行网络”等，应删除。

(4) 属性：如果某一性质的独立性很重要，就应该把它归属到类，而不是属性。有些候选类是属性，如“账户数据”、“收据”、“现金”及“事务数据” 属于属性，也应删除。

(5) 操作：如果所描述的操作并不适用于对象并且被其自身所操纵，那么这一定不是类，具有自身性质的操作应该描述成类。如我们只构造电话模型，“拨号”就是动态模型的一部分而不是类，但在电话拨号系统中，“拨号”是一个重要的类，它有日期、时间及受话地点等属性。属于实现的暂时对象类，如“访问”，“软件”等，这些均应除去。

2. 准备数据字典

为所有建模实体准备一个数据词典，准备描述各对象类的精确含义，描述当前问题中的类的范围，包括对类的成员、用法方面的假设或限制。

3. 确定关联

两个或多个类之间的相互依赖就是关联，一种依赖表示一种关联，可用各种方式来实现关联，但在分析模型中应删除实现的考虑，以便设计时更为灵活。

关联常用描述性动词或动词词组来表示，其中有物理位置的表示、传导的动作、通信、所有者关系及条件的满足等。从问题陈述中抽取所有可能的关联表述，把它们记下来，但不要过早去细化这些表述。

下面是银行网络系统示例中所有可能的关联，大多数是直接抽取问题中的动词词组而得到的。在陈述中，有些动词词组表述的关联是不明显的，还有一些关联与客观世界或人的假设有关，必须同用户一起核实这种关联，因为这种关联在问题陈述中找不到。

1) 银行网络系统问题陈述中的关联

银行网络系统问题陈述中的关联如下所示：

(1) 银行网络包括出纳站和自动出纳机。

(2) 分行共享自动出纳机。

(3) 分理处提供分理处计算机。

(4) 分理处计算机保存账户。

(5) 分理处计算机处理账户支付事务。

(6) 分理处拥有出纳站。

(7) 出纳站与分行计算机通信。

(8) 出纳员为账户录入事务。

(9) 自动出纳机接受现金卡。

(10) 自动出纳机与用户接口。

(11) 自动出纳机发放现金。

(12) 自动出纳机打印收据。

(13) 系统处理并发访问。

(14) 分理处提供软件。

(15) 费用分摊给分理处。

2) 隐含的动词词组

隐含的动词组如下所示：

(1) 分行由分理处组成。

(2) 分理处拥有账户。

(3) 分行拥有分行计算机。

(4) 系统提供记录保管。

(5) 系统提供安全。

(6) 顾客有现金卡。

3) 基于问题域的知识

基于问题域的知识如下所述：

(1) 分理处雇用出纳员。

(2) 现金卡访问账户。

4) 去掉不必要和不正确的关联

使用下列标准去掉不必要和不正确的关联：

(1) 若某个类已被删除，那么与它有关的关联也必须删除或者用其他类来重新表述。在例中，删除了“银行网络”，相关的关联也要删除。

(2) 删除不相干的关联或实现阶段的关联。删除所有问题域之外的关联或涉及实现结构中的关联，如“系统处理并发访问”就是一种实现的概念。

(3) 删除瞬时事件。关联应描述应用域的结构性质而不是瞬时事件，因此应删除“自动出纳机接受现金卡”,“自动出纳机与用户接口”等。

(4) 删除派生关联，省略那些可以用其他关联来定义的关联。因为这种关联是冗余的。银行网络的初步对象图如图 11.24 所示，其中含有关联。

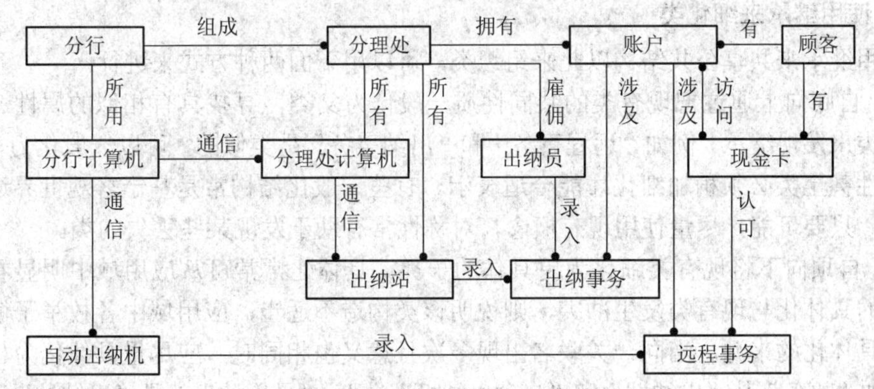

图 11.24　银行网络系统的初始对象图

4. 确定属性

属性是个体对象的性质，属性通常用修饰性的名词词组来表示。形容词常表示具体的可枚举的属性值，属性不可能在问题陈述中完全表述出来，必须借助于应用域的知识及对客观世界的知识才可以找出它们。

只考虑与具体应用直接相关的属性，不要考虑那些超出问题范围的属性；找出重要属性，避免那些只用于实现的属性，要为各个属性取有意义的名字。

按下列标准删除不必要的和不正确的属性：

(1) 对象：若实体的独立存在性比它的值重要，那么这个实体不是属性而是对象。如在邮政目录中，“城市”是一个属性，然而在人口普查中，“城市“则被看作是对象。在具体应用中，具有自身性质的实体一定是对象。

(2) 限定词：若属性值固定下来后能减少关联的重数，则可考虑把该属性重新表述为一个限定词。如银行码、站代码及雇员号等是限定词，不作为属性。

(3) 内部值：若属性描述了对象的非公开的内部状态，则应从对象模型中删除该属性。

(4) 细化：在分析阶段应忽略那些不可能对大多数操作有影响的属性。

图 11.25 给出了银行网络系统对象模型的属性。

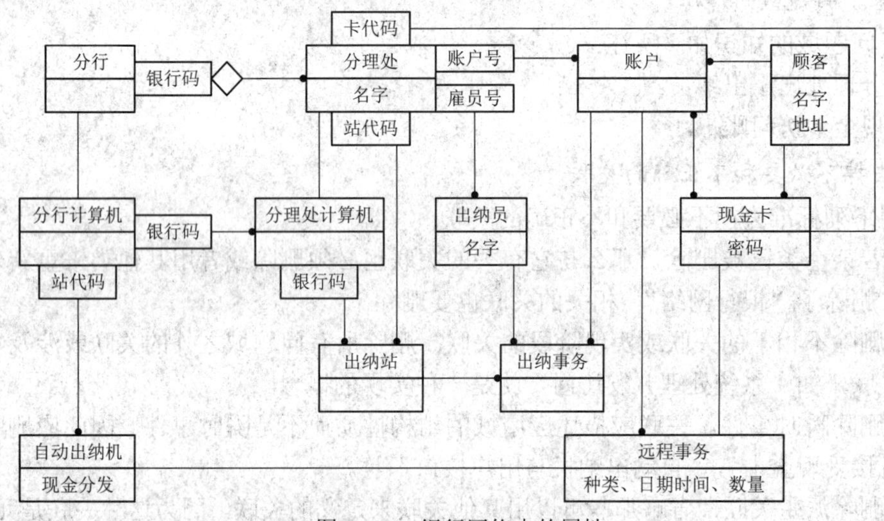

图 11.25 银行网络中的属性

5. 使用继承来细化类

使用继承来共享公共结构以此来组织类，可以用下面两种方式来进行：

(1) 自底向上通过把现有类的共同性质一般化为父类，寻找具有相似的属性、关联或操作的类来发现继承。例如“远程事务”和“出纳事务”是类似的，可以一般化为“事务”。有些属性甚至类必须稍加细化才能合适表示。有些一般化结构常是基于客观世界边界的现有分类，只要可能，尽量使用现有概念，对称性常有助于发现某些丢失的类。

(2) 自顶向下将现有类细化为更具体的子类。具体化常常可从应用域中明显看出来。若假设的具体化与现有类发生冲突，则说明该类构造不适当，应用域中各枚举子情况是最常见的具体化的来源。当同一关联名出现多次且意义也相同时，应尽量具体化为相联系的类，例如“事务”从“出纳站”和“自动出纳机”进入，“录入站”就是“出纳站”和“自动出纳机”的一般化。在类层次中，可以为具体的类分配属性和关联。各属性和关联都应该分配给最一般的合适的类，有时也加上一些修正。对称性更清楚地区分了各子类的添加属性。

图 11.26 给出了加入继承后的银行网络系统的对象模型。

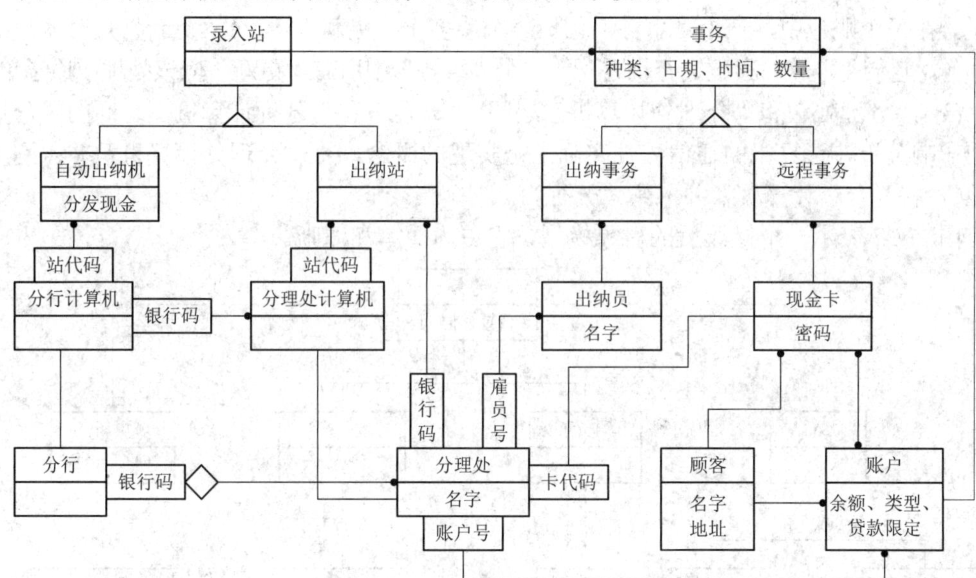

图 11.26　带有属性和继承的对象模型

6. 完善对象模型

对象建模不可能一次就能保证模型是完全正确的，软件开发的全过程就是一个不断完善的过程。模型的不同组成部分多半是在不同阶段完成的。若发现模型的缺陷，就必须返回到前面阶段去修改。有些细化工作是在动态模型和功能模型完成之后才开始进行的。

1) 几种可能丢失对象的情况及解决办法

关联和一般化中出现不对称性，则可通过下面的类推增加新的类：

(1) 同一类中存在毫无关系的属性和操作，则分解这个类，使各部分相互关联。

(2) 一般化体系不清楚，则可能分离扮演两种角色的类。

(3) 存在无目标类的操作，则找出并加上失去的目标类。

(4) 存在名称及目的相同的冗余关联，则通过一般化创建丢失的父类，把关联组织在一起。

2) 查找多余的类

若类中缺少属性、操作和关联，则可删除这个类。

3) 查找丢失的关联

若丢失了操作的访问路径，则加入新的关联以回答查询。

4) 修改

针对银行网络系统的具体情况作如下的修改：

(1) 现金卡有多个独立的特性。把它分解为两个类：卡片权限和现金卡。卡片权限是银行用来鉴别用户访问权限的卡片，表示一个或多个用户账户的访问权限；各个卡片权限对象中可能具有好几个现金卡，每张都带有安全码、卡片码，它们附在现金卡上，表示银行的卡片权限。

现金卡是自动出纳机得到标识码的数据卡片，它也是银行代码和现金卡代码的数据载体。

(2) “事务”不能体现对账户之间传输描述的一般性，因为它只涉及一个账户。一般来说，在每个账户中，一个“事务”包括一个或多个“更新”，一个“更新”是对账户的一个动作，它们是取款、存款、查询之一。一个“事务”中所有“更新”应该处理成原子单元。

(3) “分理处”和“分理处计算机”之间、“分行”和“分行计算机”之间的区分似乎并不影响分析，计算机的通信处理实际上是实现的概念，将“分理处计算机”并入到“分理处”，将“分行计算机”并入到“分行”。

图 11.27 表示一个修改后的对象模型，它更为简单和清晰。

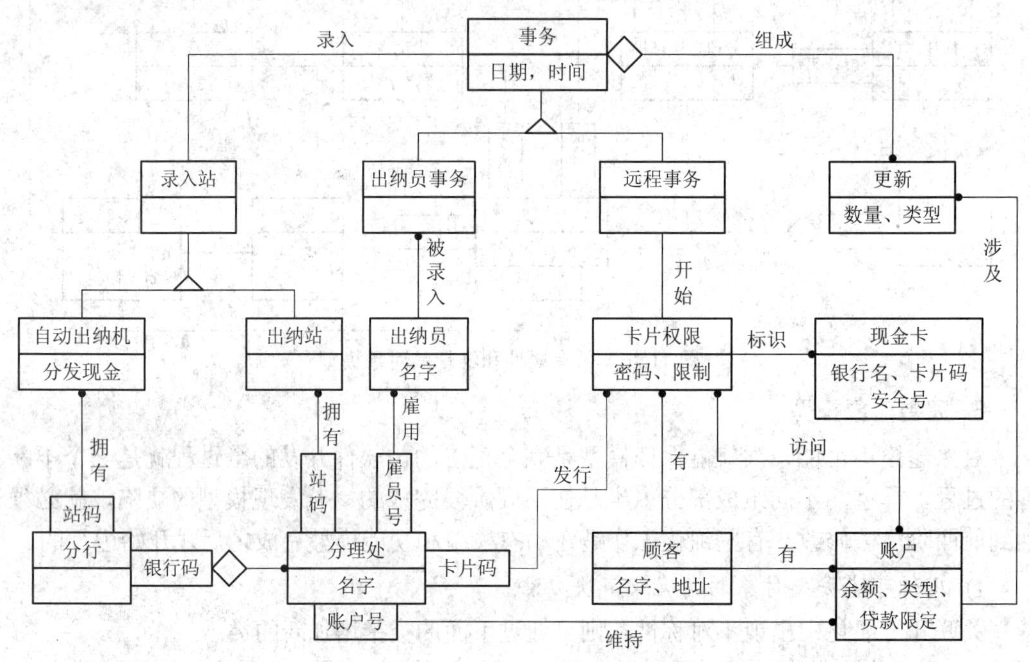

图 11.27 修改后的银行网络的对象模型

7. 将类组合成模块

将类组合成表和模块。对象模型图可以分成多张同样大小的表，目的是方便画图、打印和观看。紧耦合的类应该组合在一起，但由于一张表的容量有限，有时需要人为地拆开。模块是类的集合，该集合反映了整个模型的一些逻辑分集，例如计算机操作系统的模型可包括过程控制、设备控制、文件管理和内存管理等几个模块，模块的大小可以变化。

各个关联一般在一张表中反映，但某些类为了联结不同的表，必须多次表示出来，这时要寻找分割点，若某个类是两个分离的对象模型的唯一连接，则这两张表或模块间建筑了一道桥梁。

常用“星状”模式来组织模块，单元核心模块包含高层类的顶层结构，其他模块将各高层类扩展成一般化层次，并对低层类增加联系。

在银行网络系统的示例中，由于模型较小，不需要分解成模块，但它可作为进一步的详细模型的核心。

11.3.4 建立动态模型

动态分析从寻找外部可见的模拟和响应事件开始，确定各对象的可能事件的顺序。在分析阶段不考虑算法的执行，它是实现模型的一部分。

建立动态模型的步骤如下：

第一步，准备典型的对话脚本；

第二步，从脚本中抽取事件，把它与其目标对象联系起来；

第三步，组织事件的顺序和状态，用状态图来表现；

第四步，比较各个不同对象的状态图，确保事件之间的匹配。

1. 准备脚本

考虑用户和系统之间的一个或多个典型对话，对目标系统的行为有个认识，脚本中应表现重要的交互行为，通过脚本来逼近动态模型。有时问题陈述中描述了完整的交互过程，但还要构思交互的形式。银行网络系统的问题陈述表明了需从用户处获得事务的数据，但确切需要什么参数，动作顺序是如何等还是模糊的。

首先为“正常”情况准备脚本，然后考虑“特殊”情况，最后考虑用户出错情况。还必须考虑各种建立在基本交互行为之上的交互，如帮助要求及状态查询等。

脚本是事件序列，每当系统中的对象与外部用户发生互换信息时，就产生一个事件，所互换的信息值就是该事件的参数。对于各事件，应确定触发事件的动作对象和该事件的参数。屏幕布局和输出格式一般不影响交互行为的逻辑或所互换的信息值，对初始动态模型不必考虑其输出格式。对银行网络系统的示例，有正常的脚本和例外的脚本。

1) 正常的脚本

正常的脚本步骤如下所示：

(1) 自动出纳机要求用户插入卡片；用户插入现金卡。

(2) 自动出纳机接受卡片并读出它的安全号。

(3) 自动出纳机要求密码，用户键入密码“4011”。

(4) 自动出纳机与分行确认安全号和密码；分理处检查它并通知承兑的自动出纳机。

(5) 自动出纳机要求用户选择事务类型(取款、存款、转让、查询)，用户选择取款。

(6) 自动出纳机要求现金数量；用户输入$100。

(7) 自动出纳机要求分行处理事务；分行把要求传给分理处，确认事务成功。

(8) 自动出纳机分发现金并且要求用户取现金；用户取现金。

(9) 自动出纳机询问用户是否想继续；用户指出不继续。

(10) 自动出纳机打印数据，退出卡，并请求用户取出它们；用户拿走收据和卡。

(11) 自动出纳机请求用户插入。

2) 例外的脚本

例外的脚本步骤如下所示：

(1) 自动出纳机请求用户插入卡；用户插入现金卡。

(2) 自动出纳机接受卡并读它的安全号。

(3) 自动出纳机要求键入密码；用户键入“9999”。

(4) 自动出纳机与分行确认安全号和密码，在咨询分理处后拒绝它。

(5) 自动出纳机指示密码错并请求再键入；用户键入“4011”，分行确认成功。

(6) 自动出纳机请求用户选择事务类型；用户选择取款。

(7) 自动出纳机请求键入现金数量；用户改变选择并键入“CANCEL”（取消）。

(8) 自动出纳机退出卡并且请求用户拿走卡；用户取出卡。

(9) 自动出纳机请求用户插入卡。

2. 确定事件

检查所有脚本以确定所有外部事件，事件包括所有来自或发往用户的信息、外部设备的信号、输入、策略、中断、转换和动作，使用脚本可以发现正常事件，但不要遗漏条件和异常事件。

将各种类型的事件放入发送它和接收它的对象中，事件对发送者是输出事件，但对接收者则是输入事件。有时对象把事件发送给自身。这种情况下事件既是输出事件也是输入事件。

3. 准备事件跟踪表

把脚本表示成一个事件跟踪表，即不同对象间的事件排序表，对象为表中的列，若同一类中的多个对象存在于这个脚本中，则给每一个对象分配一个独立的列。图 11.28 给出了银行网络系统脚本的事件跟踪表。图 11.29 给出了银行网络系统的事件图，它给出类之间的所有事件。事件图是对象图的一个动态对照，对象图中路径反映了可能的信息流，而事件图反映了可能的控制流。

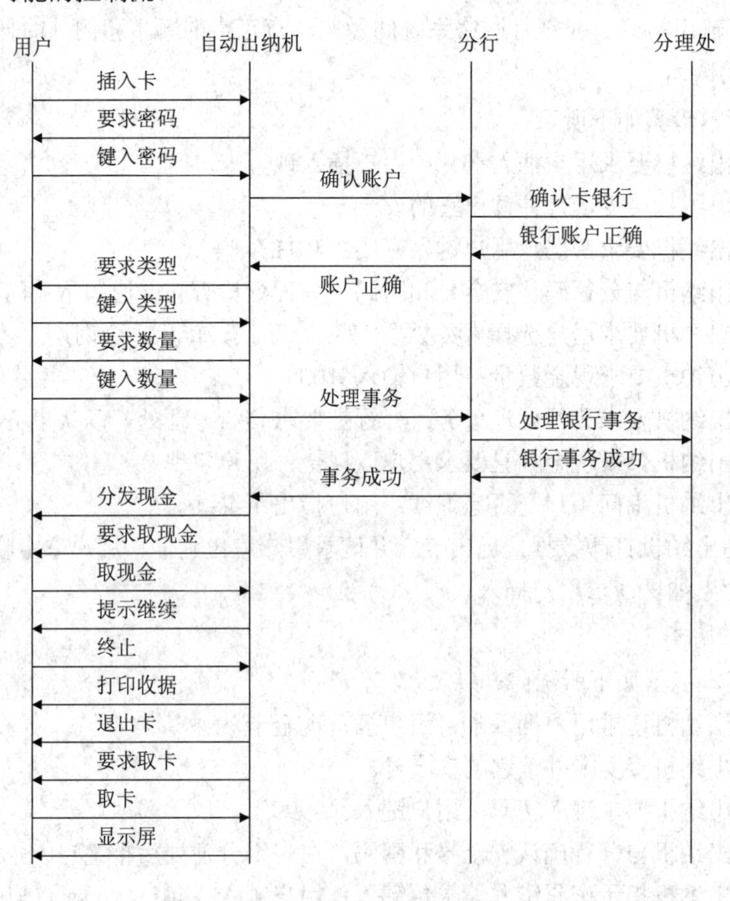

图 11.28 银行网络系统脚本的事件跟踪表

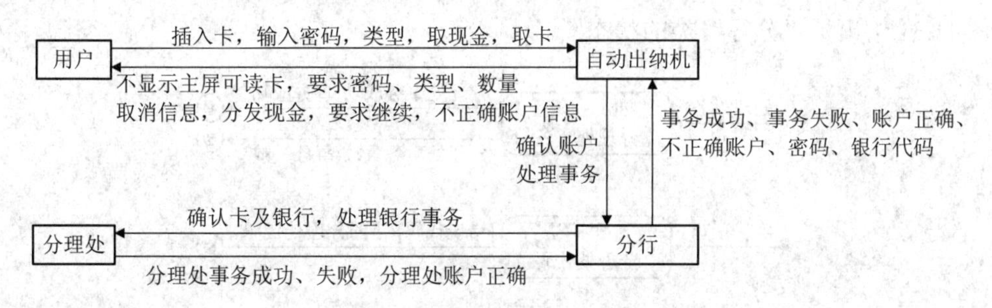

图 11.29　银行网络系统的事件图

4. 构造状态图

对各对象类建立状态图，反映对象接收和发送的事件，每个脚本或事件跟踪都对应于状态图中的一条路径。

1) 从影响建模的类的事件跟踪图入手

选择一条路径，该路径描述了一种典型的交互并且只考虑那些影响单个对象的事件，把这些事件放入一条路径，路径的弧用跟踪图上某列的输入/输出事件来标识，两个事件之间的间隔就是一个状态，给每个状态起名字，名字是有意义的，这张初始图就是事件和状态的一个序列。

2) 从图中找循环

如果事件序列无限地重复，则构成一个循环。可能使用有限的事件序列取代循环。

3) 把其他脚本合并到状态图中

在各脚本中先找到一点，它是以前脚本的分歧点，这个点对应于图中一个现有状态。将新事件序列并入到现有状态中作为一条可选路径。

例如某事务正在处理时，要求取消该事务，有时当用户可能无法迅速响应并且必须收回某些资源时，就会出现这种情况。

在银行网络系统示例中，自动出纳机、出纳站、分行和分理处对象都是动作对象。用来互换事件，而现金卡、事务和账户都是被动对象，不交换事件，顾客和出纳员都是动作对象，他们同录入站的交互作用已经表示出来了。但顾客和出纳员对象都是系统外部的因素，不在系统内部实现。

图 11.30 给出了自动出纳机的状态图。

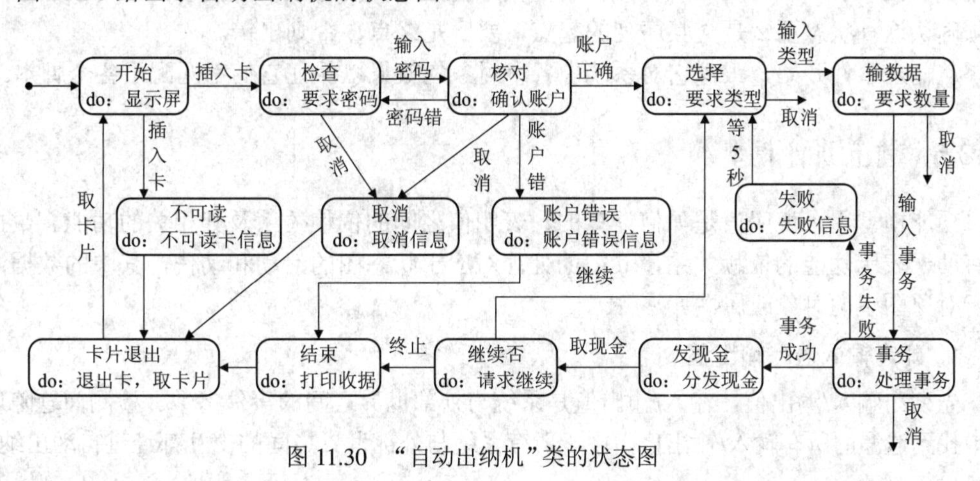

图 11.30　“自动出纳机”类的状态图

图 11.31 给出了“分行”类的状态图。

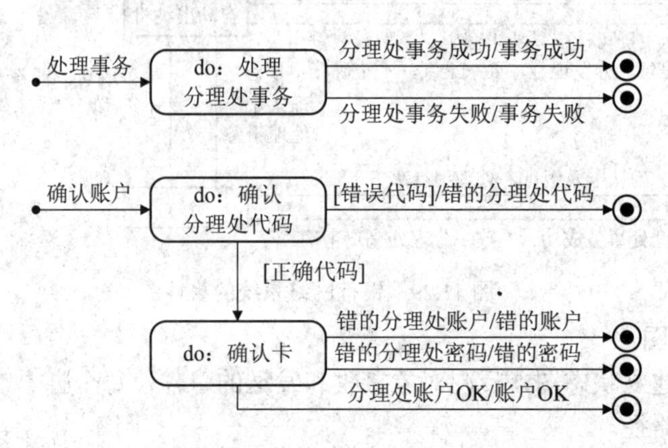

图 11.31 “分行”类的状态图

图 11.32 给出了“分理处”类的状态图。

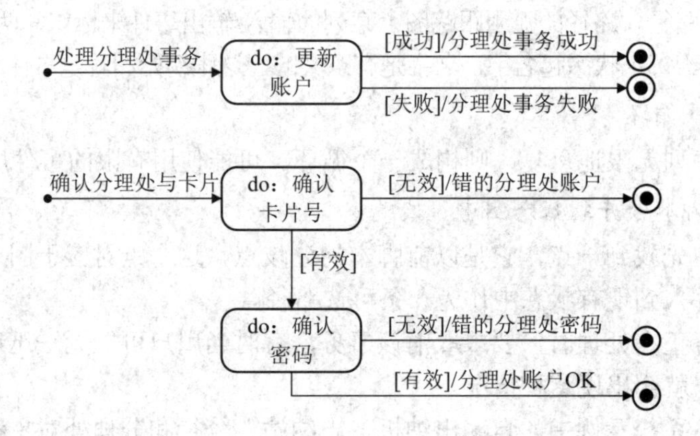

图 11.32 “分理处”类的状态图

5. 事件匹配

当多个类的状态图完成之后，要检查系统上的完整性和一致性，每一事件都应有一个发送者和接收者。有时发送者和接收者是同一对象，无前驱或后续的状态应该引起重视，必须确认这种状态要么是交互序列的起点，要么是终点，否则出错。

从输入事件开始，跟踪它对系统中各个对象的效果以保证它们都匹配于各个脚本。

11.3.5 建立功能模型

功能模型用来说明值是如何计算的，表明值之间的依赖关系及其相关的功能。数据流图有助于表示功能的依赖关系，其中的处理对应于状态图的活动和动作，其中的数据流对应于对象图中的对象或属性。

1. 确定输入值、输出值

先列出输入/输出值，输入/输出值是系统与外部世界之间的事件参数。检测问题陈述，从中找到遗漏的所有输入/输出值。由于所有系统与外部世界之间的交互都经过自动出纳机，因而所有输入/输出值都是自动出纳机事件的参数。图 11.33 给出了自动出纳机的输入/输出值。

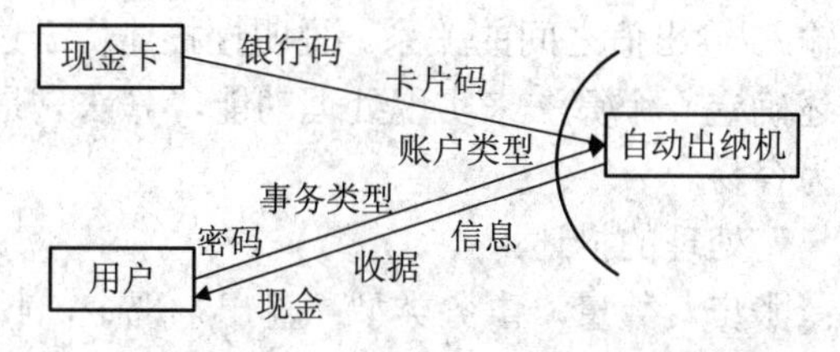

图 11.33　自动出纳机输入/输出值

2. 建立数据流图

数据流图说明输出值是怎样从输入值得来的，数据流图通常按层次组织，最顶层由单个处理组成，也可由收集输入、计算值及生成结果的一个综合处理构成。图 11.34 给出了自动出纳机的顶层数据流图。

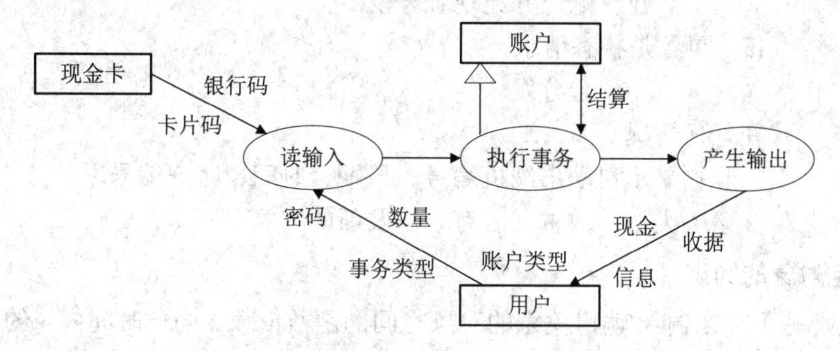

图 11.34　自动出纳机顶层数据流图

将顶层图中的处理扩展成更低层次的数据流图。如果第二层次图中的处理仍包含一些可细化的处理，它们还可递归扩展，图 11.35 是图 11.34 中的“执行事务”处理的扩展。

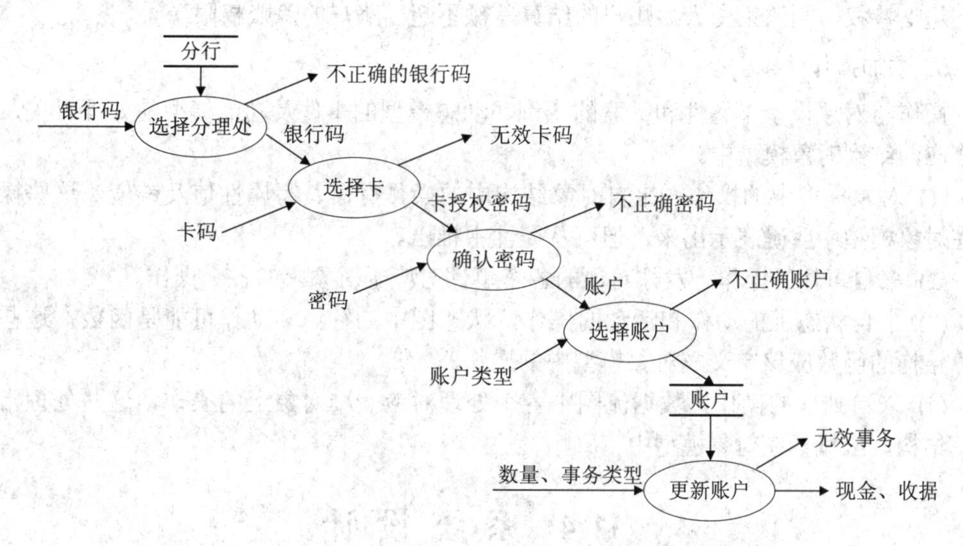

图 11.35　自动出纳机“执行事务”处理的数据流图

3. 描述处理

当数据流图已细化到一定程度后，对各处理进行描述，描述的方式用自然语言、伪码及判定树等，描述可以是说明性的或过程性的。

说明性描述确定了输入/输出值之间的关系。说明性描述优于过程性描述，因为它隐含实现的考虑。过程性描述确定一个算法来实现处理功能，算法只是用来确定处理干什么。过程性描述实现起来较为容易。

下面给出“更新账户”处理的描述：

更新账户处理输入：账户，数量，事务类型；输出：现金，收据，信息

IF 取款数目超过当前账户结算，
  退出事务，不发现金
IF 取款数目不超过当前账户结算，
  记账并分发要求的现金
IF 事务是存款，
  建立账户并无现金分发
IF 事务是状态请求，
  无现金分发
在任何情况
  收据显示自动出纳机编号、日期、时间、账户编号，
  事务类型，数量（若有）以及新的结算

4. 确定对象的约束

约束是那些不存在输入/输出关系的对象之间的函数依赖。同一时间内，约束可以出现于两个对象中，约束也可出现在一个对象不同时间中，或不同时间的不同对象中。函数的前置条件是输入值必须满足的约束，而后置条件则是输出承受的约束。

在银行网络系统的示例中存在一个约束为“账户结算的差额不能为负值”，如果给账户加上超支特权，则约束变为“账户的结算差额不超出账户的赊账权限”。

5. 添加操作

操作与对象模型中属性和关联的查询、动态模型的事件及功能模型的处理有关，关键操作应归结到对象模型中。

(1) 对象模型中的操作。来自对象结构中的操作有读、写属性值及链值。这些操作没有在对象模型中明确表示出来，但可从属性中推出。

(2) 来自事件的操作。发往对象的各个事件对应于对象上的各个操作。

(3) 来自状态上的动作和活动的操作，状态图中的行为和动作可能是函数，这些具有计算结构的函数应该定义成对象模型中的操作。

(4) 来自处理的操作。数据流图中各个处理对应一个对象上的操作，这些处理常具有计算结构，应概括在对象模型中。

11.4 系统设计

系统设计是问题求解及建立系统的高级策略，它包括系统的分解、系统的固有并发性、子系统分配给硬软件、数据管理、资源协调及软件控制实现等。

11.4.1　系统设计过程

设计阶段先从高层入手，然后细化。系统设计要决定整体结构及风格，这种结构为后面设计阶段的更详细的策略设计提供了基础。

1. 系统分解

系统中主要的组成部分称为子系统，子系统既不是一个对象也不是一个功能，而是类、关联、操作、事件和约束的集合。每次分解的各子系统数目不能太多，最底层子系统称为模块。

1) 子系统之间的关系

子系统之间的关系可以分为“客户/服务器”关系和同等关系两类。

在“客户/服务器”关系中，客户调用服务器，执行了某些服务，返回结果。客户必须了解服务器的接口，但服务器并不知道其他客户的接口，因为所有交互都是由使用服务器接口的客户来驱动的。

在同等关系中，各子系统都有可能调用其他子系统，子系统之间的通信不一定紧跟着一个即时响应。同等关系的交互更复杂，因为各子系统相互了解对方的接口。由于存在通信环路，造成理解上的困难，并容易造成不易察觉的设计结果，因此尽可能使用“客户/服务器”关系。

2) 系统组织

从系统到子系统的分解可以组织成水平的层次结构或垂直的块结构。

(1) 层次结构是真实世界的有序集，上层部分建立在下层的基础上，下层为上层提供了实现的基础，各层上的对象是独立的，而不同层次上的对象常有相互关系。

层次结构又分封闭式和开放式。在封闭式结构中，各层只根据其直接的低层来建立，这种方式减少了各层之间的依赖，修改起来更为容易。因为某层次的接口只影响紧跟的下一层，在开放式结构中，层可以使用其任何深度的任何低层的性质。这种方式减少了各层上重新定义操作的需求，但没有遵守信息隐蔽原则，任何对子系统的变更都会影响到更高层的子系统。

通常问题陈述中只说明了顶层和底层的内容。顶层是目标系统，底层是一些可用资源，如硬件、操作系统及数据库等。两者差别太大，应引入中间层次来弥补不同层次之间的概念差别。

(2) 块结构是将系统垂直分解成几个独立的或弱耦合的子系统，一个块提供一种类型的服务，运用层次和块的各种可能的组合，可将系统成功地分解成多个子系统，层次可以分块，而块也可以分层。图 11.36 表示典型应用的块图，涉及交互图形的模拟，大多数的系统要求混合地采用层次和块的结构。

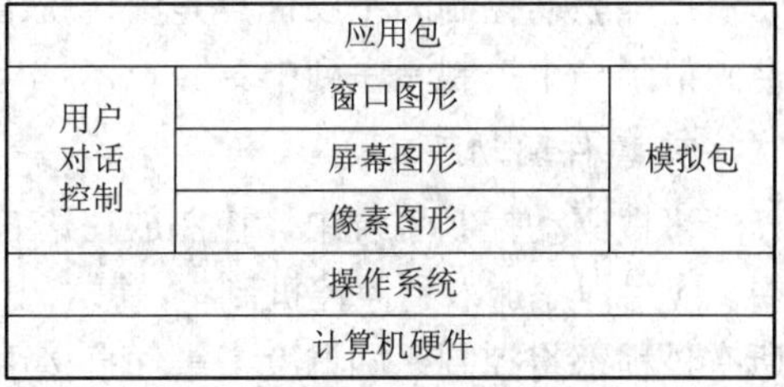

图 11.36　典型应用的块图

2. 确定并发性

分析模型、现实世界及硬件中的所有对象均是并发的。系统设计的一个重要目标就是确定哪些对象必须是同时动作的对象及哪些对象是互斥的对象，后者可放在一起，综合成单个控制线或任务。

3. 处理器及任务分配

各并发子系统必须分配给单个硬件单元，要么是一个一般的处理器，要么是一个具体的功能单元，必须完成下面的工作：

(1) 估计性能要求和资源需求。

(2) 选择实现子系统的硬软件。

(3) 将软件子系统分配给各处理器以满足性能要求和极小化处理器之间的通信。

(4) 决定实现各子系统的各物理单元的联结。

4. 数据存储管理

系统中的内部数据存储是子系统和友好性接口之间的清晰分界点。通常各数据存储可以将数据结构、文件及数据库组合在一起，不同数据存储在费用、访问时间、容量及可靠性之间作出折衷考虑。

5. 全局资源的处理

必须确定全局资源，并且制定访问全局资源的策略。全局资源包括物理资源(如处理器、驱动器等)、空间(如盘空间、工作站屏幕等)、逻辑名字(如对象标识符、类名及文件名等)。

如果资源是物理对象，则通过建立协议可实现对并发系统的访问，达到自身控制；如果资源是逻辑实体(如对象标识符，在共享环境中有冲突访问的可能，独立的事务可能同时使用同一个对象标识符)，则各个全局资源都必须有一个保护对象，由保护对象来控制对该资源的访问。

6. 选择软件控制机制

软件系统中存在外部控制与内部控制。外部控制是系统中对象之间外部事件的事件流，有三种外部事件控制流：过程驱动序列、事件驱动序列及并发序列。所采用的控制风格取决于可用资源和应用中交互的模式。

1) 过程驱动序列

过程驱动的系统中，控制包含在程序代码中，程序要求外部输入并等待该输入，当输入到达后，程序中的控制就开始执行调用。

过程驱动控制的主要优点是用传统语言很容易实现，缺点是要求把对象中固有的并发性映射到一个控制流序列中。

2) 事件驱动序列

事件驱动控制系统中，控制放在语言、子系统或操作系统所提供的调度器或监控机制中。应用程序加入到监控机制中，每当出现对应的事件，就由调度机制来调用该应用程序，所有过程都将控制返回调度，事件直接由调度器处理。

事件驱动比过程驱动的控制模式更灵活，事件驱动模拟了单个多线事务中共同处理的过程，错误过程会阻塞整个应用，必须十分小心。

3) 并发序列

并发型系统中，控制并发存在于好几个独立对象中，每个对象均有一个独立任务，事件直接实现对象之间的单向消息，一个任务等待输入，而其他任务继续执行，操作系统通常为事件提供队列机制，目的是当事件到达而任务仍在执行时不致丢失事件。

4) 内部控制

内部控制是一个处理内部的控制流，它只存在于实现中，可将一个处理分解成好几个事务。它与外部事件不一样，内部传送的控制(如程序调用或事务调用等)都是在程序的控制之下，为方便起见可以结构化。

7. 边界条件的处理

设计中的大部分工作都与稳定的状态行为有关，但必须考虑边界条件：初始化条件、终止条件及失败处理。

1) 初始化

系统必须从静态初始状态出发才能到达一个持续稳定的状态，初始化包括常数、参数、全局变量、任务及保护对象等的初值设置。

2) 终止

终止通常比初始化简单，因为许多内部对象只是简单地被抛弃，任务应该释放所拥有的全部资源，在并发系统中，必须通知其他任务系统要终止了。

3) 失败

失败是系统的意外终止，失败可能由用户错误引起，也可能由于耗尽系统资源引起，还可能由系统错误引起。为了保持现存环境尽可能的清晰，最好为这种致命错误设计一个很合理的出口，即出错处理。

11.4.2　系统结构的一般框架

现有系统存在不少共同原型的结构框架，其中各框架都能很好地适合不同的系统。若某一应用具有类似的性质，则可以使用相应的框架来节省设计时间。

常见的系统种类有批变换、连续变换、交互式接口、动态模拟、实时系统和事务管理。有些总是需要新的结构形式，但大多数问题只是上述结构的变种，许多问题是多种结构形式的组合。

1. 批变换

批变换是一种从输入到输出的顺序处理。其中起点含输入，目标就是得出一个答案，它与外界不存在交互行为，这类结构的例子有标准计算问题、编译器等等。

批变换问题的动态模型太小或不存在，其对象模型既可简单也可复杂。批处理最重要的是功能模型，它表明输入值是如何传送给输出值的，特别强调数据流图的功能分解，编译器是带有复杂数据结构的批处理结构的例子，图 11.37 是编译器的数据流图。

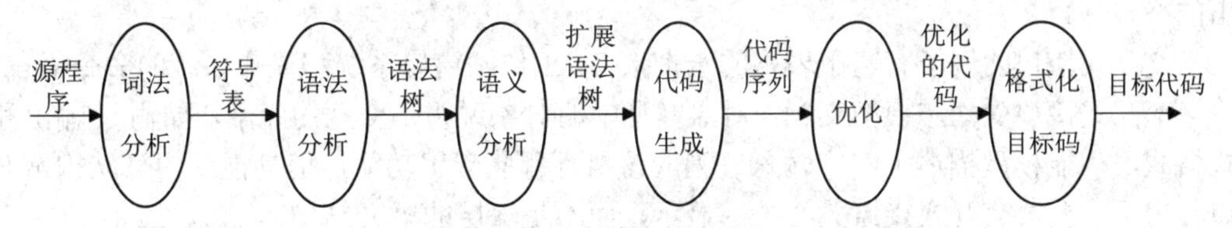

图 11.37　编译器的数据流图

设计批变换有如下步骤：

(1) 将整个变换分解为多个阶段，每个阶段执行一种变换。可直接从功能模型得到系统图。

(2) 为两个相邻阶段之间的数据流定义中间对象类，各阶段只了解一方对象及自身的输入/输出流。各个类都构成了一个一致的对象模型，这与相邻阶段的对象模型是松耦合相关的。

(3) 同样扩展各阶段直至操作可直接用来实现为止。

(4) 重新构造优化的最后管道。

2. 连续变换

连续变换是输出主动依赖于不断变化的输入，必须周期性地变更。它与批变换不同，批变换中的输出只计算一次，而连续变换中处于活动管道上的输出必须经常性地改变。由于严格的时间约束，每次一个输入改变时，整个输出集合不可能总是重新计算，相反总是增量计算新的输出值。连续变换的典型应用有信号处理、窗口系统和增量编译等。

功能模型和对象模型一起定义了要计算的值，这类应用的大多数结构都是稳定的数据流，而不是独立的交互，因此，动态模型不大。

连续变换用一个功能管道来实现有助于增量计算。输入值的各种增量变化的效果通过管道来传输。为了实现增量运算，可定义中间对象来保留中间值。连续变换设计过程如下：

(1) 画出系统数据流图：输入/输出活动对象对应于数据结构，数据结构中的值在不断变化，管道内的数据存储表示了影响输入/输出映射的参数。图 11.38 表示图形应用中的数据流图。

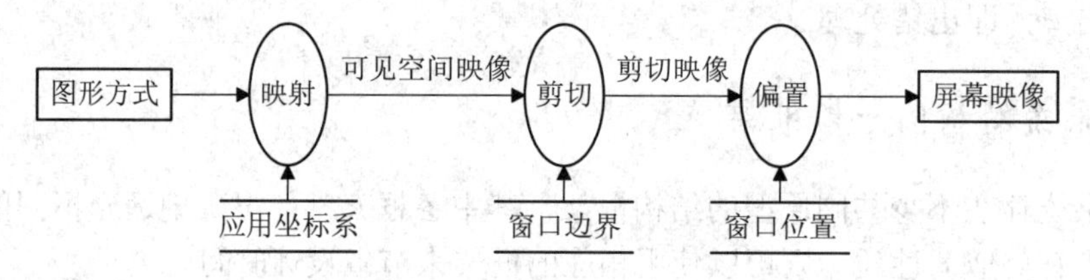

图 11.38 图形应用的数据流图

(2) 定义相邻阶段的中间对象，与批变换一样。

(3) 对各操作微分以得到各阶段的增量变化值，即将各阶段的增量影响传递给管道中的一个输入对象，作为增量变化的序列。例如，每当几何图形的位置改变，就需删除旧的图形，计算新的位置点，显示新的图形，其他图形未变不必重新计算。

3. 交互式接口

交互式接口是受系统和外部事物（人、设备等）之间交互行为支配的系统。外部事物独立于该系统，系统可以向外部事物要求响应。交互式接口通常只是一个完整应用的一部分，交互式接口涉及的主要问题是系统与外部事物之间的通信协议、可能的交互语义及输出的格式等。

交互式接口的例子有基于表格的查询接口、工作站窗口系统和操作系统的命令语言等。

交互式接口受动态模型支配，对象模型中的对象说明了交互的元素，如输入/输出和显式格式，功能模型描述了响应输入序列应该执行哪些应用功能，但功能的内部结构常对接口行为不重要，交互式接口关心外部显示，而不是深层的语义结构。

交互式接口设计过程如下：

(1) 从定义应用语义的对象中找出构成接口的对象。

(2) 如有可能，使用已定义的对象与外部事物交互，如已定义的窗口、菜单、按钮及表等其他的一些对象的集合，很容易在应用中使用这些对象。

(3) 使用动态模型作为系统的结构，使用并发控制或事件驱动控制来实现交互接口。

(4) 从逻辑事件中区分出物理事件。一个逻辑事件对应多个物理事件，如图形接口，既可从表中获得输入，也可从弹出菜单、功能键及命令序列获取输入。

(5) 完全确定由接口触发的应用功能，确认实现功能的信息已存在。

4. 动态模拟

动态模拟是对客观世界对象建模和跟踪，它涉及许多不同的对自身不断修改的对象。

动态模拟的例子有分子运动模型、经济模型及电子游戏等。

动态模拟的设计过程是：

(1) 从对象模型中确定动作对象、活动的客观对象。活动对象具有周期性变化的属性。

(2) 确定离散事件。离散事件与对象间的离散交互有关，离散事件可以用对象上的操作来实现。

(3) 确定连续依赖性。客观对象的属性相互依赖或随时间、高度及速率等不断变化。

(4) 通常模拟是受一定范围内的时序循环来驱动的。对象间的离散事件常随时序循环的变化而变化。

5. 实时系统

实时系统是一种交互系统，系统必须保证在绝对短的时间内作出响应。为了保证响应时间，必须决定和提供最坏实例的脚本，这样能够简化设计，因为最坏实例行为比普通实例行为来得容易。

实时系统的例子是过程控制、数据采集、通信设备和设备控制等。实时系统设计是复杂的，并且涉及中断处理、事务优先级及协调多个 CPU 等，实时系统的设计是一个专门课题。

6. 事务管理

事务管理系统是数据库管理系统的一个主要子系统，其中主要的功能是存储、处理和访问信息。信息从应用域中得到，大多数事务管理系统必须考虑多用户及并发性，一个事务处理或单个原子实体，不含其他事务的干预。事务管理的例子有管理信息系统、飞机订票系统等。在系统中，事务应考虑成不可分割的原子形式。其设计过程如下：

(1) 将对象模型直接映射到数据库中。

(2) 确定并发单元，即描述中规定不能共享的资源或“先天”就不能共享的资源，必要时引进新类。

(3) 确定事务单位，即一次事务中访问的资源等。

(4) 设计事务的并发控制。

11.4.3　银行网络系统结构

银行网络系统是集交互式接口和事务管理系统于一体的网络系统。录入站是交互式接口，它们的目的是通过与人的交互来收集构造事务处理所需的信息。录入站由对象模型和动态模型组成。分行和分理处主要是分布式事务管理系统，它们的目的是维护数据库信息，并且在控制条件下允许在分布式网络上多次修改该数据库。所确定的事务管理部分是组成对象的主要部分。

图 11.39 表示了银行网络系统的结构，其中有 3 个主要子系统：自动出纳机工作站、分行计算机和分理处计算机。其拓扑结构为星状，如图 11.40 所示。分行计算机同所有自动出纳机工作站、分理处计算机通信采用专用电话线连接，工作站码和银行码用来区分连向分行的电话线。

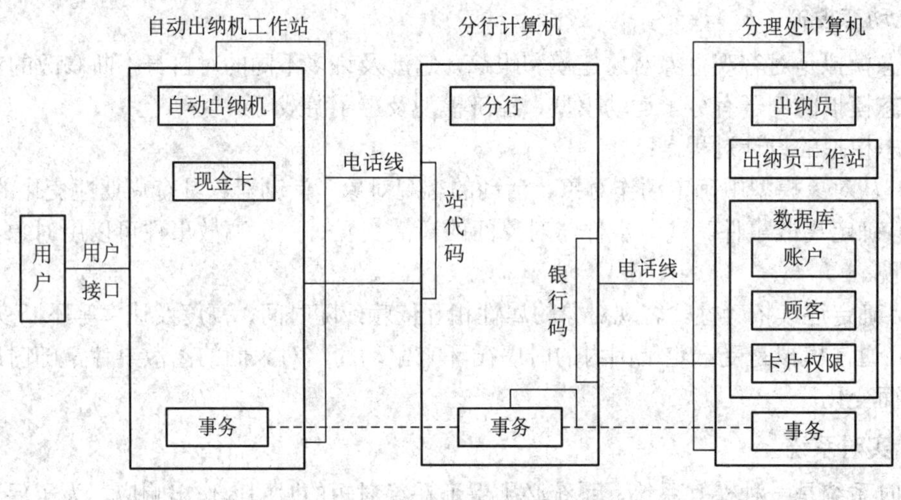

图 11.39 银行网络系统的结构

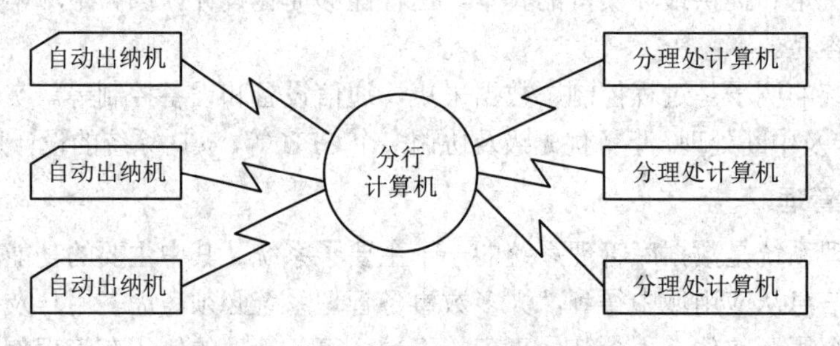

图 11.40 银行网络系统的拓扑结构

11.5 对象设计

对象设计要确定类、关联的完整定义以及接口的形式，实现操作方法的算法，实现必需的内部对象，并对数据结构和算法进行优化。

11.5.1 对象设计概述

对象设计中，必须按照系统设计中确定的设计策略进行设计，并完善相应的细节，设计工作的重心必须从强调应用域的概念转到强调计算机概念上来。分析中得到的对象可作为设计的框架，要选择相应的方法来实现这个框架。选择方法的标准是尽可能减少执行时间，占用内存少，开销小。分析中得到的类、属性和关联等都必须用具体的数据结构来实现，还必须引入新的类来存储中间结果，从而避免重复计算。

1. 对象设计基础

对象模型描述了系统中的对象、属性和操作，这些对象可直接引入到设计中，而对象设计要增加详情和制定实现策略，为提高效率必须增加多个新类。

功能模型描述系统必须实现的操作。对象设计时必须确定如何实现操作，为操作选择算法，将复杂操作分解成简单操作。算法和分解都是实现优化的重要手段。

动态模型说明系统是如何响应外部事件的，程序的主要控制结构来自于动态模型，要么显式实现程序控制，通过内部调度机制识别事件并把事件映射成操作调用，要么隐式实现程序控制，通过选择的算法按动态模型中确定的次序执行操作。

2. 对象设计的步骤

对象设计时应按下述步骤进行：

(1) 将三种模型结合起来以得到对象类。对象模型是对象设计的主要框架，必须将动态模型中的动作和活动以及功能模型中的处理转换成操作，加入到对象类中。

(2) 设计实现操作的算法。

(3) 优化数据访问路径。

(4) 实现外部接口的控制。

(5) 调整类结构以提高继承。

(6) 设计关联。

(7) 确定对象表示。

(8) 将类和关联集成到模块中。

11.5.2　算法设计

1. 算法设计步骤

功能模型中确定的各个操作都必须用算法来表示。算法设计按如下过程进行：

(1) 选择极小化开销的算法。

(2) 选择适用于该算法的数据结构。

(3) 定义必需的新的内部类和操作。

(4) 将操作响应赋给合适的类。

2. 选择算法

选择算法应考虑下列因素：

(1) 计算复杂度。

(2) 易实现，易理解。

(3) 灵活性好。

3. 选择数据结构

选择算法时涉及到选择算法使用的数据结构，许多数据结构的实现都是包容类的实例，大多数面向对象语言提供了基本数据结构，供用户自选组合定义。

4. 定义内部类和操作

在展开算法时，可能引入一些对象类，用来存放中间结果。在分解高层操作时也可引入新的低层操作。必须定义这些低层操作，因为大多数这类操作是外部不可见的。

5. 优化设计

效率低但语法正确的分析模型应该进行优化，其目的是使实现更为有效，但优化后的系统有可能会产生二义性且减少了可重用的能力，必须在清晰性和效率之间寻找一种适宜的折衷方案。

在优化设计时，必须考虑：

(1) 增加冗余关联，以减少访问开销，提高方便性。

(2) 为提高效率重新调整计算。

(3) 为避免复杂表达式的重计算而保留派生属性。

11.5.3 控制的实现

作为系统设计的一部分，应为动态模型的实现选择一种基本策略，而对象设计中必须实现这种策略。

实现控制有下述三种方法：

(1) 在程序中设置地址以存放状态(过程驱动)。

(2) 直接用状态机制实现(事件驱动)。

(3) 使用并发任务(并发序列)。

11.5.4 调整继承

随着对象设计的深入，常常要调整类及操作的定义以提高继承的数目。

1) 重新修正类及操作

有时可对多个类定义同一操作并且放在同一共同的祖先中，使子类可容易地继承。常见的情况是不同类的操作是相似的，但不相同，只需稍稍改动这种操作或类的定义就能使这些操作相互匹配。这些改动可以使用一个继承的操作覆盖它们。

2) 抽象出公共行为

在设计中，常增加新类和新操作，如果一个操作集合和属性集合看起来在两个类中重复过，则这两个类从更高抽象级角度看，很有可能是同一事物的特殊变种。

当找出公共行为后，应该创建一个公共超类来实现共享性质，把特殊性质放在子类中，这种对象模型的变换称为抽象公共超类的过程。

3) 使用委派来共享实现

当使用继承作为一种实现技术的时候，将某类作为其他类的属性及关联，使用这种较为安全方法也可获得同样的效果。用这种方法，某种对象可使用委派而不是使用继承，这样可有选择地唤醒另一个类所希望的函数功能。委派包括从某对象中得到一个操作并且把它发往另一个对象，后一个对象是前一个对象的一部分或与前一个对象有关，只有有意义的操作才能委派给后一个对象，因而不存在偶然继承了无意义的操作问题。

11.5.5 关联的设计

关联是对象模型的纽带，它提供了对象之间的访问路径。关联是用于建模和分析的概念实体，在对象设计时，要实现对象模型中的关联。

1. 关联的遍历

从抽象角度看，关联是双向的，但在有些应用中的关联是单向的。这种单向关联实现起来就比较简单，但应用的需求可能是变化的，将来在有可能增加新的操作时，该操作需从反向遍历这个过去的单向关联。

2. 单向关联

如果关联只是单向遍历，则可用指针来实现。指针是一个含有对象引用的属性。如果重数为一元的，则为一个简单指针；如果重数为多元的，则就是一个指针集合。

3. 双向关联

许多关联是双向遍历的，虽然各方向的遍历频度不是相等的。下列三种方法可实现双向关联：

(1) 只将一个方向用属性实现。当需要反向遍历时就执行一项查找，当两个方向的遍历的频度相差较大时，使用这种方法很有效。

(2) 双向均用属性实现。这种方法允许快速访问。

(3) 用独立的关联对象实现。该对象独立于关联中任何一个类，关联对象是一个相关对象对的集合。

本章小结

本章详细介绍了 OMT 方法的三个模型的基本概念、构成元素及图形表示，介绍了 OMT 方法的系统分析、系统设计、对象设计、实现的方法、步骤和过程。

OMT 方法所定义的概念和符号表示比较完整，可用于开发的分析、设计及实现的全过程，不必进行不同阶段的概念和符号转换。

OMT 方法使用了建模的思想，支持从三个不同的角度看待系统的观点，其中对象模型是最重要的模型，也是最基本的模型，它是动态模型和功能模型的框架。动态模型描述了系统的动态行为和控制结构。功能模型描述了系统的数据值的变换。可以从动态模型和功能模型中寻找操作，以便补充对象模型中类的操作。

OMT 方法围绕客观边界的对象或围绕用户对客观世界的映像来组织系统，需求中大部分的变化是针对功能的改变，而不是针对对象结构的。因此，这种变化对于过程的设计来说是灾难性的，对面向对象设计来说，只需要修改和增加一些操作就可以了，基本的对象结构并不发生变化。

OMT 方法采用图形方式来建立模型，容易理解，所建立的对象模型，其类结构和关联描述得比较完整、细致。

OMT 方法定义的对象模型和动态模型得到公认的肯定，对定义的功能模型有争议，较少使用，而且三个模型的协调、配合较为困难。

习　题

1. 说明对象模型的特征，举一现实世界的例子，给出它的一般化关系、聚集关系的描述。

2. 说明动态模型的特征，说明事件、脚本及状态的含义。

3. 说明功能模型的特征，比较功能模型的 DFD 和结构化方法的 DFD 的异同。

4. 说明 3 种分析模型的关系。

5. 说明对象建模的过程。

6. 说明动态建模的过程。

7. 说明功能建模的过程。

8. 说明系统组织的各种结构。

9. 说明软件控制机制的各种外部控制流的模式。

10. 说明系统结构的各种框架。

11. 说明对象设计的步骤。

12. 比较 OMT 和 SM 方法。

13. 比较 OMT 和 Jackson 方法。

14. 比较 OMT 和 Coad 方法。

15. 用 OMT 方法实现一个现实问题的分析模型。

第 12 章 统一建模语言 UML

UML(Unified Modeling Language)是一种统一建模语言，产生于 20 世纪 90 年代中期，它不仅统一了 Booch 方法、OMT 方法、OOSE 方法的概念和表示法，而且对其作了进一步的发展，并最终统一为大众所接受的标准建模语言。UML 的出现具有重要的、划时代的意义，已是面向对象技术领域内占主导地位的标准建模语言。

12.1 UML 概 述

12.1.1 UML 的形成

1. 面向对象开发方法发展的需要

面向对象建模语言出现于 20 世纪 70 年代中期，从 1989 年到 1994 年，面向对象建模语言就从 10 余种增加到 50 余种，于是爆发了一场方法大战。在众多的建模语言中，它们各有自己的特点，相互之间既有共同之处，也有差异，用户没有能力区别不同语言之间的差别，很难找到适合于其应用的语言，极大地妨碍了用户之间的交流。因此，在客观上有必要建立统一建模语言。

2. UML 的发展历程

1994 年 10 月，Booch 和 Rumbargh 开始着手建立统一建模语言的工作。他们首先将 Booch 93 和 OMT 2 统一起来，并于 1995 年 10 月发布了第一个公开版本，称为统一方法 UM 0.8。

1995 年秋，OOSE 方法的创始人 Jacobson 加入了他们的工作，经过他们的共同努力，于 1996 年 6 月和 10 月分别发表了两个新的版本，即 UML 0.9 和 UML 0.91，并重新将 UM 命名为 UML。UML 在美国得到工业界、科技界和应用界的广泛支持，有 700 多家公司采用了该语言。

1996 年，一些机构将 UML 作为其商业策略已日趋明显，UML 的开发者得到了来自公众的正面反应，并倡导成立了 UML 成员协会，以完善、加强和促进 UML 的定义工作。UML 1.0 版本于 1997 年 1 月公布。

1997 年 7 月，在征求了合作伙伴的意见之后，他们公布了 UML 1.1 版本。自此 UML 已基本上完成了标准化的工作。

1997 年 11 月，OMG(对象管理组织)采纳 UML 1.1 作为面向对象技术的标准建模语言，并视其为可视化建模语言事实上的工业标准，它已稳占面向对象技术市场的 85%的份额。

3. UML 的应用

UML 的主要目标是，以面向对象图的方式来描述任何类型的系统，最常用于建立软件系统的模型，也可描述非软件领域的系统，如机械系统、企业机构、业务过程、信息系统、实时的工业系统和工业过程等。

UML是一个通用的、标准的建模语言，对任何有静态结构、动态行为的系统都可用来建模。但是UML不是标准的开发过程，也不是标准的面向对象开发方法。这是因为软件开发过程在很大程度上依赖于问题域、实现技术和开发小组，不同的应用、不同的开发人员的开发过程有很大的差异，这使得开发方法的标准化工作很难进行。因此，把开发过程从开发方法中抽取出来，剩下的表示手段和代表语义完全可以实现标准化，表示手段和代表语义组合在一起，即为建模语言。

12.1.2 UML的主要内容

UML融合了Booch方法、OMT方法和OOSE方法中的基本概念。这些基本概念与其他面向对象方法的基本概念大多相同，所以UML不仅集众家之长，还扩展了若干概念，因而扩展了现有方法的应用范围。

UML的主要内容有UML的语义和UML的表示法两个方面。

1. UML的语义

UML语义通过元模型来严格定义。元模型为UML的所有元素在语法和语义上提供了简单、一致及通用的定义性说明，使开发者能在语义上取得一致，消除因人而异的表达方法。UML语义还支持对元模型的扩展定义。UML定义了各种元素、各种机制、各种类型的语义。

UML的元素是基本构造单位，其中模型元素用于构造系统，视图元素用于构成系统的表示部分。

UML定义的各种机制的语义，保持了UML的简单和概念上的一致。这些机制是依赖关系、约束、注释、标记值和定制等。

UML支持各种类型的语义，如布尔、表达式、列表、阶、名字、坐标、字符串、时间等，还允许用户自定义类型。

2. UML表示法

UML表示法定义了UML的图形表示符号，为建模者和建模工具的开发者提供了标准的图形符号和正文语法。这些图形符号和文字所表达的是应用级的模型，在语义上它是UML元模型的实例。使用这些图形符号和正文语法为系统建模构造了标准的系统模型。UML表示法分为通用表示和图形表示两种。

1) 通用表示

通用表示如下所示：

(1) 字符串：用于表示有关模型的信息。

(2) 名字：用于表示模型元素。

(3) 标号：用于表示图形符号的字符号。

(4) 标记值：用于表示模型元素的新特性。

(5) 类型表达式：用于声明属性变量和参数。

(6) 定制：是一种机制，用已有的模型元素来定义新的模型元素。

2) 图形表示

UML 的模型可用图来表示，共有 5 类 10 种图，如下所示：

(1) 用例图：用于表示系统的功能，并指出各功能的操作者。

(2) 静态图：包括类图、对象图及包图，表示系统的静态结构。

(3) 行为图：包括状态图和活动图，用于描述系统的动态行为和对象之间的交互关系。

(4) 交互图：包括顺序图和协作图，用于描述系统的对象之间的动态合作关系。

(5) 实现图：包括构件图和配置图，用于描述系统的物理实现。

12.1.3　UML 用于软件的开发

UML 是一个建模语言，常用于建立软件系统的模型，适用于系统开发的不同阶段。

1. 用户需求

该阶段可使用用例图来捕获用户的需求，用例图从用户的角度来描述系统的功能，表示了操作者与系统的一个交互过程。通过用例建模，描述对系统感兴趣的外部角色和他们对系统的功能要求。

2. 系统分析

分析阶段主要关心问题域中的主要概念，如对象、类以及它们之间的关系等，需要建立系统的静态模型，可用类图来描述。

为了实现用例，类之间需要协作，可以用动态模型的状态图、顺序图和协作图来描述。在分析阶段，只考虑问题域中的对象建模，通过静态模型和动态模型来描述系统结构和系统行为。

3. 系统设计

在分析阶段建立的分析模型的基础上，考虑定义软件系统中的技术细节用到的类，如引入处理用户交互的接口类、处理数据的类、处理通信和并行性的类，因此，设计阶段为实现阶段提供了更详细的设计说明。

4. 系统实现

实现阶段的任务是使用面向对象程序设计语言，将来自设计阶段的类转换成源程序代码，用构件图来描述代码构件的物理结构以及构件之间的关系。用配置图来描述和定义系统中软硬件的物理体系结构。

5. 测试

UML 建立的模型也是测试阶段的依据。可使用类图进行单元测试，使用构件图、协作图进行集成测试，使用用例图进行确认测试，以验证测试结果是否满足用户的需求。

12.1.4　UML 的特点

1. 统一了面向对象方法的基本概念

UML 是在 Booch 方法、OMT 方法和 OOSE 方法的基础上发展起来的，是这些方法的延续和发展。它消除了不同方法在表示法和术语上的差异，避免了符号表示和理解上的不必要的混乱。

2. 建模能力更强

UML 吸取了不同面向对象方法的长处，融入了其他面向对象方法的可取之处，其中也包括非面向对象方法的影响，也汇入了面向对象领域中很多人的思想，因此 UML 的表达能力更强，表示更清晰和一致，建模能力就更强了。

3. 独立于开发过程

UML 只是一种建模语言，与具体软件开发过程无关，因此独立于开发过程。但是 UML 可以用于软件开发过程，可以支持从用户需求到测试的各个开发阶段。

4. UML 提出了许多新概念

UML 符号表示考虑了许多方法的图形表示，删除了大量容易引起混乱的、多余的和极少使用的符号，增加了一些新的符号。另外，还提出了一些新的概念，如构造型、职责、扩展机制、线程、模式、协作图和活动图等。

12.2 通用模型元素

12.2.1 模型元素

模型元素是 UML 构造系统各种模型的元素，也是 UML 的基本构造单位。有基元素和构造型元素两种。

1. 基元素

基元素是指 UML 已存在或已定义的模型元素，如类、结点、构件、注释、关联、依赖和泛化等。

2. 构造型元素

构造型元素是在基元素的基础上构造的一种新的模型元素。它是 UML 的一种扩展机制。一个构造型元素与它的基元素并无不同，只是增加了某种新的语义。基元素能够使用的地方，它的构造型元素也能够使用。构造型元素也简称构造型。

3. 构造型元素的表示

构造型元素用带有一对尖括号的词组来表示。如《使用》、《扩展》，这两个关系是泛化关系的构造型元素。

UML 提供了 40 多个预定义的构造型元素。如《系统》、《子系统》是包的预定义构造型元素。

4. 如何创建构造型元素

构造型元素必须建造在 UML 中已经有定义元素的基础上。构造型元素可以扩展它的基元素的语义，但不能扩展基元素的语法结构。除了 UML 预定义的构造型元素，也允许用户自己定义新的构造型元素。

在定义新的构造型元素时，第一要在基元素的模型符号的基础上附加一个《构造型元素名》或者指定一个图符。第二是定义构造型元素的语义，其语义必须与基元素的语义一致，扩展语义的描述可用形式化方法定义，也可以用自然语言描述。

12.2.2　约束

1. 约束的含义

在 UML 中提供了一种简便、统一及一致的约束条件的表示方式，用于类、关系、关联、属性、操作等元素及其基本构成要素的约束条件，这些约束条件描述了这些元素及其构成要素应遵守的限制和应满足的条件。约束也是 UML 的一种扩展机制，它扩充了 UML 元素的语义，允许加入新的规则或修改已存在的规则。

2. 约束的表示

UML 没有为约束定义严格的语法，但给出了约束的表示方法。一个约束由一对花括号括起来的约束内容构成，即为{约束内容}。

约束内容用自然语言或其他常见的设计语言来描述所表示的约束条件。这种方法虽然不太正规，但是具有良好的可读性。当然也可以采用严谨的表示方式，如谓词演算、微分方程或者用一段程序代码来表示。

3. 约束的示例

下面给出几个常用约束的示例：

{abstact}：用于类的约束，表明该类是一个抽象类。

{complecte}：用于关系的约束，表明该分类是一个完全分类。

{hierarchy}：用于关系的约束，表明该关系是一个分层关系。

{ordered}：用于多重性的约束，表明目标对象是有序的。

{bag}：用于多重性的约束，表明目标对象多次出现且无序。

12.2.3　依赖关系

1. 依赖关系的含义

有两个元素 X、Y，若修改元素 X 的定义，可能引起对另一元素 Y 的定义的修改，则称元素 Y 依赖于元素 X。

2. 依赖关系的表示

用一个带箭头的虚线来表示依赖关系。若 Y 元素依赖于 X 元素，则画一个由 Y 元素指向 X 元素的虚线箭头。依赖关系如图 12.1(a)所示。

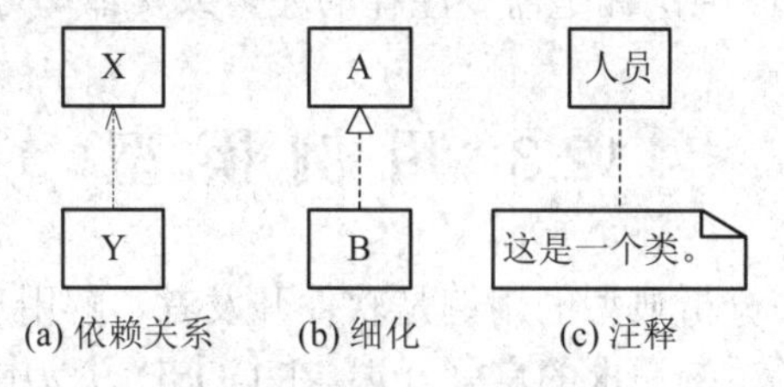

图 12.1　通用模型元素的表示

3. 依赖关系的使用

在 UML 中，在类图、包图、构件图和配置图中都会用到依赖关系。它用于描述类之间的依赖、包之间的依赖、构件之间的依赖以及结点之间的依赖。在类的关系中，导致依赖性的原因有多种，如一个类向另一个类发送消息；一个类是另一个类的数据成员；一个类用另一个类作为它的某个操作的参数等。

12.2.4 细化

1. 细化的含义

有两个元素 A、B，若 B 元素是 A 元素的详细描述，则称 B 、A 元素之间的关系为 B 元素细化 A 元素。细化关系表示了元素之间更详细一层的描述。

细化与类的抽象层次有密切关系。人们在构造模型时，不可能一下子就把模型完整、准确地构造出来，而是要经过逐步细化的过程，要经过逐步求精的过程。

2. 细化的表示

两个元素的细化关系用两个元素之间带空心三角形箭头的虚线来表示，箭头的方向由细化了的元素指向被细化的元素。细化如图 12.1(b)所示。

3. 细化的使用

在建立一个应用问题的类结构时，在系统分析中先要建立概念层次的类图，用于描述应用域的概念。这种描述是初步的、不详细的描述；进入系统设计时，要建立说明层次的类图，该类图描述了软件接口部分，它比概念层次的类图更详细；进入系统实现时，要建立实现层次的类图，描述类的实现。实现层次的类图比说明层次的类图更详细。

12.2.5 注释

1. 注释的含义

注释用于对 UML 的元素或实体进行说明、解释和描述，通常用自然语言进行注释。

2. 注释的表示

注释由注释体和注释连接组成。注释体的图符是一个矩形，其右上角翻下，矩形中标注要注释的内容。注释连接用虚线表示，它把注释体与被注释的元素或实体连接起来。注释的表示如图 12.1(c)所示。

3. 注释的使用

在 UML 的各种模型图中，凡是需要注释的元素或实体均可加注释。

12.3 用例模型

在软件开发过程中，分析典型的用例是软件开发者了解用户需求的有效方法之一。这是用户和开发者共同分析系统需求的良好开端。在 OOSE 方法中首次提出了用例图的概念，UML 也采纳了用例图的概念。

12.3.1　用例图

1. 作用

在用户需求分析中，如何找用户目标，如何通过系统交互实现用户目标，如何表达这些概念，一直是难以解决的问题。引入用例的概念来进行需求分析，这是面向对象分析技术进入第二代的标志。

用例图描述了系统的功能需求，它从参与者的角度来理解系统，用于获取系统的需求、规划和控制项目；用例图还描述了系统外部的参与者与系统提供的用例之间的某种联系(用例图着重于从系统外部参与者的角度来描述系统需要提供哪些功能，指明这些功能的参与者是谁)；用例图驱动了需求分析之后的各个阶段的工作。

用例图的元素有用例、参与者和连接。

2. 用例

用例是用户与计算机之间为达到某个目的而进行的一次交互作用，即系统执行的一系列动作。动作执行的结果能被指定的参与者见到。用例描述了用户提出的一些可见的需求，它实现了一个具体的用户目标。

用例由参与者来激活，并提供确切的值给参与者。用例可以简单也可以很复杂，但必须是一个具体的用户目标实现的完整描述。

用例的图形表示为一个椭圆，椭圆中标注用例名。用例的表示如图 12.2(a)所示。

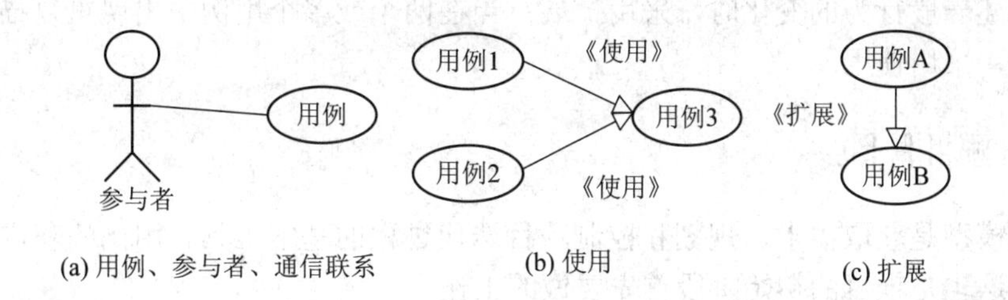

图 12.2　用例图的元素

3. 参与者

参与者是用户在系统中所扮演的角色。参与者可以是人、组织和外界系统，参与者执行用例。一个参与者可以执行多个用例，一个用例也可由多个参与者使用。

对一个大系统来说，应先列出参与者，对每个参与者列出它的用例，参与者对提供用例是非常有用的。参与者是建立在类概念基础上的一个构造型模型元素，其语义是与系统用例相关联的系统之外的对象类。

参与者的图形表示是一个“小人”，在其旁边标注参与者的名字。参与者的图形表示如图 12.2(a)所示。

4. 连接

用例图中用例元素与参与者元素之间、用例元素与用例元素之间的联系称为连接。用例图中有三种连接，即通信联系、使用和扩展。

1) 通信联系

通信联系是指参与者与用例之间的联系。参与者触发用例，与用例交换信息，用例完成相应功能后，向参与者返回结果。通信联系由参与者与用例之间的连线来表示。通信联系的表示如图 12.2(a)所示。

2) 使用

使用是指用例之间的关系。当几个用例存在相同的动作时，为避免重复，把相同的动作构造成另一个用例，则该用例与这几个用例之间的关系就是使用关系。使用关系是 UML 预定义的构造型模型元素，它是泛化关系的构造型模型元素。

使用关系的图符表示与泛化关系的图符表示一样，用带空心三角形的连线表示，在连线上标注《使用》。使用关系的表示如图 12.2(b)所示。

3) 扩展

扩展是指用例之间的一种关系。有两个用例A和B，A与B功能相似，但是A的动作比B的动作多一点，则A与B之间的关系是扩展关系，A扩展B。扩展关系也是泛化关系的构造型模型元素，也是预定义构造型模型元素。

扩展关系的图符表示与使用关系的图符表示相同，只是在扩展关系的连线上标注《扩展》。扩展关系的表示如图 12.2(c)所示。

扩展与使用之间有相似之处和不同之处。这两者都从几个用例中抽取公共的行为放入一个单独的用例中，以便其他几个用例使用或扩展。但是这两个关系的目的是不同的。可采用下列方法来区别应使用哪种关系。

当描述一般行为的变化时，采用扩展；当在两个或多个用例中出现重复描述而又想避免重复时，采用使用。

12.3.2 画用例图

用例模型是获取需求、规划和控制项目迭代过程的基本工具。用例的获取是主要的任务之一，这也是项目的初始阶段首先要做的工作。

1. 获取参与者

建立用例模型时首先要找出系统的参与者。可以通过用户回答一些问题来识别参与者。这些问题如下：

(1) 谁使用系统的主要功能？

(2) 谁需要系统支持他们的日常工作？

(3) 谁来维护、管理系统使其能正常工作？

(4) 系统需要控制哪些硬件？

(5) 系统需要与其他哪些系统交互？

(6) 对系统产生的结果感兴趣的是哪些人或哪些事物？

2. 获取用例

获取了参与者之后，要对每一个参与者提出一些问题，从参与者对这些问题的回答中寻找用例。这些问题如下：

(1) 参与者要求系统提供哪些功能？

(2) 参与者需要读、产生、删除、修改或存储系统中的信息有哪些类型？

(3) 必须指出参与者的系统事件有哪些？

(4) 参与者必须指出的系统事件有哪些？如何把这些事件表示成用例中的功能？

除了针对参与者的问题而外，还有针对系统的问题，对这方面问题的回答也可以帮助获取用例。这些问题如下：

(1) 系统需要何种输入/输出？

(2) 系统的输入从何处来？输出到何处去？

(3) 当前系统的运行存在什么问题？

3. 用例的数量

在建立用例模型时，一个项目要获取多少用例才合适呢？不同的设计者选取用例的数目也不相同。用例数量大，则每个用例较小，较小的用例在执行实施方案时比较容易，但是用例数量过多，则用例过于繁杂，因此用例的数目要适中。对于一个 10 人年的项目，20 个用例可能有些少，100 个用例可能有些多。应保持项目规模和用例数目两者之间的平衡。

12.3.3 用例图的示例

金融贸易系统的用例模型如图 12.3 所示。其中有四种参与者，即贸易经理、营销人员、销售人员和记帐系统。

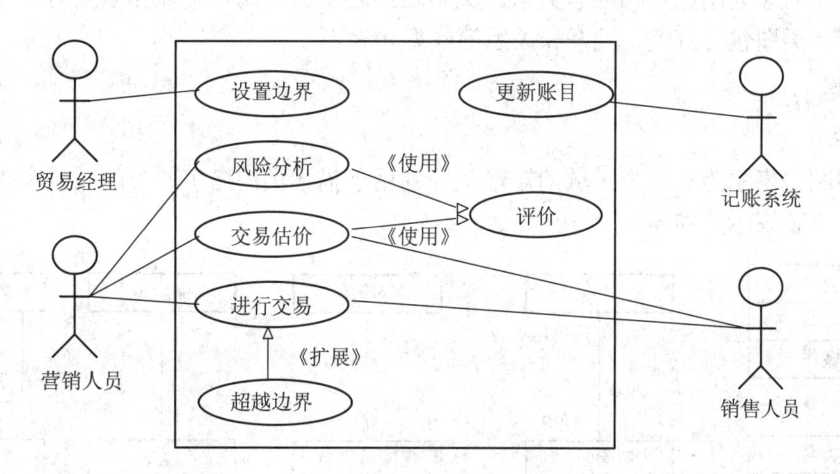

图 12.3　金融贸易系统的用例图

在该系统中，基本的用例是“进行交易”。在一次交易中，可能进行得比较顺利，也可能进行得不顺利，存在扰乱顺利进行交易的因素。其中之一便是某些指标超出边界值的情况。例如，贸易组织对某个特定用户规定的最大贸易量。这时不能执行给定用例提供的常规动作，可对进行交易的用例做些改动。图 12.3 中的“超越边界”用例就是“进行交易”用例的扩展。

在营销人员交易过程中还用到“风险分析”和“交易估价”两个用例，而这两个用例中都包含有公共的评价动作，因此把“评价”作为一个独立的用例，

销售人员使用“进行交易”和“交易估价”两个用例。贸易经理与“设置边界”用例

连接。尽管参与者多数情况是人员，但有时参与者是外界系统，它可能需要从当前系统中获取信息，要与当前系统进行交互。图 12.3 中记账系统是一个外界系统，它需要更新账目。

系统中的所有用例在一个大的矩形框内，该矩形框表示系统。

12.4 静态模型

在面向对象建模技术中，类、对象和它们之间的关系是最基本的模型元素。对于一个应用系统，其类图、对象图、包图以及它们之间的关系揭示了系统的结构。建立静态模型的过程，实际上是对现实世界的一个抽象过程。它把现实世界中与应用域有关的各种类、对象以及它们之间的相互关系进行了适当的抽象和分类描述。静态模型有类图、对象图和包图。

12.4.1 类图

类图是面向对象方法的核心，类图的应用很广泛，其基本概念在许多地方都会用到，如类、属性、操作、关联和关系等。类图中还定义了其他一些重要概念，提供了丰富的表示法，使得类图有很强的表达能力。

1. 作用

类图描述了系统中存在的类以及类之间的关系。其本质反映了系统中包含的各种对象的类型以及对象之间的各种静态关系。类图还描述了类的属性、操作以及对模型中各种成分的约束。类图包含有类、关联和关系等模型元素。

2. 类

1) 表示

类的图符表示为有三个区域的矩形，分别用于描述类的名字、类的属性和类的操作。这是类的完整表示，如图 12.4(a)所示。

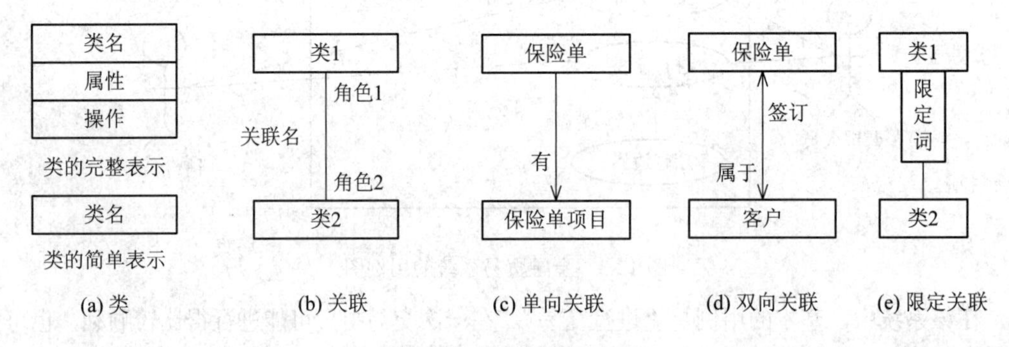

图 12.4 类和关联的表示

在系统开发的不同阶段，需要有不同形式的类图。在分析阶段，类图主要用于描述应用域的概念，这是一种概念层次的类图，主要关心应用域中实体的概念及结构，而忽略一些细节，因此类的表示中只给出类名即可，这是类的简单表示，如图 12.4(a)所示；在设计阶段，类图用于描述软件的接口设计，描述类的主要属性，这是一种说明层次的类图，它比概念层次的类图要详细；在实现阶段，类图用于完整、详细地描述类的实现，这是实现层次的类图，它比说明层次的类图更详细。

2) 属性定义

类的属性在类的矩形框的中间区域，定义形式如下：

可见性 属性名：类型 = 缺省值 {约束特性}

其中：

可见性：表示该属性对类外的元素是否可见。不同的属性具有不同的可见性。常用的可见性有公用、私有、受保护三种，分别用“+”、“－”、“＃”来表示。

属性名：一个字符串，表示属性的名字。

类型：定义属性的种类，可以是基本数据类型，如整型、实型、布尔型等，也可以是用户自定义的类型。

缺省值：属性的初始值。

约束特性：用于描述对该属性的约束，如{只读}，说明该属性只能读出，不能写入和修改。

3) 操作定义

操作描述了类的动态行为，在说明层，主要给出重要的公有操作，在实现层，可以给出私有的和受保护的操作。操作的定义如下：

可见性 操作名(参数表)：返回类型　{约束特性}

其中：

可见性：“+”表示公有操作，“－”表示私有操作，“＃”表示受保护操作。

操作名：表示操作的名字，为一个字符串。

参数表：有若干参数，参数之间用逗号分开，每个参数的形式为：参数名：类型。

返回类型：表示该操作返回结果的类型。

约束特性：表示对该操作的约束，或说明操作的合法返回值。

3. 关联

关联表示类之间的某种语义联系。从概念层观点看，关联表示类与类之间的一种抽象关系；从说明层观点看，关联代表一种职责。

1) 表示

关联用类之间的连线来表示。根据需要，可为关联命名，关联名标注在连线上。关联名表示该关联的含义。若关联的含义比较明确，则可省略关联名。

关联的两端与类之间的接口表示了该类在这个关联中的行为和作用，并称为关联的角色。可以为角色命名。若没有为角色命名，则角色名就是目标类的名字。关联和角色的表示如图 12.4(b)所示。

2) 导航表示

关联可以有方向，表示该关联的使用方向，这称为导航。在关联的连线上加一个箭头来表示导航。

若只在一个方向上存在导航，则称该关联为单向关联，如图 12.4(c)所示。它表示保险单类和保险单项目类之间存在“有”的单向关联。若在两个方向上存在导航，则称该关联为双向关联，如图 12.4(d)所示。它表示保险单类和客户类之间存在双向关联，保险单属于客户，客户签订保险单。UML 规定，不带箭头的关联意味着未知、尚未确定或者该关联是双向关联。对双向关联有一个附加的限制，即两个角色必须互逆。

通常情况下，概念层次类图没有导航表示，到说明层次和实现层次的类图时，才会加入导航，导航也是说明图和实现图的重要组成部分。

3) 多重性

关联的多重性是指关联中的一个角色可以有多少个对象来扮演，它表示参与对象的数目的上下界限制。在实际应用中，最常用的多重性表示有下列几种：

1 ：表示 1 个。

* ：表示多个。

1..*：表示 1 个或多个。

0..1：表示 0 个或 1 个。

较常使用的有：单个数字 N，范围 M..N 或数字和范围的组合等。

4) 限定关联

限定关联是一对多或多对多关联的另一种表示形式，它通过添加限定符来明确标识和鉴别在这个关联关系的另一方出现的多个对象中的每一个对象。限定关联用关联的连线一端加入一个小矩形框来表示，小矩形框内标注限定词。

5) 关联类

一个关联除了有关联名字，还可能需要保存一些信息，这时可引入一个关联类，将有关信息存入该关联类中。用虚线将关联类与关联的连线连接起来。

4. 关系

类和类之间除了存在语义联系外，还存在各种结构关系，有聚集关系、组成关系和泛化关系。

1) 聚集关系

类和类之间的整体和部分的关系称为聚集关系。聚集描述的是所谓"……的一部分"或"包含……"这样一类的关系。聚集关系也是一种共享关系，整体包含部分，部分可参与多个整体。如一个项目有若干开发人员参加，则项目类是整体类，人员类是部分类。但一个人员可以参与多个项目。

聚集关系用带有空菱形的连线把整体类和部分类连接起来，空菱形在整体类一端，如图 12.5(a)所示。

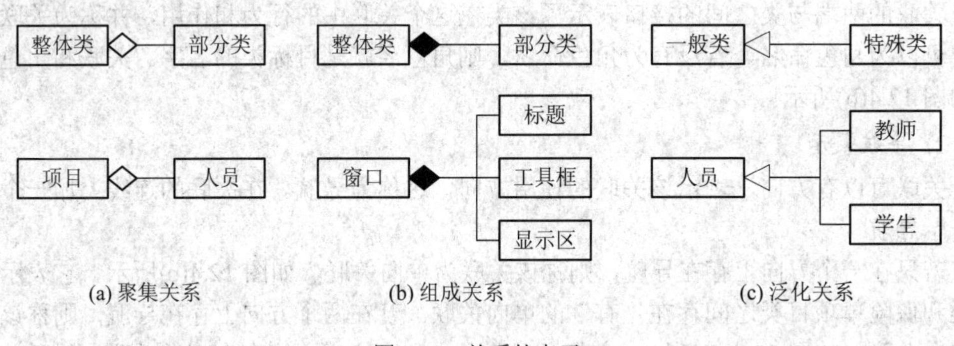

图 12.5 关系的表示

2) 组成关系

组成关系是另一种形式的聚集关系，部分对象仅属于一个整体对象，且部分对象与整体对象共存亡。如图 12.5(b)所示，窗口中有标题、工具框和显示区，窗口类是整体类，标题类、工具框和显示区类是部分类，窗口与标题、工具框、显示区共存，删除窗口，则标题、工具框、显示区也就不存在了。

用带有实心菱形的连线把组成关系的两个类连接起来，实心菱形在整体类一端。

3) 泛化关系

泛化关系也称继承关系。它是类之间的一般与特殊的关系，这种关系将现实世界实体的共同特性抽象为一般类，通过增加具体内涵而成为各种特殊类。如学校人员管理系统中，所有人员都有姓名、性别、出生日期和籍贯等，把这些共同具有的特性抽象为人员类，即为一般类，又称为父类或超类。在这个一般类中有一个特殊的群体，专门从事教学工作，他们要讲授几门课程，具有职称和工资等，可以把这个特殊群体定义为教师类，即为特殊类，也称为子类。

教师类可以继承人员类的属性和操作，如姓名、性别、出生日期等属性可从人员类继承到教师类中。这种继承性使得子类可以共享父类的属性和操作。

泛化关系还具有分类性质。如根据工作性质，可以把学校人员分类为教师、学生及管理人员等。在学生类中，又可根据学历将其分为专科生、本科生、硕士生及博士生等。

泛化关系用带空三角形的连线把一般类和特殊类连接起来。空三角形在一般类这端。泛化关系的表示如图 12.5(c)所示。

5. 类图的示例

一个软件公司有许多部门，一般分为开发部门和管理部门两种。每个开发部门开发多个软件产品。每个部门由部门名字唯一确定。该公司有许多员工，分为经理、工作人员和开发人员。开发部门有经理和开发人员，管理部门有经理和工作人员。每个开发人员可参加多个开发项目，每个开发项目需要多个开发人员，开发人员使用语言开发项目。每位经理可主持多个开发项目。该软件公司的类图如图 12.6 所示。

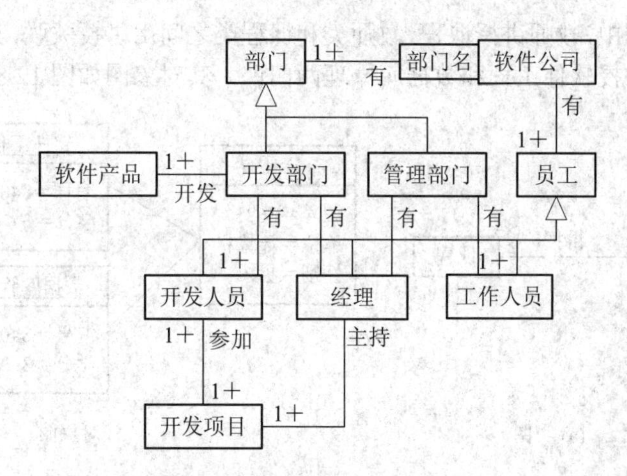

图 12.6　软件公司的类图

12.4.2 对象图

1. 作用

对象图是类图的一种变形，它是类图的一种实例化。一张对象图表示的是与其对应的类图的一个具体实例，即系统在某一时期或某个特定时刻可能存在的具体对象实例以及它们相互之间的具体关系。

对象图并不像类图那样具有重要地位，但是可以通过具体实例分析，更具体直观地了解复杂系统的类图所表达的丰富内涵，对象图还常被用作协作图的另一部分，用以展示一组对象实例之间的一种动态协作关系。对象图由对象和链构成。

2. 对象

对象的图符表示为两个区域的矩形框，上面区域中标注对象名，下面区域中标注对象的属性。对象名有 3 种标注方式：

对象名：类名。可完整地标注一个对象。

对象名。可简单地标注一个特定对象。

：类名。可标注该类泛指的一个对象。

标注的对象名均要加下划线。对象的图符表示如图 12.7(a)所示。

3. 链

链是指对象之间的关联。如同对象是类的实例一样，链是类之间关联的实例。链的图形表示与关联相似，用两个对象之间的一条连线来表示。链的图符表示如图 12.7(b)所示。

图 12.7　对象图的元素

4. 对象图的示例

在学校教学管理中，教师讲授课程，教师类和课程类之间用讲授关联，其类图如图 12.8(a)所示。如李卫老师讲授软件工程和数据库原理两门课，其对象图如图 12.8(b)所示。

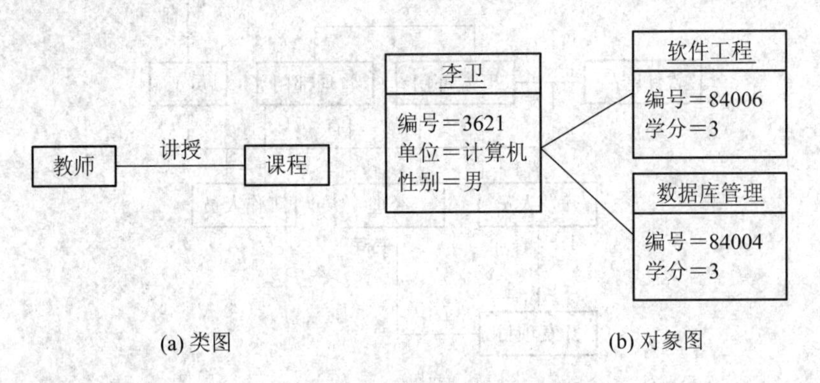

图 12.8　对象图的示例

12.4.3 包图

当一个系统有几十个、上百个类时，理解和修改这个系统就变得更加困难，总是希望能将复杂的系统进行分解。解决这个问题的一个基本方法是将许多类组合成为一个更高层次的单位，形成高内聚、低耦合的类的集合，UML 把这种分组机制称为包。

1. 作用

包图用于描述包中存在的类以及包与包之间的各种关系。它也是管理复杂系统的若干类以及类结构的有力工具。包还是保持系统整体结构简明、清晰的重要工具。

不仅仅是类可以运用包的机制，任何模型元素都可以运用包的机制。如果没有任何启发性原则来指导类的分组，则分组的方法就会是任意的。在 UML 中，最有用的和强调最多的原则就是依赖性。包图的模型元素有包、依赖关系和泛化关系。

2. 包

包是一种将类分组成更高层次的单位。包也是一个高内聚、低耦合的类的集合。包的图符是一个矩形框的左上角带有一个小的矩形框，如图 12.9(a)所示。在小矩形框内标注包的名字，在大矩形框内标注包的内容。若不关心包的内容和细节，只关心包的整体，则把包的名字标注在大矩形框内。包的内容可以是类的列表、类图或者是另一个包图。包的构造型有系统和子系统等，分别用《系统》、《子系统》来表示，并且标注在包的图符中。

3. 关系

包与包之间的关系有依赖关系和泛化关系。

1) 依赖关系

如果两个包中的任意两个类之间存在依赖关系，则这两个包之间就存在依赖关系。包之间的依赖关系用虚线箭头来表示。例如，有 A、B 两个包，若 B 包中的类依赖于 A 包中的类，则 B 包依赖于 A 包，虚线箭头由 B 包指向 A 包，如图 12.9(b)所示。

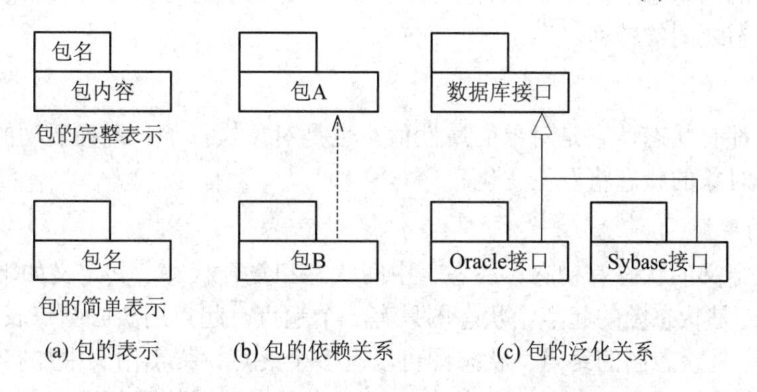

图 12.9　包图的元素

2) 泛化关系

包之间也可以使用泛化关系，这意味着一个专用包必须符合其公用包的接口。如图 12.9(c)中的 Oracle 接口包和 Sybase 接口包分别是抽象的数据库接口包的两个实例，它表明数据库代理既能使用 Oracle 的接口包也可以使用 Sybase 的接口包。在使用泛化关系时，公用包可标注{abstract}，用于表示该包只定义了一个接口，具体实现则由专用包来完成。

4. 包图的示例

在保险信息管理系统中，有保险单填写界面包、内部系统包和数据库接口包等。其中内部系统包中又包含保险单包和客户包，并且保险单包依赖于客户包。保险单填写界面包依赖于内部系统包中的保险单包。而内部系统包又依赖于数据库接口包。数据库接口包与Oracle 接口包、Sybase 接口包是泛化关系。该系统的包图如图 12.10 所示。

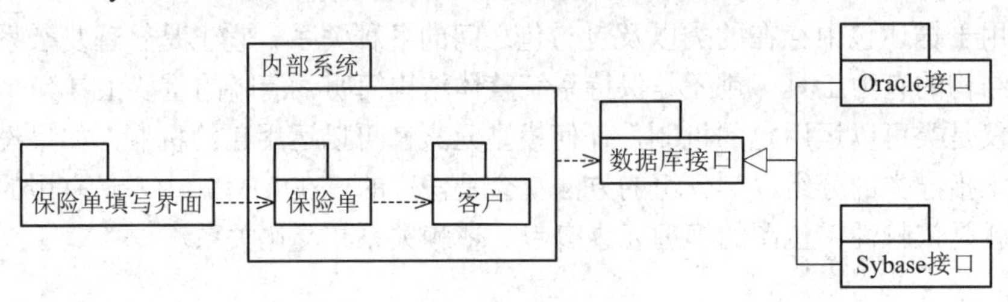

图 12.10 保险信息管理系统的包图

12.5 动态模型

动态模型主要描述系统的动态行为和控制结构。动态行为包括系统中对象生存期内可能的状态以及事件发生时状态的转移，还包括对象间的交互作用，显示对象之间的动态合作关系，还显示对象之间的交互过程以及交互的顺序，同时描述了为满足用例要求所进行的活动以及活动间的约束关系。

12.5.1 状态图

大部分面向对象技术都使用状态图来描述一个对象在其生存期中的行为，即一个特定对象的所有可能的状态以及由于各种事件发生而引起的状态之间的转移。状态图的模型元素有状态和状态之间的转移。

1. 状态

所有对象都有状态，它是对象的属性值，也是对象执行了一系列活动的结果。当某个事件发生后，对象的状态将发生变化。

1) 状态的类型

状态图中定义的状态有初态、终态、中间状态和复合状态，其定义如下：

(1) 初态：是状态图的起点，状态图只有一个起点，起点用实心圆点表示。

(2) 终态：是状态图的终点，状态图可以有多个终点，终点用圆中加实心圆点来表示。

(3) 中间状态：是状态图的通常状态，用分为两个区域的圆角框来表示，上部区域标注状态名，下部区域标注内部转移域。初态、终态、中间态如图 12.11(a)所示。

2) 内部转移域

内部转移域是对象在该状态下为响应收到的事件而执行的内部动作或活动的列表，执行这些动作或活动后并不改变状态。内部转移域定义为

事件名 参数表 ［条件］ / 动作表达式

一些特定的内部转移域如下：

(1) entry / 动作表达式：进入该状态时要执行的原子动作，该转移域无参数表和条件。

(2) exit / 动作表达式：离开该状态时要执行的原子动作，该转移域无参数表和条件。

状态可以带有一个活动，标注在内部转移域中，表示为 do / 活动名。活动是有一段时间的操作，动作是相对快速的操作。因此，活动依附于状态，而动作依附于转移。

一旦进入一个状态，立即执行与 entry 相连的动作，随后转移到该状态中。只要通过某个转移离开该状态，则与 exit 相连的动作立即被执行。若有一个转移的出发点和终止点是同一个状态，那么离开动作将首先执行，然后是转移动作，最后是进入动作。这种情况称为回授。若该状态有相关的活动，则该活动将在进入动作结束之后执行。内部转移的示例如图 12.11(b)所示。

3) 复合状态

复合状态是指可进一步细分为多个子状态的状态。这些子状态之间有“或”关系、“与”关系。“或”关系子状态是指某时刻只可到达一个子状态。如图 12.11(c)中，在汽车行驶某时刻，只可能是向前行驶或向后行驶中的一种子状态。“与”关系子状态是指某时刻可同时到达多个子状态。这也称为并发子状态。与关系子状态的表示如图 12.11(d)所示，在汽车行驶状态中，除了向前、向后只取一种子状态外，同时，低速、高速两种子状态中也只取一个子状态。

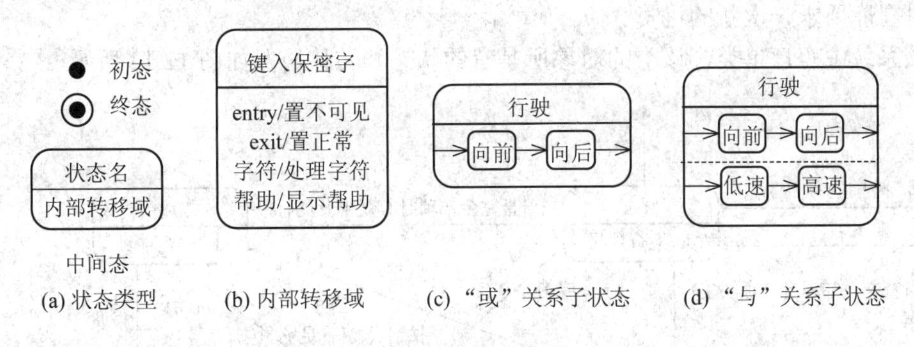

(a) 状态类型　(b) 内部转移域　(c) “或”关系子状态　(d) “与”关系子状态

图 12.11　状态的表示

2. 转移

转移是指两个状态之间的关系，它描述了对象从一个状态进入另一个状态的情况，并执行了包含的动作。转移的图形表示是两个状态之间的带箭头连线，箭头指向要进入的状态，在连线上标注转移的事件、条件、依附的动作等，其格式为

事件名 (参数表) ［条件］ / 动作表达式

事件、条件及动作表达式的定义如下：

(1) 事件：指引起状态转移的输入事件。当状态中的活动完成后，并且当相应的输入事件发生时，转移才会发生。有的转移上没有标注引发转移的事件，则表示状态中的活动一旦完成，转移不需等待任何输入事件就立即发生。

(2) 条件：是一个非真即假的逻辑判断，仅当条件的运算结果为真时才导致状态转移的发生。

(3) 动作表达式：指状态转移时要执行的动作。转移的图形表示如图 12.12 所示。

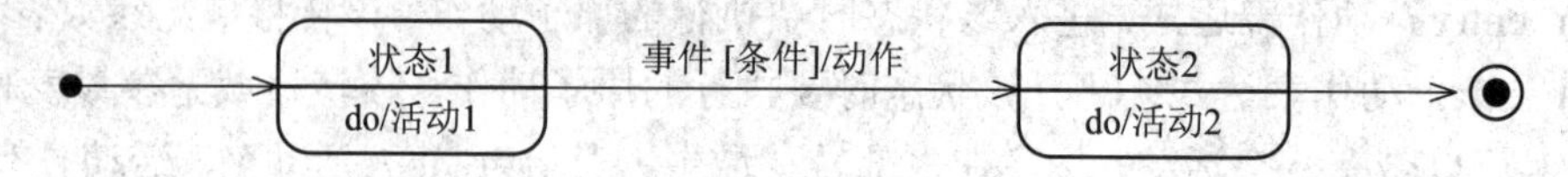

图 12.12　转移的表示

3. 事件的种类

事件的种类有下列几种：

(1) 变化事件：当某个条件成立时该事件才出现。

(2) 信号事件：指一个对象接收到另一个对象的明显信号。

(3) 调用事件：指接收到另一个对象的操作调用。

(4) 时间事件：指某个时刻的出现。

4. 状态图的示例

在订货管理系统中，包括一个有关“订货”的简单用例，该用例有如下活动：

(1) 订单提交窗口发送一条“准备”消息给订单。

(2) 订单发送“准备”消息给订单上的每个订单项。

(3) 每个订单项检查其对应的仓库货物。若检查结果为真，即仓库货物数量足够多，则订单项从对应的仓库货物中减去所订购的数量；否则，表明仓库中的货物数量低于订购量，这时仓库要求一次新的进货。

在该系统中有订单类，该类的对象所具有的状态和转移情况如图 12.13 所示。

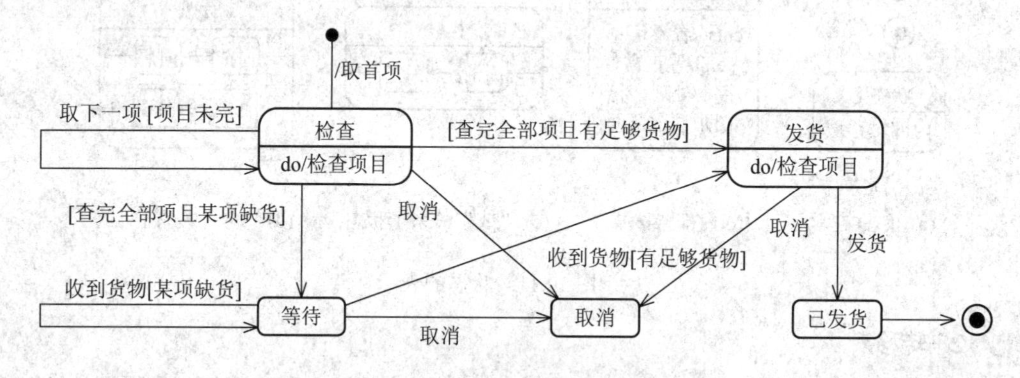

图 12.13　订单类的状态图

一个订单对象从它的起始状态开始，首先转移到检查状态，这个转移上标注“/取首项”动作。在该状态上包含一个活动“检查项目”，从检查状态出来三个转移，其中一个是回授，标注的事件是“取下一项”，当项目未完时，一直进行检查。当检查完项目且有足够货物时，转移到发货状态，这时无转移事件。当检查完项目且某项缺货时，转移到等待状态。在等待状态中，出现收到货物事件时，若有些货物还是缺少，则还是回授到等待状态。但是，收到货物事件出现且有足够货物，则转移到发货状态。在发货状态中，出现发货事件，则转移到已发货状态。这时，该订单对象的活动已完成。

在实际运行过程中，允许在发货之前的任何时刻取消该订单，因此，在检查、等待、发货状态增加名为“取消”的事件，转移到取消状态。

12.5.2　活动图

1. 作用

活动图的应用非常广泛，它既可以用于描述操作的行为，也可以描述用例和对象内部的工作过程。活动图是由状态图变化而来的。

活动图描述了需要做的活动以及执行这些活动的顺序。在用活动表达并发过程时，活动图给予了选择做事顺序的自由，因此常用于表示并行过程。

活动图的并行表达能力对企事业过程中业务活动的建模非常重要，它可以方便地表示业务活动中常见的并行过程，在建立模型过程中自然地保留实际存在的并发行为，这对于实现时充分发现并行的工作非常有利，因此它是企事业过程建模的重要工具。

活动图的模型元素有活动、转移、泳道、对象和信号等。

2. 活动

构成活动图的核心元素是活动，它是具有内部动作的状态，所以又称为动作状态。它至少有一个隐含事件，该隐含事件触发活动转移到另一活动。而状态图中的状态是正常状态，它有一个明显的事件来触发状态的转移。

活动的解释依赖于作图的目的和抽象层次，在概念层描述中，活动表示要完成的一些任务；在说明层和实现层的描述中，活动表示类中的方法。

活动用圆角框来表示，圆角框内标注活动名。活动的图符如图 12.14(b)所示。

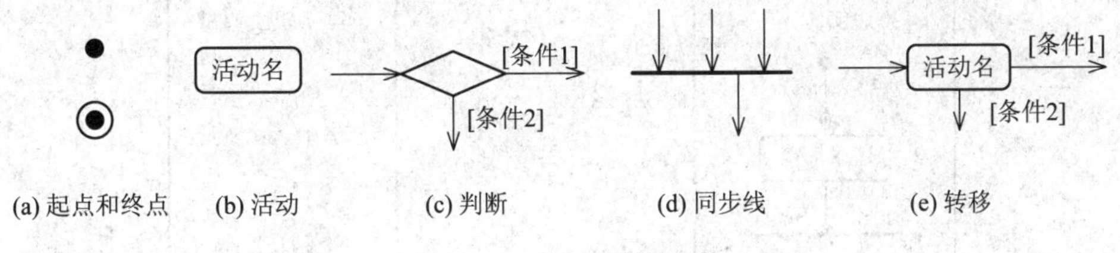

图 12.14　活动图的元素

1) 起点和终点

活动图有一个起点，表示活动图中所有活动的开始，用实心圆点来表示。活动图有一个或几个终点，表示活动图中所有活动的结束。用一个圆圈中加实心圆来表示终点。在活动图中，并不一定有终点，若活动图中所有被触发的活动都执行完毕，且没有待执行的活动时，活动图也就结束了。起点和终点的图符如图 12.14(a)所示。

2) 判断

判断是一种特殊活动，用于表示活动流程中的判断，通常有多个信息流从它引出，表示判断后的不同活动分支。判断用菱形框表示。判断的图符如图 12.14(c)所示。

3) 同步

同步也是一种特殊的活动，用于表示活动之间的同步。通常有一个或几个信息流向它引入，有一个或几个信息流从它引出，表示引入的信息流同时到达，引出的信息流被同时触发。同步用一条粗横线表示，该线也称同步线。在同时引出的几个信息流的地方画一条同步线，在同时引入的几个信息流的地方画一条同步线。同步线的图符如图 12.14(d)

所示。

3. 转移

活动图中的转移是活动之间的关系，由隐含事件引起活动的转移。该转移可以连接活动图中的各个活动、各个特殊活动(如起点、终点、判断及同步线等)。

转移用带箭头的直线来表示，箭头的方向指向要转移到的活动。与状态图不同的是转移上不标注事件和动作，可以标注执行该转移的条件。若未标注条件，则说明可以顺序地执行下一个活动。这是简单的顺序关系。

从顺序关系角度来看，活动图类似于程序流程图，但与程序流程图不同的是一个活动可能有多个转移，这时每个转移要标注条件。转移的图符如图 12.14(e)所示。

4. 泳道

活动图描述了要执行的活动以及执行的顺序，但无法说明这些活动由谁来完成，也无法描述每个活动由哪个类来完成，采用泳道的方法可以解决这个问题。

泳道就是把活动图中的活动用垂直线划分成一些纵向区域，将这些区域称为泳道。每个区域代表一个特定类、人及组织的责任区，将这些责任者标注在每个区域的顶部。在这些区域中的活动是由该区域的类、人及组织负责的，也就是通过泳道来指出活动由谁来完成的。泳道的表示如图 12.15 所示，图中描述了顾客购物的过程。图中有 3 个泳道，分别为顾客、售货和库房。在顾客泳道中，有请求服务、支付和收集 3 个活动。售货泳道有开订单、供货两个活动，库房有发货活动。

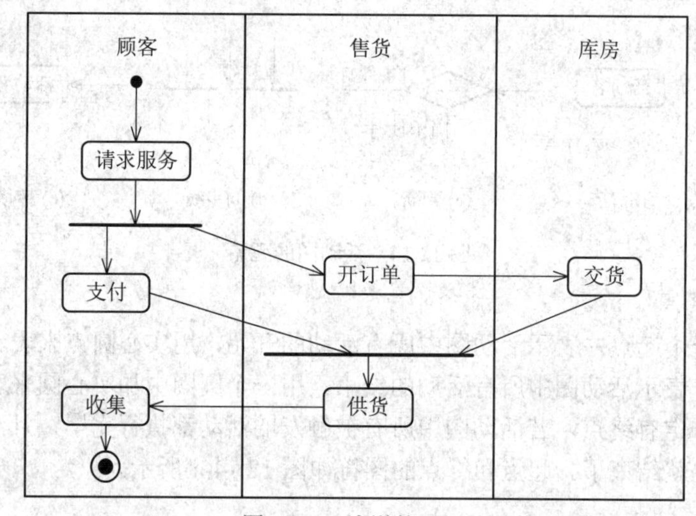

图 12.15 泳道的示例

泳道是另一种形式的包，它把一个类中的各个活动的责任组织成一个包，常对应于商业模型的组织单位。泳道将活动图的逻辑描述与顺序图、协作图的责任描述结合起来。

5. 对象

活动图中可以出现对象，对象可以作为活动的输入或输出，对象与活动之间的输入或输出关系用虚线箭头来表示，箭头的方向指明了数据输送的方向。如图 12.16(a)中，有测量和显示两个活动，测量活动产生的结果输出给“测量值”对象，该对象又把结果输入到显示活动。

6. 控制图符

在活动图中可以表示信号的发送与接收，分别用信号接收图符与信号发送图符来表示，如图 12.16(b)所示。信号接收与信号发送可以与对象相连，它们之间用虚线箭头连接，用于表示信号的发送者和信号的接收者，箭头的方向是信号的传送方向。如图 12.16(c)所示，在调制咖啡过程中，将“开动”信号发送到“咖啡壶”对象，当调制完成时，接收来自“咖啡壶”对象的“信号灯灭”信号。

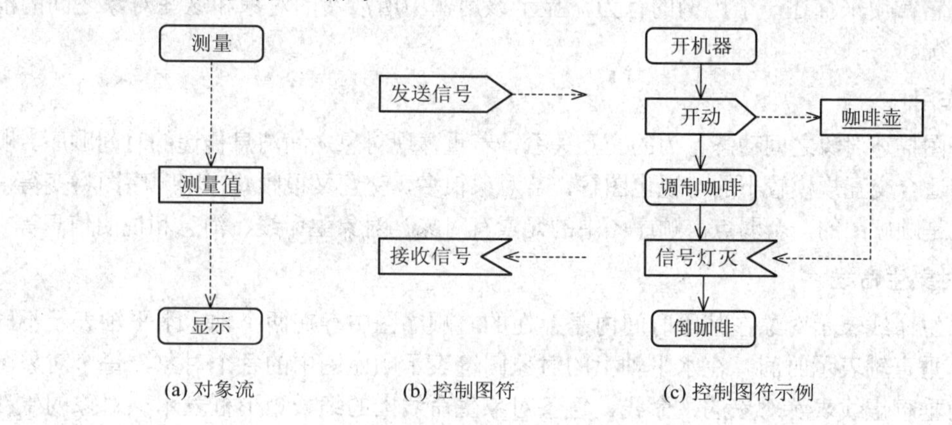

图 12.16　对象和控制图符的表示

7. 活动图的示例

图 12.17 给出在“人”的类中关于“找饮料”的方法。从开始顺序转移到“找饮料”活动，该活动有两个转移，满足 [有咖啡] 时，转移到一个同步线，同时开始 3 个活动：第一个是“过滤器加咖啡”活动，然后顺序转移到“过滤器放到机器上”活动；第二个是“贮液器加水”活动；第三个是“取杯子”活动。前两个活动完成后转移到同步线；然后顺序进行“开机器”、“调制咖啡”活动，与“取杯子”活动同时转移到同步线，再顺序进行“倒咖啡”、“喝饮料”活动。

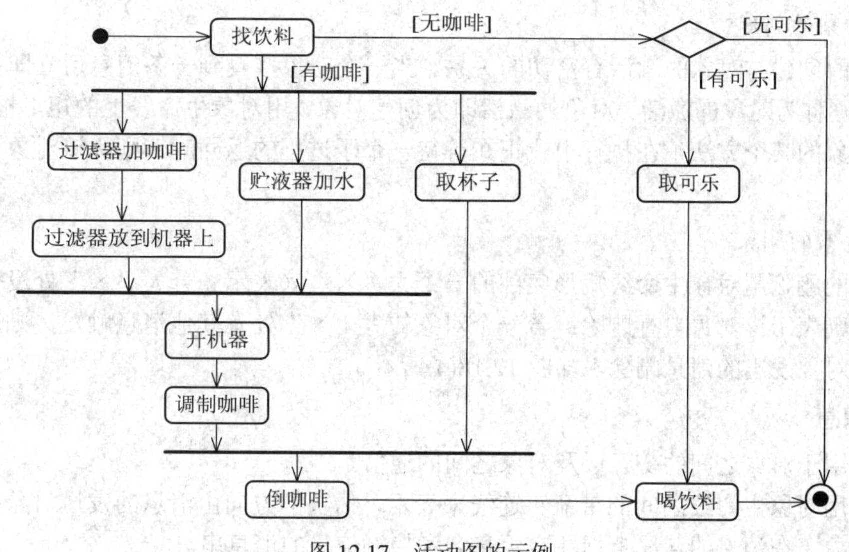

图 12.17　活动图的示例

若满足［无咖啡］条件，则转移到嵌套的判断。若满足［有可乐］条件，则顺序进行“取可乐”、“喝饮料”活动。若满足［无可乐］条件，则转移到结束。

12.5.3 顺序图

顺序图和协作图都是交互图，主要描述对象之间的动态合作关系以及合作过程中的行为次序。它常用来描述一个用例的行为，显示该用例中所涉及的对象和这些对象之间的消息传递情况。

1. 作用

顺序图描述对象之间动态行为的交互关系，着重体现对象之间消息传递的时间顺序。顺序图比较适合交互规模较小的可视化图解，若对象很多，交互又很频繁，则顺序图将变得很复杂，这是顺序图的一个弱点。顺序图中的元素有对象、对象生命线、消息和说明信息等。

2. 对象生命线

对象生命线表示对象在某段时间内是存在的。顺序图中存在两个轴，水平轴表示不同的对象，垂直轴表示时间。在水平轴上的对象图符表示顺序图中的各个对象，每个对象图符下面的垂直虚线表示对象的生命线，每条对象生命线上的细长矩形框表示该对象的生存期，如图 12.18(a)所示。

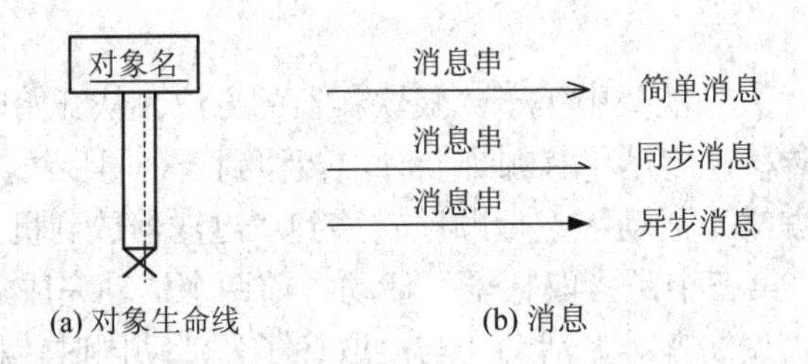

图 12.18 顺序图的元素

1) 对象的创建

对象的创建与对象的激活有密切的关系。当一个对象接收到一条消息后立即执行某个活动时，则称为对象的激活。对象的激活即为创建对象，用对象生命线上的矩形框来表示。当一个对象的某个方法正在执行中或正在等待一个子过程的返回时，则称该对象处于激活状态。

2) 对象的删除

对象的删除用对象生命线矩形底部的一个大“×”来表示。若大“×”处没有其他消息触发，则表示该对象自行删除；若一个对象的大“×”处有其他消息触发，则表示该对象被其他对象发出的消息删除，如图 12.18(a)所示。

3. 消息

消息用于对象之间的交互以及对象之间的通信。

消息用对象生命线之间的带箭头连线来表示，箭头的方向由消息的发送对象指向消息的接收对象。在消息的连线上标注有消息名和控制信息的消息串。

1) 消息类型

消息分为简单消息、同步消息和异步消息三种，如图 12.18(b)所示。三种消息的含义如下：

(1) 简单消息：是一种简单控制流，一般用带箭头的连线表示。

(2) 同步消息：是一种嵌套控制流，消息发出后，等待处理完成并收到返回消息后才能继续下去。同步消息用带半边箭头的连线表示。

(3) 异步消息：是一种异步控制流，消息发出后，不等返回消息就执行自己的操作，可用于描述实时系统中的并发行为。异步消息用带实心箭头的连线表示。

2) 消息串

消息串包含消息和控制信息两部分。控制信息位于消息串的前部。

消息可以是信号，也可以是操作调用。若是操作调用，则有消息名和参数表。控制信息有两种。第一种是条件控制信息，它说明在什么情况下才会发送消息，仅当条件为真时才发送消息。条件控制信息用方括号括起来，如 [x > 0]；第二种是重复控制信息，它表示消息多次发送给多个作为接收者的对象。这种控制信息通常在当一个对象向某个对象集合中的每个对象逐个地发送消息时使用。重复控制信息用“*”来表示，如 *[I=1..n]，这种控制信息表示消息发送要重复 n 次。

4. 说明信息

在顺序图的左边可以有说明信息，用于说明消息发送的时间，动作执行的情况，定义两个消息之间的时间限制，定义一些约束信息等。

5. 顺序图的示例

在一次电话通话中，涉及到的对象有“呼叫者”、“交换”和“接收者”，它们是共同存在的对象。这些对象之间的消息发送和接收如图 12.19 所示。该图左边的 A、B、C、D、E 表示消息发送和接收的时刻，花括号内的信息表示时间限制，这些都是顺序图的说明信息。

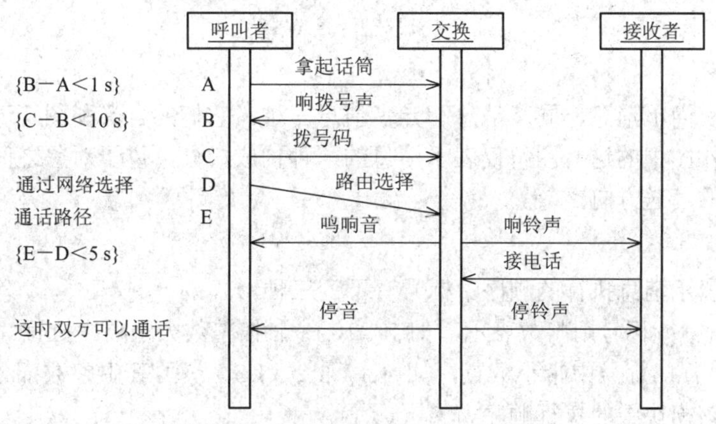

图 12.19　共同对象的简单顺序图

12.5.4　协 作 图

1. 作用

协作图用于描述相互合作的对象之间的交互关系，它描述的交互关系是对象间的消息连接关系，但是更侧重于说明哪些对象之间有消息传递，而不像顺序图那样侧重于在某种特定的情况下对象之间传递消息的时序性上。协作图的元素有对象、链接和消息流。

2. 对象

对象用对象图中的对象图符来表示。若一个对象在消息的交互中被创建，则可在对象图符的对象名之后加约束{new}；若一个对象在消息的交互期间被删除，则可在对象图符的对象名之后加约束{destroy}。对象的创建和删除的表示如图 12.20(a)所示。

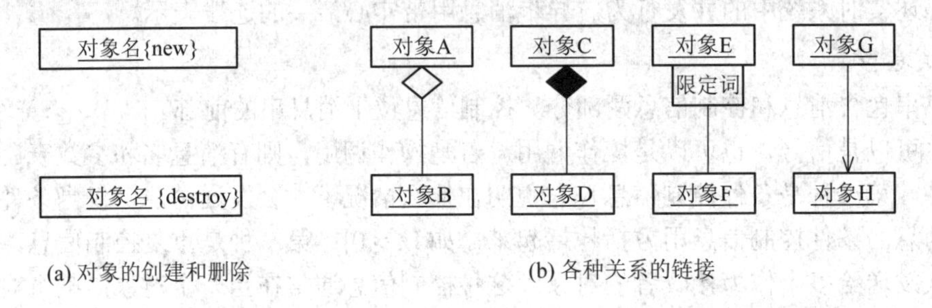

图 12.20 对象和链接的表示

3. 链接

链接用于表示对象之间的各种关系，包括组成关系的链接、聚集关系的链接、限定关系的链接和导航链接等。各种链接关系的定义和图符表示与类图中的定义和图符相同。在链接的端点上还可显示对象的角色名。各种关系的链接如图 12.20(b)所示。

4. 消息

在对象之间的静态链接关系的连线上可标注消息。消息的定义格式如下：

消息类型 标号 控制信息 : 返回值 := 消息名 参数表

消息的这些构成分别表示消息的类型、消息执行的顺序、消息的控制信息、消息的返回值和消息名。

1) 消息类型

消息类型有简单消息、同步消息和异步消息三种。它们的含义和图符表示与顺序图相同，但是在协作图中的这些图符仅表示消息的一种构成成分，位于对象之间的链接线上，箭头指向消息的发送方向。

2) 标号

标号用于表示消息执行的顺序。标号有下列三种形式：

(1) 顺序执行：标号用整数表示，如 1，2，…，按整数大小顺序执行。

(2) 嵌套执行：标号中带小数点，如 1.1，1.2，1.3，…，其中整数部分表示模块号，小数部分表示该模块中的执行顺序。

(3) 并行执行：标号中带小写字母，如 1.1.1a，1.1.1b，…，表示这两个标号的消息是并行执行。

3) 控制信息

控制信息的含义和图符与顺序图中的控制信息相同。如 [x > y] 表示有条件地发送消息，*[I = 1..n] 表示重复 n 次发送消息。

4) 返回值

返回值表示消息执行后的结果应送到返回值指出的地方。

5) 消息名

消息名表示要发送的消息的名字，可以是操作调用、线程之间的信号传送和事件唤醒等。若为操作调用，则有参数表。

5. 协作图的示例

在电路设计中，有“控制器”、“布线”、“端点”、“直线”及“窗口”等对象和类，布线在控制器控制下进行。每布一条线，先定位两个端点，即左端点 r0、右端点 r1，再以这两个端点为参数创建直线，并在窗口上显示出来，然后重复定位、创建直线、显示，从而完成电路布线设计。这些对象之间的关系以及发送的消息如图 12.21 所示。

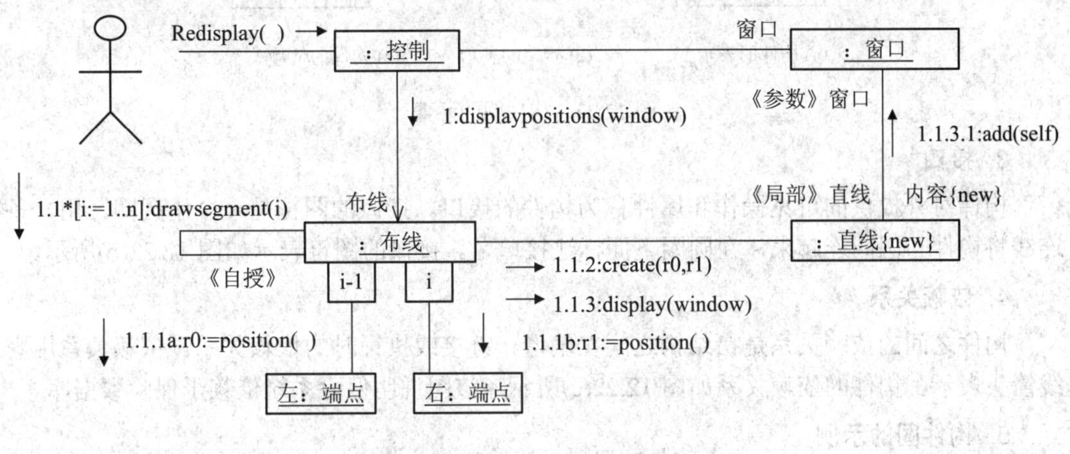

图 12.21　协作图的示例

12.6 实现模型

系统的实现模型包括构件图和配置图。它们描述了系统实现时的一些特性。如源代码的静态结构和运行时刻的实现结构。构件图显示代码本身的逻辑结构，配置图显示系统运行时的结构。

12.6.1 构件图

1. 作用

构件图描述系统中存在的软构件以及它们之间的依赖关系，构件图的元素有构件、依赖关系和接口。

2. 构件

构件可看作包与类对应的物理代码模块，逻辑上与包、类对应，实际上是一个文件，可以是下列几种类型的构件：

(1) 源代码构件：是一个源代码文件或与一个包对应的若干个源文件。

(2) 二进制构件：是一个目标代码文件、一个静态的或动态的库文件。

(3) 可执行构件：是运行在处理器上的一个可执行的程序单位，即可执行文件。

构件的图符是一个矩形框，在其左边框线上串两个小矩形，在图符的顶部要标注构件名。在图符中可标注构件内容。构件内容可以是类名、包名或可执行的对象。若只关心构件的整体，不关心它的细节，则在图符中只标注构件名而不标注构件内容。构件的表示如图 12.22(a)所示。

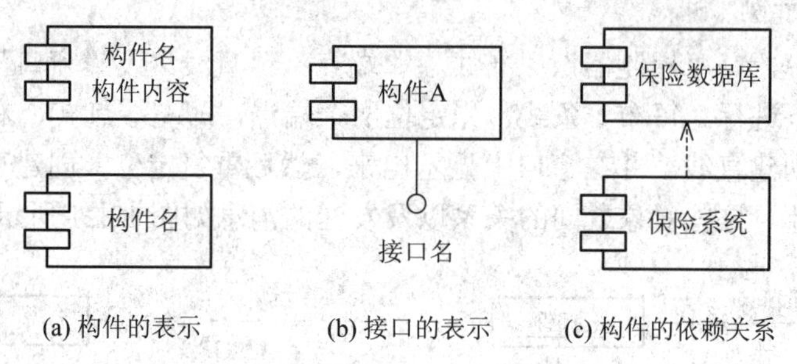

图 12.22　构件图的元素

3. 接口

构件对外提供的可见操作和属性称为构件的接口。接口的图符是一个小圆圈，用一条连线将构件与圆圈连起来，在圆圈下面标注接口名。接口的图符表示如图 12.22(b)所示。

4. 依赖关系

构件之间的依赖关系是指结构之间在编译、链接或执行时的依赖关系。依赖关系用虚线箭头表示。构件的依赖关系如图 12.22(c)所示，该图说明保险系统依赖于保险数据库。

5. 构件图的示例

有一个画圆、画矩形的 C++ 程序，包含主程序(Main)类、画圆(Circle)类、画矩形(Square)类。这 3 个类的源程序分别为 Main.cpp、Circle.cpp、Square.cpp，编译后的目标程序分别为 Main.obj、Circle.obj、Square.obj，通过链接后的可执行程序为 Main.exe。

可执行程序构件依赖于动态连接库 Graphic.dll 构件和 3 个目标程序构件，3 个目标程序的构件分别依赖于 3 个源程序构件，而 Main.cpp 构件分别依赖于 Circle.cpp 和 Square.cpp 构件。该示例的构件图如图 12.23 所示。

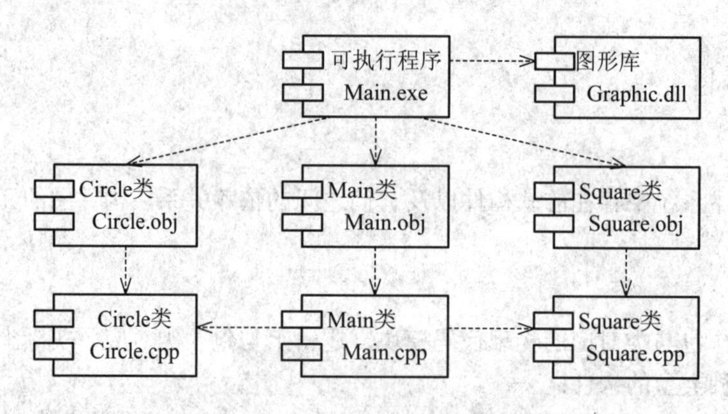

图 12.23　简单画图程序的构件图

12.6.2　配置图

1. 作用

配置图用来描述系统硬件的物理拓扑结构以及在此结构上执行的软件，即系统运行时刻的结构。配置图可以显示计算结点的拓扑结构和通信路径、结点上执行的软构件、软构件包含的逻辑单元等。特别对于分布式系统，配置图可以清楚地描述系统中硬件设备的配置、通信以及在各硬件设备上各种软构件和对象的配置。因此，配置图是描述任何基于计算机的应用系统的物理配置或逻辑配置的有力工具。

配置图的元素有结点和连接。

2. 结点

配置图中的结点代表某种计算构件，通常是某种硬件。如一个简单的物理设备或传感器，可以是一台微机、主机或服务器等。同时结点还包括在其上运行的软构件，软构件代表可执行的物理代码模块。如一个可执行程序，在逻辑上可以与类和包对应。

结点的图符是一个立方体。在左上角要标注结点的名字，在结点内要标注结点内容，结点内容是结点包含的软构件。结点的图符如图 12.24(a)所示。

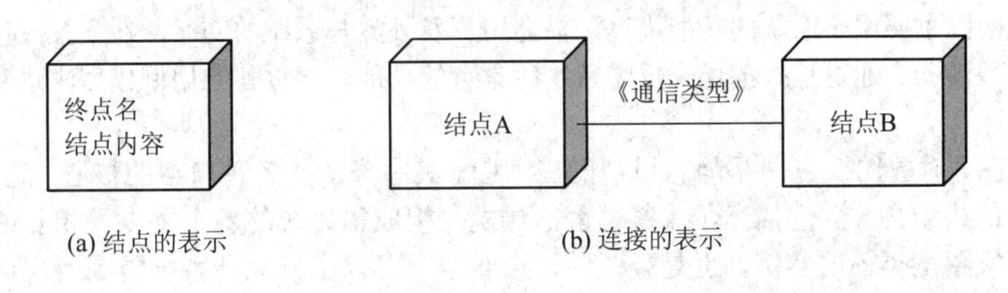

图 12.24　配置图的元素

3. 连接

配置图中各结点之间进行交互的通信路径称为连接。连接表示系统中结点之间存在着联系。用结点之间的连线来表示连接。在连接的连线上要标注通信类型，通信类型用“《》”括起来，表示该连接的通信路径使用的通信协议或网络类型，如《TCP/IP》。连接的图符如图 12.24(b)所示。

4. 配置图的示例

在保险信息系统中，有后台“保险服务器”和前端“客户 PC”两个结点。在“客户PC”结点上有“保险单填写界面”构件，在“保险服务器”上有 3 个构件，分别是“保险系统”、“保险数据库”及“保险系统配置”。“保险系统”构件有一个名为“配置”的接口，该构件依赖于“保险数据库”构件，“保险系统配置”构件依赖于配置接口。“保险系统配置”构件中包含有“保险政策”和“保险用户”两个对象。

两个结点之间连接上的通信类型是《TCP/IP》，该系统的配置如图 12.25 所示。

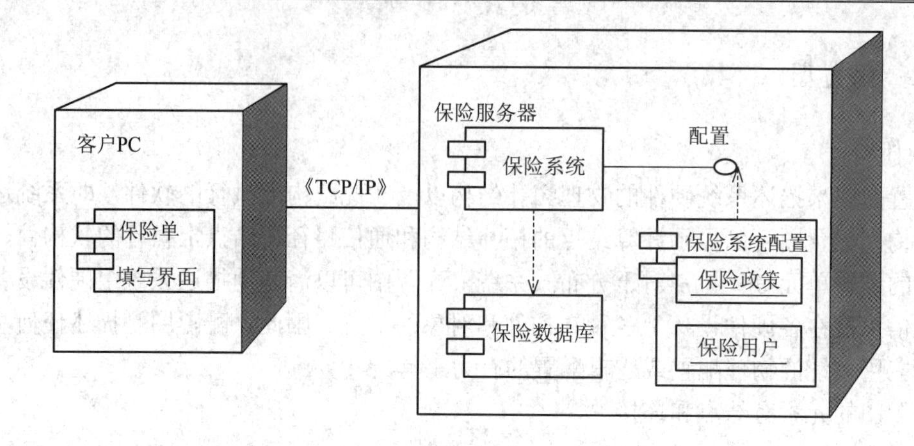

图 12.25　保险信息系统的配置

本章小结

本章介绍了 UML 的产生、发展、特点及内容，着重讲述了 UML 各种模型的作用、模型元素的含义和表示以及各种模型图的示例。

用例图主要用于系统的功能描述，描述用户及外界与系统的交互，在交互过程中要完成的各种活动，通过这些描述来反映系统所具有的功能。通过建立用例模型来进行系统的需求描述。

类图、对象图及包图是静态模型的三种图。其中类图是各种模型的核心，它是 UML 最重要的内容之一，它描述了系统的静态结构，构成该系统的各个类以及相互的各种关系；对象图是类图的实例，也是类图的一个景象，可以了解复杂系统类图所表达的丰富内涵；包图描述系统存在的各个包以及之间的关系，而包是许多类组成的一个更高层次的单位。

动态模型有状态图、活动图、顺序图和协作图。动态模型描述系统的动态结构。状态图描述类中对象所具有的所有可能的状态以及某些事件发生时其状态的转移情况。活动图描述系统中各种活动的执行顺序，通常用来刻画一个方法中所要进行的各项活动的执行流程，也用于描述一个用例的处理流程。顺序图描述几个对象之间的动态协作关系，直观地展示了对象之间传递消息的时间顺序，反映了对象之间的一次特定的交互过程。协作图也是描述对象之间的动态协作关系，着重描述各个对象之间存在的消息发送与接收关系，即对象之间的相互通信关系。

实现模型有构件图和配置图。构件图用于描述系统中存在的构件以及构件之间的关系，构件是指系统中的各种代码文件，因此，它描述了系统中程序代码的组织结构。配置图描述系统中硬件和软件的物理配置情况和系统体系结构。配置图中的结点是指实际的物理设备以及在该结点上运行的可执行构件或对象，同时配置图还描述这些结点之间的连接以及通信类型。

UML 的内容非常丰富，在具体应用中不必面面俱到，要根据应用问题的特点建立相应的模型，即对每一个应用问题，不必把 10 种图都画出来，要有所侧重，有所选择。

习　题

1. UML 的主要内容是什么？
2. UML 的特点是什么？
3. 用例图的作用是什么？如何建立用例模型？
4. 类图的重要性是什么？类图有什么元素？这些元素各有什么含义？
5. UML 有哪些动态建模机制？
6. 状态图和活动图有何异同？活动图与程序流程图有何区别？
7. 顺序图和协作图各有何作用？有何异同？
8. 构件的含义是什么？构件图有何作用？
9. 用用例图描述学生成绩管理信息系统。
10. 用类图建立学校人员管理系统的静态结构。
11. 用顺序图描述用户与学生成绩管理信息系统的一次查询交互过程。
12. 选择题:

(1) UML 的(　　)模型图由活动图、顺序图、状态图和合作图组成。

A. 用例　　B. 静态　　C. 动态　　D. 系统

(2) 顺序图的模型元素有(　　)、消息、生存线、激活期等，这些模型元素表示某个用例中的若干个对象和对象之间所传递的消息，来对系统的行为建模。

A. 对象　　B. 箭头　　C. 活动　　D. 状态

(3) 在 UML 的需求分析建模中，对用例模型中的用例进行细化说明应使用(　　)。

A. 活动图　　B. 状态图　　C. 配置图　　D. 构件图

(4) 状态图可以表现(　　)在生存期的行为、所经历的状态序列、引起状态转移的事件以及因状态转移而引起的动作。

A. 一组对象　　B. 一个对象　　C. 多个执行者　　D. 几个子系统

(5) UML 中，用例图展示了外部 Actor 与系统所提供的用例之间的链接，UML 中的外部 Actor 是指(　　)

A. 人员　　B. 单位　　C. 人员和单位　　D. 人员和外部系统

(6) UML 的(　　)模型图由类图、对象图、包图、构件图和部署图组成。

A. 用例　　B. 静态　　C. 动态　　D. 系统

(7) (　　)模型是开发者与客户交流的纽带。

A. 用例　　B. 类　　C 状态　　D 交互

(8) 自行车是一种交通工具，自行车和交通工具之间的关系是(　　)

A. 组合　　B. 关联　　C. 依赖　　D. 泛化

(9) UML 的系统分析进一步要确立三个系统模型是(　　)、对象动态模型和系统功能模型。

A. 数据模型　　B. 体系结构模型

C. 对象关系模型　　D. 对象静态模型

(10) 下面(　　)不是类图中类与类之间的关系。

A. 依赖关系　　B. 关联关系　　C. 扩展关系　　D. 泛化关系

(11) 类图中关联的重数是指(　　)。

A. 一个类有多个方法被另一个类调用

B. 一个类的实例能够与另一个类的多个实例相关联

C. 一个类的某个方法被另一个类调用的次数

D. 两个类所具有的相同的方法和属性

(12) 一个(　　)迁移图符可以有多个目标状态，它们可以把一个控制分解为并行运行的并发线程，或将多个并发线程接合成单个线程。

A. 状态　　B. 对象　　C. 活动　　D. 同步并发

(13) UML客户需求分析产生的用例模型描述了系统的(　　)。

A. 状态　　B. 体系结构　　C. 静态模型　　D. 功能要求

(14) UML的系统分析进一步要确立的三个系统模型是(　　)、对象动态模型和系统功能模型。

A. 数据模型　　B. 对象静态模型

C. 对象关系模型　　D. 体系结构模型

(15) (　　)不是用例图的主要成分。

A. 用例　　B. 执行者　　C. 状态　　D. 系统

(16) 用例用来描述系统在事件做出响应时所采取的行动。用例之间是具有相关性的。在一个“订单输入子系统”中，创建订单和更新订单都需要检查用户账号是否正确。那么，用例“创建新订单”、“更新订单”与用例“检查用户账号”之间是(　　)关系。

A. 聚集　　B. 扩展　　C. 包含　　D. 分类

(17) 顺序图描述(　　)对象之间消息的传递顺序。

A. 某个　　B. 单个

C. 一个类产生的　　D. 一组

(18) 状态图描述一个对象在不同(　　)的驱动下发生的状态迁移。

A. 事件　　B. 对象　　C. 执行者　　D. 数据

(19) 活动图中动作状态之间的迁移不是靠(　　)触发的，当活动(动作)状态中的活动完成时迁移就被触发。

A. 对象　　B. 事件　　C. 执行者　　D. 系统

(20) 下列关于状态图的说法中，正确的是(　　)。

A. 状态图是UML中对系统的静态方面进行建模的五种图之一

B. 状态图是活动图的一个特例，状态图中的多数状态是活动状态

C. 活动图和状态图是对一个对象的生命周期进行建模，描述对象随时间变化的行为

D. 状态图强调对有几个对象参与的活动过程进行建模，活动图更强调对单个反应型对象建模

13. 填空题:

(1) (　　)是指“整体”拥有它的“部分”，它具有强的物主身份，表示事物的整体/部

分关系较强的情况，整体不存在了部分也会随之消失。

(2) 活动图既可以描述对象的动态行为，还可以用来描述(　　)。

(3) 用例模型中的执行者可以是(　　)也可以是(　　)。

(4) (　　)图和(　　)图用来表达对象之间的交互，是描述一组对象如何合作完成某个行为的模型化工具。

(5) 用例图中以实线方框表示系统的范围和边界，在系统边界内描述的是 (　　)，在边界外面描述的是(　　)。

(6) 软件构件分为(　　)构件、(　　)构件和(　　)构件。

(7) 交互模型描述系统中对象间的交互行为。每一个交互都有(　　)和(　　),它们可以是整个系统、一个子系统、一个用例、一个对象类或一个操作。

(8) 活动图中活动状态的迁移(　　)由事件进行触发，一个活动执行完毕(　　)进入下一个活动状态。

14. 有一个火车订票系统，顾客可以使用电话或网络进行订票。系统要求如下:

(1) 一个顾客可以多次订票，但是每个网点每次只能为一个顾客执行订票服务。

(2) 假设有两种车票：单人票和套票。单人票只是一张票，套票包括多张票。

(3) 每一张票不能既是单人票又是套票，只能选择其中一种。

(4) 每次可以预订多张火车票，每张票对应一个唯一的座位。

请画出这个订票系统的 UML 模型(类图、对象图、用例图、序列图)。

15. 扩展(或者细化)下面“自动售货系统”的用例图(如图 12.26)，画出扩展后的用例图。

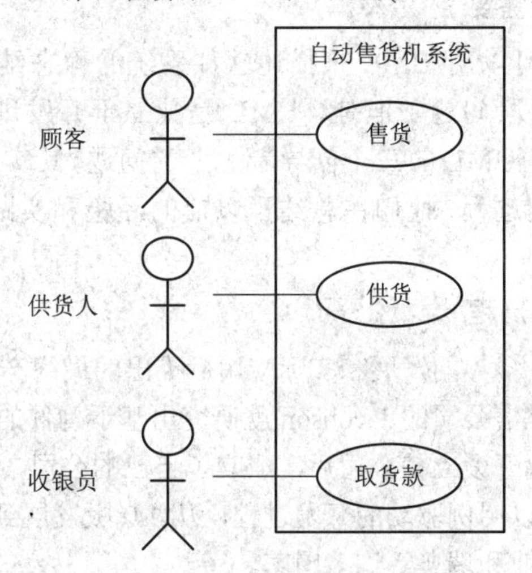

图 12.26　自动售票系统用例图

第13章 统一软件开发过程

本章介绍了Rational统一过程(简称RUP)。UML是统一过程的基础，也是建模的工具和手段，而统一过程是建模的过程。统一过程是基于构件的，它是用例驱动、以构架为中心、迭代和增量方式的开发过程。本章首先介绍了统一过程的形成、特点和要素，然后介绍了统一过程的开发模式及开发的各个模型，最后介绍了用例驱动、构架、迭代和增量的具体内容。

13.1 统一过程概述

13.1.1 统一过程的形成

1. 软件开发过程的需要

UML产生以后，可以用UML来描述软件系统的静态结构和动态行为，解决了软件系统建模的工具和手段问题。但是，UML是独立于开发过程的，如何用UML来开发软件系统？这一直是UML的三个创导者思考的问题，其实他们在研究UML的同时，也在构思统一软件开发过程，他们在总结了以前的经验和实践的基础上推出了Rational统一过程。

2. 统一过程的发展历程

统一过程是经过30多年的发展和实际应用后推出的最终产品。

早在1967年，爱立信公司的Jacobson就研究出基于构件的开发方法。

1987年Jacobson离开爱立信公司后，成立了自己的公司，于1988年推出了“对象工厂”的过程产品，它是以用例驱动的开发过程，从1.0版发展到1995年的3.8版。该产品已推广到电信以外的行业和瑞典等许多国家。

1995年，Rational软件公司引进了Jacobson的“对象工厂”的产品，于1997年，推出“Rational对象工厂过程”4.1版，它是在3.8版的基础上加入了Rational公司的经验和实践而形成的。它是一个构架驱动的、增量迭代方式的开发过程。

在这一段时间里，Rational公司收购了其他一些软件工具公司，每个公司都带来了一些专门技术，使得过程产品完全成熟，能够支持整个软件生命周期的开发过程。于1998年6月，Rational公司推出“Rational统一过程”5.0版，它反映了开发方法和开发过程的统一，以及许多方法论研究人员研究结果的统一。

3. 统一过程的应用

统一过程是一个软件开发过程，它是一个将用户需求转换为软件系统所需要的活动的集合。统一过程不只是一个简单的过程，而是一个通用的过程框架，可用于不同类型的软件系统、各种不同应用领域、各种不同类型的组织、各种不同功能级别以及各种不同规模项目的开发。

13.1.2　统一过程的特点

1. 基于构件

统一过程所构造的软件系统，是由软件构件通过明确定义的接口相互连接所建造起来的。

2. 使用 UML

统一过程使用 UML 来制定软件系统的所有蓝图，UML 是整个统一过程的一个完整部分，它们是共同发展起来的，它强调创建和维护模型。

3. 用例驱动

用例不只是一种确定系统需求的工具，它还能驱动系统的设计、实现和测试的进行。基于用例模型，开发人员可以创建一系列实现这些用例的设计模型和实现模型，可以审查每个后续建立的模型是否与用例模型一致，而测试人员可以确定实现模型的构件是否实现了用例。所以用例启动了开发过程，还使开发过程结合为一体。开发过程是沿着一系列从用例得到的工作流前进的。

4. 以构架为中心

软件系统的构架从不同角度描述了即将构造的系统，它刻画了系统的整体设计，去掉了细节部分，突出了系统的重要特征，包含了系统中最重要的静态结构和动态行为。

构架是根据应用领域的需要逐渐发展起来的，并在用例中得到反映。

每种产品都具有功能和表现形式，功能与用例对应，表现形式与构架对应。用例与构架是相互影响的，用例在实现时必须符合于构架，构架必须预留空间以实现现在或将来所有需要的用例。

5. 按迭代和增量方式开发

开发软件产品是一个艰巨的任务，需要几个月以至几年，需要将开发的项目划分为若干个细小的项目。每个细小项目是一次能够产生增量的迭代过程。增量是指产品中增加的部分，迭代是指开发中要经历的 5 种工作流。

迭代过程要处理一组用例，这组用例合起来能扩展所开发产品的可用性，后续的迭代过程建立在前一次迭代过程末期所开发的制品上。

迭代过程必须是受控的，即必须按照计划好的步骤有选择地进行。

6. 可剪裁

用统一过程开发软件时，各阶段应该有多长？各个阶段迭代多少次是合适的？候选构架可以在哪一点完全建立起来？这些问题的答案取决于系统的规模、项目的性质、开发组织的领域经验，甚至包括相关人员有效配合程度。总之，统一过程是一个框架，可以根据具体情况加以裁剪，以此来适应各种各样的开发过程。

13.1.3 统一过程的要素

软件项目的最终结果是一种产品，软件产品由各类人员建造，指导各类人员工作的是过程，过程使用一组工具自动完成开发活动。因此，统一过程有项目、产品、人员、过程、工具等要素。

1．项目

项目创造产品，一个项目包括一组人员，在规定的时间、费用范围内，完成相应制品。过程提供一种组织模式，指明项目所需人员及项目将产生的制品。

2．产品

在统一过程中，所开发的产品是一个软件系统。软件系统是以机器形式或人们可读形式给机器、各类人员提供表示的所有制品，机器是指工具、编译器或目标计算机，制品是指在开发过程中由各类人员创建、生产、修改和使用的各种信息。

制品分为技术制品和管理制品两种。技术制品有 UML 图、用户界面、构件、测试计划和模型。管理制品有业务案例、开发计划、安排活动计划等。统一过程最重要的制品是模型，构造系统就是构造模型。

3．人员

人员参与产品的开发，这种参与贯穿整个软件生命周期，人员指的是：用户、客户、构架设计师、开发人员、测试人员和项目管理人员。不同人员有不同的作用，他们可以提供资金、规划、开发、管理、测试和使用等。

4. 过程

软件开发的过程定义了一个完整的活动集合，该活动集合将用户的需求转换为一组表示软件产品的制品集合。相关的活动组成了工作流，而工作流确定了参与该过程的各类人员，标识了过程中各类人员创建的制品，描述了过程中各类人员在相关活动中如何建立、生产和使用彼此的制品。因此，过程指导项目的开发，是从工作流角度描述过程的。

统一过程是可具体化的，即它是一个通用过程，也是一个过程框架，每个使用统一过程的组织最后都要将它具体化，以满足实际开发情况的需要。

5. 工具

工具支持软件开发过程，适合于将重复工作任务自动化。过程和工具是相互配套的，过程驱动工具的开发，工具指导过程的开发，过程不能缺少工具。

13.2 统一过程的开发模式

13.2.1 统一过程的框架

统一过程的框架如图 13.1 所示。

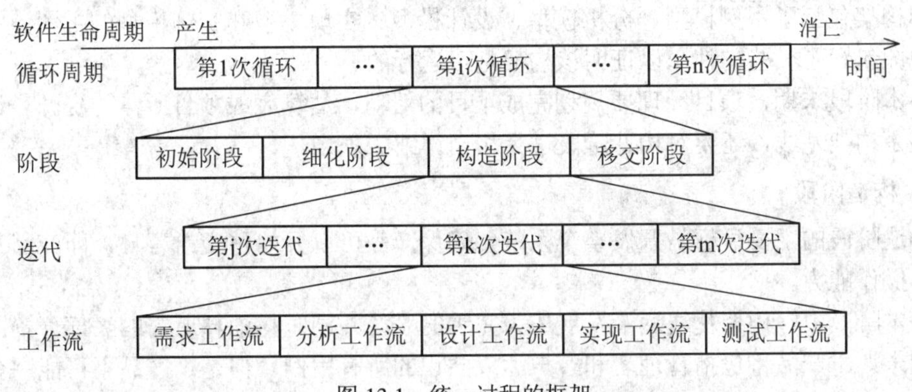

图 13.1　统一过程的框架

1. 统一过程的循环周期

统一过程把软件生命周期划分为若干个循环周期，每个循环周期都向用户提供一个产品版本作为终结。其中产品的第一个版本是最难开发的，因为它奠定了系统的基础和构架。一个循环周期随着它在软件生命周期中所处位置不同而有着不同的内容。如果系统最初的构架是可扩展的，则产品的后期版本将建立在早期版本的基础上。如果后期版本中，系统的构架有较大变化，则开发的早期阶段需要做更多的工作。

2. 循环周期包含的阶段

每个循环周期都要经历一定的时间，在这段时间中又可以分为 4 个阶段，即初始阶段、细化阶段、构造阶段和移交阶段。每个阶段都以一个里程碑作为结束标志。

3. 阶段的若干迭代

在每个阶段中，管理人员或开发人员又可以将本阶段细分为多次迭代过程，确定每次迭代过程产生的增量，每次迭代都会实现一些有关的用例，可以把一次迭代看成是一个细小项目。

4. 迭代过程经历的工作流

一次迭代中，开发人员将处理一系列的工作流，每次迭代过程都会经历 5 种核心工作流，它们是需求工作流、分析工作流、设计工作流、实现工作流和测试工作流。不同阶段的迭代过程中的工作流情况是不同的，在初始阶段的迭代中，可能是需求工作流的比重大一些，而在构造阶段的迭代中，实现工作流的比重大一些。

13.2.2　统一过程的阶段

1. 初始阶段

初始阶段的主要目标是确定产品应该做什么，它的范围是什么，降低最不利的风险，并建立初始业务案例，从业务的角度表明项目的可行性，为项目建立生命周期目标。

2. 细化阶段

细化阶段的主要目标是建立软件系统的合理构架，因此要对问题域进行分析，捕获大部分的系统需求，即捕获大部分的用例。软件系统的构架表示为系统中所有模型的不同视图，即构架包括了用例模型、分析模型、设计模型、实现模型和实施模型的视图。实现模型的视图包含了一些构件，以证明该构架是可运行的。

在本阶段末期，项目经理要规划完成项目的活动，估算完成项目所需的资源。该阶段的结果是构架基线，还要对构造阶段进行相当详细的规划。

3. 构造阶段

构造阶段的主要目标是开发整个系统，确保产品可以开始移交给客户，即产品具有最初的可操作能力。

在本阶段中，构架基线逐渐发展成为完善的系统，同时将消耗所需的大部分资源。在本阶段末期，产品将包括管理者和客户达成共识的所有用例。但是，产品不可能完全没有缺陷，很多缺陷将在移交阶段发现和修改。

4. 移交阶段

移交阶段的主要目标是确保得到一个准备向用户发布的产品。本阶段包括产品进入 β 版的整个时期，这时期用户试用该产品并报告产品的缺陷和不足，开发人员则改正所报告的问题，本阶段还包括制作、用户培训、提供在线支持等活动。

13.2.3 统一过程的迭代

1. 什么是迭代

一次迭代是一个细小项目的开发过程，它要经历所有核心工作流，能产生内部版本，即迭代能产生产品的增量。每次迭代都包括软件开发项目所具备的一切步骤，如规划，通过一系列工作流(需求、分析、设计、实现和测试)进行的处理，最后准备发布。

但是，迭代不是一个完全独立的实体，它是项目开发各阶段中的一次迭代，只是整个项目中的一个细小项目。每个细小项目都像过去的瀑布模型，因为它处理的是瀑布模型的活动，可以将每次迭代标注为一个“小瀑布模型”。

2. 迭代过程的用例

在每次迭代过程中，开发人员标识并详细描述有关的用例，以选定的构架为向导来创建设计，用构件来实现设计，并验证这些构件是否满足用例。如果一次迭代达到了目标，开发工作便可以进入到下一次迭代。如果迭代未能达到预期的目标，开发人员必须重新审查前面的方案，并试用一种新的方法。

3. 受控的迭代过程

为了获得迭代过程的最佳效果，迭代过程必须是受控的，即必须按照计划好的步骤有选择地执行。

受控的迭代过程具有很多好处，可以将成本风险降低为一次增量所需的费用，可以降低产品不能按计划投放市场的风险，可以加快整个项目的进展速度。

4. 迭代过程的选择和排列

在开发过程中，为了获得最佳的效益，开发人员应选择实现项目目标所需的迭代过程，并且要按照一定的逻辑顺序来排列这些迭代过程。一个成功的项目要沿着这条路线进行下去，不会与预期的路线有较大的偏差。

5. 不同阶段的迭代过程的差异

早期迭代侧重于了解问题和技术。在初始阶段，迭代过程关注的是获得一个业务案例。在细化阶段，迭代的目的是进行构架基线的开发。在构造阶段，通过每次迭代中的一系列构造活动来创造产品，直到得到准备交付给用户的产品。但是每次迭代过程都按照同样的模式进行，即每次迭代都以规划活动开始，以迭代的评估作为结束。

13.2.4　统一过程的工作流

1. 什么是工作流

工作流是指一组活动。在统一过程中，用工作流来描述过程。工作人员执行工作流中的一组活动而产生相应的制品。用 UML 中的术语来说，工作流是协作的构造型，其中的工作人员和制品是参与者。工作流分为过程工作流和支持工作流。

2. 过程工作流

过程工作流有 7 种，它们是业务建模、需求、分析、设计、实现、测试和实施。其中需求、分析、设计、实现和测试是核心工作流。下面给出各种过程工作流的活动。

需求工作流：列举出候选需求，捕获功能性需求，捕获非功能性需求。

分析工作流：构架分析，分析用例，分析类，分析包。

设计工作流：构架设计，设计一个用例，设计一个类，设计一个子系统。

实现工作流：构架实现，系统集成，实现一个子系统，实现一个类，执行单元测试。

测试工作流：制定测试计划，设计测试，实现测试，执行集成测试，执行系统测试，评估测试。

实施工作流：可交互系统的配置。

3. 支持工作流

支持工作流有 3 种，它们是配置和变化管理、项目管理和环境。这些工作流的活动用于软件开发的管理工作。在统一过程中没有对这些工作流作详细说明。

配置和变化管理工作流：控制变化，维护项目制品的完整性。

项目管理工作流：进度控制，质量保证，资源安排。

环境工作流：开发项目所需要的基础设施。

13.3　统一过程的模型

13.3.1　模型概述

1. 模型的含义

模型是对系统的一种抽象，从某个视点、在某种抽象层次上详细说明被建模的系统。如一种视点是系统的功能需求视图或设计视图等。

模型是对构架设计师和开发人员构造的系统的抽象。对功能需求建模的开发人员来说，认为用户处于系统之外，而认为用例处于系统之内，只关心用户能做什么，而不管系统内部的结构。对设计建模的人员来说，只考虑结构元素如何协同工作来为用例提供功能。

2. 模型的重要性

在统一过程中最引人注目的制品是模型。因此，构造系统就是一个构造模型的过程，即采用不同的模型来描述系统所有不同视角的过程。为系统选择模型是开发组所要做的最重要的决定之一。

统一过程给出了经过仔细选择的模型集合，并用它来启动过程。模型集合向所有人员阐明了该软件系统的功能、重要特征和各种结构。

3. 自包含的视图

模型是系统的语义闭合的抽象，即它是一个自包含的视图，用户不需要其他信息(从其他模型)就可以解释该模型。自包含的概念意味着当触发一个用该模型描述的事件时，开发人员希望在系统中产生的结果只能有一种解释。

13.3.2 主要模型

1. 用例模型

用例模型包含系统的所有用例、参与者以及它们之间的联系。它是通过需求工作流中的活动来建立的。该模型建立了系统的功能需求。

2. 分析模型

分析模型由用例实现以及参与用例实现的分析类组成。用例实现是协作的构造型，而分析类是参与者。

在 UML 中，协作的定义：为一组由类、接口和其他元素组成的群体命名，它们共同工作，提供比各组成部分功能总和更强的合作行为。协作的图符用虚线椭圆来表示(参见图 13.2)。

分析模型有两方面的作用：可以更详细地提炼用例；将系统的行为初步分配给提供行为的一组对象。这组对象是分析类的对象。

引入三种分析类：边界类、控制类和实体类，它们是类的构造型。边界类用于表示系统与参与者的交互，它的图形符号是用一条短横线把一条短竖线和一个圆连接起来。控制类用于表示协调、排序、事务处理以及对其他对象的控制，它的图形符号是用一个圆在其上部加一个向左的箭头来表示。实体类用于建立长期且持久的信息模型，它的图形符号是用一个圆在其底部加一条短横线来表示。这些分析类的图形符号在图 13.2 中出现。

分析模型可以通过分析工作流的活动得到，分析模型用于建立概念设计，该模型是统一过程对 UML 的扩展。

3. 设计模型

设计模型将系统的静态结构定义为子系统、类和接口，并定义由子系统、类和接口之间的协作所实现的用例实现。在分析模型和设计模型中都涉及用例实现，为了区分这两者，在分析模型中称为用例实现－分析，在设计模型中称为用例实现－设计。在不混淆时，也可省略后缀。

4. 实现模型

实现模型包括构件和类到构件的映射。

5. 实施模型

实施模型定义计算机的物理结点和构件到这些结点的映射。

6. 测试模型

测试模型用于描述测试用例和测试规程。

7. 其他模型

系统可能还包括描述系统业务的领域模型或业务模型。

13.3.3 模型之间的关系

一个系统包含了不同模型中模型元素之间的所有关系和约束。所以，一个系统不仅是其模型的集合，也是模型间关系的集合。

1. 用例模型和其他模型的依赖关系

用例模型的用例可详细说明为分析模型的用例实现－分析，可具体体现为设计模型的用例实现－设计，因此它们之间存在依赖关系。

2. 模型之间的跟踪关系

用例模型的用例与分析模型的用例实现－分析存在跟踪关系，同样，在设计模型的用例实现－设计和分析模型的用例实现－分析之间，以及在实现模型的构件和设计模型的子系统之间也都存在跟踪关系。

13.4 用例驱动

13.4.1 用例的作用

用例有如下几种作用：

(1) 用例提供一种捕获功能需求的方法和手段。

(2) 用例不仅启动一个开发过程，还能将核心工作流结合为一个整体。

(3) 用例有助于项目经理规划、分配和监控开发人员所执行的多个任务。

(4) 用例是保证所有模型具有可跟踪性的一种重要机制。

(5) 用例有助于进行迭代开发。每次迭代由用例驱动而经历所有工作流，即从需求到设计和测试，进而得到一个增量结果，即每次迭代都会确定并实现一些用例。

(6) 用例有助于设计构架。在最初几次迭代中，通过选择几个适当的用例，便可以用一个稳定的构架来实现一个初始系统，可用于多个后续的循环周期。

(7) 用例可以作为编写用户手册的起点，因为每个用例说明了一种使用系统的方法。

13.4.2 建立用例模型

1. 捕获用例

每种系统使用方式是一个候选用例，通过详细说明、修改、分解和合并而成为完整的用例。

2. 确定用例

所有功能需求确定为用例，很多非功能性需求可以附加到用例上。

3. 创建用例模型

每个用户表示为一个参与者。所有用例、参与者组成用例模型。用例模型是使用系统方式的完整规格说明，它是开发人员和各种用户达成的共识，可作为合同的一部分。

13.4.3 创建分析模型

1. 确定用例实现

选择用例模型中的一组用例，实现为分析模型中的用例实现。用例实现是协作的构造型，分析类是用例实现的参与者，用例实现跟踪依赖于用例。

2. 确定分析类

通过分析每个用例的处理说明，找出实现该用例的分析类和关联。每个分析类在一个用例实现中充当一个或几个角色。

每个分析类要详细说明参与实现某个用例的职责和属性。

3. 分析模型

用例实现和分析类构成了分析模型，随着分析的用例越来越多，分析模型会逐渐完善起来。分析模型是概念性的，可能是暂时的，存在于前几次迭代中。在大型复杂系统中，分析模型存在于整个生命周期。

4. 实例

ATM 系统的用例模型和分析模型。

在 ATM 系统中，储户是参与者，取款、存款和转账是三个用例。ATM 的用例模型如图 13.2 所示。

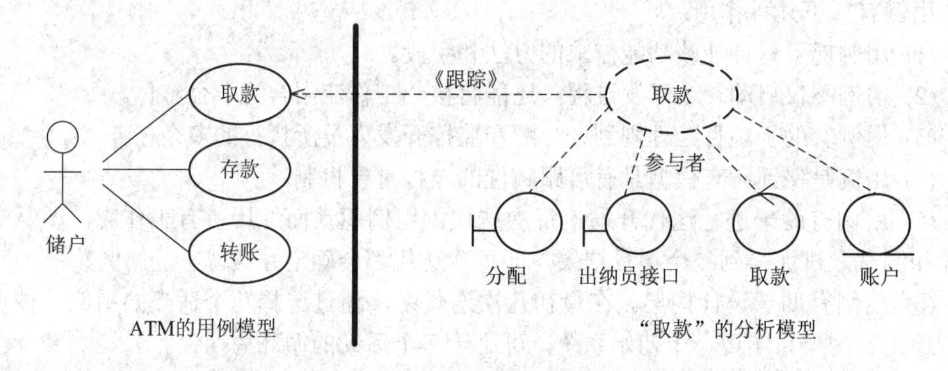

图 13.2 ATM 的用例模型和“取款”的分析模型

现在只考虑取款用例。因为在 ATM 系统中，取款是最重要的用例。完成取款用例动作序列的简化路径是：储户表明自己的身份；储户选择从哪个账户取款；确定取款金额；系统从账户扣除取款金额；发给储户相应金额的现金。

取款用例实现时所需的分析类："分配"和"出纳员接口"是《边界类》；"取款"是《控制类》；"账户"是《实体类》。

"取款"用例的分析模型如图 13.2 所示。在图中还表示了分析模型的"取款"用例实现跟踪依赖于用例模型的"取款"用例。

5. 用例实现—分析的描述

每个用例实现－分析都包含一个充当不同角色的分析类集合。在分析中，使用协作图来建立分析类的对象间交互模型。图 13.3 是根据取款用例动作序列的简化路径绘制的，它描述了取款的用例实现－分析是如何通过一组分析对象来执行的。

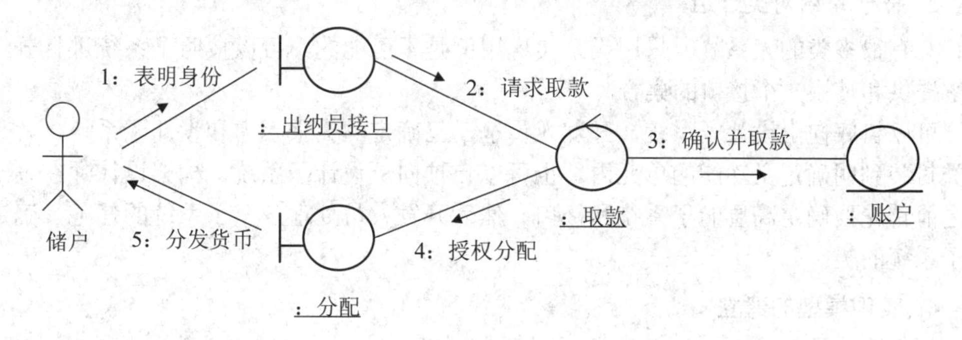

图 13.3　"取款"用例实现－分析的协作图

13.4.4　设计和实现模型的建立

1. 设计模型的特征

设计模型是以分析模型作为输入来创建的模型，设计模型是有层次关系的，它是实现的蓝图。

2. 确定设计模型的元素

与分析模型类似，设计模型也要定义类、接口和子系统等元素，以及这些元素之间的关系，这些元素适应于实现环境。

分析模型的用例实现－分析说明分析类参与了实现用例－分析，而设计模型的用例实现－设计跟踪依赖于分析模型的用例实现－分析。当设计这些分析类时，会确定和导出更多应用于实现环境的精细化后的设计类。例如，设计出纳员接口类时，确定和导出了显示类、数字键盘类、读卡机类和客户管理类。

分析模型中分析类导出的设计类如图 13.4 所示。图中上面部分是分析模型的分析类，下面部分是导出的设计模型的设计类，粗线方框表示主动类。主动类的实例是主动对象，这个主动对象拥有一个进程或线程并能初始化地控制活动。设计类跟踪依赖于相应的分析类。

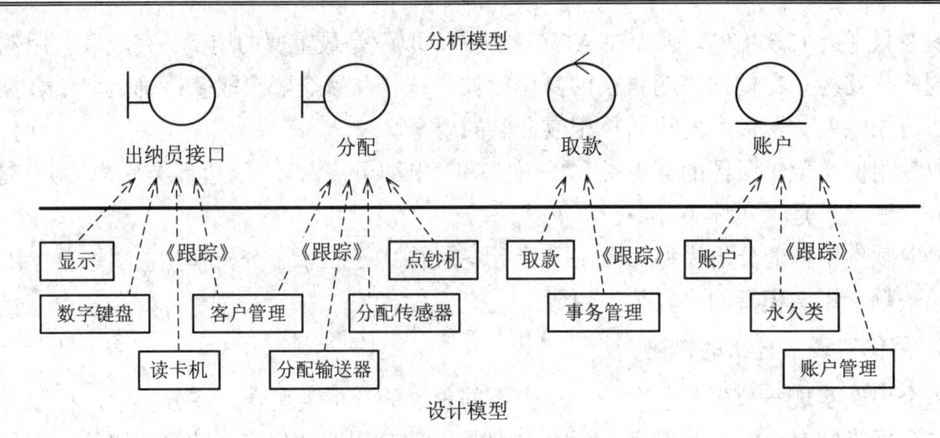

图 13.4 设计模型的设计类跟踪到分析模型的分析类

3. 按子系统对类分组

对有很多类的大系统，只用类来实现用例是不可能的，可以按照子系统进行分组，子系统提供和使用一个接口的集合。

可以自底向上设计子系统，开发人员基于已确定的类来考虑和设计子系统，就是把这些类封装到明确定义功能的单元内。也可以自顶向下设计子系统，构架设计师在确定其他类之前首先要确定高层的子系统和接口，然后开发人员处理各个子系统的任务，确定并设计子系统的类。

4. 实现模型的建立

实现模型由构件构成，包括所有的可执行体，如 ActiveX 构件和 JavaBeans 构件，以及其他类型的构件。在实现工作流期间，要开发可执行系统的制品，如可执行的构件、文件构件(源代码)、表构件(数据库元素)等。一个构件是系统中一个实际的且可替换的部分，它符合并且提供接口集合的实现。

若用面向对象程序设计语言来实现构件，则类的实现也很简便，每个设计类对应一个实现中的类，如 C++ 类或 Java 类。

实现工作不仅是开发源代码，还要对源代码进行单元测试。

13.4.5 用例的测试

1. 测试模型

测试模型包括测试用例和测试规程。在测试期间，需要验证系统是否实现其规格说明，先要建立测试模型，再执行测试规程以确保系统按照预期的方案工作。

2. 测试用例

测试用例是测试输入、运行条件和针对具体目标制定的预期结果的集合。例如，按照一条特定的路径完成一个用例或验证与所规定的需求的一致性。

3. 测试规程

测试规程是关于如何对具体的测试用例进行设置、运行和评估结果的规格说明。用例测试可以从参与者角度来执行，此时将系统作为一个黑盒子对待。也可从设计的角度来执行，此时所构造的测试用例用来验证用例实现中涉及到的类的实例，看这些实例能否完成它们应该做的工作。

13.5 构　架

13.5.1 构架概述

1. 构架的含义

在建造具有框架结构的楼房时，首先用钢筋水泥建造柱和梁构成的框架，然后再建造楼板、墙体、墙面，铺设管道等，直至完成整个楼房的建造。楼房的框架就是该楼房的骨架。开发一个软件系统也与此相似，首先应构造系统的构架。

具体来说，软件系统的构架是对以下问题决策的总和：软件系统的组织；对组成系统的结构元素、接口以及这些元素在协作中的行为的选择；由这些结构元素与行为元素组合成更大子系统的方式；用来指导这些元素、接口、它们之间的协作以及组合起来的构架风格。软件构架不仅涉及到静态结构与动态行为，而且涉及使用、功能、性能、适应性、重用和可理解性等。

可以把系统的构架看成是所有人员能够接受的共同目标。构架提供了整个系统的清晰的视角，这对控制系统的开发是必要的。构架描述了系统的重要模型元素，它们是系统中的基础部分，能够指导系统的开发工作，可以有效地理解、开发并改进这个系统。

2. 构架基线

在细化阶段结束时，从构架角度来看，已开发出了代表最重要的用例及其实现的系统模型，获得了用例模型、分析模型、设计模型以及其他模型的早期版本。这些模型的集合就是构架基线，它是小的、皮包骨架的系统。对构架来说，重要的用例以及其他一些输入可用来实现构架基线。构架基线不仅仅靠模型制品来表示，它还包括构架描述，这个描述实际上是同时建立的。

3. 构架描述

构架描述可以有不同的形式，可以是对组成构架基线的模型的抽取，也可以是以一种便于阅读的形式对这些抽取的重写。构架描述的作用是在系统的整个生命周期内指导整个开发组的开发工作，它是开发人员目前和将来都要遵循的标准。

4. 用例和构架

用例和构架之间存在着某些相互作用。

用例驱动构架的开发，在最初的迭代中选择几个重要用例来设计、开发构架，它们是用户最需要的用例。因此，构架受用例的影响。同时，构架还会受到其他因素的影响，如软件产品构造在哪些系统上，希望使用哪些中间件，需要适应哪些政策和公司标准等。

在捕获新的用例时，可以利用已存在的构架的知识更好地完成捕获工作，根据现存的构架来评估每个所选用例的价值和成本，也可以知道哪些用例很容易实现，哪些用例实现较为困难。所以，构架可以指导用例的实现。

13.5.2 构架的重要性

1. 有利于理解系统

要使现代的系统为人们所理解是非常困难的，因为大系统包含复杂的行为，要在复杂的环境中运作，使用的技术也很复杂。以构架为中心进行开发，可以防止出现这种无法理解的现象。构架采用模型视图来描述，容易理解。

2. 有利于组织开发

软件项目组织越庞大，协调开发人员之间工作的代价也越大。当项目分散在不同地方开发时，这种交流的开销也很大。构架将系统划分为带有明确定义接口的子系统，可以减少子系统之间的通信，可以有效地向双方的开发人员提供对方小组正在进行的工作。

3. 有利于软件重用

软件产业要达到其他行业那样高的标准化水平，好的构架和明确的接口是实现这一目标的关键步骤。好的构架为开发人员提供在其上工作的稳定骨架，也有助于开发人员知道在哪里能找到可重用的元素以及发现可重用的构件。构架设计师的任务就是定义这个骨架和可重用子系统，通过精心设计可以得到可重用子系统，并可以装配起来使用。

4. 有利于进化系统

任何大系统都需要不断进化，开发过程本身就需要这种进化，在投入使用后，由于环境的变化也需要对系统进一步完善。一个好的构架能适应这种进化，在大多数情况下，可以在系统中实现新的功能，而不会对现有的设计和实现造成太大的影响。相反，一个构架设计较差的系统，随着时间的推移以及使用很多补丁程序而出现功能退化，以至于无法有效地进行更新。

13.5.3 建立构架

1. 构架设计师

构架是由构架设计师和其他开发人员共同创建的。他们致力于实现一个高性能、高质量的系统。构架设计师要选择构架模式和现存产品，安排子系统的依赖，即系统的元件如何划分、元件之间如何相互作用，在创建一种设计方案时，某个子系统发生变化时不会对其他子系统造成影响。

软件架构师(即构架设计师)是软件设计师中一些技术水平较高、经验较为丰富的人，他需要承担软件系统的架构设计，需要设计系统的元件如何划分、元件之间如何发生相互作用，以及系统中逻辑的、物理的、系统的重要决定的作出。

在很多公司中，架构师不是一个专门的和正式的职务。通常在一个开发小组中，最有经验的程序员会负责一些架构方面的工作。在一个部门中，最有经验的项目经理也会负责一些架构方面的工作。

2. 选择构架模式

构架模式定义了某种结构或行为的模式，通常是一个特定模型的构架视图，每种模式都对实施定义了某种结构，并建议如何把构件分配到它的结点上。构架模式有如下几种：

1) 分层模式

这种模式也称为多层体系架构模式。它可以用来构造可以分解为子任务组的程序，每个子任务都处于一个特定的抽象级别。每个层都为下一层提供更高层次的服务。该模式结构如图 13.5 所示。

一般信息系统中最常见的是如下所列的四层：① 表示层(也称为 UI 层)；② 应用层(也称为服务层)；③ 业务逻辑层(也称为领域层)；④ 数据访问层(也称为持久化层)。

分层模式的使用场景大多是一般的桌面应用程序和电子商务 Web 应用程序。

2) 客户端-服务器模式

这种模式由两部分组成：一个服务器和多个客户端。服务器组件将为多个客户端组件提供服务。客户端从服务器请求服务，服务器为这些客户端提供相关服务。此外，服务器持续侦听客户机请求。该模式结构如图 13.6 所示。

这种模式的使用场景大多为电子邮件、文件共享和银行等在线应用程序。

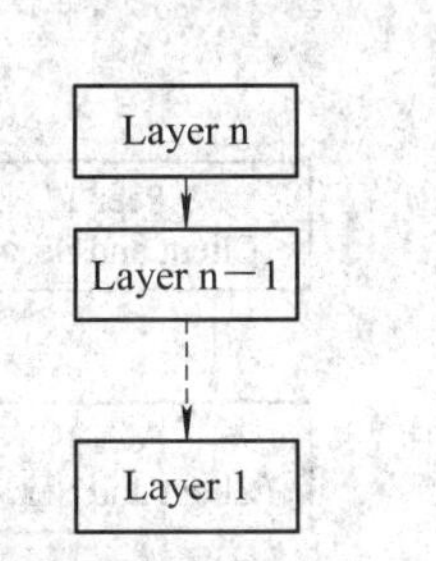

图 13.5　分层模式

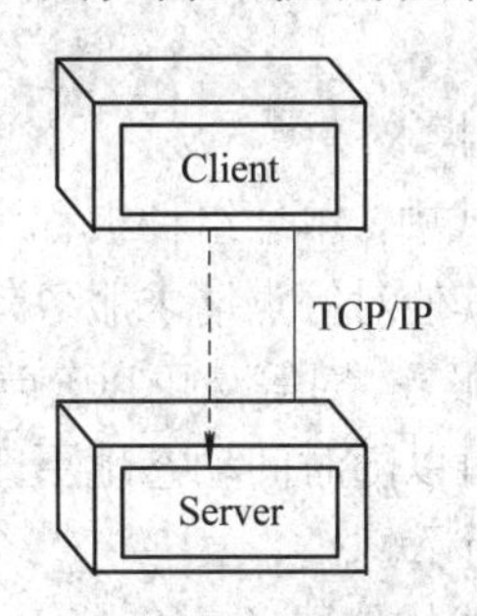

图 13.6　客户端-服务器模式

3) 主从设备模式

这种模式由两部分组成——主设备和从设备。主设备组件在相同的从设备组件中分配工作，并计算最终结果，这些结果是由从设备返回的结果。该模式结构如图 13.7 所示。

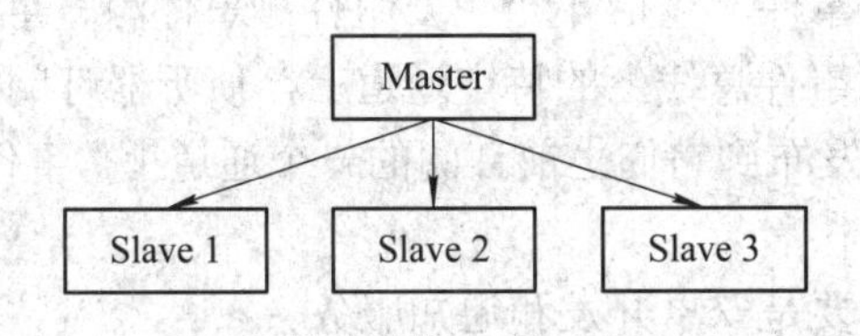

图 13.7　主从设备模式

主从设备模式的使用场景有两种情况：一是在数据库复制中，主数据库被认为是权威的来源，并且要与之同步；二是在计算机系统中与总线连接的外围设备(主和从驱动器)。

4) 管道-过滤器模式

此模式可用于构造生成和处理数据流的系统。每个处理步骤都封装在一个过滤器组件内。要处理的数据是通过管道传递的。这些管道可以用于缓冲或用于同步。该模式结构如图 13.8 所示。

该模式的使用场景分两种情况：一是编译器，连续的过滤器执行词法分析、解析、语义分析和代码生成；二是生物信息学的工作流。

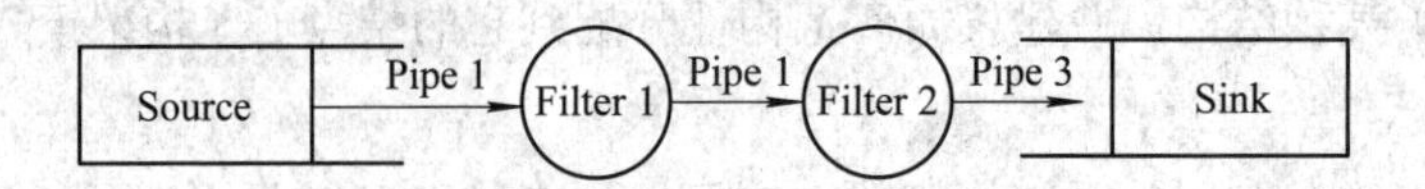

图 13.8 管道-过滤器模式

5) 代理模式

此模式用于构造具有解耦组件的分布式系统。这些组件可以通过远程服务调用彼此交互。代理组件负责组件之间的通信协调。

服务器将其功能(服务和特征)发布给代理。客户端从代理请求服务，然后代理将客户端重定向到其注册中心的适当服务。代理模式结构如图 13.9 所示。

代理模式的使用场景为消息代理软件，如 Apache ActiveMQ、Apache Kafka、RabbitMQ、JBoss Messaging 等。

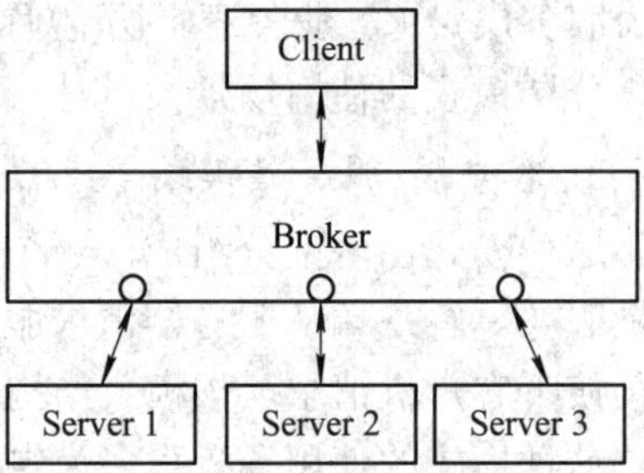

图 13.9 代理模式

6) 点对点模式

在这种模式中，单个组件被称为对等点。对等点可以作为客户端，从其他对等点请求服务，也可以作为服务器为其他对等点提供服务。对等点可以充当客户端或服务器或两者的角色，并且可以随时间动态地更改其角色。点对点模式结构如图 13.10 所示。

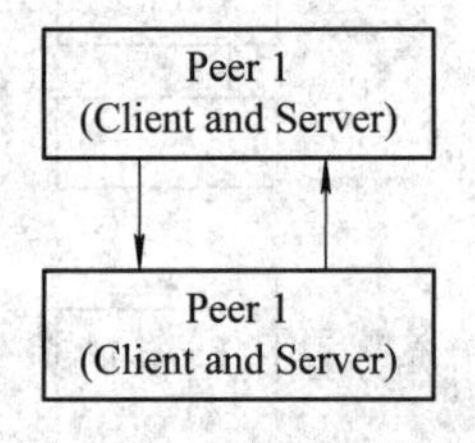

图 13.10 点对点模式

点对点模式的使用场景有：① Gnutella 和 G2 这样的文件共享网络；② 多媒体协议，如 P2PTV 和 PDTP；③ Spotify 这样的专有多媒体应用程序。

7) 事件总线模式

这种模式主要是处理事件，包括 4 个主要组件：事件源、事件监听器、通道和事件总线。消息源将消息发布到事件总线上的特定通道上，侦听器订阅特定的通道。侦听器会被通知有消息，这些消息被发布到它们之前订阅的一个通道上。事件总线模式结构如图 13.11 所示。

该模式的使用场景主要是安卓开发和通知服务。

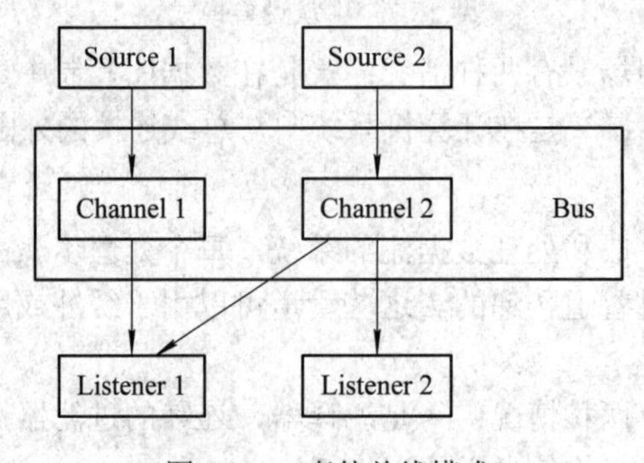

图 13.11 事件总线模式

8) 模型-视图-控制器模式

这种模式也称为 MVC 模式，它是把一个交互式应用程序划分为三个部分：① 模型，包含核心功能和数据；② 视图，将信息显示给用户(可以定义多个视图)；③ 控制器，处理用户输入的信息。

这样做是为了将信息的内部表示与信息的呈现方式分离开来，并接受用户的请求。它分离了组件，并允许有效的代码重用。MVC 模式结构如图 13.12 所示。

该模式的使用场景分两种情况：① 在主要编程语言中互联网应用程序的体系架构；② 像 Django 和 Rails 这样的 Web 框架。

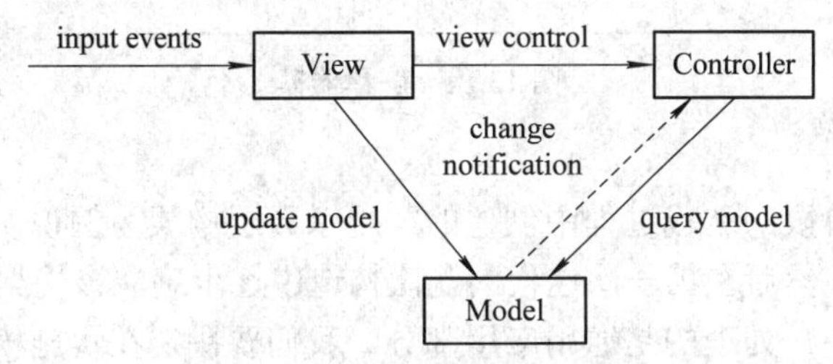

图 13.12　模型-视图-控制器模式

9) 黑板模式

这种模式对于没有确定解决方案的问题是有用的。黑板模式由三个主要部分组成：① 黑板，包含来自解决方案空间的对象的结构化全局内存；② 知识源，专门的模块和它们自己的表示；③ 控制组件，选择、配置和执行模块。

所有的组件都可以访问黑板。组件可以生成添加到黑板上的新数据对象。组件在黑板上查找特定类型的数据，并通过与现有知识源的模式匹配来查找这些数据。黑板模式结构如图 13.13 所示。

该模式的使用场景有：① 语音识别；② 车辆识别和跟踪；③ 蛋白质结构识别；④ 声纳信号的解释。

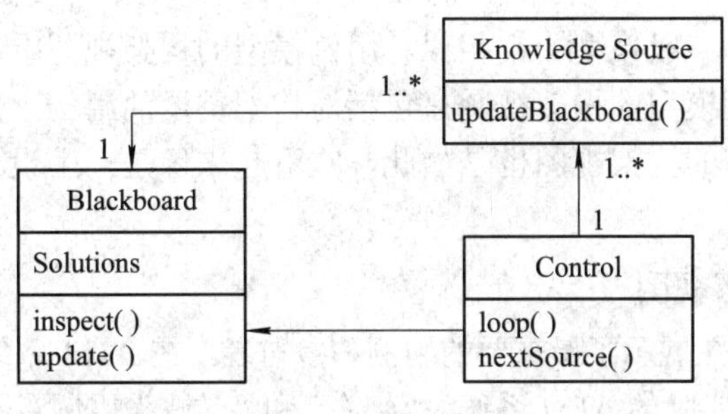

图 13.13　黑板模式

10) 解释器模式

这个模式用于设计一个解释用专用语言编写的程序的组件。它主要指定如何评估程序的行数，即以特定的语言编写的句子或表达式。其基本思想是为每种语言的符号都设置一个分类。解释器模式结构如图 13.14 所示。

该模式的使用场景有二：一是用于数据库查询语言，比如 SQL；二是用于描述通信协议的语言。

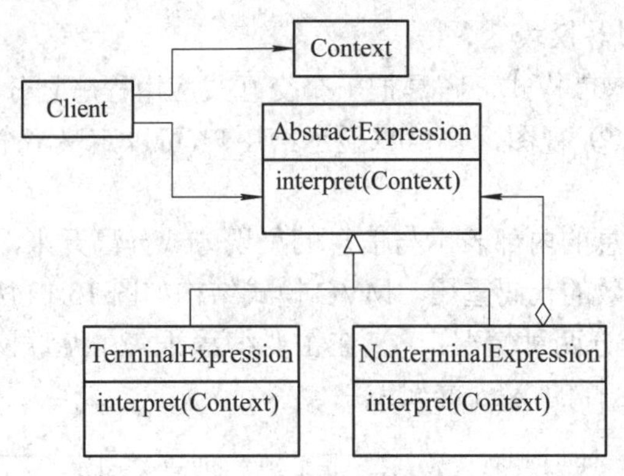

图 13.14 解释器模式

3. 创建构架

构架是在细化阶段的迭代过程中创建的。现以分层构架为例说明创建的过程。首先确定构架的高层设计，然后在第一次迭代的几次构造中逐步确立该构架。

在第一次构造中，处理的是通用应用部分。我们要决定在实施模型中包括哪些结点，以及这些结点应该如何进行交互，对应用有一个大致的了解也就足够了。

在第二次构造中，处理的是专用应用部分。首先捕获需求，选择与构架相关的用例集合，并对其进行分析、设计、实现和测试。最后得到一个新的、用构架实现的子系统来支持所选的用例。

经验表明，只有不到 10%的类与构架有关，其余 90%的类并不重要，这些类对系统其他部分来说是不可见的，其中一个类的改变不会影响到服务子系统外部的任何实质性的东西。大部分用例的实现对使用构架也不重要，因为它们没有对系统施加任何额外的约束。一旦选定了构架，绝大部分系统功能也就容易实现了。

13.5.4 构架描述

构架描述与系统的一般模型非常相似。用例模型的构架视图看起来就像一般的用例模型，唯一区别就是用例模型的构架视图只包括对构架重要的用例，而最终的用例模型包含所有的用例。设计模型的构架视图也是如此，它看起来像是一个设计模型，但它只实现对构架有意义的用例。

1. 用例模型的构架视图

用例模型的构架视图展示了最重要的用例和参与者。在 ATM 系统中，“取款”是最重要的用例，没有它就没有实际的 ATM 系统。“存款”和“转账”用例对一般的储户并不太重要。

在定义构架时，“取款”用例要在细化阶段完全实现，而其他用例对于构架的目标意义不大。因此，用例模型的构架视图应该显示出“取款”用例的完整描述。

2. 设计模型的构架视图

设计模型的构架视图展示了设计模型中对构架最为重要的元素，如最重要的子系统和接口，还有一些很重要的类。它还展示了最重要的用例是如何按照这些元素实现的，即如何实现用例的。

在 ATM 系统中，用于实现“取款”用例的子系统是“ATM 接口”、“事务管理”和“账户管理”，它们对构架很重要。同时，还有“客户管理”、“事务管理”和“账户管理”三个主动类(图 13.4 中)也隐含在设计模型的构架视图中。ATM 系统设计模型的构架视图如图 13.15 所示。

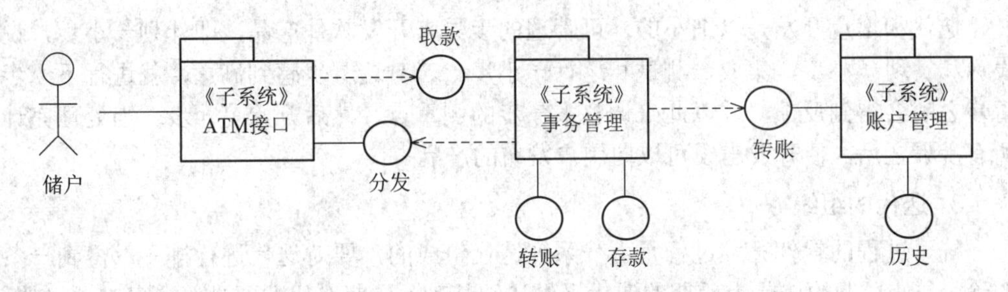

图 13.15　ATM 系统中设计模型的构架视图

3. 实施模型的构架视图

实施模型根据相互连接的结点定义实际的系统构架。这些结点是软件构件能够在其上运行的硬件单元。视图中需要确定哪些类是主动类，这些主动对象如何通信、同步和共享信息，以及将主动对象分配到实施模型的结点上。

在 ATM 系统中，实施模型定义了三个结点，储户通过“ATM 客户机”结点访问系统，该结点通过访问“ATM 应用服务器”来执行事务。而“ATM 应用服务器”又利用“ATM 数据服务器”对账户执行具体的事务。定义这些结点时，可以将子系统作为一个整体部署在一个结点上，“ATM 接口”子系统部署在“ATM 客户机”结点上，“事务管理”子系统部署在“ATM 应用服务器”上，“账户管理”子系统部署在“ATM 数据服务器”上。这些子系统中的每个主动类都部署在相应结点上，这些部署如图 13.16 所示。

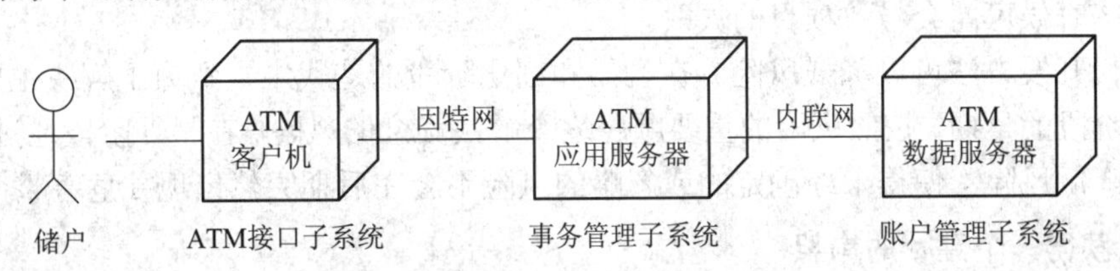

图 13.16　实施模型的构架视图

4. 实现模型的构架视图

实现模型是从设计模型和实施模型直接映射得到的，每个设计服务子系统通常会为它所安装的结点产生一个构件。有时候同一构件可能会在几个结点上实例化和运行。

13.6　迭代和增量

13.6.1　迭代和增量概述

1. 迭代和增量的含义

迭代是指按照迭代计划和评估标准，执行一组明确的活动，以便产生一个内部或外部发布的版本。迭代计划规定了谁应该做什么以及应该按照什么样的顺序做。

增量是指系统中一个较小的、可管理的部分，通常指两次相邻的构造之间的差异。每次迭代至少产生一个新的构造块，从而向系统增加一个增量。

2. 迭代和增量开发的策略

迭代和增量开发是以细小的、可管理的步骤来开发软件产品，即计划一小步，说明、设计和实现一小步，集成、测试和运行一小步。若对这一步感到满意，就进行下一步。在每步之间会得到反馈，并以此来调整下一步的侧重点，然后开始另一步。当处理完计划的所有步骤之后，便开发出了可以向用户发布的产品。

3. 迭代的组织

统一过程的软件开发过程是由一系列迭代组成的，要对迭代进行排序以得到一条有序的途径，使早期的迭代为后期的迭代提供认知基础。早期迭代主要是关注确定项目的范围、了解风险、构造软件的核心构架，而后期的迭代则不断增加增量结果，直至得到可以对外发布的产品。

迭代有助于规划、组织、监控和控制项目，每个阶段都要进行一些迭代，每个阶段都要考虑人员配备、资金提供、进度安排等问题。在每个阶段开始，管理人员决定如何来执行，必须交付什么结果和必须降低哪些风险。

13.6.2 迭代和增量的重要性

1. 降低风险

软件开发也会遇到风险，例如，系统无法及时响应用户的请求，系统无法实时处理用户的业务，开发小组无法按用户的期限交付产品等。软件开发的风险是一个需要关注的问题，有些时候可能会导致项目的失败。

迭代开发方法可以降低风险。在初始和细化阶段的迭代中，致力于解决主要的风险；在构造阶段的早期，按照风险的重要顺序逐个解决其余的风险。在早期阶段通过迭代标识、管理并降低风险，使得未经确定的或忽略的风险不会在后期突然出现并危害整个项目。

2. 获得一个健壮的构架

按照统一过程开发的原则，在初期阶段，需要寻找一个能满足关键需求、克服关键风险和解决开发中主要问题的核心构架。在细化阶段建立构架基线，指导进一步的开发。因此，得到一个健壮的构架本身是早期阶段迭代的结果。

3. 适应需求变化和开发的变化

采用迭代和增量的方法，开发人员可以发现和解决前期构造中的问题，以及用户提供的建议和可能被忽略的需求。而在瀑布模型中，直到开发结束才能看到系统的运行，开发人员的一点很小修改，用户就需要增加一个遗漏的功能，这都会引起投资的增加或进度的拖延。

在迭代和增量开发中，当测试过一次迭代后，有关人员可以根据预定义的准则对其进行评价，决定这次迭代是否得到了预期的增量。若只是部分成功，则可以延长本次迭代或在下次迭代中继续解决遗留问题。因此，迭代过程更易于用户在开发周期中尽早了解需要增加的需求，也更容易使开发人员进行相应的修改。因为开发过程是按照一系列迭代进行系统构造的，所以响应反馈或进行修改只是对一个增量的修改，不会波及整个系统，这种修改和返工容易进行。

13.6.3　通用迭代过程

1. 迭代工作流的元素

迭代可被看作是一个工作流，每次迭代都以迭代规划开始，然后或多或少要经历 5 种核心工作流，最后以评估迭代结束。所以，迭代的一般元素是迭代规划、核心工作流、迭代评估和其他一些具体活动(如回归测试等)。

2. 规划迭代过程

迭代方法在初始阶段并不对整个项目进行详细规划，只是对最初的几步进行规划。第一次迭代的计划将会十分清晰，以后的迭代规划工作要考虑以前的迭代结果、与新的迭代相关的用例的选取、出现在下一次迭代中的风险现状以及模型集合的最新版本。

后面的迭代计划不太详细，将在早期迭代中积累的成果和知识的基础上不断进行修改，直到在细化阶段建立了事实基础，才试图对构造和移交阶段进行规划，这种计划能使迭代开发得到控制。

3. 确定迭代顺序

软件开发的迭代是按规划的顺序进行的，用例设定了目标，构架建立了一个模式。有了这个目标和模式，开发人员就可以规划出产品的开发顺序。规划人员对迭代进行排序就会得到一条顺畅的开发路径。规划的迭代顺序依赖于技术因素，重要的目标是确定工作顺序，以便尽早做出重要决定，即涉及新技术、用例和构架的决定。

在一次迭代将要结束而另一次迭代即将开始时，迭代过程可能会出现重叠，但不能重叠太多，因为上一次迭代毕竟是下一次迭代的基础。

13.6.4　迭代的核心工作流

下面列出了迭代的 5 种核心工作流，并给出每种核心工作流的人员、活动和制品。

1. 需求工作流

人员：系统分析员、用例描述人员、用户界面设计人员、构架设计师。

活动：确定参与者和用例，区分用例的优先级，详细描述一个用例，构造用户界面原型，构造用例模型。

制品：用例、参与者、用例模型、构架描述(用例模型视图)、术语表、用户界面原型。

2. 分析工作流

人员：构架设计师、用例工程师、构件工程师。

活动：构架分析、分析用例、分析类、分析包。

制品：分析模型、分析类、用例实现－分析、分析包、构架描述(分析模型的视图)。

3. 设计工作流

人员：构架设计师、用例工程师、构件工程师。

活动：构架设计，设计一个用例，设计一个类，设计一个子系统。

制品：用例实现－设计，设计类，设计子系统，设计接口，设计模型，构架描述(设计模型的视图)，实施模型，构架描述(实施模型的视图)。

4. 实现工作流

人员：构架设计师、构件工程师、系统集成人员。

活动：构架实现，系统集成，实现一个子系统，实现一个类，执行单元测试。

制品：构件，实现子系统，接口，实现模型，构架描述(实现模型的视图)，集成构造计划。

5. 测试工作流

人员：测试设计人员、构件工程师、集成测试人员、系统测试人员。

活动：制定测试计划，设计测试，实现测试，执行集成测试，执行系统测试，评估测试。

制品：测试用例，测试规程，测试构件，测试模型，制定测试计划，缺陷，评估测试。

13.6.5 迭代和增量开发过程

1. 各阶段迭代的活动

在初始阶段，活动主要集中在需求工作流中，有少部分工作延续到分析和设计工作流。该阶段的工作几乎不涉及实现和测试工作流。

在细化阶段，虽然活动仍然着重于完成需求，但分析和设计工作流中的活动更趋活跃，为构架的创建打下基础，为了建成可执行的构架基线，要包含设计、实现和测试工作流的活动。

在构造阶段，需求工作趋于停止，分析工作也减少了，大部分工作属于设计、实现和测试工作流。

在移交阶段，工作流的混合程度依赖于接受测试或 β 测试的反馈。如果 β 测试没有覆盖实现中的缺陷，则重复进行的实现和测试工作流中的活动会相当多。

2. 各阶段的里程碑

循环周期各阶段都包含了产生主里程碑的迭代，迭代次数是不固定的，它是随项目不同而变化的。初始阶段的里程碑是循环周期的目标；细化阶段的里程碑是循环周期的构架；构造阶段的里程碑是最初的可操作能力；移交阶段的里程碑是产品发布。每个主里程碑的目标都是为了在循环周期内以一种平稳的方式进化，以递增细节的方式进行工作。

在每个阶段内有更小的里程碑，也就是适用于每个迭代过程的准则。每个迭代过程均会产生模型制品结果。因此，在每次迭代的最后，用例模型、分析模型、设计模型、实施模型、实现模型和测试模型都会得到新的增量。新的增量将与前一次迭代的结果集成为一个模型集合的新版本。

3. 递增地构造系统

迭代过程是以逐渐递增的方式构造出最终系统。每次迭代在经历需求、分析、设计、实现和测试工作流时，会对系统的模型增加一些内容，在初期迭代中，用例模型可能会得到更多的关注，而在构造阶段的迭代中，实现模型可能成为注意的重点。所有模型中的工作都在各阶段的迭代中持续进行，直到递增地构造完系统的各个模型。

本章小结

本章介绍了 Rational 统一过程，之所以把本章放在统一建模语言 UML 之后，因为 UML 是建模的工具和手段，而统一过程是建模的过程。也就是说，统一过程是以 UML 为基础的，它们是不可分割的，是一起发展的。

统一过程是由软件开发过程发展的需要而产生的，它是经历了 30 多年的发展和实际应用而形成的。它是基于构件的，使用 UML 来建立和维护模型，它依赖的 3 个概念是：用例、构架以及迭代和增量开发。它是一个重量级的开发过程，可以根据实际情况进行剪裁。统一过程有项目、产品、人员、过程和工具等要素。

统一过程把软件生命周期划分为若干个循环周期，每个循环周期以产生一个产品版本结束，在每个循环周期中，围绕 4 个阶段(初始、细化、构造和移交)和 5 个核心工作流(需求捕获、分析、设计、实现和测试)来组织过程，每个工作流涉及到人员、活动和制品。

统一过程最重要的制品是模型，它是一个自包含的视图。主要模型是用例模型、分析模型、设计模型、实施模型、实现模型和测试模型，这些模型的元素大部分都在 UML 中出现过，只有少部分是统一过程的扩展。

统一过程是用例驱动的。用例驱动意味着建立的用例模型是系统的主要制品，它也是系统分析、设计、实现和测试的基本输入，即后面的开发工作是建立在用例的基础上的。

统一过程是以构架为中心的。这意味着将系统构架用于构思、构造、管理和改善该系统的主要制品，首先捕获系统的重要用例，进行分析、设计和实现，建立一个骨架系统，在此基础不断增加新的用例，不断完善骨架系统。

统一过程是以迭代和增量方式来开发系统的。这相当于把开发的项目分成若干个细小的项目，每个细小项目就相当于一次迭代过程，该迭代过程产生一个增量，经过多次迭代和增量的开发，就完成了整个系统的开发。

统一过程与瀑布模型、增量模型、螺旋模型、喷泉模型相比较，它吸收了其他模型的优点，避免了其他模型的不足。统一过程的一次迭代就是一个小“瀑布模型”，统一过程的迭代和增量方式与增量模型和喷泉模型相似，统一过程的风险驱动和循环周期与螺旋模型相似。但是，统一过程比瀑布模型更灵活、更能适应需求的变化和开发的变化。统一过程对开发过程的描述、开发原则和策略的说明比其他模型更规范，更有章可循。统一过程与 UML 相结合，对开发过程中的建模的手段、工具、描述能力比其他模型更强。然而，统一过程所涉及的内容也是非常丰富而复杂的，所以有重量级开发过程之称。这对使用统一过程来开发一个软件项目带来一定的难度。

习　题

1. 统一过程是怎样形成的？
2. 统一过程的特征是什么？

3. 说明统一过程的要素。

4. 说明统一过程的框架。

5. 统一过程有哪些主要模型？

6. 说明模型之间的依赖关系和跟踪关系。

7. 用例有什么作用？

8. 用例是如何驱动开发过程的？

9. 什么是软件系统的构架？

10. 以构架为中心的含义是什么？

11. 什么是构架基线？

12. 用例和构架有什么关系？

13. 构架的重要性是什么？

14. 构架模式有哪些？

15. 以迭代和增量方式开发的含义是什么？

16. 迭代和增量的重要性是什么？

17. 一个循环周期内有哪些里程碑？

18. 一个通用迭代过程要做哪些事情？

19. 案例应用：

某公司准备开发一个广告费用评估 AEM 软件系统。此系统用户是一个市场调查公司，需获取、分析和销售关于各种媒体上出现的广告信息。该公司的主要客户是购买市场信息的组织或个人。

广告数据包含两个领域的数据：一个是活动监测，客户需要看到他们所投资的广告是否达到预期的效果；另一个是费用报告，客户需要得到他们的竞争对手在本领域的广告位置的排名。费用报告通过多种标准(时间、地理位置、媒体类型等)来捕获广告客户或广告产品所支出的费用。

AEM 系统包含一个联系人管理子系统 CM，CM 包含一个电子邮件管理子系统 EM。EM 能够帮助管理电子邮件文档：创建、发送、索引、分类、检索和接收电子邮件，把存储于数据库的邮件发送给联系人(公司客户、供应商、员工)等。

联系人管理子系统 CM 不仅仅是处理与客户之间的联系，还包括补充数据的供应者。有一些为 AEM 提供数据的组织(大部分是广告媒体渠道，但也包含一些提供补充数据的组织。补充数据包括广告价格卡、观众和读者的特征以及他们的支持信息)。他们和许多提供补充数据的提供商之间都签有合同。

AEM 用户包括两个集合：内部用户(AEM 员工)和外部用户(AEM 客户和其它联系人)。

AEM 的客户包括个人广告客户、广告代理、媒体公司、媒体顾问、销售和市场经理、媒体策划、买主等。任何 AEM 客户都可以购买支付费用的报告。

大多数的 AEM 客户都和公司签有书面合同。合同详细说明了时间表、得到信息的限制条件，信息发送的频率、广告市场的目标(包括媒体渠道和地理位置)，以及提供的其他情况。这个信息与跟踪应付款情况相关。产品销售分析报告是一项常规需求，这对重新商议合同有很大帮助。

AEM 从多种来源收集信息。数据收集的主要形式是将媒体渠道的广告活动传输到活动日志(即计算机文件)。这个过程主要发生在午夜，创建与媒体渠道的计算机到计算机的通信并获取之前 24 小时的活动情况。不能通过计算机收集的广告数据需要通过手工方式从广告来输入系统。对于平面媒体，信息主要来源是报纸和杂志。对于影院和户外广告，我们期望相应地给我们广告报告作为输入信息。

AEM 每周大约收集 50 万个广告实例，为了用最有效的方式来处理大数据，我们试图在数据进入的过程中自动将收集的数据与数据库中已有的广告链接起来。原则是假如我们之前已经得到一个广告的具体细节，就可以用这个记录的最后一次处理方法来处理它，对不能识别的材料作出标记，由质量控制员工来处理它。

质量控制员工负责校验所有自动收集和标记的数据以及所有手工收集的数据(当不能自动识别时，就需要数据收集员工从广告来源手工收集信息)。

数据收集和数据校验的目的是确定广告链。广告链是一个广告商对广告产品、广告客户和代理的任务分配。

收集和效验之后，数据将经过一个整合的过程，目的在于得出总的客户报告，整合需要收集和校验后的数据。

AEM 向其客户销售广告活动信息。我们可以通过多种方法分发这些信息。打印只是其中一种方法，另外可以以电子形式将信息发送给我们的客户。

最后。我们的大客户可以和我们的数据仓库连接并有权得到合同中规定的数据。

根据以上需求，我们在开发软件时使用迭代式开发模型。

第一次迭代：开发一个非 GUI 模式的原型，在 DOS 窗口执行。它通过 JDBC 连接数据库，用户登录后，系统显示发送电子邮件列表，然后用户选择电子邮件，发送邮件，更新数据库。

第二次迭代：新发出的邮件通过 GUI 或 Web 界面进入数据库。通过筛选或搜索条件对发送的邮件进行浏览。

第三次迭代：改进数据库以及将 Java 代码进行重构。

根据上述介绍，请完成如下任务：

(1) 补充完善下面的 AEM 系统业务环境图(图 13.17)；

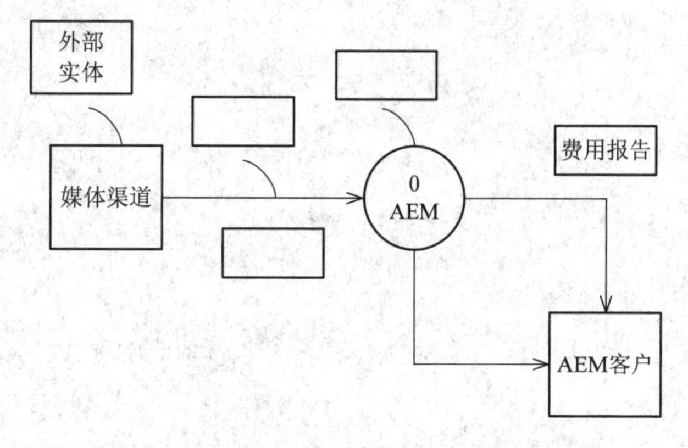

图 13.17　AEM 系统业务环境

(2) 画出 AEM 的业务用例图；

(3) 画出 AEM 的业务类图(标出业务实体之间 1∶n 和 n∶n 关系)；

(4) 给出第二次迭代的用例模型(用例图);

(5) 给出第三次迭代的用例模型(用例图)。

提示：

* 业务环境图是为某个任务定制的业务用例模型的一个版本。业务执行者是外部实体(例如人员、组织信息系统等)。

* 在业务环境图中只有一个业务用例。它描述系统全部的“系统行为”、核心业务活动和系统范围。业务用例的范围就是处理输入信息得到输出信息的过程。业务用例不处理未请求的输入数据，也不产生未请求的输出数据。

* 业务实体是描述和管理主要业务活动的类元。

业务类图的模型包含如下六个业务实体：

① 广告实例：包括一个广告的所有独立事件；

② 广告：宣传广告产品；

③ 代理：负责为广告客户进行策划并联系媒体的组织；

④ 信息存储：存储媒体公司的信息；

⑤ 广告产品；

⑥ 广告商：使用媒体。

第 14 章　软件质量的评价和保证

软件质量是软件生存周期中的重要问题。为了提高软件的质量，在软件开发的各个阶段都要注意提高软件质量。要给出软件质量的评价模型，从多个侧面对软件质量进行评价，还要建立相应的质量保证体系。软件质量与软件复杂性、软件可靠性有密切关系，要对软件复杂性和软件可靠性进行评价和度量，还要研究软件的容错技术，以便保证软件质量。

14.1　软件质量概述

14.1.1　软件质量的定义

软件质量是贯穿软件生存期的一个极为重要的问题，关于软件质量的定义有多种说法，从实际应用来说，软件质量定义如下：

(1) 与所确定的功能和性能需求的一致性。

(2) 与所成文的开发标准的一致性。

(3) 与所有专业开发的软件所期望的隐含特性的一致性。

上述软件质量定义反映了以下三个方面的问题：

(1) 软件需求是度量软件质量的基础。不符合需求的软件就不具备质量。

(2) 专门的标准中定义了一些开发准则，用来指导软件人员用工程化的方法来开发软件。如果不遵守这些开发准则，软件质量就得不到保证。

(3) 往往会有一些隐含的需求没有明确地提出来。例如，软件应具备良好的可维护性。如果软件只满足那些精确定义了的需求而没有满足这些隐含的需求，软件质量也不能保证。

软件质量是各种特性的复杂组合。它随着应用的不同而不同，随着用户提出的质量要求不同而不同。

14.1.2　软件质量的度量和评价

一般来说，影响软件质量的因素可以分为如下两大类：

(1) 可以直接度量的因素，如单位时间内千行代码(KLOC)中所产生的错误数。

(2) 只能间接度量的因素，如可用性或可维护性。

在软件开发和维护过程中，为了定量地评价软件质量，必须对软件质量特性进行度量，以测定软件具有要求质量特性的程度。1976 年，Boehm 等人提出了定量评价软件质量的层次模型(见图 14.1)；1978 年 Walters 和 McCall 提出了从软件质量要素、准则到度量的三个层次式的软件质量度量模型(见 14.2.1 小节图 14.2)；G.Murine 根据上述等人的工作，提出软件质量度量(SQM)技术(见 14.2.2 小节图 14.3)，用来定量评价软件质量。

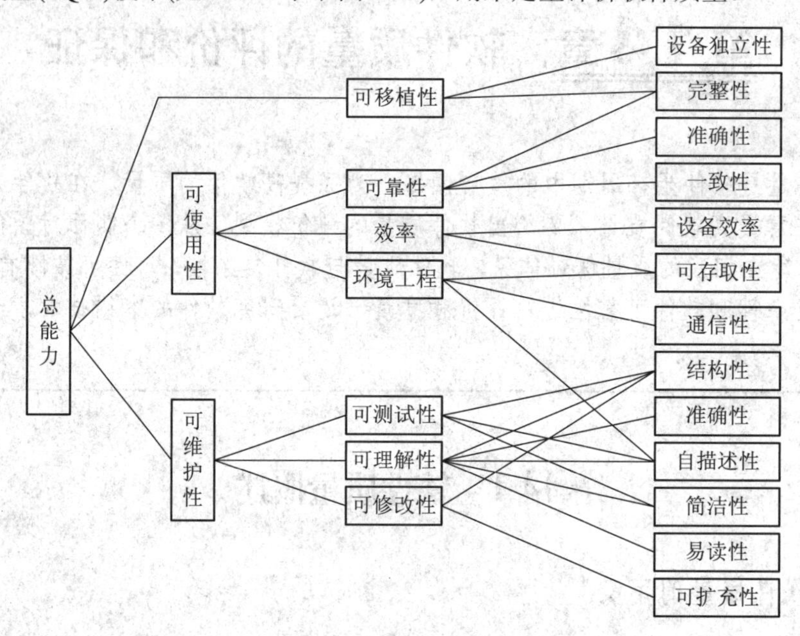

图 14.1　Boehm 软件质量度量模型

14.1.3　软件质量保证

1. 软件质量保证的含义

软件的质量保证就是向用户及社会提供满意的高质量的产品，确保软件产品从诞生到消亡为止的所有阶段的质量活动，即确定、达到和维护需要的软件质量而进行的所有有计划、有系统的管理活动。它包括的主要功能有：质量方针的制定；质量保证方针和质量保证标准的制定；质量保证体系的建立和管理；明确各阶段的质量保证工作；各阶段的质量评审；确保设计质量；重要质量问题的提出与分析；总结实现阶段的质量保证活动；整理面向用户的文档、说明书等；产品质量鉴定、质量保证系统鉴定；质量信息的收集、分析和使用。

2. 质量保证的策略

质量保证策略的发展大致可以分为以下三个阶段：

(1) 以检测为重。产品制成后才进行检测，这种检测只能判断产品的质量，不能提高产品质量。

(2) 以过程管理为重。把质量保证工作重点放在过程管理上，对制造过程的每一道工序都进行质量控制。

(3) 以新产品开发为重。许多产品的质量问题源于新产品的开发设计阶段，因此在产品开发设计阶段就应采取有力措施，以便消灭由于设计原因而产生的质量隐患。

由上可知，软件质量保证应从项目计划和设计开始，直到投入使用和售后服务的软件生存期的每一阶段中的每一步骤。

3. 质量保证的主要任务

为了提高软件的质量，软件质量保证的任务大致可归结为以下几点：

(1) 正确定义用户要求。软件质量保证人员必须正确定义用户所要求的技术。必须十分重视领导全体开发人员收集和积累有关用户业务领域的各种业务资料和技术技能。

(2) 技术方法的应用。开发新软件的方法，最普遍公认的成功方法就是软件工程学的方法。标准化、设计方法论、工具化等都属此列。应当在开发新软件的过程中大力使用和推行软件工程学中所介绍的开发方法和工具。

(3) 提高软件开发的工程能力。只有高水平的软件工程能力才能生产出高质量的软件产品。因此须在软件开发环境或软件工具箱的支持下，运用先进的开发技术、工具和管理方法提高开发软件的能力。

(4) 软件的复用。利用已有的软件成果是提高软件质量和软件生产率的重要途径。不要只考虑如何开发新软件，首先应考虑哪些已有软件可以复用，并在开发过程中，随时考虑所生产软件的复用性。

(5) 发挥每个开发者的能力。软件生产是人的智能生产活动，它依赖于开发组织团队的能力。开发者必须有学习各专业业务知识、生产技术和管理技术的能动性。管理者或产品服务者要制定技术培训计划、技术水平标准，以及适用于将来需要的中长期技术培训计划。

(6) 组织外部力量协作。一个软件自始至终由一个软件开发单位来开发也许是最理想的，但这在现实中难以做到。因此需要改善对外部协作部门的开发管理，必须明确规定进度管理、质量管理、交接检查和维护体制等各方面的要求，建立跟踪检查的体制。

(7) 排除无效劳动。最大的无效劳动是因需求说明有误、设计有误而造成的返工。定量记录返工工作量，收集和分析返工劳动花费的数据非常重要。另一种较大的无效劳动是重复劳动，即相似的软件在几个地方同时开发。这多是因项目开发计划不当，或者开发信息不流畅造成的。为此，要建立互相交流、信息往来通畅和具有横向交流特征的信息流通网。

(8) 提高计划和管理质量。对于大型软件项目来说，提高工程项目管理能力是极其重要的。必须重视项目开发初期计划阶段的项目计划评价、计划执行过程中及计划完成报告的评价。将评价、评审工作在工程实施之前就列入整个开发工程的工程计划之中。

4. 质量保证与检验

软件质量必须在设计和实现过程中加以保证。如果工程能力不够，或者由于各种失误导致产生软件差错，其结果就会产生软件失效。为了确保每个开发过程的质量，防止把软件差错传递到下一个过程，必须进行质量检验。因此须在软件开发工程的各个阶段实施检验。检验的实施有实际运行检验(即白盒测试和黑盒测试)和鉴定两种形式，可在各开发阶段中结合起来使用。

14.2 质量度量模型

14.2.1 McCall 质量度量模型

McCall 质量度量模型是 McCall 等人于 1979 年提出的软件质量模型，如图 14.2 所示。

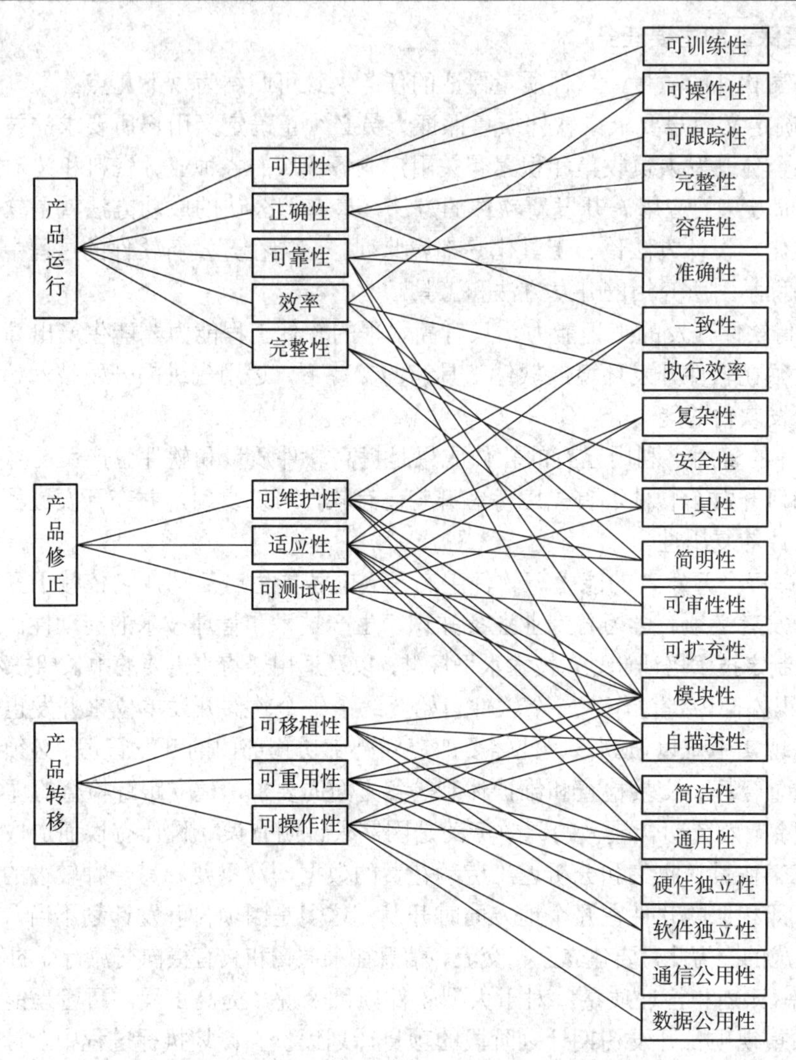

图 14.2 McCall 软件质量度量模型

针对面向软件产品的运行、修正和转移，软件质量概念包括如下 11 个特性。

1) 面向软件产品运行

面向软件产品运行的定义如下：

(1) 正确性：指软件满足设计说明及用户预期目标的程度。

(2) 可靠性：指软件按照设计要求，在规定时间和条件下不出故障，持续运行的程度。

(3) 效率：为了完成预定功能，软件系统所需的计算机资源和程序代码数量的程度。

(4) 完整性：对非授权人访问软件或数据行为的控制程度。

(5) 可用性：用户熟悉、使用及准备输入和解释输出所需工作量的大小。

2) 面向软件产品修正

面向软件产品修正的定义如下：

(1) 可维护性：指找到并改正程序中的一个错误所需代价的程度。

(2) 可测试性：指测试软件以确保其能够执行预定功能所需工作量的程度。

(3) 适应性：指修改或改进一个已投入运行的软件所需工作量的程度。

3) 面向软件产品转移

面向软件产品转移的定义如下：

(1) 可移植性：指将一个软件系统从一个计算机系统或环境移植到另一个计算机系统或环境中运行时所需的工作量。

(2) 可重用性：指一个软件(或软件的部件)能再次用于其他相关应用的程度。

(3) 互操作性：指将一个系统耦合到另一个系统所需的工作量。

通常，对以上各个质量特性直接进行度量是很困难的，在有些情况下甚至是不可能的。因此，McCall 定义了一些评价准则，这些准则可对反映质量特性的软件属性分级，并以此来估计软件质量特性的值。软件属性一般分级范围为 0(最低)～10(最高)。主要评价准则定义如下：

(1) 可跟踪性：指跟踪一个设计说明或一个实际程序部件返回到需求的能力(可追溯)。

(2) 完备性：指所需功能实现的程度。

(3) 一致性：指在整个软件开发项目中使用统一的设计和文档编制技术的程度。

(4) 安全性：指防止软件受到意外的或蓄意的存取、使用、修改及毁坏，或防止失密的程度。

(5) 容错性：指在系统出错时，能以某种预定方式做出适当处理，得以继续执行和恢复系统的能力，容错性又称为健壮性。

(6) 准确性：指能达到的计算或控制精度，又称为精确性。

(7) 可审查性：指检查与标准是否符合的难易程度。

(8) 可操作性：指软件操作的难易程度。

(9) 可训练性：指软件使新用户使用该系统的辅助程度。

(10) 简洁性：指在不复杂、可理解的方式下，定义和实现软件功能的程度。

(11) 简明性：又称可理解性，指软件易读的程度。

(12) 模块性：指软件系统内部接口达到的高内聚、低耦合的程度。

(13) 自描述性：指对软件功能进行自身说明的程度。

(14) 通用性：指软件功能覆盖面宽广的程度。

(15) 可扩充性：指软件的体系结构、数据设计和过程设计的可扩充的程度。

(16) 硬件独立性：指不依赖于某个特定设备及计算机而能工作的程度。

(17) 通信共用性：指使用标准接口、协议和带宽的程度。

(18) 数据共用性：指使用标准数据结构和数据类型的程度。

14.2.2 ISO 的软件质量评价模型

按照 ISO/TC97/SC7/WG3/1985-1-30/N382，软件质量度量模型由三层组成，如图 14.3 所示。

高层是软件质量需求评价准则(SQRC)。

中层是软件质量设计评价准则(SQDC)。

低层是软件质量度量评价准则(SQMC)。

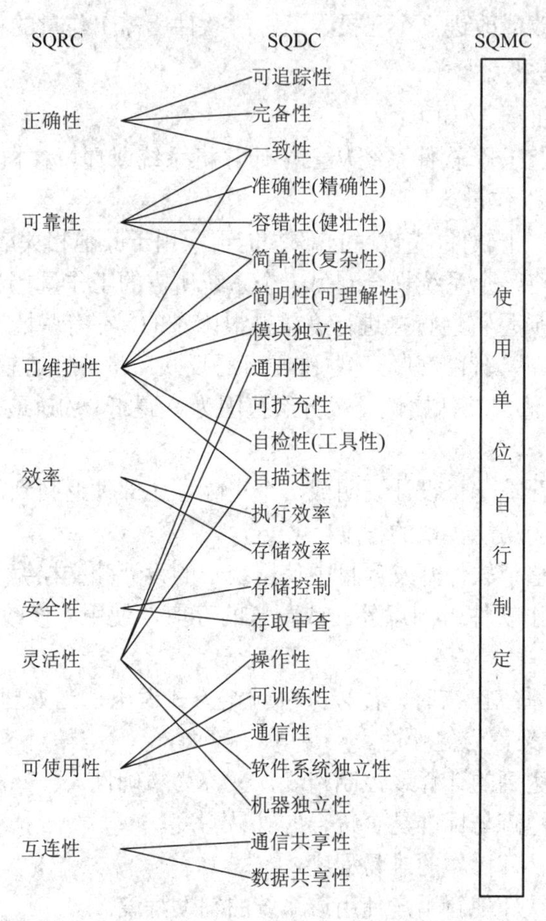

图 14.3 ISO 的三层次模型

ISO 认为，应对高层和中层建立国际标准，在国际范围内推广软件质量管理(SQM)技术，而低层可由各使用单位视实际情况制定。ISO 的三层次模型来自 McCall 等人的模型。高层、中层和低层分别对应于 McCall 模型中的特性、度量准则和度量。其中 SQRC 由 8 个元素组成。按 1991 年 ISO 发布的 ISO/IEC9126 质量特性国际标准，SQRC 已降为 6 个。在这个标准中，三层次中的第一层称为质量特性，第二层称为质量子特性，第三层称为度量。

14.3 软 件 复 杂 性

14.3.1 软件复杂性的基本概念

软件度量的一个重要分支就是软件复杂性度量。对于软件复杂性，至今尚无一种公认的精确定义。软件复杂性与质量属性有着密切的关系，从某些方面反映了软件的可维护性、可靠性等质量要素。软件复杂性度量的参数很多，主要有如下几种：

(1) 规模：即总共的指令数，或源程序行数。

(2) 难度：通常由程序中出现的操作数的数目所决定的量来表示。

(3) 结构：通常用与程序结构有关的度量来表示。

(4) 智能度：即算法的难易程度。

软件复杂性主要表现在程序的复杂性。程序的复杂性主要指模块内程序的复杂性，它直接关联到软件开发费用的多少、开发周期长短和软件内部潜伏错误的多少，同时它也是软件可理解性的另一种度量。

减少程序复杂性，可提高软件的简单性和可理解性，并使软件开发费用减少，开发周期缩短，软件内部潜藏错误减少。为了度量程序复杂性，要求复杂性度量满足以下假设：

(1) 它可以用来计算任何一个程序的复杂性。

(2) 对于不合理的程序，例如对于长度动态增长的程序，或者对于原则上无法排错的程序，不应当使用它进行复杂性计算。

(3) 如果程序中指令条数、附加存储量及计算时间增多，不会减少程序的复杂性。

14.3.2 软件复杂性的度量方法

1. 代码行度量法

度量程序的复杂性，最简单的方法就是统计程序的源代码行数。此方法的基本考虑是统计一个程序的源代码行数，并以源代码行数作为程序复杂性的度量。

若设每行代码的出错率为每 100 行源程序中可能的错误数目，例如每行代码的出错率为 1%，则是指每 100 行源程序中可能有一个错误。Thayer 曾指出，程序出错率的估算范围是 0.04%～7%，即每 100 行源程序中可能存在 0.04～7 个错误。他还指出，每行代码的出错率与源程序行数之间不存在简单的线性关系。Lipow 进一步指出，对于小程序，每行代码的出错率为 1.3%～1.8%；对于大程序，每行代码的出错率增加到 2.7%～3.2%。但这只是考虑了程序的可执行部分，没有包括程序中的说明部分。Lipow 及其他研究者得出一个结论：对于少于 100 个语句的小程序，源代码行数与出错率是线性相关的；随着程序的增大，出错率以非线性方式增长。所以，代码行度量法只是一个简单的，估计得很粗糙的方法。

2. McCabe 度量法

McCabe 度量法是一种基于程序控制流的复杂性度量方法。McCabe 复杂性度量又称环路度量，它认为程序的复杂性很大程度上取决于控制的复杂性，单一的顺序程序结构最为简单，循环和选择所构成的环路越多，程序就越复杂。这种方法以图论为工具，先画出程序图，然后用该图的环路数作为程序复杂性的度量值。程序图是退化的程序流程图，即把程序流程图中每个处理符号都退化成一个结点，原来连接不同处理符号的流线变成连接不同结点的有向弧，得到的有向图就叫做程序图(或叫控制流图)。

程序图仅描述程序内部的控制流程，完全不表现对数据的具体操作以及分支和循环的具体条件。因此，它往往把一个简单的 IF 语句与循环语句的复杂性看成是一样的，把嵌套的 IF 语句与 CASE 语句的复杂性看成是一样的。

下面给出计算环路复杂性(或称圈复杂度)的方法。

(1) 利用弧边和结点数计算。

根据图论，在一个强连通的有向图 G 中，环的个数 V(G)由以下公式给出：

$$V(G)=m-n+2p$$

其中，V(G)是有向图 G 中的环路数，m 是图 G 中的弧数(边数)，n 是图 G 中的结点数，p 是图 G 中的强连通分量个数。在一个程序中，从程序图的入口点总能到达图中任何一个结点，因此，程序总是连通的，但不是强连通的。为了使图成为强连通图，从图的入口点到出口点加一条用虚线表示的有向边，使图成为强连通图。这样就可以使用上式来计算环路复杂性了。

在图 14.4 所给出的示例中，结点数 n=6，弧数 m=9，p=1，则有

$$V(G)=m-n+2p=9-6+2=5$$

即 McCabe 环路复杂度度量值为 5。

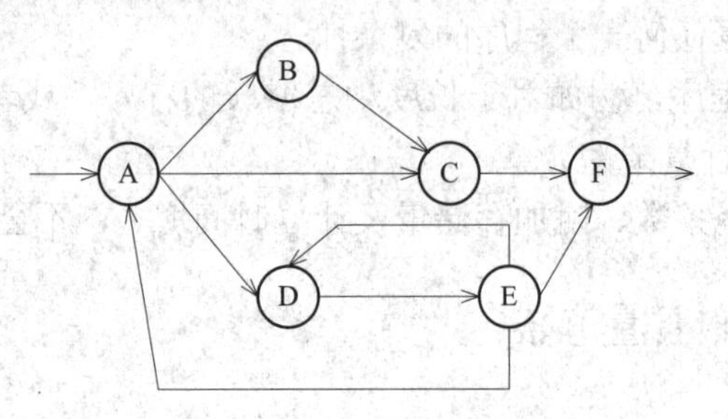

图 14.4 程序图的复杂性

(2) 利用区域数计算。

这种方法是利用程序图的拓扑结构把平面划分为封闭区域和开放区域的个数进行计算。在图 14.4 中，有 4 个封闭区域和 1 个开放区域(封闭区域外面的区域)，共 5 个区域，则 V(G)=5。

(3) 利用判定结点数进行结算。

这种方法是找出控制流图中有多少个分支结点(IF 个数)，这个结点数加 1 就是圈复杂度。

当分支或循环的数目增加时，程序中的环路也随之增加，因此 McCabe 环路复杂度量值实际上是为软件测试的难易程序提供了一个定量度量的方法，同时也间接地表示了软件的可靠性。实验表明，源程序中存在的错误数以及为了诊断和纠正这些错误所需的时间与 McCabe 环路复杂度度量值有明显的关系。

利用 McCabe 环路复杂度度量时，有以下几点说明：

(1) 环路复杂度取决于程序控制结构的复杂度。当程序的分支数目或循环数目增加时其复杂度也增加。环路复杂度与程序中覆盖的路径条数有关。

(2) 环路复杂度是可加的。例如，模块 A 的复杂度为 3，模块 B 的复杂度为 4，则模块 A 与模块 B 的复杂度是 7。

(3) McCabe 建议，对于复杂度超过 10 的程序，应分成几个小程序，以减少程序中的错误。

McCabe 复杂度度量的缺点有如下几种：

(1) 对于不同种类的控制流的复杂性不能区分。

(2) 简单 IF 语句与循环语句的复杂性同等看待。

(3) 嵌套 IF 语句与简单 CASE 语句的复杂性是一样的。

(4) 模块间接口可当成一个简单分支进行处理。

(5) 一个具有 1000 行的顺序程序与一行语句的复杂性相同。

尽管 McCabe 复杂度度量法有许多缺点，但它容易使用，而且在选择方案和估计排错费用等方面都是很有效的。

14.4　软件可靠性

软件可靠性是最重要的软件特性。通常它衡量在规定的条件与时间内，软件完成规定功能的能力。

14.4.1　软件可靠性定义

软件可靠性表明了一个程序按照用户的要求和设计的目标，执行其功能的正确程度。一个可靠的程序应要求是正确的、完整的、一致的和健壮的。现实中，一个程序要达到完全可靠是不实际的，要精确地度量它也不现实，在一般情形下只能通过程序的测试，去度量程序的可靠性。软件可靠性是指在给定的时间内，在规定的环境条件下系统完成所指定功能的概率。

14.4.2　软件可靠性指标

软件可靠性与可用性的定量指标，是指能够以数字概念来描述可靠性的数学表达式中所使用的量。人们常借用硬件可靠性的定量度量方法来度量软件的可靠性与可用性。下面主要讨论常用指标平均失效等待时间(Mean Time To Failure，MTTF)与平均失效间隔时间(Mean Time Between Failures，MTBF)。

1) MTTF

假如对 n 个相同的系统(硬件或者软件)进行测试，它们的失效时间分别是 $t_1, t_2, \cdots, t_n$，则平均失效等待时间 MTTF 定义为

$$\text{MTTF}=\frac{1}{n}\sum_{i=1}^{n}t_i$$

对于软件系统来说，这相当于同一系统在 n 个不同的环境(即使用不同的测试用例)下进行测试。因此，MTTF 是一个描述失效模型或一组失效特性的指标量。这个指标的目标值应由用户给出，在需求分析阶段纳入可靠性需求，作为软件规格说明提交给开发部门。在运行阶段，可把失效率函数 $\lambda(t)$视为常数 λ，则平均失效等待时间 MTTF 是失效率 λ 的倒数，即 $\text{MTTF}=1/\lambda$。

2) MTBF

MTBF 是平均失效间隔时间，它是指两次相继失效之间的平均时间。MTBF 在实际使用时通常是指当 n 很大时，系统第 n 次失效与第 n+1 次失效之间的平均时间。对于失效率 $\lambda(t)$为常数和修复时间(MTTR)很短的情况，MTTF 与 MTBF 几乎相等。

14.4.3　软件可靠性模型

对软件可靠性数学理论的研究尝试，已经产生了一些有希望的可靠性模型。软件可靠性模型通常有可靠性增长模型、基于程序内部特性的模型和植入模型。

1. 可靠性增长模型

可靠性增长模型是由硬件可靠性理论导出的模型，计算机硬件可靠性度量之一是它的

稳定可用程度，用其错误出现和纠正的速率来表示。令 MTTF 是机器的平均无故障时间。MTTR 是错误的平均修复时间，则机器的稳定可用性可定义为

$$A = \frac{MTTF}{MTTF + MTTR}$$

源于硬件可靠性工作的模型有如下假设：

(1) 错误出现之间的调试时间与错误出现率呈指数分布，而错误出现率和剩余错误数呈正比。

(2) 每个错误一经发现，立即排除。

(3) 错误之间的故障率为常数。

对软件来说，每个假设的合法性可能还是个问题。例如，纠正一个错误的同时可能不当心而引入另一些错误，这样第二个假设显然并不总是成立。

可靠性增长模型的基本思想是一个错误发现并改正后，它的可靠性有一个定值的增长。

2. 基于程序内部特性的模型

基于程序内部特性的可靠性模型计算存在于软件中的错误的预计数。根据软件复杂性度量函数导出的定量关系，这类模型建立了程序的面向代码的属性(如操作符和操作数的数目)与程序中错误的初始估计数字之间的关系。它以程序结构为基础，分析程序内部结构、分支的数目、嵌套的层数及引用的数据类型，以这些结构的数据作为模型的参数，使用多元线性回归分析，从而预测程序的错误数目。

3. 植入模型

植入模型是由 D.Mills 提出的模型。它是在软件中“植入”已知的错误，在历经一段时间的测试之后，可以发现错误，并计算发现的植入错误数与发现的实际错误数之比。设程序中隐含的错误总数为 N，随机将一些已知的带标记的错误植入程序，植入的错误总数为 Nt，经测试后，发现隐含的错误总数为 n，发现植入错误总数为 nt；假定植入错误和程序中的残留错误都可以同等难易地被测试到，则有

$$\frac{Nt}{N + Nt} = \frac{nt}{n + nt}$$

而 Nt、n、nt 是已知的，就可求出程序中隐含的错误总数 N，即

$$N = \frac{n}{nt} \cdot Nt$$

这种模型依赖于测试技术。但如何判定哪些错误是程序的残留错误，哪些是植入带记号的错误，不是件容易的事。而且植入带标记的错误有可能导致新的错误。

还有其他一些软件可靠性模型，例如外延式。关于软件可靠性模型的研究工作尚在初始阶段。

14.5 软件评审

人的认识不可能百分百符合客观实际，因此在软件生存期每个阶段的工作中都可能引入人为的错误。在某一阶段中出现的错误，如果得不到及时纠正，就会传播到开发的后续

阶段中去，并在后续阶段中引出更多的错误。对软件工程过程来说，软件评审是一个“过滤器”，在软件开发的各个阶段都要采用评审的方法，以暴露软件中的缺陷，然后加以改正。

通常，把“质量”理解为“用户满意程度”。为使用户满意，有两个必要条件：

(1) 设计的规格说明书要符合用户的要求。

(2) 程序要按照设计规格说明所规定的情况正确执行。

我们把上述条件(1)称为“设计质量”，把条件(2)称为“程序质量”。过去多把程序质量当做设计质量，而优秀的程序质量是构成好的软件质量的必要条件，但不是充分条件。

软件的规格说明分为外部规格说明和内部规格说明。外部规格说明是从用户角度来看的规格，包括硬件/软件系统设计(在分析阶段进行)、功能设计(在需求分析阶段与概要设计阶段进行)。而内部规格说明是为了实现外部规格的更详细的规格，即软件模块结构与模块处理过程的设计(在概要设计与详细设计阶段进行)。因此，内部规格说明是从开发者角度来看的规格说明。将上述两个概念联系起来，设计质量是由外部规格说明决定的，程序质量是由内部规格说明决定的。

14.5.1　设计质量的评审内容

设计质量评审的对象是在需求分析阶段产生的软件需求规格说明、数据需求规格说明，以及在软件概要设计阶段产生的软件概要设计说明书等。设计质量通常需要从以下几个方面进行评审：

(1) 评价软件的规格说明是否合乎用户的要求，即总体设计思想和设计方针是否正确，需求规格说明是否得到了用户或单位上级机关的批准；需求规格说明与软件的概要设计规格说明是否一致等。

(2) 评审可靠性，即是否能避免输入异常(错误或超载等)、硬件失效及软件失效所产生的失效，一旦发生应能及时采取代替手段或恢复手段。

(3) 评审保密措施实现情况，即是否提供对使用系统资格、对特定数据的使用资格及特殊功能的使用资格进行检查，在查出有违反使用资格情况后，能否向系统管理人员报告有关信息，是否提供对系统内重要数据加密的功能。

(4) 评审操作特性实施情况，即操作命令和操作信息的恰当性，输入数据与输入控制语句的恰当性，输出数据的恰当性，应答时间的恰当性等。

(5) 评审关键技术的落实情况。

(6) 评审软件是否具有可修改性、可扩充性、可互换性和可移植性。

(7) 评审软件是否具有可测试性。

(8) 评审软件是否具有复用性。

14.5.2　程序质量的评审内容

程序质量评审通常是从开发者的角度进行评审的，直接与开发技术有关。它是着眼于软件本身的结构、与运行环境的接口及变更带来的影响而进行的评审活动。

1. 软件的结构

为了使得软件能够满足设计规格说明中的要求，软件结构本身必须是优秀的，应包括功能结构、功能的通用性、模块的层次、模块结构及处理过程的结构等功能。

1) 功能结构

在软件的各种结构中，功能结构是用户唯一能见到的结构。因此，功能结构可以说是联系用户跟开发者的规格说明，它在软件的设计中占有极其重要的地位。在讨论软件的功能结构时，必须明确软件的数据结构，需要检查的项目有：

(1) 数据结构：包括数据名和定义，可构成该数据的数据项及数据与数据间的关系。

(2) 功能结构：包括功能名和定义，可构成该功能的子功能及功能与子功能之间的关系。

(3) 数据结构和功能结构之间的对应关系：包括数据元素与功能元素之间的对应关系。

(4) 数据结构与功能结构的一致性。

2) 功能的通用性

在软件的功能结构中，某些功能有时可以作为通用功能反复出现多次。从功能便于理解、增强软件的通用性及降低开发的工作量等观点出发，希望尽可能多地使功能通用化。检查功能通用性项目包括：抽象数据结构(包括抽象数据的名称和定义，抽象数据构成元素的定义)及抽象功能结构。

3) 模块的层次

模块的层次是指程序模块结构。由于模块是功能的具体体现，所以模块层次应当根据功能层次来设计。

4) 模块结构

上述的模块层次结构是模块的静态结构。现在要检查模块间的动态结构。模块分为处理模块和数据模块两类，模块间的动态结构也与这些模块分类有关。对这样的模块结构进行检查的项目有：

(1) 控制流结构：规定了处理模块与处理模块之间的流程关系。检查处理模块之间的控制转移关系与控制转移形式(调用方式)。

(2) 数据流结构：规定了数据模块是如何被处理模块进行加工的流程关系。检查处理模块与数据模块之间的对应关系；处理模块与数据模块之间的存取关系，如建立、删除、查询及修改等。

(3) 模块结构与功能结构之间的对应关系：包括功能结构与控制流结构的对应关系；功能结构与数据流结构的对应关系，每个模块的定义(包括功能、输入与输出数据)。

5) 处理过程的结构

处理过程是最基本的加工逻辑过程。对它的检查项目有：

(1) 要求模块的功能结构与实现这些功能的处理过程的结构应明确对应。

(2) 要求控制流应是结构化的。

(3) 数据的结构与控制流之间的对应关系应是明确的，并且可依这种对应关系来明确数据流程的关系。

(4) 用于描述的术语应标准化。

2. 与运行环境的接口

运行环境包括硬件、其他软件和用户。与运行环境的接口应设计得较理想，要预见到环境的改变，并且一旦要变更时，应尽量限定其变更范围和变更所影响的范围。与运行环境的接口的主要检查项目有：

(1) 与硬件的接口：包括与硬件的接口约定，即根据硬件的使用说明等所做出的规定；硬件故障时的处理和超载时的处理。

(2) 与用户的接口：包括与用户的接口规定；输入数据的结构，输出数据的结构；异常输入时的处理，超载输入时的处理；用户存取资格的检查。

随着软件运行环境的变更，软件的规格也在跟着不断地变更。运行环境变更时的影响范围，需要从以下三个方面来分析：

(1) 与运行环境的接口，是变更的重要原因。

(2) 在每项设计工程规格内的影响，即在每个软件结构范围内的影响。例如，若是改变某一功能，则与之相联系的父功能和它的子功能都会受到影响。如果要变更某一模块，则调用该模块的其他模块都会受到影响。

(3) 在设计工程相互间的影响，指不同种类的软件结构相互间的影响。例如，当改变某一功能时，就会影响到模块的层次及模块结构，这些多模块的处理过程都将产生影响。

14.5.3　软件评审的工作程序

软件评审的工作程序一般有如下几个步骤：

(1) 提出申请。设计部门一般在项目评审会开会前三天向项目管理部提交“设计和开发评审申请表”。

(2) 提供评审资料。设计部门需和申请表一起提供相关评审资料。

(3) 成立评审小组。小组成员一般由如下人员组成：同行专家、有关的职能部门代表、项目设计人员代表、项目管理部代表、公司领导(视情况而定)。

(4) 给出评审意见。各个评委填写评审意见表。

(5) 给出评审结论。汇总各个评审意见表，最后形成评审结论报告。

(6) 归档和跟踪管理。设计部门认真分析评审报告中提出的问题，制定纠正措施并负责落实。项目部对评审实施监督，形成评审记录。

14.6　软件容错技术

提高软件质量和可靠性的技术大致可分为两类，一类是避开错误技术，即在开发的过程中不让差错潜入软件的技术；另一类是容错技术，即对某些无法避开的差错，使其影响减至最小的技术。避开错误技术是进行质量管理、实现产品应有质量所必不可少的技术。但是，无论使用多么高明的避开错误技术，也无法做到完美无缺和绝无错误，这就需要采用即使错误发生也不影响系统特性的容错技术，或使错误发生时对用户影响限制在某些允许的范围内。一些高可靠性、高稳定性的系统，例如原子能发电控制系统、飞机导航控制系统、医院疾病诊断系统和银行网络系统等，都非常重视应用容错技术。

14.6.1　容错软件定义

归纳容错软件的定义，有以下四种：

(1) 规定功能的软件，在一定程度上对自身错误的作用(软件错误)具有屏蔽能力，则称此软件为具有容错功能的软件，即容错软件。

(2) 规定功能的软件，在一定程度上能从错误状态自动恢复到正常状态，则称此软件为容错软件。

(3) 规定功能的软件，在因错误而发生错误时，仍然能在一定程度上完成预期的功能，则把该软件称为容错软件。

(4) 规定功能的软件，在一定程度上具有容错能力，则称之为容错软件。

14.6.2 容错的一般方法

实现容错技术的主要手段是冗余。冗余是指实现系统规定功能是多余的那部分资源，包括硬件、软件、信息和时间。由于加入了这些资源，有可能使系统的可靠性得到较大的提高。通常冗余技术分为四大类。

1. 结构冗余

结构冗余是通常用的冗余技术。按其工作方式可分为静态、动态和混合冗余三种。

(1) 静态冗余：常用的有三模冗余 TMR(Triple Moduler Redundancy)和多模冗余。静态冗余通过表决和比较来屏蔽系统中出现的错误。三模冗余是对三个功能相同但由不同的人采用不同的方法开发出来的模块的运行结果通过表决，以多数结果作为系统的最终结果。即如果模块中有一个出错，这个错误能够被其他模块的正确结果“屏蔽”。由于无需对错误进行特别的测试，也不必进行模块的切换就能实现容错，故称为静态容错。

(2) 动态冗余：其主要方式是多重模块待机储备，当系统检测到某工作模块出现错误时，就用一个备用的模块来顶替它并重新运行。这里须有检测、切换和恢复过程，故称其为动态冗余。每当一个出错模块被其备用模块顶替后，冗余系统相当于进行了一次重构。各备用模块在其待机时，可与主模块一样工作，也可不工作。前者叫做热备份系统，后者叫做冷备份系统。在热备份系统中，备用模块在待机过程中其失效率为 0。

(3) 混合冗余：兼有静态冗余和动态冗余的长处。

2. 信息冗余

为检测或纠正信息在运算或传输中的错误，须另外加一部分信息，这种现象称为信息冗余。在通信和计算机系统中，信息常以编码的形式出现。采用奇偶码、定重码及循环码等冗余码制式就可以发现甚至纠正这些错误。为了达到此目的，这些码(统称误差校正码)的码长远远超过不考虑误差校正时的码长，增加了计算量和信道占用的时间。

3. 时间冗余

时间冗余是指以重复执行指令(指令复执)或程序(程序复算)来消除瞬时错误带来的影响。对于复执不成功的情况，通常的处理办法是发出中断，转入错误处理程序，或对程序进行复算，或重新组合系统，或放弃程序处理。在程序复算中较常用的方法是程序回滚技术。

4. 冗余附加技术

冗余附加技术是指为实现上述冗余技术所需的资源和技术。包括程序、指令、数据、存放和调动它们的空间与通道等。在没有容错要求的系统中，它们是不需要的；但在容错系统中，它们是必不可少的。

在屏蔽硬件错误的冗错技术中，冗余附加技术包括：

(1) 关键程序和数据的冗余存储和调用。

(2) 检测、表决、切换、重构、纠错和复算的实现。

由于硬件出错对软件可能带来破坏作用，例如导致进程混乱或数据丢失等，因此，对它们做预防性的冗余存储十分必要。

在屏蔽软件错误的冗错系统中，冗余附加件的构成包括：

(1) 冗余备份程序的存储及调用。

(2) 实现错误检测和错误恢复的程序。

(3) 实现容错软件所需的固化程序。

容错消耗了资源，但换来对系统正确运行的保护。这与那种由于设计不当而造成资源浪费的冗余不同。

14.6.3 容错软件的设计过程

容错系统的设计过程包括以下设计步骤:

(1) 按设计任务要求进行常规设计，尽量保证设计的正确性。按常规设计得到非容错结构，它是容错系统构成的基础。在结构冗余中，不论是主模块还是备用模块的设计和实现，都要在费用许可的条件下，用调试的方法尽可能提高可靠性。

(2) 对可能出现的错误分类，确定实现容错的范围。对可能发生的错误进行正确的判断和分类，例如，对于硬件的瞬时错误，可以采用指令复执和程序复算；对于永久错误，则需要采用备份替换或者系统重构。对于软件来说，只有最大限度地弄清错误发生和暴露的规律，才能正确地判断和分类，实现成功的容错。

(3) 按照“成本—效率”最优原则，选用某种冗余手段(结构、信息、时间)来实现对各类错误的屏蔽。

(4) 分析或验证上述冗余结构的容错效果。如果效果没有达到预期的程度，则应重新进行冗余结构设计。如此反复，直到有一个满意的结果为止。

本 章 小 结

本章首先给出了软件质量的定义和质量的保证，然后给出了质量评价模型。McCabe模型从软件产品的运行、修正及转移 3 个方面 11 个特性来进行评价。在此基础上，ISO 分别于 1985 年和 1991 年公布了 3 层次模型，提出了面向用户的 6 个质量特性，面向技术的 21 个子特性，同时给出了面向评价的内部和外部度量的度量元，从而给出了质量度量体系。

另外还介绍了软件的复杂度以及度量方法——代码行度量法和 McCabe 度量法(也称为圈复杂度计算)。计算圈复杂度的方法有三种：

(1) 利用弧(边)和结点数计算圈复杂度；

(2) 利用判定结点数计算圈复杂度；

(3) 利用控制流图的区域数计算圈复杂度。

软件评审是保证软件质量的重要手段之一。首先要设计软件质量评审的内容，这要在开发各阶段产生的文档基础上进行；然后从软件本身的各种结构、与运行环境的各种接口来进行软件评审。

为了保证软件质量，采用软件容错技术也是很重要的方法之一。实现软件容错技术的主要手段是冗余，实现冗余的技术通常有结构冗余、信息冗余、时间冗余和冗余附加等技术。

习　题

1. 软件质量与软件质量保证的含义是什么？
2. 影响软件质量的因素有哪些？
3. 什么是软件质量保证策略？软件质量保证的主要任务是什么？
4. Boehm 和 McCabe 等人对软件质量度量方法有什么异同？
5. 程序复杂性的度量方法有哪些？
6. 什么是软件的可靠性？它们能否定量计算？
7. 为什么要进行软件评审？软件设计质量评审与程序质量评审都有哪些内容？
8. 说明容错软件的定义与容错的一般方法。
9. 画出下列程序的控制流图并计算下面程序的圈复杂度：

```
public String case2(int index, String string) {
    String returnString = null;
    if (index < 0) {
        throw new IndexOutOfBoundsException("exception <0 ");
    }
    if (index == 1) {
        if (string.length() < 2) {
            return string;
        }
        returnString = "returnString1";
    } else if (index == 2) {
        if (string.length() < 5) {
            return string;
        }
        returnString = "returnString2";
    } else {
        throw new IndexOutOfBoundsException("exception >2 ");
    }
    return returnString;
}
```

第 15 章　软件工程管理

软件工程管理是对软件项目的开发管理，即是对整个软件生存期的一切活动进行的管理。对任何工程来说，工程的成败，都与管理有密切的关系，软件工程更不例外。由于软件产品的独特性，软件工程管理不同于其他工程管理，它对保证高质量的软件产品更具有极为重要的意义。

15.1　软件工程管理概述

15.1.1　软件产品的特点

软件是非物质性的产品，而且是知识密集型的逻辑思维的产品，它具有以下特性：

(1) 软件具有高度抽象性，软件及软件生产过程具有不可见性。

(2) 同一功能软件的多样性，软件生产过程中的易错性。

(3) 软件在开发和维护过程中的易变性。

(4) 不同开发者之间思维碰撞的易发性。

15.1.2　软件工程管理的重要性

由软件危机引出软件工程，这是计算机发展史上的一个重大进展。为了对付大型复杂的软件系统，须采用传统的“分解”方法。软件工程的分解是从横向和纵向(即空间和时间)两个方面进行的。横向分解就是把一个大系统分解为若干个小系统，一个小系统分解为若干个子系统，一个子系统分解为若干个模块，一个模块分解为若干个过程。纵向分解就是生存期，把软件开发分为几个阶段，每个阶段有不同的任务、特点和方法。为此，软件工程管理需要有相应的管理策略。

随着软件规模的不断增大，开发人员也随着增多，开发时间也相应持续增长，这些都增加了软件工程管理的难度，同时也突出了软件工程管理的必要性与重要性。事实证明，由管理失误造成的后果要比程序错误造成的后果更为严重。很少有软件项目的实施进程能准确地符合预定目标、进度和预算，这也就足以说明软件工程管理的重要。

软件工程管理目前还没有引起人们的足够重视。其原因：一方面是人的传统观念，工程管理不为人们所重视；另一方面软件工程是一个新兴的科学领域，软件工程管理的问题也是刚刚提出的。同时，由于软件产品的特殊性，使软件工程管理涉及到很多学科，例如，系统工程学、标准化、管理学、逻辑学及数学等。因此，对软件工程管理人们还缺乏经验和技术。在实际工作中，不管是否正式提出管理问题，人们都在自觉或不自觉地进行着管理，只不过是管理的好坏程度不同而已。

15.1.3 软件工程管理的内容

软件工程管理的具体内容包括对开发人员、组织机构、用户、控制和文档资料等方面的管理。

1. 开发人员

软件开发人员一般分为：项目负责人、系统分析员、高级程序员、程序员、初级程序员、资料员和其他辅助人员。根据项目规模的大小，有可能一人兼数职，但职责必须明确。不同职责的人，要求的素质不同。如项目负责人需要有组织能力、判断能力和对重大问题能做出决策的能力；系统分析员需要有概括能力、分析能力和社交活动能力；程序员需要有熟练的编程能力等。人员要少而精，选人要慎重。软件生存期各个阶段的活动既要有分工又要互相联系。因此，要求选择各类人员既能胜任工作，又要能相互很好地配合，没有一个和谐的工作环境很难完成一个复杂的软件项目。

2. 组织机构

组织机构不等于开发人员的简单集合，要求有好的组织结构；合理的人员分工；有效的通讯。软件开发的组织机构没有统一的模式。下面简单介绍主程序员、专家组及民主组织 3 种组织机构：

(1) 主程序员组织机构：是由一位高级工程师(主程序员)主持计划、协调和复审全部技术活动；一位辅助工程师(或辅助程序员)协助主程序员工作，并在必要时代替主程序员工作；若干名技术人员(程序员)负责分析和开发活动；可以有一位或几位专家和一位资料员协助软件开发机构的工作。资料员非常重要，负责保管和维护所有的软件文档资料，帮助收集软件的数据，并在研究、分析和评价文档资料的准备方面进行协助工作。

主程序员组的制度突出了主程序员的领导，责任集中在少数人身上，有利于提高软件质量。

(2) 专家组组织机构：是由若干专家组成一个开发机构，强调每个专家的才能，充分发挥每个专家的作用。这种组织机构虽然能发挥所有工作人员的积极性，但往往有可能出现协调上的困难。

(3) 民主组织组织机构：是由从事各方面工作的人员轮流担任组长。很显然，这种组织机构对调动积极性和个人的创造性是很值得称道的，但是，由于过多地进行组长信息“转移”，不符合软件工程化的方向。

3. 用户

软件是为用户开发的，在开发过程中自始至终必须得到用户的密切合作和支持。作为项目负责人，要特别注意与用户保持联系，掌握用户的心理和动态，防止来自用户的各种干扰和阻力。用户干扰和阻力主要有：

(1) 不积极配合：指当用户对采用先进技术有怀疑，或担心失去自己现有的工作时，可能有抵触情绪，因此在行动上表现为消极、漠不关心，有时不配合。在需求分析阶段，做好这部分人的工作是很重要的，通过他们中的业务骨干，才能真正了解到用户的要求。

(2) 求快求全：指对使用计算机持积极态度的用户，他们中一部分人急切希望马上就能用上计算机。这就需要使他们认识到开发一个软件项目不是一朝一夕就能完成的，软件工程不是靠人海战术就能加快的工程；同时还要他们认识到计算机并不是万能的，有些杂乱无章的、随机的和没有规律的事物计算机是无法处理的。另外，即使计算机能够处理的事情，系统也不能一下子包罗万象，贪大求全。

(3) 功能变化：指在软件开发过程中，用户可能会不断提出新的要求和修改以前提出的要求。从软件工程的角度，不希望有这种变化。但实际上，不允许用户提出变动的要求是不可能的。因为一方面每个人对新事物有一个认识过程，不可能一下子提出全面的、正确的要求；另一方面还要考虑到与用户的关系。对来自用户的这种变化要正确对待，要向用户解释软件工程的规律，并在可能的条件下，部分或有条件地满足用户的合理要求。

4. 控制

控制包括进度控制、人员控制、经费控制、质量控制和风险控制。为保证软件开发按预定的计划进行，对开发过程的实施要以计划为基础。由于软件产品的特殊性和软件工程的不成熟，制定软件进度计划比较困难。通常把一个大的开发任务分为若干期工程。例如，分一期工程、二期工程等，然后再制定各期工程的具体计划，这样才能保证计划实际可行，便于控制。在制定计划时要适当留有余地。

风险管理过程分为三个阶段：风险识别、风险评估、风险处理；风险管理分为被动管理和主动控制。

5. 文档资料

软件工程管理很大程度上是通过对文档资料管理来实现的。因此，要把开发过程中的初步设计、中间过程和最后结果建立成一套完整的文档资料。文档标准化是文档管理的一个重要方面。

15.2　软件项目计划

15.2.1　软件项目计划概念

在软件项目管理过程中，一个关键的活动是制定项目计划，它是软件开发工作的第一步。项目计划的目标是为项目负责人提供一个框架，使之能合理地估算软件项目开发所需资源、经费和开发进度，并控制软件项目开发过程按此计划进行。软件项目计划是由系统分析员与用户共同经过“可行性研究与计划”阶段后制定的，所以软件项目计划是可行性研究阶段的管理文档。但由于可行性研究是在高层次进行系统分析，未能考虑软件系统开发的细节情况，因此软件项目计划一般是在需求分析阶段完成后才定稿的。

在做计划时，必须就需要的人力、项目持续时间及成本做出估算。这种估算大多是参考以前的花费做出的。软件项目计划包括研究与估算两个任务，即通过研究确定该软件项目的主要功能、性能和系统界面。估算是在软件项目开发前，估算项目开发所需的经费、所要使用的资源以及开发进度。

在做软件项目估算时往往存在某些不确定性，使得软件项目管理人员无法正常进行管理而导致产品迟迟不能完成。现在所使用的技术是时间和工作量估算。因为估算是所有其他项目计划活动的基石，且项目计划又为软件工程过程提供了工作方向，所以不能没有计划就开始着手开发，否则将会陷入盲目工作。

15.2.2 软件项目计划内容

软件项目计划有下列内容。

1. 范围

对该软件项目的综合描述，定义其所要做的工作以及性能限制，它包括：

(1) 项目目标：说明项目的目标与要求。

(2) 主要功能及可交付成果：给出该软件的重要功能描述。该描述只涉及高层及较高层的系统逻辑模型。可交付成果是达到项目预期目标的软件产品或服务。

(3) 性能限制：描述总的性能特征及其他约束条件(如主存、数据库、通信速率和负荷限制等)。

(4) 系统接口：描述与此项目有关的其他系统成分及其关系。

(5) 特殊要求：指对可靠性、实时性等方面的特殊要求。

(6) 开发概述：概括说明软件开始过程各阶段的工作，重点集中于需求定义、设计和维护。

工作范围要进行任务分解(称为 WBS)，分解得越细致越好，常常用 WBS 图进行描述。

2. 资源

软件项目计划所需的资源如下：

(1) 人员资源：要求的人员数(系统分析员、高级程序员、程序员、操作员、资料员和测试员)；各类人员工作的时间阶段。人员参加程度如图 15.1 所示。

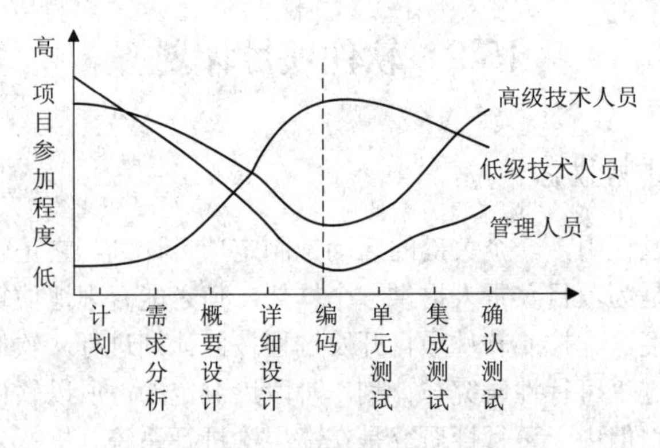

图 15.1 人员参加程度曲线图

(2) 硬件资源：指软件项目开发所需的硬件支持和测试设备。

(3) 软件资源：指软件项目开发所需的支持软件和应用软件，如各种开发和测试的软件。

(4) 工具包：指操作系统和数据库软件等。

3. 进度安排

进度安排的好坏往往会影响整个项目的按期完成，因此这一环节是十分重要的。制定软件进度与其他工程没有很大的区别，其主要的方法有：① 工程网络图；② Gantt 图；③ 任务资源表。

4. 成本估算

为使开发项目能在规定的时间内完成，且不超过预算，成本估算是很重要的。软件成本估算是一门不成熟的技术，国外已有的技术只能作为我们的借鉴。

5. 培训计划

为用户各级人员制定培训计划。

6. 里程碑

里程碑是项目的一个重要事件，它标记一些过程活动的结束，可用于监测项目的进度。

15.2.3　软件开发成本估算

为了使开发项目能够在规定的时间内完成，而且不超过预算，成本预算和管理控制是关键。对于一个大型的软件项目，由于项目的复杂性，开发成本的估算不是一件简单的事，要进行一系列的估算处理。一个项目是否开发，从经济上来说是否可行，归根结底取决于对成本的估算。

1. 成本估算方法

成本估算方法有自顶向下估算方法、自底向上估算方法和差别估算方法。

(1) 自顶向下估算方法。估算人员参照以前完成的项目所耗费的总成本(或总工作量)，来推算将要开发的软件的总成本(或总工作量)，然后把它们按阶段、步骤和工作单元进行分配，这种方法称为自顶向下估算方法。

自顶向下估算方法的主要优点是对系统级工作的重视，所以估算中不会遗漏系统级的诸如集成、用户手册和配置管理之类的事务的成本估算，且估算工作量小、速度快。它的缺点是往往不清楚低层的技术性困难问题，而往往这些困难将会使成本上升。

(2) 自底向上估算方法。自底向上估算方法是将待开发的软件细分，分别估算每一个子任务所需要的开发工作量，然后将它们加起来，得到软件的总开发量。这种方法的优点是对每一部分的估算工作交给负责该部分工作的人来做，所以估算较为准确。其缺点是其估算往往缺少与软件开发有关的系统级工作量，如集成、配置管理、质量管理和项目管理等，所以估算往往偏低。

(3) 差别估算方法。差别估算是将开发项目与一个或多个已完成的类似项目进行比较，找出与某个相类似项目的若干不同之处，并估算每个不同之处对成本的影响，导出开发项目的总成本。该方法的优点是可以提高估算的准确度，缺点是不容易明确“差别”的界限。

除以上方法外，还有许多方法，大致分为专家、类推和算式估算法。

(1) 专家估算法。依靠一个或多个专家对要求的项目做出估算，其精确性取决于专家对估算项目的定性参数的了解和他们的经验。

(2) 类推估算法。自顶向下的方法中，类推是将估算项目的总体参数与类似项目进行直接比较相比得到结果。自底向上方法中，类推是在两个具有相似条件的工作单元之间进行。

(3) 算式估算法。专家估算法和类推估算法的缺点在于，它们依靠带有一定盲目和主观的猜测对项目进行估算。算式估算法则是企图避免主观因素的影响。用于算式估算的方法有两种基本类型：由理论导出和由经验得出。

2. 成本估算模型

1) COCOMO 估算模型

结构性成本模型 COCOMO(Constructive Cost Mode)是最精确、最易于使用的成本估算方法之一。该模型分为基本 COCOMO 模型、中级 COCOMO 模型和详细 COCOMO 模型。基本 COCOMO 模型是一个静态单变量模型，对整个软件系统进行估算；中级 COCOMO 模型是一个静态多变量模型，将软件系统模型分为系统和部件两个层次，系统是由部件构成的，它把软件开发所需人力(成本)看作是程序大小和一系列“成本驱动属性”的函数，用于部件级的估算更精确些；详细 COCOMO 模型将软件系统模型分为系统、子系统和模块 3 个层次，它除包括中级模型中所考虑的因素外，还考虑了在需求分析、软件设计等每一步的成本驱动属性的影响。

2) 基本 COCOMO 模型估算公式

$$E = a_b(KLOC)\exp(b_b)$$

$$D = c_b(E)\exp(d_b)$$

式中，E 为开发所需的人力(人月)，D 为所需的开发时间(月)，KLOC 为估计提交的代码行。a_b, b_b, c_b 和 d_b 是指不同软件开发方式的值，见表 15-1。

表 15-1　基本 COCOMO 模型

方 式	a_b	b_b	c_b	d_b
有机	2.4	1.05	2.5	0.38
半有机	3.0	1.12	2.5	0.35
嵌入	3.6	1.2	2.5	0.32

有机方式意指在本机内部的开发环境中的小规模产品。嵌入式计算机开发环境往往受到严格限制，例如时间与空间的限制，因此对同样的软件规模，其开发难度要大些，估算工作量要大得多，生产率将低得多。半有机方式介于有机方式与嵌入方式之间。

由以上公式可以导出生产率和所需人员数的公式：

$$\text{生产率} = \frac{KLOC}{E}\ \text{(代码行/人月)}$$

$$\text{人员数} = \frac{E}{D}$$

3) 中级 COCOMO 模型

中级 COCOMO 模型先产生一个与基本 COCOMO 模型一样形式的估算公式，然后对 15 个“成本驱动属性”进行打分，定出“乘法因子”，对公式进行修正。15 个成本驱动属性分成如下四组：

(1) 产品属性：指所需软件可靠性、数据基大小及产品复杂性。

(2) 计算机属性：即执行时间方面的限制、主存限制、虚拟机的易变性及计算机周转时间。

(3) 人员属性：即分析员能力、应用领域中实践经验、程序员能力、虚拟机使用经验及程序语言使用经验。

(4) 项目属性：即现代程序设计方法、软件工具的使用及所需的开发进度。

其估算公式为 $E = a_i(KLOC)exp(b_i) \times$ 乘法因子，a_i、b_i 值见表 15-2。

表 15-2　中级 COCOMO 模型

方 式	a_i	b_i
有机	3.2	1.05
半有机	3.0	1.12
嵌入	2.8	1.2

4) Putnam 成本估算经验模型

Putnam 估算模型是一种动态多变量模型，它是假设在软件开发的整个生存期中工作量的分布。如一个 30 人年以上的大项目，其人力使用的分布如图 15.2 所示。

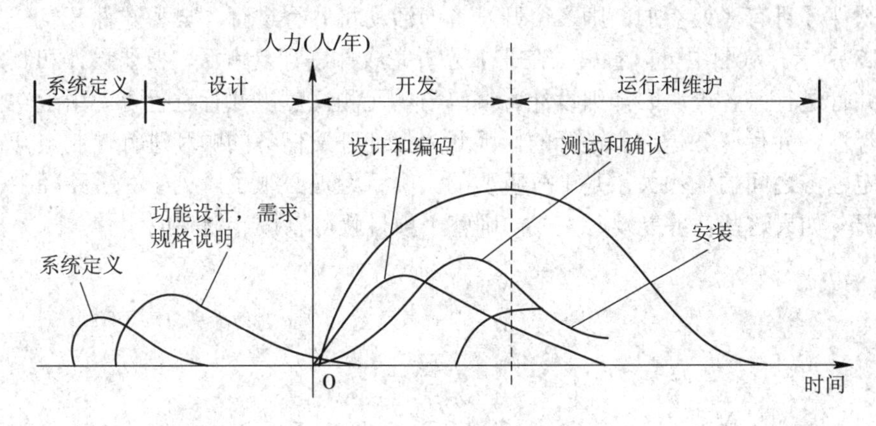

图 15.2　人力使用的分布

根据曲线导出关于提交的代码行数 L、人力 K(人·年)和开发时间 t_d(年)之间的估算公式：

$$L = C_k K^{1/3} t_d^{4/3}$$

式中，C_k 是技术状况有关的常数。它的典型值如下：对于差的开发环境，$C_k = 2500$；对于好的开发环境，$C_k = 10\,000$；对于优的开发环境，$C_k = 12\,500$。

由上述公式可以得到所需开发工作量的公式：

$$K = L^3 C_k^{-3} t_d^{-4}\ (人·年)$$

3. 挣值分析

挣值分析是一种确定项目是否符合预算的量化技术。该技术用进度计划的基线估算和当前实际的进度来决定项目的完成状态（完成健康状态）。项目经理通过已完工部分推算出项目应完工的时间，从而估算出需花费多少资源。该分析是针对单个任务和整个项目进行的，它也可以记下每个任务中资源的层次。挣值分析也叫性能管理。

挣值分析只有当资源及其费率/成本已经分配给任务时才能进行。从定量角度看，一个没有资源的任务不可以做任何工作，不能拥有挣值。

挣值分析对于项目领导和管理者来说是个不可缺少的工具，及时了解成本趋势可以避免预算超支过大。

15.2.4 软件项目进度安排

每一个软件项目都要求制定一个进度安排，但不是所有的进度都得一样安排。对于进度安排，需要考虑的是预先对进度如何计划？工作怎样就位？如何识别定义好的任务？管理人员对结束时间如何掌握，如何识别和控制关键路径以确保结束？对进展如何度量？以及如何建立分割任务的里程碑？软件项目的进度安排与任何一个工程项目的进度安排没有实质上的不同。首先识别一组项目任务，建立任务之间的相互关联，然后估算各个任务的工作量，分配人力和其他资源，指定进度时序。

1. 软件开发任务的并行性

若软件项目有多人参加，则多个开发者的活动将并行进行。典型软件开发任务的网络如图 15.3 所示。从图中可以看出，在需求分析完成并进行复审后，概要设计和制定测试计划可以并行进行；各模块的详细设计、编码与单元测试可以并行进行等。由于软件工程活动的并行性，并行任务是异步进行的，因此为保证开发任务的顺利进行，制定开发进度计划和制定任务之间的依赖关系是十分重要的。项目经理必须了解处于关键路径上的任务进展的情况，如果这些任务能及时完成，则整个项目就可以按计划完成。

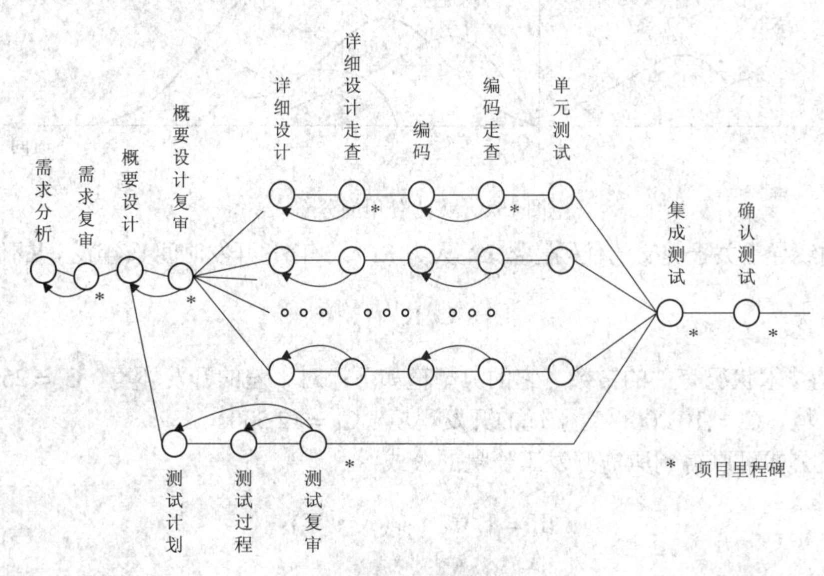

图 15.3 典型软件开发任务的并行图

2. Gantt 图(甘特图)

Gantt 图是先把任务分解成子任务，然后用水平线段来描述各个任务及子任务的进度安排。该图表示方法简单易懂，一目了然，动态反映软件开发进度情况，它是进度计划和进度管理的有力工具，在子任务之间依赖关系不复杂的情况下常使用此种方法。Gantt 图的示例如图 15.4 所示，该图可以表示将任务分解成子任务的情况；表示每个子任务的开始时间和完成时间，线段的长度表示子任务完成所需要的时间；表示子任务之间的并行和串行关系。

进程计划时间表

时间(月) / 项目	1999年									
	3月	4月	5月	6月	7月	8月	9月	10月	11月	12月
前期准备										
系统调查										
系统分析										
系统设计										
系统实施										
系统试运行										
系统测试										
系统验收										
系统正式运行										

图 15.4　Gantt 图示例

Gantt 图只能表示任务之间的并行与串行的关系，难以反映多个任务之间存在的复杂关系，不能直观表示任务之间相互依赖制约关系，以及哪些任务是关键子任务等信息，因此，仅仅用 Gantt 图作为进度的安排是不够的。

3. 工程网络图

工程网络图是一种有向图，如图 15.5 所示，该图中用圆表示事件(事件表示一项子任务的开始与结束)，有向弧或箭头表示子任务的进行，箭头上的数字称为权，该权表示此子任务的持续时间，箭头下面括号中的数字表示该任务的机动时间，图中的圆表示某个子任务开始或结束事件的时间点。圆的左边部分中数字表示事件号，右上部分中的数字表示前一子任务结束或后一个子任务开始的最早时刻，右下部分中的数字则表示前一子任务结束或后一子任务开始的最迟时刻。工程网络图只有一个开始点和一个终止点，开始点没有流入箭头，称为入度为零。终止点没有流出箭头，称为出度为零。中间的事件圆表示在它之前的子任务已经完成，在它之后的子任务可以开始。

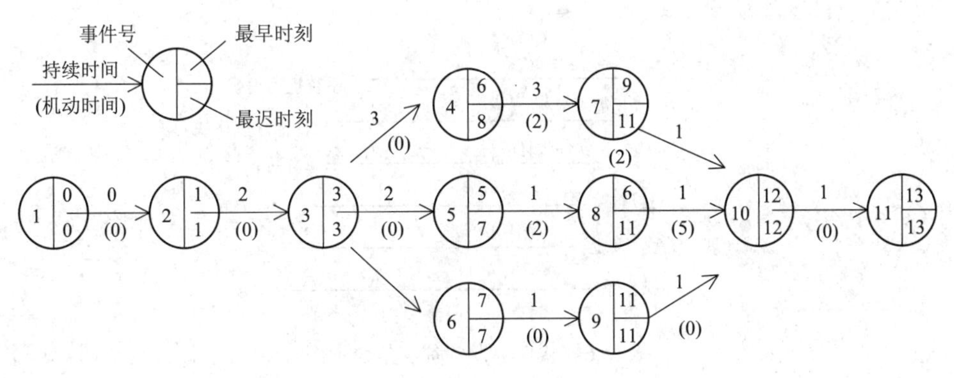

图 15.5　工程网络图

15.2.5　软件质量控制

软件质量控制是软件工程管理的重要内容，软件质量控制应做好以下几方面的工作：

(1) 采用技术手段和工具：指质量控制活动要贯彻开发过程始终，必须采用技术手段和工具，尤其是使用软件开发环境来进行软件开发。

(2) 组织正式技术评审：在软件开发的每一个阶段结束时，都要组织正式的技术评审。国家标准要求单位必须采用审查、文档评审、设计评审、审计和测试等具体手段来控制质量。

(3) 加强软件测试：软件测试是质量保证的重要手段，可发现软件中大多数潜在的错误。

(4) 推行软件工程规范(标准)：用户可以自己制定软件工程规范(标准)，但标准一旦确认就应贯彻执行。

(5) 对软件的变更进行控制：软件的修改和变更常会引起潜伏的错误，因此必须严格控制软件的修改和变更。

(6) 对软件质量进行度量：对软件质量进行跟踪，及时记录和报告软件质量情况。

15.3 软件配置管理

在软件开发时，变更是不可避免的，而变更时由于没有进行变更控制，可能加剧了项目中的混乱。为协调软件开发，使用配置管理技术可使混乱减到最小，使变更所产生的错误达到最小，并最有效地提高生产率。

软件配置管理(Software Configuration Management, 简称 SCM)用于整个软件工程过程。其主要目标是标识变更；控制变更；确保变更正确地实现；报告有关变更。SCM 是一组管理整个软件生存期各阶段中变更的活动。

15.3.1 基线

基线是软件生存期中各开发阶段的一个特定点，它的作用是把开发各阶段工作的划分更加明确化，使本来连续的工作在这些点上断开，以便于检查与肯定阶段成果。因此基线可以作为一个检查点，在开发过程中，当采用的基线发生错误时，可以知道其所处的位置，返回到最近和最恰当的基线上。软件开发各阶段基线示例如图 15.6 所示。

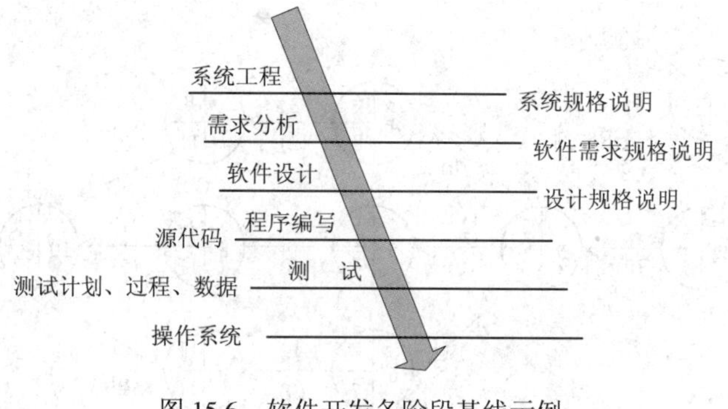

图 15.6 软件开发各阶段基线示例

15.3.2 软件配置项

随着软件工程过程的进展，软件配置项(Software Configuration Item，简称 SCI)是软件工程中产生的信息项，它是配置管理的基本单位，对已成为基线的 SCI，虽然可以修改，但必须按照一个特殊的、正式的过程进行评估，确认每一处的修改。以下的 SCI 是 SCM 的对象，并可形成相应的基线：

(1) 系统规格说明书。

(2) 软件项目实施计划。

(3) 软件需求规格说明书。

(4) 设计规格说明书(数据设计、体系结构设计、模块设计、接口设计和对象描述(使用面向对象技术时))。

(5) 源代码清单。

(6) 测试计划和过程、测试用例和测试结果记录。

(7) 操作和安装手册。

(8) 可执行程序(可执行程序模块、连接模块)。

(9) 数据库描述(模式和文件结构、初始内容)。

(10) 用户手册。

(11) 维护文档(软件问题报告、维护请求和工程变更次序)。

(12) 软件工程标准。

(13) 项目开发小结。

此外，许多软件工程组织把配置控制之下的软件工具，即编辑程序、编译程序和其他 CASE 工具的特定版本都作为软件配置的一部分列入软件配置项中。

15.3.3 版本控制

软件配置实际上是一动态的概念，它一方面随着软件生存期向前推进，SCI 的数量在不断增多，一些文档经过转换生成另一些文档，并产生一些信息；另一方面又随时会有新的变更出现，形成新的版本。

系统不同版本的一种表示如图 15.7 所示，在这个版本演变图中各个结点是一个完全的软件版本。软件的每一个版本都是 SCI(源代码、文档及数据)的一个收集，且各个版本都可能由不同的变种组成。图的右边具体说明一个简单的程序版本：它由 1，2，3，4 和 5 版本组成，其中版本 4 在软件使用彩色显示器时使用，版本 5 在软件使用单色显示器时使用。因此，可以定义版本的两个变种。

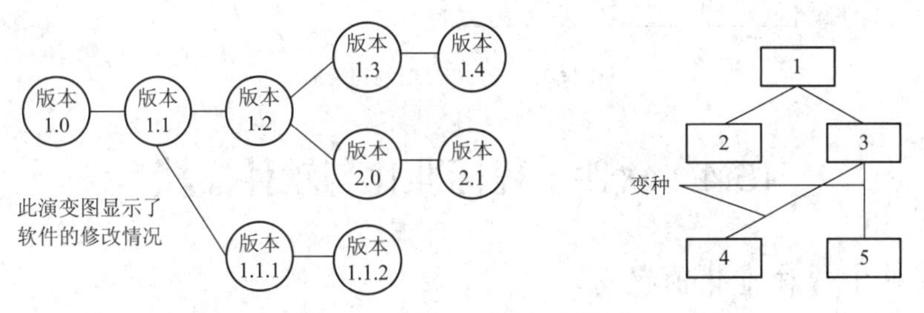

图 15.7　版本演变与变种图

15.3.4 变更控制

软件工程过程中某一阶段的变更，均要引起软件配置的变更，这种变更必须严格加以控制和管理，保持修改信息，并把精确、清晰的信息传递到软件工程过程的下一步骤。

变更控制包括建立控制点和建立报告与审查制度。对于一个大型软件来说，不加控制的变更很快就会引起混乱。因此变更控制是一项最重要的软件配置任务，变更控制的过程如图 15.8 所示。其中“检出”和“登入”处理实现了两个重要的变更控制要素，即存取控制和同步控制。存取控制管理各个用户存取和修改一个特定软件配置对象的权限。同步控制可用来确保由不同用户所执行的并发变更。

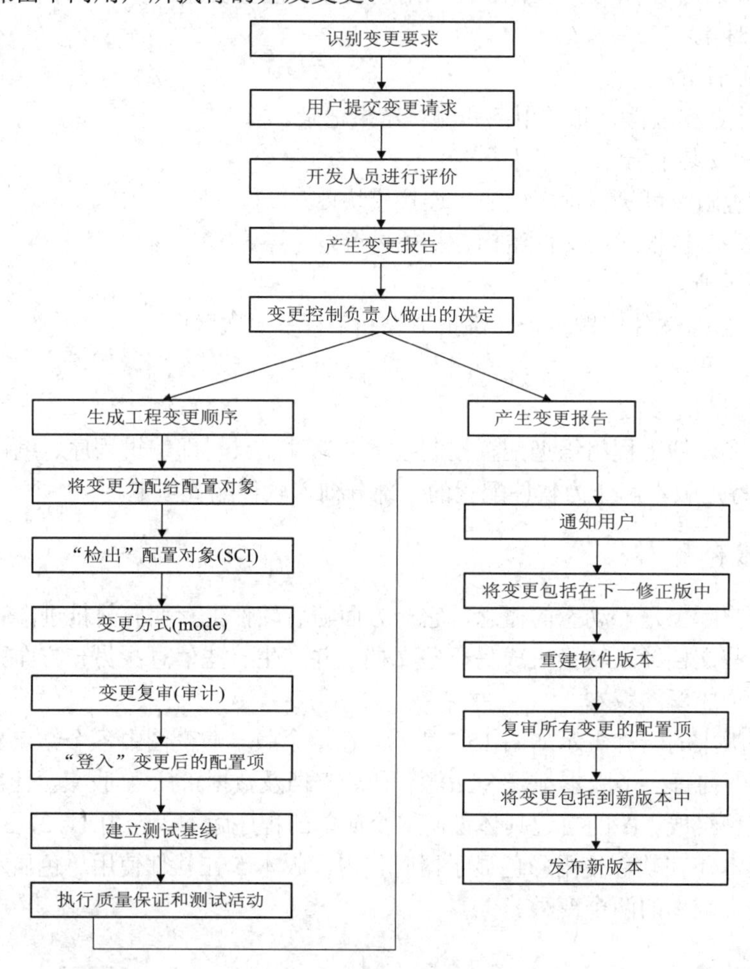

图 15.8 变更控制的过程

15.4 软件工程标准化与软件文档

15.4.1 软件工程标准化的定义

随着软件工程学的发展，人们对计算机软件的认识逐渐深入。软件工作的范围从只是使用程序设计语言编写程序，扩展到整个软件生存期。诸如软件概念的形成、需求分析、设计、实现、测试、安装和检验、运行和维护，直到软件淘汰(为新的软件所取代)。同时还有许多技术管理工作(如过程管理、产品管理和资源管理)以及确认与验证工作(如评审和审计、产品分析及测试等)常是跨软件生存期各个阶段的专门工作。所有这些工作都应当逐步建立其标准或规范。由于计算机技术发展迅速，未形成标准之前，在行业中先使用一些约定，然后逐渐形成标准。

软件工程标准的类型也是多方面的。它可能包括过程标准(如方法、技术及度量等)、产品标准(如需求、设计、部件、描述及计划报告等)、专业标准(如职别、道德准则、认证、特许及课程等)以及记法标准(如术语、表示法及语言等)。

标准的层次分为：① 国际标准；② 国家标准；③ 行业标准；④ 地方标准；⑤ 企业标准。

标准的类型分为：① 强制性标准；② 推荐性标准。

国家标准代号：① GB：中华人民共和国强制性国家标准；② GB/T：中华人民共和国推荐性国家标准；③ 中华人民共和国国家标准化指导性技术文件。

具体内容见表 15-3、表 15-4、表 15-5、表 15-6 和表 15-7。

表 15-3　基 础 标 准

序号	标准号	标 准 名 称
1239	GB/T 1526—1989	信息处理　数据流程图、程序流程图、系统流程图、程序网络图和系统资源图的文件编制符号及约定
11841	GB/T 11457—1995	软件工程术语
11841	GB/T 11457—2006	软件工程术语
14915	GB/T 14085—1993	信息处理系统　计算机系统配置图符号及约定

表 15-4　生命周期管理标准

序号	标准号	标 准 名 称
9180	GB/T 8566—2001	信息技术　软件生存周期过程
9180	GB/T 8566—2007	信息技术　软件生存周期过程

表 15-5　文档化标准

序号	标准号	标 准 名 称
9181	GB/T 8567—1988	计算机软件产品开发文件编制指南
9181	GB/T 8567—2006	计算机软件文档编制规范
9932	GB/T 9385—1988	计算机软件需求说明编制指南
9932	GB/T 9385—2008	计算机软件需求规格说明规范

表 15-6　质量与测试标准

序号	标准号	标 准 名 称
9933	GB/T 9386—1988	计算机软件测试文件编制规范
12840	GB/T 12504—1990	计算机软件质量保证计划规范
16990	GB/T 15532—1995	计算机软件单元测试
17884	GB/T 16260—1996	信息技术　软件产品评价 质量特性及其使用指南

表 15-7 其 它 标 准

序号	标准号	标 准 名 称
12841	GB/T 12505—1990	计算机软件配置管理计划规范
14108	GB/T 13502—1992	信息处理　程序构造及其表示的约定
14909	GB/T 14079—1993	软件维护指南
15308	GB/T 14394—1993	计算机软件可靠性和可维护性管理
18461	GB/T 16680—1996	软件文档管理指南

15.4.2 软件工程标准化的意义

积极推行软件工程标准化，其道理是显而易见的。仅就一个软件开发项目来说，有许多层次、不同分工的人员相互配合，在开发项目的各个部分以及各开发阶段之间也都存在着许多联系和衔接问题。如何把这些错综复杂的关系协调好，需要有一系列统一的约束和规定。在软件开发项目取得阶段成果或最后完成时，需要进行阶段评审和验收测试。投入运行的软件，其维护工作中遇到的问题又与开发工作有着密切的关系。软件的管理工作则渗透到软件生存期的每一个环节。所有这些都要求提供统一的行动规范和衡量准则，使得各种工作都能有章可循。

15.4.3 软件工程标准的层次

根据软件工程标准制定的机构与适用的范围，它分为国际标准、国家标准、行业标准、企业规范及项目(课题)规范 5 个等级。

1. 国际标准

由国际标准化组织 ISO(International Standards Organization)制定和公布，供世界各国参考的标准。该组织有很大的代表性和权威性，它所公布的标准有很大权威性。ISO 9000 是质量管理和质量保证标准。

2. 国家标准

由政府或国家级的机构制定或批准，适合于全国范围的标准，主要有：

(1) GB：中华人民共和国国家质量技术监督局是中国的最高标准化机构，它所公布实施的标准简称为“国标”。如软件开发规范 GB 8566—1995，计算机软件需求说明编制指南 GB 9385—88，计算机软件测试文件编制规范 GB 9386—88 等。

(2) ANSI(American National Standards Institute)：即美国国家标准协会。这是美国一些民间标准化组织的领导机构，具有一定的权威性。

(3) BS(British Standard)：即英国国家标准。

(4) DIN：即德国标准协会。

(5) JIS(Japanese Industrial Standard)：即日本工业标准。

3. 行业标准

由行业机构、学术团体或国防机构制定的适合某个行业的标准，主要有：

(1) IEEE(Institute of Electrical and Electronics Engineers)：即美国电气与电子工程师学会。

(2) GJB：即中华人民共和国国家军用标准。

(3) DOD-STD(Department Of Defense-STanDards)：即美国国防部标准。

(4) MIL-S(MILitary-Standard)：即美国军用标准。

(5) CMM(软件成熟度模型)：美国卡内基梅隆大学软件研究所受美国国防部委托，研究的一种软件开发标准，共分为五级。

4. 企业规范

大型企业或公司所制定的适用于本部门的规范。例如IBM制定的《程序设计开发指南》。

5. 项目(课题)规范

某一科研生产组织为该项目专用的软件工程规范。例如《计算机集成制造系统(CIMS)的软件工程规范》。

15.4.4 文档的作用与分类

1. 文档的作用

文档是指某种数据媒体和其中所记录的数据。在软件工程中，文档用来表示对需求、工程或结果进行描述、定义、规定、报告或认证的任何书面或图示的信息。它们描述和规定了软件设计和实现的细节，说明使用软件的操作命令。文档也是软件产品的一部分，没有文档的软件就不成为软件。软件文档的编制在软件开发工作中占有突出的地位和相当大的工作量。高质量文档对于转让、变更、修改、扩充和使用文档，对于发挥软件产品的效益有着重要的意义。

软件文档的作用是提高软件开发过程的能见度；提高开发效率；作为开发人员阶段工作成果和结束标志；记录开发过程的有关信息便于使用与维护；提供软件运行、维护和培训有关资料；便于用户了解软件功能、性能。

2. 文档的分类

软件开发项目生存期各阶段应包括的文档以及与各类人员的关系见表 15-8。

表 15-8　文档与各类人员的关系

用户 文档	管理人员	开发人员	维护人员	用户
可行性研究报告	√	√		
项目开发计划	√	√		
软件需求说明书		√		
数据要求说明书		√		
测试计划		√		
概要设计说明书		√	√	
详细设计说明书		√	√	
用户手册		√		√
操作手册		√		√

续表

用户 文档	管理人员	开发人员	维护人员	用户
测试分析报告		√	√	
开发进度月报	√			
项目开发总结	√			
程序维护手册(维护修改建议)	√		√	

本章小结

在大型软件开发中，由于管理不善而导致软件开发失败的例子很多。因此，软件工程把软件开发的管理放在很重要的位置。

项目开发计划是软件开发中的一个管理文档。在文档中给出了成本估算、进度安排和资源配置等。成本估算方法有自顶向下估算法、自底向上估算法及差别估算法等。成本估算模型有 COCOMO 模型、Putnam 估算模型等。进度安排可采用 Gantt 图和工程网络图等。

在软件开发中，各种文档的变更是不可避免的，因此要进行软件配置管理。要对各种软件版本、文档版本进行管理和控制，这样才能保证文档、软件的一致性和完整性。

软件工程标准化是软件工程管理的重要内容。没有标准和规范，软件质量就无法保证。软件工程的标准有不同的级别，对应着不同的适用范围。同时，软件工程标准覆盖了软件工程的各个方面，包括概念术语、软件工程过程、文档规范、软件生存周期和软件质量保证等。

习　题

1. 软件工程管理包括哪些内容？
2. 软件项目计划中包括哪些内容？
3. 软件开发成本估算方法有哪几种？
4. 画出表示软件任务开发并行性的任务网络图。
5. 什么是软件配置管理？什么是基线？
6. 请叙述软件工程过程中版本控制与变更控制处理过程。
7. 软件工程标准化的意义是什么？都有哪些软件过程标准？
8. 请说明软件文档的作用。软件开发项目生存期各阶段都包含哪些文档？
9. CMM 成熟度各级别的关键因素是什么？
10. 讨论项目人员管理中沟通方式与解决冲突间的相互影响。
11. 解释质量控制与质量保证的不同。

第 16 章　软件工程环境

在软件工程学中，方法和工具是同一个问题的两个不同方面，方法是工具研制的先导，工具是方法的具体体现。软件工程方法的研究成果最终为软件工具和系统，只有这样才能充分发挥软件工程方法在软件开发中的作用。软件工程环境就是围绕着软件开发的一定目标而组织在一起的相关一组软件工具的有机集合。对软件工具的研究和使用虽已有很长时期，但由于工具间的互不相容，导致软件工具集成性差。同时早期的工具主要支持软件生存期的后期阶段的开发，如编码和调试，而这部分的工作在软件开发过程中并不占很大比重，因此这一时期的工具并未起到应有的作用。从 20 世纪 70 年代开始软件工程环境才受到重视，得到迅速发展。

16.1　软件开发环境

16.1.1　软件开发环境概述

1. 软件开发环境

软件开发环境是指在计算机的基本软件的基础上，为了支持软件的开发而提供的一组工具软件系统。在 1985 年第八届国际软件工程会议上，由 IEEE 和 ACM 支持的国际工作小组提出了“软件开发环境”的定义为“软件开发环境是相关的一组软件工具集合，它支持一定的软件开发方法或按照一定的软件开发模型组织而成。”

美国国防部在 STARES(Software Technology for Adaptable Reliable System)计划中定义为“软件工程环境是一组方法、过程及计算机程序(计算机化的工具)的整体化构件，它支持从需求定义、程序生成直到维护的整个软件生存期。”

上述两个定义表面上不相同，但实质上是一致的，它们都强调：

(1) 软件开发环境是一组相关工具的集合。

(2) 这些相关工具是按一定的开发方法或一定开发处理模型组织起来的。

(3) 这些相关工具支持整个软件生存期的各阶段或部分阶段。

当前广为使用的以下名称具有相同或类似的含义：

(1) 软件开发环境 SDE(Software Development Environment)。

(2) 软件工程环境 SEE(Software Engineering Environment)。

(3) 软件支持环境 SSE(Software Support Environment)。

(4) 项目支持环境 PSE(Project Support Environment)。

(5) 自动开发环境 ADE(Automated Development Environment)。

(6) 集成化程序设计环境 IPE(Integrated Programming Environment)。

(7) 工具盒 Toolbox。

(8) 工具箱 Toolkit。

而对软件工具的定义是“可用来帮助和支持软件需求分析、软件开发、测试、维护、模拟、移植或管理而编制的计算机程序或软件。”

2. 软件开发环境的发展

随着计算机技术的发展，大量的系统软件和应用软件相继开发，促进了软件工程这门学科的发展。于是许多新的开发方法学和开发模型、设计方法和技术不断出现，从而使得软件开发工具和软件开发环境不断得到改进和完善，大大提高了软件的生产率和软件的质量，降低了软件的成本。

从发展角度看，软件工程应该是“方法学＋CASE 技术”的结合，并且很有可能在今后的软件工程中，CASE 技术将占据主导地位。

图 16.1 表示了应用技术、开发和设计方法以及软件开发环境随着时间进展的发展情况。

时 间	方 法	工具与环境	应用举例
1970 年前后	结构化程序设计	高级语言编译	批处理系统
1975 年前后	结构化设计、结构化分析、信息系统计划、快速原型法	交互编程环境，结构化基于中文的 CASE 代码生成软件	联机事务处理系统、实时系统
1980 年前后	信息工程学方法	结构化基于图形的 CASE	专家系统
1985 年前后	形式化方法	基于信息工程的 CASE	勘测设计一体化软件
1990 年前后	面向对象方法	基于信息库的 CASE、人工智能 CASE	多媒体系统
1995 年前后	集成方法	集成的 CASE 环境	软件开发集成系统
2000 年前后	一种“可自动化”的结构化方法	自动化 CASE 环境	软件测试系统

图 16.1 应用技术、开发和设计方法以及软件开发环境的发展

20 世纪 70 年代，软件开发与设计方法由结构化程序设计技术(SP)向结构化设计(SD)技术发展，而后又发展了结构化分析技术的一整套的相互衔接的 SA-SD 的方法学。与此相应的计算机辅助软件工程技术则主要由开发孤立的软件工具而逐步向程序设计环境的开发和使用方向发展，出现了第一代的基于正文的 CASE 工具。这一时代称为计算机辅助软件工程时代。

20 世纪 80 年代中期与后期，主要是实时系统设计方法以及面向对象的分析和设计方法的发展，它克服了结构化技术的缺点。在这期间开发了第二代的 CASE 工具，其特点是支持使用图形表示的结构化方法，如数据流图与结构图。其开发环境表现在提高环境中工具的集成性方面，如“集成的项目支持环境”，它将详细的开发信息存放在“项目词典”中，以便在同一环境中的其他 CASE 工具可以共享。但这只限于同一厂商的工具之间与同一项目数据中的共享。到了 20 世纪 80 年代后期和 90 年代初期出现了“基于信息工程 CASE”

技术，这种环境集成了用于项目计划、分析、设计、编程、测试和维护的一个工具箱的集合。

20 世纪 90 年代主要是进行系统集成方法与集成系统的研究，所研究的集成 CASE 环境可以加快开发复杂信息系统的速度，确保用户软件开发成功，提高软件质量，降低投资成本和开发风险。出现一系列集成的 CASE 软件产品，用以实现需求管理、应用程序分析设计和建模、编码、软件质量保证和测试、过程和项目管理及文档生成管理等软件开发工作的规范化、工程化和自动化。

3. 对软件开发环境的要求

软件开发环境的目标是提高软件开发的生产率和软件产品的质量。理想的软件开发环境是能支持整个软件生存期阶段的开发活动，并能支持各种处理模型的软件方法学，同时实现这些开发方法的自动化。比较一致的观点，认为软件开发环境的基本要求如下：

(1) 软件开发环境应是高度集成的一体化的系统。其含义是：① 应该支持软件生存期各个阶段的活动，从需求分析、系统设计、编码和调试、测试验收到维护等各阶段工作；② 应该支持软件生存期各个阶段的管理和开发两方面的工作；③ 应协调一致地支持各个阶段和各方面的工作，具有统一形式的内部数据表示；④ 整个系统具有一致的用户接口和统一的文档报表生成系统。

(2) 软件开发环境应具有高度的通用性。这是指：① 能适应最常用的几种语言；② 能适应和支持不同的开发方法；③ 能适应不同的计算机硬件及其系统软件，对这些方面应具有最小的依赖性(尤其是对硬件)；④ 能适应开发不同类型的软件；⑤ 能适应并考虑到不同用户的需要(如程序员、系统分析员、项目经理、质量保证人员、初学者与熟练人员)。

(3) 软件开发环境应易于定制、裁剪或扩充以符合用户要求，即软件开发环境应具有高度的适应性和灵活性。

其定制是指软件开发环境应能符合项目特性、过程和用户的爱好。裁剪是指环境应能自动按用户需要建立子环境，即构成适合具体硬件环境、精巧的、很少冗余的工作环境。扩充是指环境能向上扩展，根据用户新的需求或软件技术的新发展(如加入新工具，引入智能新机制)对原有的环境进行更新和扩充。

(4) 软件开发环境不但可应用性要好，而且是易使用的、经济高效的系统。为此，它应该：① 易学、易用、响应时间合理和用户喜爱；② 能支持自然语言处理；③ 能支持交互式和分布式协作开发；④ 降低用户和环境本身的资源花费。

(5) 软件开发环境应有辅助开发向半自动开发和自动开发逐步过渡的系统。半自动和自动开发的含义是：① 各个阶段的文档之间要能半自动或自动地变换和跟踪；② 应该注重使用形式化技术；③ 不同程度地、逐步地采用“软件构件”的集成组装技术，并建立其可扩充的、可再用的“软件构件”库；④ 采用人工智能技术，逐步包含支持软件开发的专家系统。

16.1.2　软件开发环境的分类

软件开发环境是与软件生存期、软件开发方法和软件生存期模型紧密相关的。其分类方法很多，本节按解决的问题、软件开发环境的演变趋向与集成化程度进行分类。

1. 按解决的问题分类

1) 程序设计环境

程序设计环境解决如何将规范说明转换成可工作的程序问题，它包括两个重要部分：方法与工具。

2) 系统合成环境

系统合成环境主要考虑把很多子系统集成为一个大系统的问题。所有的大型软件系统都有两个基本特点：它们是由一些较小的、较易理解的子系统组成的，因此，需要有一个系统合成环境来辅助控制子系统及其向大系统的集成。

3) 项目管理环境

大型软件系统的开发和维护必然会有许多人员在一段时间内协同工作，需要对人与人之间的交流和合作进行管理。项目管理环境的责任是解决由于软件产品的规模大、生存期长、人们的交往多而造成的问题。

2. 按软件开发环境的演变趋向分类

1) 以语言为中心的环境

以语言为中心的环境的特点是强调支持某特定语言的编程；包含支持某特定语言编程所需的工具集；环境采取高度的交互方式；仅支持与编程有关的功能(如编码和调试)，不支持项目管理等功能。

这类环境的例子有 InterLisp(Lisp 语言)，SmallTalk 80 (SmallTalk 语言)，Toolpark Pascal 语言)，POS(Pascal 语言)和 Ada(Ada 语言)。

以语言为中心的程序设计环境是最早被人们开发并使用的环境，也是目前使用最多的环境。这类环境具有以下特点：

(1) 支持软件生存期后期活动，特别强调对编程、调试和测试活动的支持。

(2) 该类环境的特点依赖于程序设计语言(高级语言)。

(3) 该类环境感兴趣的研究领域是增量开发方法(Incremental Development)。

2) 工具箱环境

工具箱环境的特点由一整套工具组成，供程序设计选择之用，如有窗口管理系统、各种编辑系统、通用绘图系统、电子邮件系统、文件传输系统及用户界面生成系统等。用户可以根据个人需要对整个环境的工具进行裁剪，以产生符合自己需要的个人的系统环境。其次这类环境特点是独立于语言的。这类环境的例子有：UNIX，Windows，APSE 的接口集 CAIS 和 SPICE 等。

另外还可以按集成化程度将环境分成第一代、第二代和第三代集成化环境，以及分布式环境和智能环境等。

3) 基于方法的环境

基于方法的环境是专门用于支持特定的软件开发方法的。这些方法可用于两大类：一是软件开发周期中某个特定阶段的管理，二是软件开发周期中某个特定阶段的开发过程。前者包括需求说明、设计、确认、验证和重用。后者又可细分为支持产品管理与支持开发和维护产品的过程管理。产品管理包括版本管理和配置管理。开发过程管理包括项目计划和控制、任务管理等。这类环境的例子有 Cornell 程序综合器，支持结构化方法，SmallTalk 80 支持面向对象方法。

3. 按集成化程度分类

环境的形成与发展主要体现在各工具的集成化的程度上，当前国内外软件工程把软件开发环境分为三代。

• 第一代建立在操作系统之上，工具是通过一个公用框架集成的，工具不经修改即可由调用过程来使用；工具所使用的文件结构不变，而且成为环境库的一部分。人机界面图形能力差，多使用菜单技术。例如，20 世纪 70 年代 UNIX 环境以文件库为集成核心。

• 第二代具有真正的数据库，而不是文件库，多采用 E-R 模式，在更低层次集成工具。工具和文件都作为实体保存在数据库中，现有工具要作适当修改或定制方可加入。人机界面采用图形、窗口等。例如，Ada 程序设计环境(APSE)以数据库为集成核心。

• 第三代建立在知识库系统上，出现集成化工具集，用户不用在任务之间切换不同的工具，采用形式化方法和软件重用等技术，采用多窗口技术。这一代软件集成度最高，利用这些工具，实现了软件开发的自动化，大大提高软件开发的质量和生产率，缩短软件开发的周期，并可降低软件的开发成本。例如，20 世纪 80 年代 CASE 与目前的 CASE 集成化产品。

16.2 软件工具

软件工具是指为支持计算机软件的开发、维护、模拟、移植或管理而研制的软件系统。是为特定目标而开发的，例如项目管理工具、数据库管理工具，同时也是为实现软件生存周期中的各种处理活动(包括管理、开发和维护)的自动化和半自动化而开发的程序系统。开发软件工具的主要目的是为了提高软件生产率和改善软件的质量。

正像程序系统可分为系统和子系统一样，软件工具也可具有不同的粒度，称之为工具和工具片断。例如，编译程序是一个编程环境中的工具，但是编译程序中包括扫描程序、词法分析、语法分析、优化以及代码生成这样一些部分，每一个部分称为工具片断。很多情况下，工具片断也可如同工具一样，用以组合在一起以实现某个处理；或者按用户要求定制和裁剪，以生成适合用户需要的子环境的工具或工具片断，这些均可作为构成部件。在很多软件工程环境中，将工具和工具片断组合在一起进行管理。基本工具部件的粒度对集成机制的设计是有关系的。

软件工具通常由工具、工具接口和工具用户接口 3 部分构成。工具通过工具接口与其他工具、操作系统或网络操作系统以及通信接口、环境信息库接口等进行交互。当工具需要与用户进行交互时，则通过工具的用户接口来进行。

16.2.1 软件工具的发展

在过去几十年中，软件工具随着计算机软件的发展而不断发展，例如在计算机发展的初期(1951 年)，Wilks 就开始用子程序和子程序库的方法来提高程序质量，同时开发了相关的工具。1953 年 IBM 公司用符号汇编程序代替绝对地址编址的程序，麻省理工学院实现了浮动地址程序，这些均是早期的工具，极大地提高了程序质量和生产率。

以后一段时期是语言工具(以及与之相关的编译程序、调试工具、排错程序、静态分析和动态追踪工具等)大发展时期。1960 年麻省理工学院开发了第一个兼容分时系统(CTSS)，该系统使用正文编辑程序。于是在 20 世纪 60 年代中期，正文编辑工具由行编辑、字符流编辑发展到全屏幕编辑，以至于目前的结构编辑程序或语法制导的编辑工具程序。编辑工具的发展改善了人机交互界面的友好性，特别值得一提的是，图形用户界面工具的迅速发展，在人机交互操作方式上是一个革命性进展，它已深刻影响到软件开发技术的各个方面，对软件工程环境的自动化、软件开发生产率和软件质量都有极大推动作用。

从 20 世纪 60 年代未 70 年代初软件工程技术出现以来，软件工具和软件开发环境获得迅速发展。20 世纪 70 年代初的软件工程环境主要是支持程序设计的软件环境，在认识到编码只占整个软件开发工作量的 15%以下，再加上软件生存期的前面开发阶段较多采用图形技术，就更加重视软件生产其他各阶段的支撑工具。20 世纪 70 年代后期由于结构化技术发展，出现了一批软件工具和系统，如 1975～1977 年期间，有 SADT(Softech 公司的结构分析和设计技术工具)；SREM(软件需求工程方法学)是一个自动需求分析工具，并使用需求陈述语言(RSL)工具。PSL/PSA(问题陈述语言/问题陈述分析)是由 Michigan 大学开发的 ISDOS 项目的一部分，它是一个计算机辅助的设计和规格说明的分析工具。除了以上分析工具外，还有支持软件设计的程序设计语言(PDL 码)工具和设计分析系统(DAS)以及大量支持测试和开发管理的工具。

20 世纪 80 年代以来，软件工具的发展形成了第二代的 CASE 工具，其特点是使用图形表示的结构化方法的图形工具，取代 20 世纪 70 年代基于正文的第一代 CASE 工具。20 世纪 80 年代软件工具的另一大特点是工具间紧密耦合的集成性替代了孤立开发的工具之间的不兼容性。所有这些对于提高软件质量和生产率，降低软件成本起到了更大的作用。

16.2.2 软件工具的特点

20 世纪 80 年代初，IBM 公司曾对几家大公司的软件工具的使用情况进行过调查，结论是由于软件工具的开发成本太大和不易移植，以及工具集成性差、不兼容等问题，实际使用工具并不多。目前，工具开发和使用情况有了根本性改观，工具的生产、销售和使用情况均表现出了猛烈的增长势头。

软件工具的发展有以下特点：

(1) 软件工具由单个工具向多个工具集成化方向发展。如将编辑、编译、运行结合在一起构成集成工具。注重工具间的平滑过渡和互操作性(如微软公司的 Office 工具)。

(2) 重视用户界面的设计。交互式图形技术及高分辨率图形终端的发展，为用户图形提供了物质基础。多窗口管理、鼠标器使用及图形资源的表示等技术，极大地改善了用户界面的质量，改善了软件的感观。

(3) 不断地采用新理论和新技术。如许多软件工具的研制中采用了数据库技术、交互图形技术、网络技术、人工智能技术和形式化技术等。

(4) 软件工具的商品化推动了软件产业的发展，而软件产业的发展，又增加了对软件工具的需求，促进了软件工具的商品化进程。

16.2.3　软件工具的分类

软件工具种类繁多、涉及面广，如编辑、编译、正文格式处理、静态分析、动态追踪、需求分析、设计分析、测试、模拟和图形交互等。

如何对软件工具进行分类，一直是人们研究的热点，自 20 世纪 90 年代以来掀起了新的研究热潮。Reifer 和 Trattner 将软件工具分为 6 类：模拟工具、开发工具、测试和评估工具、运行和维护工具、性能测量工具和程序设计支持工具。Westinghouse 公司于 1992 年公布了以下 13 类软件工具分类标准和该类的范例工具以及例子：

(1) 系统模拟和模型工具：指结构和数据流模型、算法模拟、定时和大小工具及动画工具，例如英国 Natural Motion 公司的 Endorphin 是角色动态生成软件。

(2) 需求追踪工具：指编辑程序、数据库管理系统及在 DBMS 上的应用运行工具，例如 IBM 的 Rational RequisitePro、青铜器 RDM(IPD+CMMI+Scrum 一体化研发管理解决方案)。

(3) 需求分析工具：指正文和数据流图工具、数据字典工具及面向对象的分析工具，例如原型工具 Axure、PowerDesinger、StraUML。

(4) 设计工具：指结构图，模块规格说明，伪码、代码生成程序及语言敏感的编辑程序，例如微软 Visual Studio、NetBeans、PyCharm、IntelliJ IDEA、Eclipse、Aptana Studio 3 等。

(5) 编码和单元测试工具：指编码程序，语言敏感的编辑程序，语言、代码格式化程序，交叉编译程序，连接程序及源码层次的调试程序，例如 JUnit、Parasoft Jtest、Parasoft C++Test、Parasoft Insure++ 等。

(6) 测试和集成工具：指测试驱动程序、覆盖分析程序、回归测试及测试床，测试管理工具如 Bugfree、Bugzilla、TestLink、Mantis Zentaopms，功能自动化测试工具如 Watir、Selenium、MaxQ、WebInject，性能自动化测试工具如 Jmeter、OpenSTA、DBMonster、TPTEST、Web Application Load Simulator，弹道测试管理工具、基于 Web 的测试管理工具 Quality Center，回归测试工具 QuickTest Professional，负载测试工具 LoadRunner、Rational Functional Tester、Borland Silk、WinRunner、Robot 等。国内免费软件测试工具有 AutoRunner 和 TestCenter。

(7) 文档工具：指桌面出版系统、文档模板及格式管理系统，例如 Total Commander、DropIt。

(8) 项目管理工具：指计划和进度、追踪和状态报告及成本估算和代码行估算，例如 Oracle 公司的 Oracle Primavera P、微软的 Project 2016 等。

(9) 配置管理工具：指访问和版本控制机构、产品基线、文件和修改管理，例如 SVN、VSS、GIT、Hg、CVS 等。

(10) 质量保证工具：指检查表、直方图、图形及表格。

(11) 度量工具：指行计数、代码质量度量、管理度量及其他标准度量，例如小生境度量工具(Niche Metrics Tool)。

(12) 软件复用工具。

(13) 其他：指数据管理、通信、电子公告牌及活页等。

16.3 计算机辅助软件工程

计算机辅助软件工程(Computer-Aided Software Engineering)简称 CASE。CASE 使得人们能在计算机的辅助下进行软件开发，为计算机软件开发的工程化、自动化进而智能化打下基础。在 CASE 工具辅助下进行软件开发，可以提高软件开发效率，改善软件质量。

16.3.1 CASE 定义

随着计算机硬件突飞猛进的发展，硬件的成本极大降低、可靠性大大提高。而计算机软件是智力密集型产品，软件成本十分昂贵，软件质量也因复杂性提高而难以保证。为缓解“软件危机”，20 世纪 60 年代末产生了“软件工程”这门学科。软件工程要求人们采用“工程”的原则、方法和技术来开发、维护和管理软件。

CASE 是一组工具和方法的集合，可以辅助软件生存周期各阶段进行软件开发。从学术研究角度讲，CASE 是多年来在软件开发管理、软件开发方法、软件开发环境和软件工具等方面研究和发展的产物。CASE 把软件开发技术、软件工具和软件开发方法集成到一个统一而一致的框架中，并且吸收了 CAD(计算机辅助设计)、软件工程、操作系统、数据库、网络和许多其他计算机领域的原理和技术。因而，CASE 领域是一个应用、集成和综合的领域。从产业角度讲，CASE 是种类繁多的软件开发和系统集成的产品及软件工具的集合。其中，软件工具不是对任何软件开发方法的取代，而是对方法的辅助，它旨在提高软件开发的效率，增强软件产品的质量。

16.3.2 CASE 分类

1. CASE 技术种类

CASE 系统所涉及的技术有两类：一类是支持软件开发过程本身的技术，如支持规约、设计、实现及测试等。采用这类技术的 CASE 系统研制时间较长，已有许多产品上市；另一类是支持软件开发过程管理的技术，如支持建模、过程管理等。这类技术不很成熟，采用这类技术的 CASE 系统会调用前一类技术的 CASE 系统。

从 CASE 系统产生方式来看，还有一种特殊的 CASE 技术，即元-CASE 技术。元-CASE 技术是生成 CASE 系统的生成器所采用的技术。该生成器可用来创建支持软件开发过程活动及过程管理的 CASE 系统。此类 CASE 技术尚处于探索阶段。

2. CASE 工具

在 CASE 术语尚未广泛使用之前，人们就经常使用软件工具一词。20 世纪 70 年代末到 80 年代初，软件工具的含义极为广泛。凡是用于辅助或支持计算机软件的开发、运行、维护、模拟、移植或管理而研制的程序系统都称为软件工具。随着计算机软件的发展，这种含义上的软件工具越来越多，甚至像数据库管理系统也可称为软件工具。因而，人们开始使用窄一些含义的软件工具，即软件工具是用于辅助计算机软件的开发、运行、维护和管理等活动的一类软件。随着 CASE 的出现，人们也经常使用工具这一术语。人们一般不加区别地使用软件工具和 CASE 工具这两个词，但它们还是有细微的区别。

3. CASE 工具的分类

随着 CASE 的发展，出现了各种各样的 CASE 工具。对 CASE 工具分类的标准可分为：

(1) 功能：是对软件进行分类的最常用的标准。

(2) 支持的过程：根据支持的过程，工具可分为设计工具、编程工具及维护工具等。

(3) 支持的范围：根据支持范围，可分为窄支持、较宽支持和一般支持工具。窄支持指支持过程中特定的任务，如创建一个实体关系图，编译一个程序等。较宽支持是指支持特定过程阶段，例如设计阶段。一般支持是指支持覆盖软件过程的全部阶段或大多数阶段。

1993 年，Fuggetta 根据 CASE 系统对软件过程的支持范围，提出 CASE 系统可分为如下 3 类：

(1) 工具：支持过程单个任务，例如检查一个设计的一致性，编译一个程序，比较测试结果等。工具可能是通用的，独立的(如一个字处理器)，或者也可能归组到工作台。

(2) 工作台：支持某一过程所有活动或某些活动，例如规约、设计等。它们一般以或多或少的集成度组成工具集。

(3) 环境：支持软件过程所有活动或至少大部分。它们一般包括几个不同的工作台，将这些工作台以某种方式集成起来。

图 16.2 说明了该分类，并给出了这些不同类别的 CASE 所支持的一些例子。当然，许多类型的工具和工作台都未包含在该图中。其中工作台一般支持某种方法，该方法包含一个过程模型和一组规则/指南，以应用来开发软件。将环境分为集成化环境和以过程为中心的环境。集成化环境对数据、控制及表示集成提供基本支持。这一分类只是一个粗略的分类，以方便大家对 CASE 系统的理解。

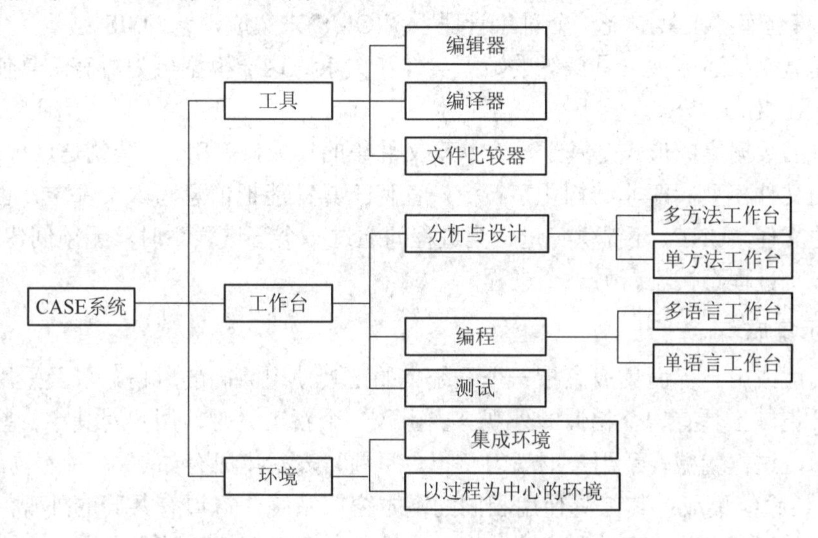

图 16.2　工具、工作台和环境

16.3.3　CASE 集成

以一种集成的方式工作的 CASE 工具可获得更多收益，因为集成方式组装特定工具以提供对过程活动更广泛的支持。1990 年 Wasserman 讨论软件工程环境的集成时，提出一个 5 级模型，这一模型也适用于工作平台，如下所示：

(1) 平台集成：即工具运行在相同的硬件/操作系统平台上。

(2) 数据集成：即工具使用共享数据模型来操作。

(3) 表示集成：即工具提供相同的用户界面。

(4) 控制集成：即工具激活后能控制其他工具的操作。

(5) 过程集成：即工具在一个过程模型和“过程机”的指导下使用。

1. 平台集成

“平台”或是一个单一的计算机或操作系统或是一个网络系统。平台集成是指工具或工作台在相同的平台上运行。目前，大多数 CASE 工具运行在 UNIX 系统，或 PC 上的 Microsoft Windows 之上。当一个组织机构使用异构网络，网络中不同的计算机运行不同的操作系统时，要实现平台集成很困难。即使机器全是从同一个供应商处购买，平台集成仍是一个问题。

2. 数据集成

数据集成指不同软件工程能相互交换数据。因而，一个工具的结果能作为另一个工具的输入。有许多不同级别的数据集成如下所示：

(1) 共享文件：即所有工具识别一个单一文件格式。最通用的可共享文件是字符流文件。文件是一个用于信息交换的简单方法。

(2) 共享数据结构：工具使用的共享数据结构通常包括有编程和设计信息。事前，所有的工具要认可该数据结构的细节，并把该结构的细节嵌入工具中。

(3) 共享仓库：工具围绕一个对象管理系统(OMS)来集成，该 OMS 包括一个公有的、共享数据模型来描述能被工具操纵的数据实体和关系。这一模型可为所有工具使用，但不是工具的内在组成部分。

最简单的数据集成形式是基于一个共享文件集的集成，UNIX 系统就是这样。UNIX 有一个简单的文件模型，即非结构化字符流。任何工具都能把信息写入文件中，也能读其他工具生成的文件。UNIX 还提供管道，当进程间通过一个管道联系时，无须创建中间文件，字符流从一个进程直接流向另一个进程。

3. 表示集成

表示集成或用户界面集成意指一个系统中的工具使用共同的风格，以及采用共同的用户交互标准集。工具有一个相似的外观。当引入一个新工具时，用户对其中一些用户界面已经很熟悉，这样就减轻了用户的学习负担。目前，表示集成有如下 3 种不同级别：

(1) 窗口系统集成：其工具使用相同的基本窗口系统，窗口有共同的外观，操作窗口的命令也很相似，如每个窗口都有窗口移动、改变大小及图标化等命令。

(2) 命令集成：其工具对相似的功能使用相同格式的命令。如果使用菜单和图标的图形界面，相似的命令就会有相同的名字。在每个应用程序中菜单项定位于相同位置。在所有的系统中，对按钮、菜单等使用相同的表示(图标)。

(3) 交互集成：是针对那些带有一个直接操纵界面的系统。通过该界面，用户可以直接与一个实体的图形或文本视口进行交互。交互集成意指所有子系统中提供相同的直接操纵，如选择、删除等操作。支持交互集成的系统的例子有图形编辑系统等。

UNIX 工作站窗口系统集成标准 X 窗口 Motif 工具箱，所有基于 UNIX 的 CASE 工具都认可这一标准。然而，它只解决了窗口级的集成。来自不同销售商的 UNIX 工具和工作台很少能很好地在命令和交互级上集成。在 PC 平台上，其标准是 Microsoft Windows。这比 X/Motif 好得多，因为它支持 3 个级别的表示集成。Windows 除具有通常窗口系统所应具有的功能外，还提供工具箱来支持其所制定的菜单构造指南，还支持特定形式交互。这样，运行了 Windows 的 CASE 工具都有一致的外观。

CASE 工作台是封闭系统时，通常都有良好的用户界面集成。工作台的不同工具能遵从一些约定和标准。用户能从一个工具无缝地移至另一个工具。

4. 控制集成

控制集成支持工作台或环境中一个工具对系统中其他工具的访问。除了能启动和停止其他工具外，一个工具能调用系统中另一工具所提供的服务，这些服务可通过一个程序接口来访问。例如，一个综合工具箱中，一个结构化编辑器可以调用一个语法分析器来检查所输入的程序片段的语法。

5. 过程集成

过程集成意指 CASE 系统嵌入了关于过程活动、阶段、约束和支持这些活动所需的工具的知识。CASE 系统辅助用户调用相应工具完成有关活动，并检查活动完成后的结果。CASE 技术对过程集成的支持依赖于过程模型的设计。

16.3.4 CASE 生存期

CASE 工具很昂贵，引入和使用 CASE 技术需要仔细策划。如果对 CASE 需要量不是很大，使用这种技术可能很难获得收益。引入 CASE 时，必须有意识地进行管理与维护，让开发人员认识到 CASE 系统的优势所在。CASE 系统的开销收益是长期的，而不是短期的，不可能立即节省开销。

一个组织中的 CASE 系统遵循从初始需求到完全废弃这一生存期，CASE 生存期各步骤如下：

(1) CASE 需求：根据要开发的软件类型选择一个合适的 CASE 系统。

(2) CASE 剪裁：调整一个 CASE 系统，使之适应一特定组织机构或一类项目。

(3) CASE 引入：即试用该 CASE 系统。在这期间，要培训使用这一系统的开发人员。

(4) CASE 操作：指每天都使用 CASE 进行软件开发。

(5) CASE 演化：是在 CASE 系统生存周期中的一个持续的活动。要修改硬件或软件，调整系统适应新需求。

(6) CASE 废弃：使该 CASE 系统在这一阶段不再起作用，必须保证使用该系统开发的软件仍被所在组织机构支持。

显然，从引入阶段到裁剪阶段有反馈，在演化和操作之间也有反馈。

16.3.5 CASE工作台

1. CASE工作台概述

1) CASE工作台的分类

一个CASE工作台是一组工具集，支持像设计、实现或测试等特定的软件开发阶段。将CASE工具组装成一个工作台后，工具能协同工作，可提供比单一工具更好的支持。可以实现通用服务程序，这些程序能被其他工具调用。工作台工具能通过共享文件、共享仓库或共享数据结构来集成。

工作台能支持大多数的软件过程活动。其中，像支持分析、设计、编程等软件过程活动的工作台比支持另一些活动工作台更为成熟。针对所开发软件的类别和应用领域的情况，可使用各种各样的工作台。工作台有以下几种：

(1) 程序设计工作台：由支持程序设计的一组工具组成，如将编辑器、编译器和调试器等集成在一个宿主机上构成程序设计工作台供开发人员使用。

(2) 分析和设计工作台：即支持软件过程的分析和设计阶段。较为成熟的是支持结构化方法的工作台，现也有支持面向对象方法进行分析和设计的工作台。

(3) 测试工作台：即趋于支持特定的应用和组织机构。它具有较好的开放性。

(4) 交叉开发工作台：是在一种机器上开发软件，而在其他别的系统上运行所开发的软件。一个交叉开发工作台中，可能包括的工具有交叉编译器、目标机模拟器、从宿主机到目标机上下载软件的通信软件包以及远程运行的监控程序等。

(5) 配置管理(CM)工作台：即支持配置管理，如有版本管理工具、变更跟踪工具及系统建造(装配)工具等。

(6) 文档工作台：支持高质量文档的制作，如字处理器、图表图像编辑器及文档浏览器等。

(7) 项目管理工作台：支持项目管理活动，有项目规划和质量、开支评估和预算追踪工具。

2) 开放式工作台和封闭式工作台

CASE 工作台可以支持一组相关的软件过程活动。这些活动从一个应用领域到另一个应用领域，从一个组织机构到另一个组织机构变化很大。因而，要求CASE工作台应为开放系统。一个开放的工作台是这样的一个系统，或者提供控制集成机制，或者可裁剪(编程)，其数据集成或协议是公有的，而不是独立的。目前还没有被广泛接受的数据集成的标准，因而，大多数开发系统都采用基于文件集成的策略。

开放式工作台有如下优点：

(1) 易将某个工具加入到开放式工作台中，还可以用新的工具取代已有的工具。

(2) 可以由一个配置管理系统来管理由工具输出的文件。

(3) 能不断增强工作台的功能，不断发展工作台。

(4) 工作台不依赖于某个供应商，而能从不同销售商处购买工具。如果一个工具开发商不提供支持了，最多只影响该工作台的一部分工具，其余的工具还可以继续使用。

尽管开放式工作台优点很多，但许多CASE工作台开发商还是决定提供封闭式系统。

在封闭式系统中，系统集成的约定是该工作台开发商独有的。许多工作台都是封闭式系统，因为它允许更紧密的数据集成、表示集成和控制集成。出现在用户面前的工作台是一个一致的整体，而不是不同工具组成的工具箱。

2. 程序设计工作台

程序设计工作台由支持程序开发过程的一组工具组成。将编译器、编辑器和调试器这样的软件工具放在一个宿主机上，该机器是专门为程序开发而设计制作的。组成程序设计工作台的工具可能为：

(1) 语言编译器：即将源代码程序转换成目标码。其间，创建一个抽象语法树(AST)和一个符号表。

(2) 结构化编辑器：结合嵌入的程序设计语言知识，对 AST 中程序的语法表示进行编辑，而不是程序的源代码文本。

(3) 连接器：将已编译的程序目标代码模块连起来。

(4) 加载器：程序执行之前将它加载到计算机内存。

(5) 交叉引用：产生一个交叉引用列表，显示所有的程序名是在哪里声明和使用的。

(6) 按格式打印：扫描 AST，根据嵌入的格式规则打印源文件程序。

(7) 静态分析器：分析源文件代码，找到诸如未初始化的变量，未被执行到的代码，未调用的函数和过程等异常。

(8) 动态分析器：产生带附注的一个源文件代码表，附注上标有程序运行时每个语句执行的次数。也许还生成有关程序分支和循环的信息，统计处理器的使用情况。

(9) 交互式调试器：允许用户控制程序的执行次序，显示执行期间的程序状态。

个人计算机上已有许多程序设计工作台，这些工作台通常是封闭式系统。在编译器和其他工具间，通过共享数据结构极紧密地集成。以这种方式出售的语言有 BASIC，C，C++，Pascal，Lisp 和 Smalltalk。

这些语言工作台通常包括一个面向语言的编辑器、编译器和调试系统。在执行过程中程序失败时，就初始化编辑器，并将编辑光标定位到导致失败的源程序语句处。而且，打开调试窗口显示失败时的程序状态。

第四代语言(4GL)使用另一种方法集成，4GL 工作台趋于产生交互应用程序，该程序从数据库中抽取信息，将之提交给终端机或工作台用户，再随用户所做的改变来更新数据库。用户界面通常由一组标准表格或一个报表组成。一个 4GL 工作台中可能包括如下工具：

(1) 诸如 SQL 的数据库查询语言，或是直接输入的，或是从由终端用户填写的表格中自动生成的。

(2) 一个表格设计工具，用于创建表格，数据通过表格输入和显示。

(3) 一个电子报表，用于分析和操纵数字信息。

(4) 一个报告生成器，用于定义和创建电子数据库信息的报告。

3. 分析和设计工作台

分析和设计工作台是支持软件过程的分析和设计的阶段。在这一阶段，系统模型业已建立(例如，一个数据库模型，一个实体关系模型等)。这些工作台通常支持结构化方法中所用的图形符号。支持分析和设计的工作台有时称为上游 CASE 工具。它们支持软件开发的早期过程。程序设计工作台则成为下游 CASE 工具。

这些工作台也许支持特定的设计或分析方法，诸如 JSD 或 Booch 的面向对象分析。另外，它们也可能是更为通用的图表编辑系统，能处理大多数通用方法的图表类型。面向方法的工作台提供方法规则和指南，也能进行一些自动图表检查工作。

一般分析和设计工作台有下列工具：

(1) 图表编辑器：用来创建数据流图、结构图及实体关系图等。

(2) 设计分析和核实工具：进行分析，并报告错误和异常情况，这些也许与编辑系统集成，以便在早期开发阶段用户能追踪错误。

(3) 仓库查询语言：允许设计者查询仓库，找到与设计相关的信息。

(4) 数据字典：即维护系统设计中所用的实体信息。

(5) 报告定义和生成工具：是从中央存储器中取得信息并自动生成系统文档。

(6) 代码生成器：是从中央存储器获取设计信息，自动生成代码或代码框架。

分析和设计工作台还有许多不足之处，这大多是由于这些工作台是封闭系统而导致的。

4. 测试工作台

测试是软件开发过程较为昂贵和费力的阶段。测试工作台永远应为开放系统，可以不断演化以适应被测试系统的需要。测试工作台包括的工具有：

(1) 测试管理器：指管理程序测试其运行并产生测试结果报告。它涉及对测试数据的跟踪，对所期待结果的跟踪，对被测试的程序的跟踪等。

(2) 测试数据生成器：指生成被测程序的测试数据。这可能是从一个数据库中选择数据，也可能是使用模式来生成正确格式的随机数据。

(3) 预测器：指产生对所期待测试结果的预测。一般预测器采用以前的程序文本或原型系统。

(4) 报告生成器：是提供报告定义，提供测试结果的生成设施。

(5) 文件比较器：比较程序测试的结果和以前测试的结果，报告它们之间的差别。在回归测试中，比较特别有用；回归测试，比较的是新版本和旧版本的执行结果。这些结果中的差异指示了系统的新版本存在的潜在问题。

(6) 动态分析器：是将代码加到一个程序中以计算每条语句被执行的次数。运行测试之后，将生成一条执行轮廓线，显示每条语句被执行的频率。要设计测试用例，使得程序中所有语句都将至少被执行一次。

(7) 模拟器：指可能提供各种不同的模拟器。目标模拟器是脚本驱动的程序，模拟多个同时进行的用户交互。I/O 模拟器的使用意味着事务次序时标是可重复再现的。在测试实用系统时，被测系统如果带有微小的定时错误，这一功能就特别有用。

本 章 小 结

软件工程环境是为了支持软件的开发而提供的一组工具软件系统。随着软件工程的发展，软件工程环境也在迅速发展，从单个工具到支持环境，发展到支持某种生存周期模型、支持某种方法学的计算机辅助软件工程。软件工程环境的发展，对提高软件生产率、提高软件可靠性有巨大作用，软件工程环境已成为软件工程领域的重要研究内容之一。

软件开发环境按解决问题分类，有程序设计环境、系统合成环境、项目管理环境。按软件开发环境的演变趋势分类，有基于语言的编程环境、工具箱环境、基于方法的环境。按集成化程度分类，有基于操作系统的环境、基于数据库的环境及基于知识库的环境。

软件工具是软件工程环境中最主要的组成部分，通过这些工具的使用能够达到软件工程环境的目标。软件工具通常由工具、工具接口和工具用户接口组成。近年来，软件工具发展很快，由单个工具向集成化方向发展，重视用户界面，不断采用新理论和新技术。软件工具种类繁多，可分为模拟工具、开发工具、测试工具、需求分析工具、文档工具、项目管理工具、评估工具、维护工具和质量保证工具等。

近年来，计算机辅助软件工程有较大的发展。CASE 是一组工具和方法的集合，可以辅助软件生存周期各阶段进行开发。CASE 系统可按不同角度进行分类。按功能分类是常见的标准；按支持的过程，可分为设计工具、编程工具及维护工具等；按支持的范围，可分为支持过程单个活动的工具、支持某过程所有活动的工作台和支持软件过程所有活动的环境。

CASE 系统可按不同的应用方式进行集成，平台集成使工具运行在相同硬件或操作系统上；数据集成使工具共享数据模型；表示集成为工具提供相同的用户界面；控制集成使工具激活后能控制其他工具的操作；过程集成使工具在过程模型的指导下使用。

习　　题

1. 什么是软件开发环境？请列出其发展情况。
2. 请叙述软件开发环境的分类。
3. 何谓软件工具？它通常包含哪几部分？
4. 当今软件工具发展有何特点？
5. 什么是 CASE？CASE 工具有哪些分类？
6. 请叙述集成化 CASE 的 5 级模型。
7. CASE 工作台有哪些分类？
8. 什么是软件工程环境？它有哪些分类？它与软件开发环境的区别与联系是什么？

参 考 文 献

[1] 董士海. 计算机软件工程环境与软件工程. 北京：北京科学出版社，1990
[2] 冯玉琳，赵宝华. 软件工程. 2版. 中国科学技术大学出版社，1992
[3] 王立福，张世琨，朱冰. 软件工程. 北京：北京大学出版社，1996
[4] 李芸芳，柴跃进. CIMS环境下：集成化管理信息系统的分析、设计与实现. 北京：清华大学出版社，1996
[5] 王博，晓龙. 面向对象的建模、设计技术与方法. 北京：北京希望电脑公司，1996
[6] 郑人杰，殷人昆，陶永雷. 实用软件工程. 2版. 北京：清华大学出版社，1997
[7] 张海藩. 软件工程导论. 2版. 北京：清华大学出版社，1998
[8] 冯玉琳，黄涛，倪彬. 对象技术导论. 北京：科学出版社，1998
[9] 刘超，张莉. 可视化面向对象建模技术. 北京：北京航空航天大学出版社，1999
[10] UML Nationa Guide. http://www.rational.com/uml，1997
[11] 周伯生，冯学民，樊东平译. 统一软件开发过程. 北京：机械工业出版社，2002
[12] (澳)Leszek A.Maciaszek Bruc Lee Liong. 实用软件工程. 胡长军，张晓明，等，译. 北京：机械工业出版社，2007